UNE ABBESSE DE FONTEVRAULT

AU XVII. SIÈCLE

GABRIELLE
DE ROCHECHOUART
DE MORTEMART

ÉTUDE HISTORIQUE

PAR

PIERRE CLÉMENT

DE L'INSTITUT

DEUXIÈME ÉDITION

PARIS

LIBRAIRIE ACADÉMIQUE

DIDIER ET Cie, LIBRAIRES-ÉDITEURS

35, QUAI DES AUGUSTINS, 35

1871

GABRIELLE

DE ROCHECHOUART

DE MORTEMART

PARIS. — IMP. SIMON RACON ET COMP., RUE D'ERFURTH 1.

GABRIELLE DE ROCHECHOUART DE MORTEMART
... DE ...

UNE ABBESSE DE FONTEVRAULT

AU XVIIᵉ SIÈCLE

GABRIELLE

DE ROCHECHOUART

DE MORTEMART

ÉTUDE HISTORIQUE

PAR

PIERRE CLÉMENT

DE L'INSTITUT

DEUXIÈME ÉDITION

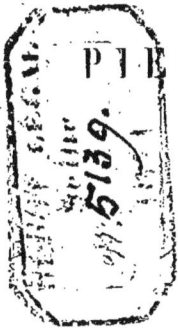

PARIS

LIBRAIRIE ACADÉMIQUE

DIDIER ET Cⁱᵉ, LIBRAIRES-ÉDITEURS

35, QUAI DES AUGUSTINS, 35

1871

AVERTISSEMENT

Ce n'est pas une mince prétention, je le reconnais, que de vouloir faire admettre dans la pléiade des écrivains d'une époque aussi féconde en grands génies que le siècle de Louis XIV, une femme dont le nom, célèbre tant qu'elle vécut, est tombé depuis, par des circonstances diverses, dans un oubli à peu près complet. C'est pourtant ce que je viens essayer à l'égard de Gabrielle de Rochechouart de Mortemart, abbesse de Fontevrault. Cette prétention est-elle exagérée? Le lecteur prononcera. Qu'il me soit permis de dire pourtant que, de l'aveu de tous ceux qui l'ont connue, la sœur cadette de madame de Montespan était

a

douée de véritables qualités littéraires ; on parlait de ses lettres au temps même où madame de Sévigné devenait illustre et classique en se jouant ; on s'extasiait à ses conférences et à ses sermons ; on allait en foule à ses discours de vêture ou de profession ; on s'entretenait des ouvrages d'esprit, de morale ou de piété auxquels elle consacrait ses rares loisirs. Amie de mesdames de Sablé et de La Fayette, de Daniel Huet, de Segrais, du Père Rapin, de Racine, elle partageait leur admiration pour les chefs-d'œuvre de l'antiquité et des temps modernes ; elle avait aussi leurs goûts et leurs instincts. Ce qui ne lui permit pas de s'y livrer comme eux, ce fut, outre le sentiment étroit du devoir et la nécessité de donner presque tout son temps à la grande abbaye qu'elle administrait, sa modestie excessive. Bien différente de ceux qui croiraient tout perdu si une ligne sortie de leur plume manquait à la postérité, elle mettait un soin particulier à dérober ses productions au public. Un jour, elle apprend que madame de Sablé a eu par hasard connaissance de quelques pages sur la *Politesse*, et elle s'en excuse, toute honteuse en quelque sorte qu'une pareille bagatelle lui soit parvenue. On a, il est vrai, publié sous son nom la traduction d'un fragment du *Banquet* de Platon ;

mais, d'une part, cette traduction semble (on trouvera nos raisons à l'Appendice) une œu re apocryphe; d'autre part, en admettant qu'elle en soit l'auteur, la publication n'eut lieu que vingt-huit ans après sa mort, par une indiscrétion de l'abbé d'Olivet.

On dirait, en un mot, qu'une des principales préoccupations de l'abbesse de Fontevrault fut, tout en aimant passionnément les lettres, de fuir la gloire littéraire qui semblait vouloir, malgré elle, s'attacher à son nom.

Ne m'accusera-t-on pas, sur ce préambule, de m'être pris de passion pour une précieuse de couvent, dont les titres, justement ignorés, n'ont eu que la fortune qu'ils méritaient? Pour éviter ce reproche, je crois devoir tout d'abord abriter mon appréciation derrière celle de quelques contemporains, dont un, le plus célèbre, a fait de l'abbesse de Fontevrault un éloge d'autant plus significatif que sa plume n'est guère prodigue de louanges. On comprend qu'il s'agit de Saint-Simon. Je donne à la suite quelques pages d'un ancien ami, coreligionnaire et collaborateur de Bayle, converti depuis au catholicisme, Daniel de Larroque, dont le goût et le caractère étaient également estimés. Je termine ces citations par

un curieux article, sans nom d'auteur, publié
dans le Journal de Trévoux, à l'occasion de la
mort de l'abbesse. Le jugement des contemporains est rarement définitif en touteschoses ; encore méritent-ils d'être entendus, alors surtout
que, par l'incurie des familles, de précieux manuscrits et des correspondances du plus grand
intérêt au point de vue historique et littéraire,
ont probablement été détruits, et, dans tous les
cas, n'ont pas encore vu le jour[1].

I

EXTRAIT DES NOTES DU JOURNAL DE DANGEAU ET DES MÉMOIRES DE SAINT-SIMON SUR L'ABBESSE DE FONTEVRAULT [2]

« 18 août 1704. — Cette abbesse de Fontevrault avoit plus
d'esprit qu'aucun de sa famille, ce qui étoit beaucoup dire, et
le même tour qu'elle, et plus de beauté que madame de Montespan. Elle savoit beaucoup, et même de la théologie. Son
père l'avoit coffrée fort jeune, avec peu de vocation ; elle avoit
fait de nécessité vertu, et devint une bonne religieuse et une
meilleure abbesse, et adorée autant que vénérée dans tout
l'Ordre dont elle étoit le chef. Elle avoit un esprit de gouver-

---

[1] L'abbesse de Fontevrault était notamment en commerce suivi avec
madame de La Fayette, qui lui mandait les nouvelles de la cour. Ces
lettres ont-elles été conservées ? que sont-elles devenues ? On serait si
heureux de les avoir !

[2] On sait que les Mémoires de Saint-Simon ne sont en général que le
développement des annotations qu'il avait faites sur une copie du *Journal
de Dangeau*. La comparaison des notes et des mémoires montrera en
même temps le procédé de composition de Saint-Simon.

nement singulier , qui se jouoit du sien , et qui auroit embrassé avec succès les plus grandes affaires. Elle en avoit eu
qui l'avoient attirée à Paris dans le temps du plus grand
règne de sa sœur, qui l'aimoit et la considéroit fort, et qui la
fit venir à la cour où elle fit divers voyages et de longs
séjours, et c'étoit un contraste assez rare de voir une abbesse
dans les parties secrètes du roi et de sa maîtresse. Il goûtoit
fort cette abbesse, à qui tout ce qu'il y avoit de plus élevé en
place, en rang, en crédit, faisoit la cour, et qui conserva
presque une égale considération après l'éloignement de sa
sœur. Sa nièce, qui lui succéda tout aussitôt par ces raisons, et
qui étoit religieuse à Fontevrault, auroit paru une merveille,
si elle n'avoit succédé à une tante si extraordinaire [1]. »

« 1704. — La mort de l'abbesse de Fontevrault, dans
un âge encore assez peu avancé, arrivée dans ce temps-ci, mérite d'être remarquée; elle étoit fille du premier duc de Mortemart, et sœur du duc de Vivonne, de madame de Thianges
et de madame de Montespan; elle avoit encore plus de beauté
que cette dernière, et ce qui n'est pas moins dire, plus d'esprit qu'eux tous avec ce même tour, que nul autre n'a attrapé

---

[1] *Journal*, t. X, p. 99. — Saint-Simon a dit encore, en termes un
peu différents, dans les Notes du *Journal de Dangeau* du 13 août 1715,
à propos de Louis XIV :

« Madame de Fontevrault étoit celle des trois sœurs qui avoit le plus
d'esprit; c'étoit peut-être aussi la plus belle; elle y joignoit un savoir
rare et fort étendu. Elle possédoit les langues savantes, savoit bien la
théologie et les Pères, étoit versée dans l'Écriture, excelloit en tout
genre d'écrire, et parloit à enlever quand elle traitoit quelque matière.
Elle avoit un don tout particulier pour le gouvernement et pour se faire
adorer de tout son Ordre, en le tenant toutefois dans la plus exacte
régularité. La sienne étoit pareille dans son abbaye. Ses séjours à la cour,
où elle ne sortoit pas de chez ses sœurs, ne donnèrent d'atteinte à sa
réputation que pour l'étrange singularité de venir partager une faveur
de cette nature, et si la bienséance eût pu y être aussi, il se pouvoit
dire que, dans cette cour même, elle ne s'en seroit jamais écartée. »
(*Journal*, t. XVI, p. 51.)

qu'eux, ou avec eux par une fréquentation continuelle, et
qui se sent si promptement, et avec tant de plaisir. Avec
cela, très-savante, même bonne théologienne, avec un esprit
supérieur pour le gouvernement, une aisance et une facilité
qui lui rendoit comme un jeu le maniement de tout son
Ordre et de plusieurs grandes affaires qu'elle avoit embras-
sées, et où il est vrai que son crédit contribua fort au succès ;
très-régulière et très-exacte, mais avec une douceur, des
grâces et des manières qui la firent adorer à Fontevrault, et
de tout son Ordre. Ses moindres lettres étoient des pièces à
garder, et toutes ses conversations ordinaires, même celles
d'affaires ou de discipline, étoient charmantes, et ses discours en chapitre les jours de fête, admirables. Ses sœurs
l'aimoient passionnément, et malgré leur impérieux naturel,
gâté par la faveur au comble, elles avoient pour elle une vraie
déférence. Voici le contraste. Ses affaires l'amenèrent plusieurs fois et longtemps à Paris. C'était au fort des amours du
roi et de madame de Montespan. Elle fut à la cour et y fit de
fréquents séjours, et souvent longs. A la vérité, elle n'y voyoit
personne, mais elle ne bougeoit de chez madame de Montespan,
entre elle et le roi, madame de Thianges et le plus intime particulier. Le roi la goûta tellement qu'il avoit peine à se passer d'elle. Il auroit voulu qu'elle fût de toutes les fêtes de sa
cour, alors si galante et si magnifique. Madame de Fontevrault
se défendit toujours opiniâtrément des publiques, mais elle
n'en put éviter de particulières. Cela faisoit un personnage
extrêmement singulier. Il faut dire que son père la força à
prendre le voile et à faire ses vœux, qu'elle fit de nécessité
vertu, et qu'elle fut toujours très-bonne religieuse. Ce qui
est très-rare, c'est qu'elle conserva toujours une extrême
décence personnelle dans ces lieux et ces parties, où son habit
en avoit si peu. Le roi eut pour elle une estime, un goût, une
amitié que l'éloignement de madame de Montespan, ni l'ex-

trême faveur de madame de Maintenon ne purent émousser. Il la regretta fort et se fit un triste soulagement de le témoigner. Il donna tout aussitôt cette unique abbaye à sa nièce, fille de son frère, religieuse de la maison et personne d'un grand mérite [1]. »

II

MARIE-MADELEINE-GABRIELLE DE ROCHECHOUART
PAR DANIEL DE LARROQUE [2]

« Marie-Madeleine-Gabrielle de Rochechouart-Mortemart succéda à Jeanne-Baptiste de Bourbon. On ne pouvoit donner rien de plus illustre après le sang des Bourbons. Lorsqu'elle fut nommée abbesse, elle étoit religieuse dans l'abbaye de Notre-Dame-aux-Bois. Elle y prit le voile le 19 février 1664, et le reçut à la vue de toute la cour, de la main de deux reines, Anne et Marie-Thérèse d'Autriche. Elle y fit profession le 1er mars de l'année suivante. Le roi la nomma abbesse le 18 août 1670. Elle eut besoin de trois dispenses du pape qui arrivèrent avec ses bulles, quelques jours avant Noël : la première, parce qu'elle passoit d'un Ordre à l'autre, étant auparavant dans celui de Saint-Bernard ; la seconde, parce qu'elle n'avoit pas encore cinq ans de profession révolus, et la troisième enfin, à cause du défaut de l'âge prescrit par les canons. Cette dernière difficulté, qui devoit être regardée comme la plus grande par la qualité de chef général

---

[1] *Mémoires*, édit. Chéruel, t. IV, p. 299.

[2] *Biographies des abbesses de Fontevrault.* — (Voy. à la fin du volume : Appendice, pièce n° VIII, et, pour Daniel de Larroque, la lettre n° 63, note 5.)

Ce morceau paraît avoir été écrit en 1703, un an avant la mort de l'abbesse de Fontevrault.

d'Ordre attachée à celle d'abbesse de Fontevrault, fut cepen, dant la moindre par l'évènement. La sagesse prématurée l'étendue de son esprit, les rares connoissances dont elle l'avoit orné, lui aplanirent les chemins. Son nom, déjà aussi connu en Italie qu'en France, y leva tous les obstacles de l'âge. Elle fut bénite en 1671, au mois de février, dans le couvent des Filles-Dieu de Paris, qui est une maison de l'Ordre. M. de Harlay de Chanvalon[1], qui venoit de succéder à M. de Péréfixe[2], fit la cérémonie de la bénédiction. Cette installation eut pour témoins la reine, Monsieur, mesdemoiselles les princesses, les princesses du sang, et généralement toute la cour. Le cardinal de Bouillon[3] et le nonce s'y trouvèrent, et se mirent dans le chœur auprès de la reine, pour ne se pas commettre avec les évêques qui y assistèrent au nombre de trente en rochet et en camail, et qui étoient à gauche, dans le balustre, du côté de l'Évangile. Le Grand Conseil, devant lequel l'Ordre de Fontevrault a ses causes commises, se jugea fort honoré d'avoir été invité à cette solennité; leurs femmes y eurent aussi séance, mais avec peine, à cause que le lieu pouvoit difficilement contenir tout ce qui s'y trouva ; aussi étoit-ce un très-grand spectacle en lui-même, puisque madame de Mortemart étoit la première abbesse de Fontevrault qui eût été bénite à Paris. On n'y fut pas médiocrement surpris, quand les religieux de l'Ordre, qui étoient par hasard en grand nombre dans cette ville-là, vinrent baiser la main gantée de l'abbesse, pour marque de leur sujétion ; après les religieuses professes et les sœurs

[1] François Harlay de Chanvalon, né en 1625. D'abord archevêque de Rouen, puis de Paris en 1671, mort le 6 août 1695.

[2] Hardouin de Beaumont de Péréfixe, né en 1605. Archevêque de Paris du 24 mars 1664 au 1er janvier 1671, date de sa mort.

[3] Emmanuel-Théodose de La Tour, frère du duc de Bouillon ; cardinal en 1669 à vingt-six ans ; grand aumônier de France en 1671 ; mort à Rome en 1715, âgé de soixante-treize ans.

laïques, les officiers domestiques de cette dame, qui étoient
des séculiers, firent la même chose. Elle partit au mois de
mars pour Fontevrault : on lui rendit toute sorte d'honneurs
sur la route, et toutes les communautés et les magistrats
des 'lieux où elle passoit la haranguèrent.

« Lorsqu'elle arriva à Fontevrault, plus de dix mille
étrangers, accourus de toutes parts pour voir une personne précédée d'une si haute réputation être installée
dans un lieu si célèbre, auroient rendu la fête fort tumul-
tueuse, sans le bon ordre qu'on y apporta : cette précaution fut une suite de cet accident qui arriva à cette
illustre abbesse à la Madeleine d'Orléans, où elle pensa
être étouffée par la multitude, et dont elle ne fut délivrée que par une espèce de miracle. Elle fut reçue avec
tout le respect dû à son rang et à son mérite singulier ; elle
n'eut point de peine à se faire obéir dans son nouveau ministère : les charmes de sa personne, soutenus par une politesse infinie et une affabilité gracieuse, lui gagnoient les
cœurs, pendant que son air sage, modeste et plein de majesté, les tenoit dans le respect et dans le devoir.

« Le reste de sa conduite a répondu à de si beaux commencements : on ne peut soutenir avec plus de dignité le
poste qu'elle occupe depuis plus de trente ans ; ses ordonnances tiennent de la sagesse des plus parfaits législa-
teurs et son gouvernement est plutôt le gouvernement
d'un philosophe chrétien et consommé en l'art de régner,
que celui d'une personne ordinaire. On ne lui élève point
d'autels, le christianisme le défend ; mais on ne lui refuse aucun des honneurs dus à la vertu, et jamais tribut
n'a été plus volontaire et plus universel que celui-là.
Personne n'a plus de religion ni d'amour pour la vérité
qu'elle ; on ne pense point comme elle, quoiqu'elle pense
le plus naturellement du monde ; tout ce qu'elle écrit a

un caractère de grandeur et de facilité merveilleuses, et
quand les sujets qu'elle traite n'ont point de noblesse en
eux-mêmes, ils acquièrent sous sa main toute celle qui leur
convient. Son cœur généreux et bienfaisant égale son esprit,
et l'un est fait pour l'autre : voilà les sources de l'amour, de
l'admiration qu'on a pour elle ; c'est un bien parfait que
celui d'avoir part à l'honneur de son amitié ; rien ne le peut
troubler que la pensée qu'on peut perdre une personne si
accomplie. La seule chose qui rassure à cet égard, c'est de
penser que la même Providence, qui l'a placée au rang éminent où elle est, la soutient et la guide visiblement, et qu'elle
la conservera pour laisser au monde des exemples de piété
et de vertu, qui y sont aussi rares que nécessaires. »

III

L'ABBESSE DE FONTEVRAULT ET LE JOURNAL DE TRÉVOUX [1]

« La république des Lettres prend trop de part à la gloire de
madame Marie-Madeleine-Gabrielle de Rochechouart-Mortemart, abbesse, chef et générale de l'abbaye et ordre de Fontevrault, morte le 15 d'août 1704, pour l'oublier ici. Elle étoit
née avec un esprit pénétrant, fertile, étendu. Elle avoit une
mémoire très-fidèle et un génie propre à toutes les sciences.
L'étude des langues grecque, latine, italienne, espagnole
furent, ce semble, ses premiers divertissements. Elle entroit
si bien dans le génie de chacune, que lorsqu'on la présenta
à la reine Marie-Thérèse d'Autriche, nouvellement arrivée
en France, cette jeune enfant étonna toute la cour qui l'en-
tendit parler espagnol avec tant d'élégance.

« Elle aima dès lors la conversation des personnes qui
avoient le plus d'érudition. Dans la suite, l'ancienne et la

---

[1] *Mémoires pour l'histoire des sciences et des beaux-arts.* Trévoux
octobre 1704, p. 2118.

nouvelle philosophie ne furent plus des mystères pour elle.
Elle se fit même expliquer ce qu'il y a de plus subtil dans la
théologie scholastique, et les opinions diverses qui partagent
les écoles. Elle en jugeoit sainement, par la connoissance
de l'Écriture, qui étoit sa véritable théologie. Sans s'intri-
guer en des contestations qui gâtent plus l'esprit qu'elles
ne le forment, elle se retranchoit, avec une simplicité chrétienne, dans une doctrine pure, orthodoxe et toujours réglée
par les décisions de la foi.

« Madame de Fontevrault connoissoit le caractère de chaque Père de l'Église, les matières dont ils ont traité, les démêlés qu'ils ont eus avec les hérétiques, leur style, leur
méthode, leur genre de philosophie.

« Plusieurs savants du premier ordre se trouvoient hono-
rés qu'elle voulût bien les retenir dans son désert. Ils ou-
blioient alors qu'ils n'étoient plus à Paris. Elle les consultoit,
et l'abbesse leur rendoit avec usure les lumières qu'ils lui
communiquoient.

« Entre les auteurs profanes, elle aimoit surtout à lire
Platon. Elle y découvroit des beautés dont on ne s'étoit point
aperçu, quoiqu'on eût passé beaucoup de fois sur les endroits qu'elle admiroit. Elle perçoit au travers des images
dont ce philosophe enveloppe la vérité, et y découvroit des
trésors de morale, des tours d'éloquence, et une délicatesse
de pensées que les génies médiocres ne peuvent démêler.
Elle n'étoit pas moins touchée des beautés d'Homère. On sait
qu'il est malaisé d'en rendre en notre langue toute la noblesse et toute la force. Cependant madame de Rochechouart
s'est quelquefois essayée à traduire les premiers livres de
l'*Iliade*. Sans faire du tort aux habiles écrivains qui ont entrepris de la donner toute entière, peut-être n'a-t-on rien vu
de si achevé en ce genre.

« Elle avoit une droiture et une justesse d'esprit qui lui

faisoit démêler à coup sûr le vrai d'avec le faux : les meilleurs écrivains de ce siècle lui ont souvent donné leurs ouvrages à examiner. Quelquefois elle y trouvoit des pensées fausses dans les endroits où ils s'étoient le plus applaudis. Elle en connoissoit le juste prix, elle en sentoit tout d'un coup le bon, le mauvais, le médiocre, l'excellent. Toujours elle y redressoit les raisonnements qui n'alloient pas au vrai.

« Un homme d'un mérite distingué, qui connoissoit la droiture de son esprit, lui présenta une devise par laquelle il vouloit marquer la droiture de cœur qu'avoit l'abbesse : le corps de la devise étoit une colonne dressée sur sa base. Ces paroles lui servoient d'âme : *Tuta quia recta; — Je suis en sûreté, parce que je suis droite.* Madame de Fontevrault, qui connut aussitôt la fausseté de la pensée, répondit agréablement et chrétiennement tout à la fois : *Cette colonne étoit bien plus en sûreté avant qu'elle fût élevée sur son piédestal, et certainement elle le sera bien plus encore quand on l'aura renversée.* Elle vouloit parler de l'état tranquille où elle vivoit avant que d'être abbesse, et de la mort qui devoit bientôt la mettre à couvert des périls de cette vie.

« La vertueuse abbesse consacroit à Dieu toute son érudition. Elle se servoit de la lecture des auteurs profanes pour se tourner du côté de la souveraine vérité et du *Maître des sciences.* A cela près, elle en connoissoit toute la vanité et ne s'en paroit jamais. On ne la vit point se prévaloir de ses lumières. Elle ne comptoit son savoir pour quelque chose que quand il étoit utile à l'Ordre dont elle étoit chef. Enfin, elle ne se savoit bon gré d'être plus instruite qu'un autre que quand elle se servoit de son avantage pour instruire les personnes qu'elle conduisoit. On peut dire qu'il lui étoit moins glorieux de posséder tant de talents qui la rendoient une personne extraordinaire, que de les avoir sacrifiés à Jésus-Christ.

« Son esprit, toujours fécond, produisoit de temps en temps des ouvrages qu'elle ne confioit qu'à ses plus intimes amis, sous le secret. Cependant elle se croyoit destinée à quelque chose de plus important qu'à faire des livres. C'étoit à travailler au salut des personnes de sa congrégation. Elle passoit donc des affaires à l'étude, ou à la composition de quelques ouvrages, et ce second travail la délassoit du premier. Les matières épineuses dont elle traitoit dans ses conseils ne ternissoient point la fleur de son esprit, et ses études ne l'indisposoient point pour retourner aux affaires de son Ordre. Elle passoit de l'un à l'autre avec une égale facilité.

« Dans ses conversations, les personnes qui n'avoient qu'un médiocre esprit s'applaudissoient en secret de s'en trouver avec elle. Elle étoit attentive à faire valoir ce que les autres avoient de bonnes qualités, et ne laissoit alors paroître des siennes qu'autant qu'il en falloit pour éclairer ceux qui en avoient de beaucoup inférieures, sans vouloir les éblouir. Mais quand elle étoit obligée de parler dans les actions publiques de sa maison, c'est alors qu'elle se montroit telle qu'elle étoit. Dans ces occasions, l'usage de son éloquence et de son savoir lui paroissoit légitime. Ce qu'on admirera sans doute, c'est qu'elle se contentoit de méditer en substance ce qu'elle avoit à dire dans les discours fréquents que sa dignité l'obligeoit de faire. En les prononçant, les termes les plus brillants s'offroient d'eux-mêmes pour expliquer ce qu'elle avoit pensé. On trouvoit dans ses discours un agrément, une justesse et une force qui se seroient soutenus dans l'impression.

« On peut juger par là de sa manière d'écrire ou de dicter ce que l'on écrivoit sous elle. On y trouvoit un grand sens, un tour poli, une exactitude qu'à peine les gens éloquents pourroient attraper, après beaucoup de travail et de corrections. Les personnes qui écrivent avec le plus d'éloquence

et de facilité se sont étonnées mille fois de ce que les pensées les plus naturelles et les tours les plus ingénieux se présentoient d'abord à son esprit. Elle n'étoit jamais dans la
nécessité d'effacer pour choisir mieux, afin de le substituer
à sa première idée ou à ses premières expressions.

« Ses lettres étoient admirées à la cour et dans le monde
le plus poli. Le roi aimoit à en recevoir. A chaque grand
événement qui engageoit l'Académie françoise et les autres
corps illustres à haranguer Sa Majesté, on se réjouissoit dans
l'attente de voir bientôt une lettre de l'abbesse de Fontevrault sur le même sujet. Elle étoit reçue avec bonté et lue
avec applaudissement.

« Madame de Fontevrault, non-seulement a tâché de sanctifier les religieux de son Ordre, mais encore on peut dire
qu'elle les a polis. Elle a fait fleurir les belles-lettres et les
sciences solides à Fontevrault ; elle y a fait élever de savants
professeurs, elle y a rectifié le goût de la véritable éloquence, sans y diminuer rien de la simplicité claustrale
qu'elle a même augmentée.

« Il est vrai qu'on ne voit d'elle que des ordonnances et
des lettres circulaires pour son Ordre. Mais son caractère
de bien écrire est inséparable de tout ce qu'elle a écrit. Elle
fait parler aux lois dans ses règlements une langue digne
d'elle. Ses ordonnances sont si sensées, si précises, si judicieuses, que de grands prélats[1] n'ont pas dédaigné de s'en
servir pour le gouvernement des religieuses de leur diocèse.
Elle auroit pu étendre les articles qui en font le sujet ; mais
les lois ne s'expriment pas par des raisonnements. Sans
doute les siennes seront respectées de son Ordre tant qu'il
subsistera.

« On convient que Marie-Madeleine de Rochechouart auroit

---

[1] Bossuet (voy. p. 333).

excellé dans la poésie, si elle avoit jugé cet exercice digne d'elle. Les vers qu'elle a jetés au hasard sur le papier ont été trouvés si excellents, que nos meilleurs poëtes ne les auroient pas désavoués : mais souvent, après une simple lecture, elle les condamnoit au feu.

« Cependant on aura de quoi se consoler de cette perte si l'on veut bien n'envier pas au public le reste de ses écrits. On y trouvera des chefs-d'œuvre qui pourront servir de modèle sur bien des matières : des ouvrages de piété, de morale, de critique, des traductions admirables, des maxime- de conduite, des sujets académiques traités finement et un grand nombre de lettres. Tous ces ouvrages rassemblés seront une preuve de ce que nous avons dit de leur auteur.

« En attendant, toutes les personnes qui l'ont connue peuvent répondre de son mérite. Elles ont avoué bien des fois que de l'assemblage de tant de vertus, d'un si grand nombre de talents et d'un savoir si exquis, on auroit pu former un des plus grands hommes de ce siècle. »

Outre qu'ils ont, chacun dans son genre, leur intérêt particulier, les trois portraits qu'on vient de lire témoignent du moins que je n'ai surfait, en publiant ce volume, ni le talent ni les qualités de l'éminente abbesse, dont un certain nombre de lettres paraissent ici pour la première fois, en attendant d'autres découvertes que le temps amènera sans doute, car il semble impossible que tous les écrits dont parle le Journal de Trévoux soient à jamais perdus.

Un des plus illustres savants du règne que j'ai
jusqu'à présent étudié de préférence, Étienne
Baluze, bibliothécaire de Colbert jusqu'à la
mort du grand ministre, a dit dans sa préface de l'*Histoire généalogique de la maison d'Auvergne:* « J'ay toute ma vie fait profession de
n'escrire rien que de vray, tout autant que j'ay
sceu le connoistre. » J'ajoute que l'auteur de ce
bel ouvrage, qu'on est tenté, à distance, de croire
parfaitement inoffensif, paya cher son franc-
parler, et que, pour avoir trop élevé la maison
d'Auvergne, il se vit en butte aux inimitiés de la
maison de Bourbon, perdit ses places, ses pensions, fut exilé en province, et ne se releva jamais
de la disgrâce que sa louable hardiesse lui avait
attirée.

Convaincu que le lecteur tient plus que jamais
à la vérité des faits historiques, et qu'il est curieux
de connaître dans le détail, malgré des taches
qu'il serait ridicule de nier, les principales figures
du règne de Louis XIV, je poursuis, parmi d'autres travaux plus sérieux, des études biographi-
ques depuis longtemps commencées, remontant,
comme Baluze, avec bonheur, mais sans nul péril,
je l'avoue, aux sources vives et aux documents de
première main.

C'est la méthode que j'ai encore suivie dans le
nouveau volume que j'offre au public. Le but
que je m'y suis proposé est de faire connaître,
à l'aide de ses lettres mêmes et d'autres correspondances contemporaines, l'illustre abbesse
placée à vingt-cinq ans, par la scandaleuse protection d'une altière favorite, à la tête d'un des
Ordres les plus considérables du royaume, et qui,
par un merveilleux hasard, se trouva naturellement douée de toutes les qualités que ses difficiles
fonctions réclamaient. On la verra, en effet,
diriger avec une habileté rare soixante couvents
et plus de cent cinquante prieurés, faire des
sermons admirés à une époque où les grands
prédicateurs s'appelaient Bourdaloue, Bossuet,
Fléchier, rédiger d'une plume virile des mémoires au Conseil pour la conservation d'antiques
priviléges, gagner ses procès à force d'instances, écrire chaque jour à des femmes du monde
ou à des savants des lettres du meilleur style,
retenir par la grâce de son accueil les visiteurs
qu'attirait son aimable hospitalité, se distinguer
enfin de toutes les autres abbesses par cette étran-
geté, unique en France depuis des siècles, d'avoir
sous ses ordres des religieux et des religieuses,
des couvents d'hommes et des couvents de fem-

mes, sans que la discipline en souffrit trop[1].

Telle est l'existence qui, soit dans l'étude suivante, soit dans les lettres et les pièces diverses qui l'accompagnent, va se dérouler, avec toute l'authenticité désirable, sous les yeux du lecteur.

Il m'a semblé, tant nous sommes loin du milieu où de telles singularités étaient toutes naturelles, qu'à défaut des grands scandales, des jalousies violentes, des chocs de passions et des bruyants repentirs que j'ai eu à raconter dans une précédente étude, le simple récit de cette vie calme, régulière, je ne dis pas sans émotions intimes, mais unie et tranquille à la surface, de la plus aimable et de la plus spirituelle des abbesses, aurait son enseignement et son intérêt.

---

[1] Elle en souffrait cependant bien un peu. Voici en effet ce que je trouve, au moment de mettre ces lignes sous presse, dans une lettre de l'archevêque de Paris (M. de Noailles) à Roger de Gaignières, qui vivait dans l'intimité des Noailles, et l'un des amis les plus dévoués de l'abbesse de Fontevrault : « Je ne me plains point de madame de Fontevrault, car je ne puis douter de sa bonne foi. Je la prie seulement de se faire obéir et de ne pas souffrir que ce religieux soit reçu davantage aux Filles-Dieu de Paris. » (Bibl. imp., Mss. 24,990, fol. 91.)

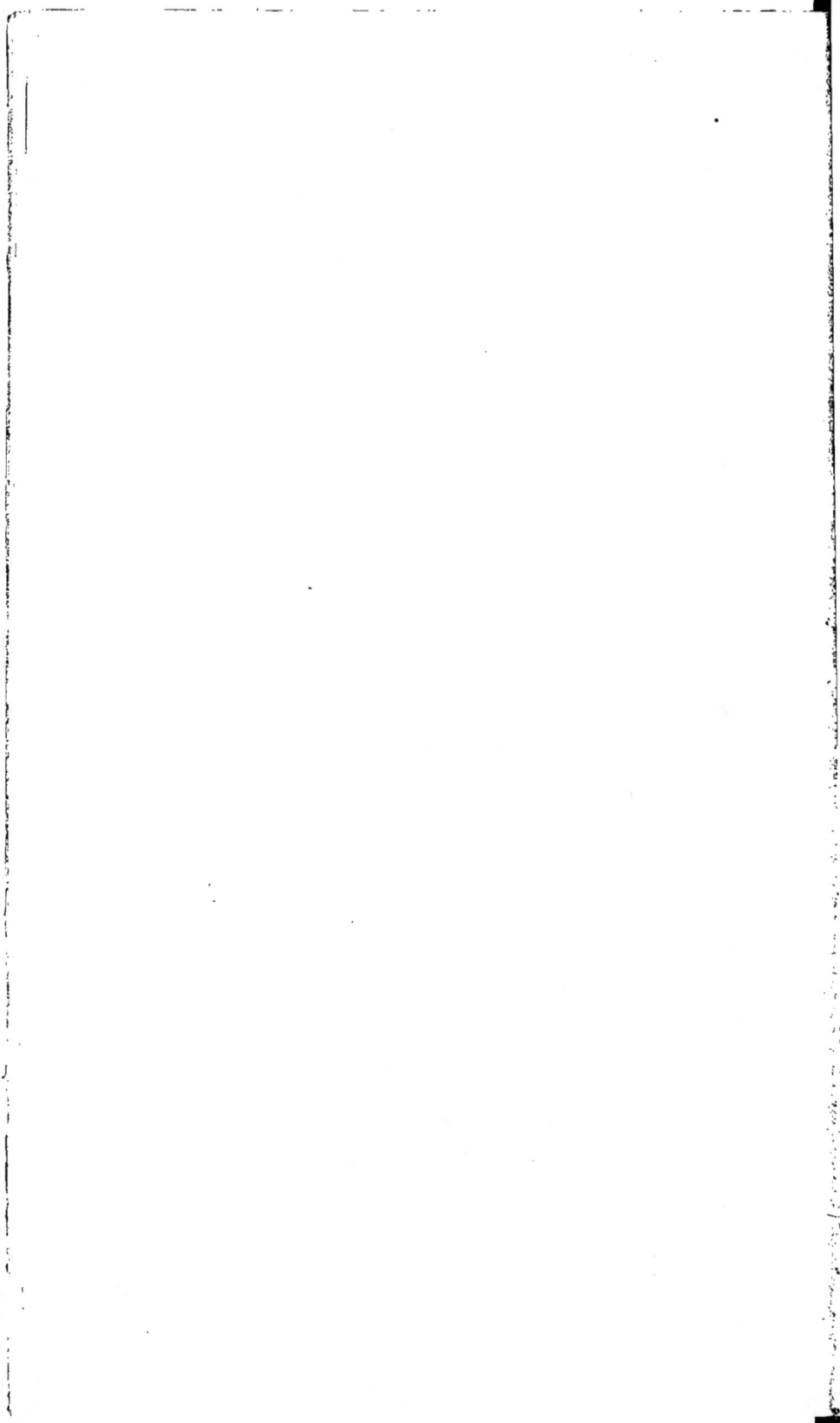

UNE

ABBESSE DE FONTEVRAULT

AU XVIIᵉ SIÈCLE

GABRIELLE

DE ROCHECHOUART DE MORTEMART

CHAPITRE PREMIER

L'esprit cultivé et les talents de Gabrielle de Rochechouart très-appréciés par les contemporains. — Sa naissance. — Elle a pour marraine la fondatrice des Sœurs de la Charité. — Elle éprouve d'abord de la répugnance pour le couvent. — Ce sentiment ne dure pas. — Ses parents la font revenir dans le monde. — Elle soutient une conversation en latin avec le médecin du roi. — Rentre au couvent *malgré sa famille*. — Assertion contraire de madame de Caylus et de Saint-Simon. — Elle prend l'habit devant toute la cour. — Quitte l'Abbaye-aux-Bois pour suivre madame de Chaulnes, supérieure à Poissy. — Est nommée abbesse de Fontevrault, grâce à madame de Montespan. — Fondation de l'abbaye au douzième siècle, par Robert d'Arbrissel. — Influence qu'il exerce sur les populations. — Rôle et nécessité des couvents dans les temps féodaux. — Ils sont le refuge des esprits d'élite et des opprimés. — Vives critiques dirigées contre Robert d'Arbrissel. — Ses anciens amis reviennent à lui. — Le monastère de Fontevrault se compose de trois couvents de femmes et

1

d'un couvent d'hommes. — Son fondateur adopte la règle de saint
Benoit. — Il soumet les religieux à l'autorité d'une abbesse. —
Costume des religieuses. — Les abbesses étaient presque toujours
de sang royal. — Gabrielle de Rochechouart succède à une fille
naturelle de Henri IV. — Difficultés que fait le pape pour approuver
sa nomination. — Elle est bénite en grande solennité au couvent
des Filles-Dieu, à Paris. — Elle quitte Paris. — Est reçue triom-
phalement à Orléans et à Fontevrault. — L'opposition qu'on avait
faite à sa nomination est bientôt apaisée. — Elle gagne le cœur
de ses religieuses.

Une beauté pour le moins égale à celle de madame de Montespan, l'esprit du monde dans ce qu'il
a de plus aimable et de plus enjoué, un heureux
fond d'indulgence et de bonté, une vertu réelle,
avec cela de vrais instincts littéraires, un style épis-
tolaire du meilleur aloi, le don des langues et l'étoffe
d'un savant sans ombre de pédanterie, enfin une aptitude pour les affaires à rendre jaloux un ministre :
tels sont les traits principaux d'une célébrité du grand
règne, d'une femme supérieure, sans nul abus du mot,
dont je voudrais aujourd'hui esquisser l'histoire. S'é-
tonnera-t-on si les contemporains n'ont eu pour elle
que des sympathies, si Bussy-Rabutin l'a respectée, si
le terrible Saint-Simon en a longuement fait l'éloge, si
madame de Caylus en a crayonné le plus charmant
portrait? Seule, madame de Sévigné a répété, nous
dirons pourquoi, de méchants propos sur la sœur de
mesdames de Montespan, de Thianges et du duc de
Vivonne, sœur par l'esprit autant que par le sang, et
qui contribua pour sa bonne part à la réputation pro-

verbiale des Mortemart. Toute simple, unie et dénuée
d'incidents qu'a été sa vie, elle mérite d'être racon-
tée avec quelques détails. On y verra, comme dans un
miroir fidèle, ce qu'était l'abbesse d'un des grands
couvents de France, au milieu du règne de Louis XIV,
alors que la puissance ecclésiastique avait encore tout
son prestige et que le clergé était, ou plutôt s'appelait
le premier corps de l'État. Divers écrits de sa composition paraissent avoir été brûlés par ses ordres ;
on ne connaît même d'elle jusqu'à ce jour, en fait de
travaux de l'esprit, qu'un essai de quelques pages
sur la *Politesse*. Je ne parle pas d'une traduction du
Banquet de Platon qui lui est généralement attribuée,
sans preuves décisives. Et pourtant, d'après Saint-
Simon, « ses moindres lettres étoient des pièces à garder, ses conversations ordinaires, même celles d'affaires ou de discipline, charmantes, et ses discours
au Chapitre, tous les jours de fête, admirables[1]. » On
lit, en outre, dans un journal du temps : « Ses lettres
circulaires sur la mort de ses religieuses et de ses
filles faisoient admirer la fécondité de son génie[2]. »
Que sont devenues toutes ces notices nécrologiques ?
La seule que nous ayons trouvée fait vivement regretter les autres. Par bonheur, nous avons recueilli
çà et là un certain nombre de lettres familières de
l'aimable abbesse à la marquise de Sablé et au doc-

[1] *Mémoires*, édit. Hachette, t. V, p. 299.
[2] *Mémoires pour l'histoire des sciences ;* Trévoux, décembre 1704.

teur Vallant, si choyé et fêté pour ses ordonnances,
à Segrais, à Daniel Huet, au père Rapin, le gracieux auteur des *Jardins*, au célèbre collectionneur
Gaignières, à quelques religieuses de l'Abbaye-aux-
Bois, sans compter plusieurs lettres de direction aux
couvents de l'Ordre, et divers mémoires sur des difficultés administratives. La lecture en est attrayante,
et je ne crains pas d'être démenti en disant qu'elles
justifient de tout point le jugement de Saint-Simon et
des contemporains. D'autres, adressées à madame de
La Fayette et les plus regrettables peut-être, semblent
perdues sans retour ; aussi ne savons-nous leur amitié
que par ricochet. Ce qui reste suffit pour mesurer la
portée de cet esprit toujours aisé et gracieux au milieu
des occupations les plus sérieuses, soumis et orthodoxe
quant aux doctrines, préférant avec les jansénistes la
morale sévère, parce qu'elle lui paraît la seule conforme aux règles de l'Évangile, dégagé, libre, élevé,
se plaisant aux distractions littéraires et aux récréations de l'intelligence. C'est ainsi, c'est en étudiant
dans leur intimité les hommes et les femmes qui, par
le rang et l'esprit, tinrent la première place dans
la période brillante du règne de Louis XIV, qu'on
parviendra à comprendre ce siècle singulier, étrange,
où des vices effrayants s'alliaient aux convictions religieuses les plus sincères, où Molière faisait ses pâques[1],

[1] *Recherches sur Molière*, par M. E. Soulié. p. 79 et 261, note.

où deux prélats renommés, Daniel Huet et Fléchier,
rimaient de très-galants madrigaux, où une abbesse,
justement estimée et respectée, cultivait les lettres,
la poésie, et lisait, traduisait peut-être, en tout bien
tout honneur, les passages les plus scabreux du divin
Platon.

Marie-Madeleine-Gabrielle de Rochechouart de Mortemart était née en 1645 dans un pavillon des Tuileries
qu'occupait son père, gentilhomme du roi, nommé
depuis gouverneur de Paris[1]. Comme dans beaucoup
de familles de son temps et de tous les temps, deux
tendances opposées partageaient et troublaient la maison. Le duc de Rochechouart-Mortemart, que Tallemant des Réaux ne flatte guère, pouvait être considéré, sous le rapport de la fidélité, comme un détesta-
ble mari, et nous savons en outre qu'il était, vers 1670,
endetté de dix-sept cent mille livres[2]. Une fois entré
dans la vie de désordre, un grand seigneur tel que
lui ne devait pas s'arrêter à mi-chemin; c'est ce qu'il
fit. La duchesse, née Diane de Grandseigne, avait les
qualités contraires; mais, sans énergie, et par suite
sans influence, à ce qu'il semble, car son rôle dans
la famille est complétement effacé, elle subit passive-

---

[1] Gabriel de Rochechouart, duc de Mortemart, seigneur de Vivonne,
né en 1600; gentilhomme de la chambre sous Louis XIII; pair de
France en 1663; gouverneur de Paris au mois de mars 1669; mort
le 26 décembre 1675. — Nous l'avons déjà fait connaître dans *Madame
de Montespan et Louis XIV*, p. 252 et *passim*.

[2] Lettre de Colbert à Louis XIV du 17 juin 1674 (*Madame de Montespan et Louis XIV*, p. 224).

ment, comme tant de femmes, la situation qui lui était
faite. Liée avec madame Legras[1], qui fonda l'admirable institution des Sœurs de la Charité, elle la
choisit pour marraine à sa fille. Les premières années
de Gabrielle de Rochechouart révélèrent les dons particuliers dont la nature l'avait favorisée. Une de ses
nièces, qui la remplaça en 1704 comme supérieure de
Fontevrault, dit qu'elle montrait, dès l'âge de sept
ans, tant de raison et de modestie, d'esprit et de douceur, qu'elle se conciliait tous les cœurs[2]. Élevée sous
le même toit que le duc d'Orléans, frère de Louis XIV,
elle jouait souvent avec lui. Quand elle eut onze ans, on
songea à compléter par une instruction solide tant
d'heureuses dispositions, et on la mit à l'Abbaye-aux-
Bois. Elle y avait, dit-on, une répugnance extrême[3];
mais il fallut obéir. L'affection que lui témoignèrent ses

---

[1] Louise de Marillac, veuve d'Antoine Legras; née en 1591, morte le
15 mars 1662.

[2] *Lettre circulaire de sœur Louise-Françoise de Rochechouart-Mortemart, abbesse de Fontevrault, à l'occasion de la mort de madame
Marie-Madeleine (Gabrielle) de Rochechouart-Mortemart, abbesse, chef
et générale de cette abbaye et de tout l'Ordre.* — (Bibl. imp., *imprimés;*
L. n. 27, 14,892.)

Cette circulaire, attribuée à l'abbé Genest, de l'Académie française,
est des plus intéressantes. Nous la reproduisons en entier à l'Appendice.
On trouve à peu près tous les faits qu'elle contient, mais moins simplement présentés, dans l'*Oraison funèbre de très-illustre et religieuse
dame Marie-Madeleine-Gabrielle de Rochechouart de Mortemart, abbesse, chef et générale de l'abbaye et ordre de Fontevrault, prononcée
dans la grande église de l'abbaye de Fontevrault, le 6 novembre 1704,
par messire Antoine Anselme, abbé de Saint-Sever, cap. de Gascogne.*
— (In-4, 50 p. Bibl. imp. *Imprimés;* L. n. 27, 14, 894.)

[3] *Lettre circulaire,* etc.

maîtresses, l'attrait chaque jour plus vif pour l'étude, modifièrent sensiblement ses idées, et le moment vint où l'aversion première semble avoir fait place à une inclination irrésistible. Ce fut le tour des parents de s'alarmer, et ils la reprirent auprès d'eux. Elle savait déjà l'italien, l'espagnol, le latin, et, un jour qu'on l'avait menée chez la reine mère, elle soutint devant Louis XIV, avec Vallot, son premier médecin, une conversation dans cette dernière langue. Que n'eût-on pas fait alors pour l'empêcher de retourner au couvent? Prières, promesses, reproches, tout fut inutile. « On lui proposa des mariages, dit sa nièce; elle persévéra dans sa résolution. Elle rentra dans l'Abbaye-aux-Bois sous prétexte de s'y éprouver encore. Là, elle souffre de nouvelles attaques ; une infinité de personnes considérables dans le monde et dans l'Église la sollicitoient sans cesse de se conformer aux volontés de sa mère ; mais elle ne pouvoit plus écouter d'autre voix que celle de Dieu qui l'appeloit[1]. » Ces sollicitations ne concordent pas, il est vrai, avec ce que dit madame de Caylus : « Je n'ai point eu l'honneur de connoître madame l'abbesse de Fontevrault; je sais seulement par tous les gens qui l'ont connue, qu'on ne pouvoit rassembler dans la même personne plus de raison, plus d'esprit et plus de savoir. *Religieuse sans vocation*, elle chercha un amu-

[1] *Lettre circulaire, etc.*

sement convenable à son état ; mais ni les sciences, ni les lectures ne lui firent rien perdre de ce qu'elle avoit de naturel[1]. » Saint-Simon prétend de son côté qu'on l'avait contrainte, et qu'elle avait fait de nécessité vertu[2]. « Quoi qu'il en soit, à dix-neuf ans, elle prit l'habit en présence des deux reines, du duc d'Orléans, de madame Henriette d'Angleterre. L'année d'après, elle prononçait ses vœux. C'est alors qu'elle commença l'étude du grec et même de l'hébreu, pour lire le Nouveau Testament dans l'original. Madame de Chaulnes[3], qui l'avait dirigée à l'Abbaye-aux-Bois et qui l'aimait comme une fille, ayant obtenu du roi l'abbaye de Poissy, malgré les protestations des religieuses[4], elle l'y suivit, et c'est là qu'elle apprit, le 18 août 1670, qu'elle venait d'être nommée abbesse, chef et générale de l'abbaye et de l'ordre de Fontevrault[5].

Fondée la dernière année du onzième siècle par un prêtre breton, Robert d'Arbrissel, dans un vallon inculte arrondi en amphithéâtre, près de la Loire et

[1] *Souvenirs;* édit. Techener, p. 69.
[2] Ce que disent madame de Caylus et Saint-Simon se rapporterait-il à la première entrée de Gabrielle de Rochechouart à l'Abbaye-aux-Bois? Il résulte de tout ceci quelque incertitude sur un point très-important.
[3] Sœur du duc de Chaulnes, ambassadeur, gouverneur, etc.; morte en 1707. — Il faut voir Saint-Simon sur son caractère et ses travers. (*Mémoires*, t. V, p. 344.)
[4] D'après Saint-Simon, le jour de la prise de possession, elles fermèrent les portes de l'abbaye, qu'il fallut faire ouvrir de force pour installer la nouvelle abbesse.
[5] *Lettre circulaire*, etc.

du Poitou, l'abbaye de Fontevrault était devenue avec le temps l'une des plus importantes et des plus riches communautés du royaume. Ses commencements avaient été étranges. Une éloquence passionnée que les écoles de Paris et d'Angers avaient admirée, des conversions nombreuses et éclatantes, une foi ardente, avaient rendu Robert d'Arbrissel populaire dans la Bretagne, le Maine et l'Anjou. Le célèbre prédicateur s'était ensuite caché au monde dans une modeste chartreuse élevée pour lui et quelques disciples au milieu de la forêt de Craon ; mais appelé en 1096 à parler devant le pape Urbain II à Angers, sa parole eut un tel succès qu'il reçut l'ordre de se consacrer désormais à prêcher l'Évangile. Une vie nouvelle s'ouvrait devant lui, et c'était le chef de l'Église qui la lui imposait. Les désordres des sociétés modernes disent ce que devaient être les mœurs des temps féodaux et du moyen âge. Robert parcourut les villes, les villages, les hameaux, couvert d'un sac, les pieds nus, la barbe en désordre, tonnant contre la simonie et le concubinage des clercs, contre la licence effrénée des grands, contre les vices et les péchés de tous. Les populations accourent à sa voix, sont touchées, subjuguées, et ne peuvent plus se passer de l'entendre. Châtelains et châtelaines, bourgeois et paysans, mauvais garçons et courtisanes, toutes les classes subissent le charme de sa parole, s'attachent à ses pas et lui forment un cortége que les écrivains de l'époque évaluent à plus de trois

mille.personnes[1]. On devine la confusion qui devait s'en-
suivre ; les récriminations éclatèrent bientôt. Abandonnés de leurs ouailles, les prêtres des paroisses
tonnent à leur tour contre celui qui les a dénoncés
aux fidèles ; l'évêque de Rennes, hier son ami, se joint
à eux. Un autre grave personnage, Geoffroy, abbé de
Vendôme, l'accable des plus sanglants reproches[2]. Mais

[1] D'autres contemporains disent cinq mille. Constatons que, vers le
milieu du douzième siècle, la parole d'Abailard excita, mais dans de bien
moindres proportions, un pareil enthousiasme. Je laisse parler M. Guizot :
« A peine ses disciples eurent-ils appris le lieu de sa retraite, qu'ils ac-
coururent de tous côtés, et, le long de la rivière (l'Ardisson, en Champagne) se bâtirent autour de lui de petites cabanes. Là, couchés sur la
paille, vivant de pain grossier et d'herbes sauvages, mais heureux de
retrouver leur maître, avides de l'entendre, ils se nourrissaient de sa
parole, cultivaient ses champs et pourvoyaient à ses besoins. » (*Abailard
et Héloïse*, par M. et madame Guizot. Nouvelle édition, 1855)
La fondation des communautés religieuses qui s'élevèrent en si grand
nombre du onzième au treizième siècle s'explique très-naturellement.
« Les populations, dit M. Viollet-Le-Duc, voyaient un refuge efficace
contre l'oppression, dans ces monastères où se concentraient les hommes intelligents, les esprits d'élite, qui, par la seule puissance que
donnent une instruction profonde, une vie régulière et dévouée, te-
naient en échec tous les grands du siècle... » Et ailleurs : « Rien de
comparable au mouvement du onzième siècle vers la vie religieuse.
C'est qu'en effet, là seulement les esprits d'élite pouvaient trouver un
asile assuré et tranquille, une existence intellectuelle, l'ordre et la paix.
La plupart des hommes et des femmes qui s'adonnaient à la vie monastique n'étaient pas sortis des classes inférieures de la société, mais
au contraire de ses hautes régions. C'est la tête du pays qui se précipi-
tait avec passion dans cette voie... » (*Dictionnaire raisonné de l'Architecture française du onzième au treizième siècle*, t. I, p. 124 et 255.)
M. Viollet-Le-Duc cite justement à cette occasion le passage ci-après
emprunté au beau travail de M. de Rémusat sur *Saint Anselme de
Canterbury* : « Les abbés de ces temps d'austérité et de désordre res-
semblaient fort peu à ces oisifs, grassement rentés, dont s'est raillée
plus tard notre littérature bourgeoise et satirique : leur administration
était laborieuse, et la houlette du pasteur n'était pas immobile entre
leurs mains. »
[2] « Feminarum quasdam, *ut dicitur*, nimis familiariter tecum habi-

l'un et l'autre avaient sans doute été trompés par de faux bruits, car ils ne tardèrent pas à rendre leur amitié à Robert. Pour lui, affligé de leur blâme, reconnaissant d'ailleurs les périls de cette vie nomade, il planta sa tente à Fontevrault. Grâce aux libéralités des seigneurs de Loudun, de Montreuil-Bellay, de Montsoreau, imités depuis par les princes et comtes d'Anjou, de Poitou, de Touraine et d'Angleterre, les bâtiments du monastère s'élevèrent rapidement. A peine achevés, trois mille femmes (triste témoignage des misères sociales et de la maladie des esprits!) y sollicitèrent un asile. « Les hommes, clercs et laïques, disent les chroniques, furent échelonnés sur le coteau qui domine la fontaine d'Evrault, tandis que les femmes furent distribuées sur les flancs d'une autre colline, en face de la première, de façon à laisser la source d'eau vive entre les deux camps. Un fossé hérissé d'épines leur servit de première clôture. Cette disposition une fois adoptée, les femmes furent elles-mêmes divisées en trois communautés distinctes, selon leur condition ou leur conduite antérieure. Les trois communautés, toutes comprises dans l'enceinte du grand monastère ou *grand moustier*, eurent cha-

---

tare permittis : quibus privata verba sæpius loqueris et cum ipsis etiam et inter ipsas, noctu frequenter cubare non erubescis. Hinc tibi videris, ut asseris, Domini Salvatoris digne bajulare crucem, cum extinguere conaris male accensum carnis ardorem. *Hoc si modo agis, vel aliquando egisti*, novum et inauditum sed infructuosum genus martyrii invenisti. » (Geoffroy, abbé de Vendôme, à Robert d'Arbrissel. — *L'Anjou et ses monuments*, par Godard-Faultrier, t. II, p. 157.)

cunc leur oratoire particulier. La première, qui comprenait les vierges et les honnêtes femmes, au nombre de trois cents, fut placée sous le patronage de la sainte Vierge; la seconde, composée de femmes repenties, eut pour patronne sainte Madeleine; et la troisième, dans laquelle furent enfermées les infirmes et les lépreuses, reçut le nom de moûtier Saint-Lazare[1]. »

Il s'agissait de donner des statuts à l'abbaye nouvelle. L'histoire monastique des sixième et septième siècles offre divers exemples de couvents d'hommes soumis au commandement de l'abbesse d'un monastère voisin; il y en avait même un de ce genre à Poitiers au moment où Robert d'Arbrissel rédigea les constitutions de Fontevrault. C'était en 1119, vingt ans après la fondation de l'abbaye. L'observance de Saint-Benoît servit de modèle pour le grand moûtier. Les matines chantées à minuit, des jeûnes fréquents, des abstinences, un silence continuel, constituèrent une des règles les plus sévères du douzième siècle. Les vêtements furent ceux des Bénédictines : tunique brune, scapulaire de même couleur et d'étoffe gros-

---

[1] *Les Vies des saints personnages de l'Anjou*, par dom Chamard; *le Bienheureux Robert d'Arbrissel*, t. II, p. 16. — « L'église des religieux, ajoute dom Chamard, ne fut bâtie que bien plus tard, la charité publique ne se préoccupant pas des disciples de Robert d'Arbrissel, lesquels en effet n'ont jamais été dans l'Ordre de Fontevrault qu'un accessoire nécessaire, que des aides destinés à remplir auprès des religieuses les fonctions spirituelles ou temporelles qu'elles ne pouvaient exercer par elles-mêmes. »

Sur Robert d'Arbrissel, voir aussi l'*Histoire littéraire de la France*, t. X, p. 153.

sière avec un voile couvrant tout le visage. Ce ne fut
que plus tard que les Fontevristes prirent le surplis
et les deux tuniques blanches par-dessus leur coule[1]
noire à longues manches. Les religieux, établis uniquement pour le service de l'Ordre, furent dispensés
en partie de l'office du chœur, et des frères lais rem-
plirent les soins domestiques. Les lépreux des deux
sexes eurent des règlements et des bâtiments à part.
Enfin, Robert d'Arbrissel voulut que non-seulement
les veuves et les vierges, les lépreux et les femmes repenties, mais encore tous les religieux prêtres ou
laïques de l'Ordre, fussent soumis à l'abbesse du
grand moûtier, et il nomma pour première dignitaire
Pétronille de Chemillé. Si singuliers qu'ils paraissent
aujourd'hui, ces statuts obtinrent l'approbation de
Caliste II, et ils furent plusieurs fois ratifiés depuis par
d'autres pontifes[2].

Rigoureuse au début, la règle de Fontevrault s'était
peu à peu relâchée de son austérité, sans que des
troubles graves fussent signalés. D'autres couvents
d'hommes et de femmes se formèrent successivement
d'après les constitutions de la maison mère, et il n'y
en avait pas moins de soixante dans le royaume à la fin
du dix-septième siècle. Un personnel aussi considérable disséminé sur une immense étendue de pays,
tant de biens à administrer, d'intérêts à défendre, de

[1] Robe garnie d'un capuchon.
[2] Dom Chamard; *loc. cit.*, p. 22

questions de toute sorte à résoudre, donnaient à l'abbaye de Fontevrault une importance exceptionnelle. Nombre d'abbesses, choisies dans la famille royale ou sur les marches du trône, attestent combien ce quasi gouvernement était convoité. La trente-deuxième et dernière depuis la fondation, quand Gabrielle de Rochechouart fut nommée, était Jeanne-Baptiste de Bourbon, fille naturelle de Henri IV et de Charlotte des Essarts, dame de Romorantin. Il faut bien reconnaître que madame de Montespan, alors triomphante et toute-puissante, fut l'unique auteur d'un choix aussi inattendu, et qu'un vif mécontentement éclata à Fontevrault quand on y apprit cette nomination. Est-il extraordinaire qu'elle y ait été sévèrement jugée ? Le pape Clément X en fut de son côté étonné et affligé. Trois dispenses étaient nécessaires, l'une parce que la nouvelle abbesse n'avait pas vingt-cinq ans, la seconde parce qu'elle changeait d'Ordre, la dernière parce qu'elle ne comptait pas cinq ans de profession. Nul doute que madame de Montespan et Louis XIV durent intervenir pour lever les obstacles. Dans tous les cas, l'affaire traîna en longueur. Heureusement pour l'abbesse de Fontevrault, un cardinal du consistoire l'avait vue à Paris. Il vanta son esprit, sa sagesse, son mérite. Le nonce du pape[1] écrivit dans le même sens, et Clément X se laissa fléchir. Elle fut bénite au couvent des Filles-

---

[1] Bargellini, nonce en France, de 1668 à 1674.

Dieu[1] à Paris, le 8 février 1671, par l'archevêque
Harlay de Chanvalon, devant une foule immense. La
reine, le frère du roi, toute la cour, le cardinal de
Bouillon, le nonce s'y trouvaient, ces deux derniers
dans le chœur auprès de la reine, pour ne pas être
confondus avec trente évêques en rochet et en camail,
ce qui fit dire à madame de Sévigné que « les prélats
furent un peu fâchés de n'y avoir que des tabourets[2].» Les
membres du Grand-Conseil, qui jugeaient les affaires
de l'Ordre, y étaient aussi. La cérémonie terminée, des
religieux et religieuses de Fontevrault vinrent baiser
la main gantée de la nouvelle abbesse, en signe de
sujétion. Elle quitta Paris au mois de mars, voyageant
à petites journées, et recevant sur sa route des honneurs
extraordinaires. Les magistrats la haranguaient à son

[1] Couvent de filles repenties fondé à Paris en 1226. « Les Filles-Dieu,
dit l'abbé Lebeuf, sont une communauté située sur cette paroisse (Saint-
Sauveur), et elle est ainsi appelée parce que des religieuses de ce nom,
établies au treizième siècle proche Saint-Lazare, s'y sont retirées dans
le temps des guerres des Anglois; car, auparavant, le lieu où elles
sont étoit un simple hôpital fondé par un particulier, Humbert des
Lyons. Les religieuses réformées de Fontevrault y furent introduites
sur la fin du quinzième siècle. » (*Histoire de la ville et de tout le diocèse de Paris*, t. I, p. 117.)
    On lit, d'autre part, dans la *Description des monuments de Paris*,
par M. de Guilhermy, p. 252 : « Le passage du Caire couvre l'emplace-
ment de l'église et du monastère des Filles-Dieu, fondées en 1226, hors
la ville, protégées par saint Louis, transférées, en 1360, dans l'enceinte
des murs et soumises en 1495 à l'ordre de Fontevrault. A l'époque où
les exécutions avaient lieu au gibet de Montfaucon, les condamnés faisaient une station dans la cour des Filles-Dieu; on leur présentait
le crucifix à baiser, de l'eau bénite, un verre de vin, et trois morceaux
de pain. »
[2] Lettre du 9 février 1671.

passage, et la foule pour la voir était telle qu'à la Madeleine d'Orléans, elle faillit être étouffée. Plus de dix
mille personnes accourues de toutes parts assistèrent,
le 19 mars 1671, à son arrivée à Fontevrault. Elle prit
immédiatement la direction de son abbaye, et, au bout
de peu de temps, disent ses biographes, elle eut ramené, par son habileté et par sa douceur, celles-là
mêmes qui avaient manifesté contre elle les plus fortes
préventions [1].

[1] Arch. de l'Empire. L. 1,019. *Biographie des abbesses de Fontevrault.* — *Lettre circulaire,* etc.

CHAPITRE II

Tout marchait donc au gré de la jeune et belle supérieure de Fontevrault. De son côté, désireuse de
prouver aux couvents de l'Ordre que leurs intérêts ne
péricliteraient pas entre ses mains, elle employait son
crédit et celui de sa sœur pour obtenir, chaque fois
que ces intérêts étaient en jeu, des solutions favo-

rables. Cependant, un vif chagrin, le plus grand peut-
être qu'elle eut jamais, ne tarda pas à l'atteindre. Elle
connaissait l'abbé Testu[1], ce prédicateur de la cour,
très-spirituel, très-disert, très-aimable, mais d'une
amabilité un peu trop mondaine, extérieure. On sait
que, malgré son talent et ses mérites, Louis XIV,
de tout temps rigide en matière de dignité, de tenue,
et qui, suivant la piquante remarque de madame de
Sévigné, n'aimait pas le bruit quand il ne le faisait
pas, ne put se décider à le nommer évêque, et se contenta de lui donner des bénéfices. Très-lié avec l'abbé
de Rancé, faisant de fréquentes retraites dans diverses
abbayes, rentrant ensuite dans le monde, gai et mélan-
colique tour à tour, l'abbé Testu avait, rapporte Saint-
Simon, « une infinité d'amis considérables dans tous
les états ; bon ami lui-même et serviable, mais fort
vif, fort dangereux et fort difficile à pardonner à
quiconque l'avoit heurté. Il étoit grand, maigre et
blond[2]... » La nouvelle abbesse lui avait-elle fait promettre de venir la voir ? On peut le supposer, car, environ deux mois après son installation, le 15 mai 1671,
madame de Sévigné écrivait à madame de Grignan .
« L'abbé Testu est parti disant que Paris lui pèse sur
les épaules ; il va droit à Fontevrault ; c'est le chemin,
cela est heureux. De là, il va à Richelieu, qui n'est qu'à

---

[1] Jacques Testu, né vers 1626, abbé de Belval, prieur de Saint-Denis
et de la Chartre ; auteur de divers ouvrages de piété ; membre de l'Académie française en 1665 ; mort au mois de juin 1706.

[2] *Mémoires*, t. V, p. 194.

cinq lieues ; il y demeurera[1]... Vous voyez qu'il ne s'accommode pas si bien de l'absence de madame de Fontevrault que de la vôtre... » Puis, le 26 juillet suivant : « Madame de Chaulnes[2] disait tantôt que l'abbé Testu, après avoir été quelque temps à Richelieu, enfin, sans autre façon, s'étoit établi à Fontevrault, où il est depuis deux mois. Le prétexte, c'est qu'il y a de la petite vérole à Richelieu. Si cette conduite ne lui est fort bonne, elle lui sera fort mauvaise[3]. »

Les commentaires sont faciles à deviner. Comme à l'ordinaire, les insinuations grossirent bien vite, et, si l'on en croyait la coterie de Chaulnes-Sévigné, le scandale aurait été complet. L'une des amies de la jeune abbesse, l'aimable marquise de Sablé[4], pensa avec raison qu'il était important qu'elle connût les bruits malveillants de Paris pour les réfuter et se

---

[1] Chez madame de Richelieu. Anne Poussard, fille de François, marquis de Fors, seigneur de Vigean, etc., veuve en premières noces du frère aîné du maréchal d'Albret, dame d'honneur de la reine; morte le 29 mai 1684.

[2] Élisabeth Le Féron, duchesse de Chaulnes, veuve en premières noces du marquis de Saint-Mégrin; morte le 5 janvier 1699.

[3] Je ne sais qui a dit de l'abbé Testu qu'il passait ses quartiers d'été à Fontevrault et ses quartiers d'hiver auprès de madame de Coulanges. On ajoute que celle-ci ayant fait une grave maladie, M. de Coulanges allait partout répétant : « Qui en mourra? C'est l'abbé Testu. »

D'après madame de Caylus, madame d'Heudicourt le recommandait un jour au roi, qui ne le trouvait « pas assez homme de bien pour conduire les autres. » — « Sire, aurait-elle répondu, il attend, pour le devenir, que Votre Majesté l'ait fait évêque. »

[4] Madeleine de Souvré, née en 1599, mariée en 1614 au marquis de Sablé, de la maison de Montmorency-Laval. Devenue veuve en 1640, elle se retira vers 1650 à Port-Royal de Paris, où elle mourut, le 16 janvier 1678. M. Cousin lui a consacré un de ses plus charmants volumes.

mettre sur ses gardes ; elle l'en informa. On a la réponse à cette lettre, et le ton, l'émotion, l'accent qui y règnent, en font une pièce capitale. L'abbesse de Fontevrault dit tout d'abord qu'elle a bien compris *et tout entendu*. Elle est fort touchée du soin qu'a pris son amie de l'avertir, et en même temps fort en repos sur *certaine affaire* dont elle cherche à détourner son imagination, et qui, n'ayant aucun fondement, ne peut avoir une longue durée. Elle ajoute qu'elle ne veut pas faire pitié ; mais le poids de sa charge est déjà bien lourd, *et il faudroit mourir si l'on vouloit encore être attentive aux persécutions du dehors*. Tout à coup pourtant, sa pensée semble faire volte-face ; ce calme disparaît, cette feinte tranquillité s'évanouit, la glace se fond, et la nature prend le dessus.

« Dieu me fait la grâce de trouver des sujets de consolation dans des circonstances dont je serois naturellement plus blessée, car de recevoir les plus grands outrages par des personnes auxquelles non-seulement on n'a jamais fait de mal, mais qu'on a aimées, et j'ose le dire, même servies en des occasions considérables, vous m'avouerez, Madame, que cela n'est point selon les règles communes, et qu'il faut bien que Dieu permette cet horrible renversement pour ma sanctification. Je le prie de tout mon cœur qu'il me fasse la grâce d'en faire bon usage et de regarder comme un bonheur une épreuve si extraordinaire.

« Voilà, au vrai, les dispositions où j'essaye d'être

sur ce sujet. Si, d'abord, il n'a pas paru tant de modération, cela est bien pardonnable, et vous m'avouerez qu'il y a des natures d'injustices qui font perdre
toute la douceur et toute la patience qu'on pourroit
avoir dans des occasions communes. Vous voyez bien,
Madame, que je vous décharge mon cœur autant qu'on
le peut par lettre. Je vous conjure de n'en rien faire
paroître, et si vous m'aimez, de m'aider à oublier toutes
ces ravauderies. Je ne veux pas mettre à d'autre usage
les offres que vous avez la bonté de me faire, parce que
tout le mal qu'on m'a fait est irréparable.

« Au reste, je ne puis me passer de vous dire que je
suis satisfaite de M. d'Angers[1] au delà de toute expression, et qu'il n'y a point d'honnêtetés qu'il ne me fasse.
Si vous lui écrivez, vous m'obligerez fort, Madame, de
lui faire quelques remerciements pour moi. Si on vouloit demander à ce prélat des nouvelles de ma conduite,
j'aurois, je crois, le bonheur d'être autant louée par
lui que je suis blâmée des gens qui sont à cent lieues
de moi. Quoique cela soit très-vrai, je pense que j'aurois mieux fait de ne le pas dire : mais je n'ai pu retenir ce trait de vanité ; l'extravagance des gens qui me
persécutent m'a fait faire celle-là, que je vous supplie
très-humblement de me pardonner. »

Le coup avait porté, et cependant tout prouve que

---

[1] Henri Arnauld, né en 1597; appelé d'abord M. de Trie, il avait
commencé par suivre le barreau. Il embrassa plus tard l'état ecclésiastique, et fut sacré évêque d'Angers à Port-Royal de Paris, le
29 juin 1650; mort le 8 juin 1692.

madame de Sévigné n'avait accueilli et colporté qu'une calomnie[1]. On croit y voir une allusion nouvelle dans ce que l'abbesse de Fontevrault écrivait le 7 janvier 1673 au docteur Vallant[2], à qui l'on doit la conservation de la meilleure partie de ses lettres :

« Quoique je sois touchée vivement de l'exhortation que vous me faites sur le mépris qu'il faut avoir des choses de ce monde, je vous avoue cependant que je ne me trouve pas encore assez indifférente sur les bruits qu'on voudroit faire courre. Pour oser vous éclaircir

---

[1] M. Cousin a dit à ce sujet : « Madame de Sévigné, aussi sévère envers ceux qu'elle n'aime pas qu'indulgente pour ceux qui lui plaisent, et qui ne pouvait souffrir tout ce qui tenait à madame de Montespan, dit avec sa malice accoutumée : « L'abbé Testu la gouverne fort. » L'abbé Testu ne la gouvernait point, et l'agréable commerce qu'ils avaient ensemble, et que madame de Sévigné relève en divers endroits avec une affectation marquée, était tout aussi public et aussi innocent que celui de madame de Sévigné avec Corbinelli, de madame de Sablé avec Esprit, de madame de La Fayette avec Ménage... » (*Madame de Sablé*, p. 260.)

Je vais peut-être, à mon tour, être aussi injuste à l'égard de madame de Sévigné qu'elle était malveillante pour l'abbesse de Fontevrault, mais véritablement quand on songe à ses complaintes éternelles sur la ruine de sa maison et les dissipations de son gendre, à ses regrets incessants de ne pas voir sa fille à la cour dans une situation digne de sa beauté, à l'absence absolue de tout blâme sur la légitimation des enfants adultérins de Louis XIV, on est tenté de se demander si elle n'avait pas ambitionné pour madame de Grignan le poste de madame de Montespan. Je ne dis rien, bien entendu, du vif désir qu'en avait Bussy-Rabutin, qui, lui, ne s'en cachait pas et en parlait crûment dans une lettre qu'on peut lire dans sa correspondance.

[2] Vallant (Valant ou Valan), originaire de Lyon. où, d'après une lettre de madame de Sablé, il avait un frère marchand. (*Les Amis de madame de Sablé*, par M. E. de Barthélemy, p. 351 et 367.) — Il était aussi le médecin de madame de Sablé, de la maréchale de Rochefort, de la marquise de Guise, de madame de Motteville, de madame de Périgny, et en outre, l'ami de Montausier et de Nicole. « Homme instruit, dit M. Cousin, aimant la littérature, et surtout fort curieux. » (*Madame*

l'histoire que madame Testu vous a commencée[1], ce n'est pas de vous que je me méfie, comme vous pouvez penser. Je sais dans quelle sûreté seroit ma lettre, dès que vous l'auriez entre les mains ; mais je ne suis pas assurée de ce qui lui peut arriver sur les chemins, et c'est ce qui m'empêche de vous dire ici ce que je vous conterois avec sincérité et avec joie, si je vous voyois. Vous saurez seulement en général qu'on a conté à Angers une histoire de Fontevrault très-fausse dans plusieurs de ses circonstances essentielles. Madame Testu, qui n'aime pas l'injustice, surtout quand elle s'attaque à ses amis, souffre très-impatiemment que des gens dont il y auroit grand plaisir d'être estimée, aient peut-être conçu de là une mauvaise opinion de moi ; j'en souffre aussi de mon côté ; mais, voyant qu'on ne peut s'éclair-

---

de Sablé, p. 3.) Le 22 juillet 1685, madame de Sévigné annonce sa mort en ces termes : « Madame de La Fayette pleure et regrette ce pauvre M. Valan, qui étoit, dit-elle, son médecin, son confesseur et son ami. »

Les particularités manquent sur cet homme assurément distingué, puisqu'il était honoré de pareilles amitiés. La Bibliothèque impériale possède, sous le titre de *Portefeuilles Vallant*, huit volumes in-folio de papiers conservés par lui. Ce sont des lettres de personnages célèbres, des pièces diverses, des recettes médicales contre toutes sortes de maladies. MM. Cousin et de Barthélemy y ont fait beaucoup d'emprunts ; nous y puisons à notre tour de nombreuses lettres inédites. Il y a encore, à la Bibliothèque impériale, d'autres volumes de lettres de mesdames de Sablé et de Longueville, provenant des papiers de Vallant.

[1] On peut conclure, il me semble, de cette lettre, qu'il y avait à l'abbaye de Fontevrault une madame Testu, et qu'elle était parente de l'abbé. Y était-elle déjà en 1671 ? Cela aurait, dans ce cas, motivé la visite de l'abbé Testu de la manière la plus naturelle. On comprend même que l'abbesse de Fontevrault n'ait pas parlé de madame Testu dans sa réponse à madame de Sablé ; cela aurait ressemblé à une justification.

cir de si loin, je me sers de votre exhortation pour prendre patience en cette rencontre. Je vous prie, Monsieur, de continuer à m'en faire[1] et de me donner toujours quelque part en vos prières. J'ai un besoin infini de tous ces secours dans la place où je suis. »

Reconnaissons au surplus, la vérité l'exige, que les doutes persistèrent dans l'esprit de madame de Sévigné. Deux ans après, le 12 juin 1675, elle écrivait encore que l'abbé Testu *gouvernait fort* l'abbesse de Fontevrault. Puis, le 6 septembre de la même année : « Je n'ai pas vu Mignard ; il peignoit madame de Fontevrault *que j'ai regardée par le trou de la porte ; je ne l'ai pas trouvée jolie ; l'abbé Testu étoit auprès d'elle dans un charmant badinage[2]. »* Une lettre du 28 juillet

---

[1] Des exhortations. Ce genre d'incorrection est le seul que l'on rencontre dans les lettres de l'abbesse de Fontevrault.

[2] On voit que madame de Sévigné ne trouvait pas l'abbesse de Fontevrault jolie. « Il faut être pour cela bien difficile, s'écrie M. Cousin dans un de ses élans d'indignation ; nous renvoyons au portrait de Ganterel, et au témoignage unanime des contemporains. »

M. Cousin fait remarquer en même temps que le portrait peint par Ganterel est de 1693, quand l'abbesse avait quarante-huit ans, et que celui de Mignard est de 1675. (*Madame de Sablé,* p. 258.) Qu'est devenu ce dernier portrait ?

Une autre lettre à madame de Grignan du 9 septembre 1675 prouve qu'on s'occupait alors beaucoup de portraits dans la société de madame de Sévigné : « Je dis adieu au plus beau des prélats Louis-Joseph-Adhémar de Monteil de Grignan. alors agent général du clergé hier au soir. Il me pria de lui prêter mon portrait, c'est-à-dire le vôtre. pour le porter chez madame de Fontevrault, je le refusai *rabutinement.* . »

On dira cependant, le 3 novembre suivant : « Madame de Montespan fut au-devant de ce joli prince (le duc du Maine' avec la *bonne abbesse de Fontevrault* et madame de Thianges. » On égratigne. et l'on fait patte de velours ; mais les égratignures sont plus fréquentes.

1680 nous apprend enfin que celle-ci avait dîné chez l'aimable abbé[1]. Que conclure de là? Évidemment, les calomnies de 1671 et 1675 n'avaient pas fait une impression sérieuse dans la société de l'abbesse de Fontevrault, et elle avait pris résolûment son parti de les mépriser.

Si importantes que fussent (on en a de nombreuses preuves) les affaires de sa maison, elle les dominait et trouvait encore le temps de donner à son esprit les distractions qui lui étaient particulièrement chères. La lecture, des traductions, des compositions diverses, un commerce non interrompu avec ses amis de Paris furent, pendant trente-quatre ans, ses délassements ordinaires. La correspondance avec madame de Montespan, l'auteur de sa fortune, qui eut tant d'incidents à lui raconter, et à laquelle elle n'épargna sûrement pas les conseils, dut être suivie, incessante ; il n'en reste rien. Heureusement, les lettres retrouvées ouvrent encore bien des jours sur ses habitudes et son caractère. La première en date est de madame de Sablé. Avec une exquise cordialité, elle écrit à sa jeune amie, au début de leurs relations : « Au nom de Dieu, ma très-chère et très-aimable madame, ne me mettez plus un mot de cérémonie dans vos lettres. Tout ce qui me vient de vous qui est contraire à l'amitié

---

[1] Quatre ans après 1er octobre 1684, la rancuneuse marquise écrira encore à sa fille : « Il y a dix endroits dans votre lettre qu'il faudroit envoyer à Fontevrault, s'ils étoient mêlés avec des louanges de l'abbé Testu. »

m'est insupportable. » Le ton et les plaisanteries de la spirituelle marquise sont bien quelquefois un peu vifs ; mais entre gens du monde, et du meilleur, cela ne tire pas à conséquence.

« Le prédicateur de Montmartre prêcha dimanche dernier sur la tentation, et dit qu'il ne falloit pas se mettre tant en peine lorsque l'on étoit tenté ; qu'il n'y avoit qu'à dire non ; que David, étant vieux et comme usé lorsqu'il fit tuer le mari de Betsabée, ne pouvoit pas avoir une grande tentation ; qu'il y succomba, parce qu'il ne sut pas dire non ; que Joseph, au contraire, qui étoit jeune, sanguin, et vigoureux, en devoit avoir une fort grande ; qu'il n'y succomba pas pourtant, parce qu'il sut dire non, et même laisser sa casaque ; mais que, si elle avoit tenu au bouton, il ne savoit pas ce qui en seroit arrivé. — N'est-ce pas là un bon entretien pour des religieuses ? Je ne sais pas comment madame de Montmartre[1] l'aura pris ; mais je gagerois toujours cent contre un qu'elle en sera mécontente. »

Une autre fois la marquise de Sablé, qui avait la première mandé à son amie, pour la mettre en garde, les déplaisants commérages de madame de Sévigné, revient en ces termes sur le personnage dont la vi-

---

[1] « Françoise-Renée de Guise, fille de Charles de Lorraine, duc de Guise, et de Henriette-Catherine de Joyeuse ; d'abord abbesse de Saint-Pierre de Reims, puis de Montmartre en 1657 ; morte en 1682. Elle avait aussi pour médecin le docteur Vallant, qui nous en a conservé un assez grand nombre de lettres. » (Note de M. Cousin.)

site à Fontevrault avait provoqué ces médisances :
« Nous avons quasi parlé de vous deux jours durant,
M. l'abbé Testu et moi. Il me semble *qu'il ne lui man-*
que rien pour être un bon directeur que d'être un peu
plus dévot. » Rien que cela ! Avouons que Louis XIV eut
cent fois raison de refuser un évêché, malgré les sollicitations des belles dames, à un abbé qu'elles jugeaient de la sorte. Quant à l'abbesse de Fontevrault,
elle eût certainement mieux fait de tenir à distance cet
ami compromettant.

Mais c'est dans sa correspondance avec le docteur Vallant qu'on apprend à la bien connaître.
Grave, sérieux, un peu lourd (des projets de lettres
épars dans ses papiers le montrent assez), le docteur
était tout le contraire de l'abbé Testu. Il avait été
convenu entre eux qu'il lui ferait part de ses lectures, et qu'ils en raisonneraient ensemble. La jeune
abbesse provoque souvent ces communications où elle
se plaît ; elle y répond même et, un jour, elle argu-
mente sur l'humilité, mais en suppliant gracieusement
le docteur de ne point se moquer d'elle. Tantôt elle
avoue ingénument *que la honte l'a prise de ne savoir*
rien de l'histoire de France et qu'elle en fait sa prin-
cipale lecture ; tantôt qu'elle est loin d'être parfaite,
et que, de tous ses défauts, la vanité est encore le
moindre.

« Je sais très-bien que je ne remplis pas tous les
devoirs de ma charge, que la force, la vigilance et la

ferveur, qui sont des qualités si nécessaires à une supérieure, me manquent tout à fait. Ainsi, je vous assure que je ne suis encore nullement satisfaite de ma
conduite. Souvenez-vous donc, Monsieur, de ne plus
me donner à l'avenir des instructions si délicates, et
commencez, s'il vous plaît, par m'exhorter à bien faire;
c'est de quoi j'ai besoin présentement. J'ai commencé
depuis peu à lire la nouvelle traduction des *Proverbes*.
C'est un livre admirable, et il me semble que j'y trouve
bien des choses qui me sont propres. Si je vous voyois,
je prendrois grand plaisir à en parler avec vous; mais
il me semble que je serois trop longue si je vous écrivois
tout ce que je pense là-dessus. Cependant, il faut que
je vous dise, pour l'honneur de la vérité et pour le
mien, que je donne tout le temps qui me reste, après
les affaires principales, à des lectures solides dont j'espère profiter et qui me donnent même beaucoup de
plaisir. Je sais que vous me souhaitez assez de bien
pour apprendre cela avec joie. »

Quoique toujours affectueuse et tendre, la correspondance avec madame de Sablé ne fut pas des plus
actives; nous n'avons d'ailleurs vraisemblablement
qu'un petit nombre des lettres de l'abbesse à sa
vieille amie. Quelques-unes sont surtout intéressantes par un ton de confiance et un abandon charmants. On a vu celle de 1671 sur l'abbé Testu.
Deux autres des mois de janvier et de juin 1674, concernant madame de Thianges et sa conversion, ne sont

pas moins curieuses. Madame de Sévigné a raconté plaisamment[1], que cette conversion se manifestait surtout par des algarades aux domestiques qui, à table, versaient des rasades comme auparavant, et par des temps d'arrêt risibles, au moment de lancer une médisance. La marquise de Sablé en écrivit sans doute un peu différemment, et l'abbesse de Fontevrault lui répondit, tout en se réjouissant de la nouvelle, que la conversion de sa sœur ne serait solide que si elle quittait la cour. « Je ne puis croire, non plus que vous, ajoutait-elle, qu'on puisse soutenir dans ce pays-là une vie aussi austère que le doit être celle des véritables chrétiens, surtout de ceux qui, ayant été engagés dans les liens du monde, doivent songer à faire une sérieuse pénitence. » Avait-elle tort? On voit là que l'affection pour madame de Thianges n'était pas bien grande. Quelques mois après, nous avons sur elle le cri du cœur. La plus hautaine des marquises avait assez mal reçu une religieuse que l'abbesse de Fontevrault lui avait recommandée.

« Je n'ai été nullement surprise, écrivit celle-ci à madame de Sablé, de la froide réception que madame de Thianges lui a faite : cela ressemble à tout le reste de sa conduite à mon égard, et je commence à croire qu'elle se fait un point de conscience de me maltraiter, voyant que ce déchaînement a commencé presque en même temps que sa dévotion, et qu'il subsiste sans que

[1] Lettre du 5 janvier 1674.

2.

j'en puisse deviner le fondement ; car, enfin, Madame, je ne lui ai rien fait en ma vie, et il me semble même que, quand je l'aurois offensée, l'éloignement et l'abandon où je suis devroient naturellement faire cesser ses persécutions. Je vous dis cela, Madame, parce que j'aime à vous faire part de ce que je pense, et nullement pour que vous en fassiez usage. Je suis résolue à prendre patience, à me passer des gens et à me souvenir toujours des injustices dont ils sont capables, non pas pour leur en vouloir du mal, mais afin de n'être jamais assez sotte pour faire aucun fond sur eux. Voilà, Madame, tout ce que je pense sur ce sujet. Si je m'y suis un peu trop étendue, vous vous souviendrez, s'il vous plaît, que vous m'avez mandé de vous dire toutes mes pensées sur cette affaire. »

Bien que les visites affluassent à Fontevrault, et que l'abbesse, qui était, comme elle le dit en badinant, *la plus grande dame du pays*, se fît un plaisir d'y recevoir tour à tour ses meilleurs amis, la correspondance ne chômait pas. Plusieurs lettres d'un véritable enjouement, écrites dans les commencements à une dame de Saint-Aubin religieuse à l'Abbaye-aux-Bois, où sans doute elle l'avait connue, annoncent une liaison étroite. Une grave question, celle du jansénisme, y est touchée avec la plus complète liberté. Persuadée que ses lettres sont ouvertes (elle ne sait par qui), l'abbesse de Fontevrault ne craint pas, tout en déclarant qu'elle n'est pas janséniste, d'exprimer à diverses reprises sa prédilection pour la morale de *ces Messieurs*, et son admiration pour le grand Arnauld. « Je ne sais que d'hier, écrit-elle le 2 février 1673 au docteur Vallant, les honnêtetés que M. A... a voulu me faire... Prenez la peine de lui dire que ma vanité seroit agréablement flattée s'il étoit vrai que j'eusse quelque part à son estime.... » Puis, le 13 mai : « J'ai lu avec toute la complaisance possible les deux mots obligeants que M. A... a bien voulu dire sur la lettre que vous lui avez montrée. Vous me ferez un sensible plaisir de lui témoigner dans l'occasion que j'en suis très-reconnoissante. Comme vous voulez savoir quelque chose de mes lectures, je crois vous devoir dire que je suis enchantée des *Constitutions de Port-Royal* que j'ai lues depuis peu. Je trouve que toutes les religieuses n'en devroient point avoir d'autres, et je m'estimerois bien heureuse si je pouvois inspirer dans mon Ordre, et surtout dans cette maison, quelque chose de ce qu'elles prescrivent. » Enfin, une lettre du 16 mars 1674 à madame de Saint-Aubin nous livre, sur ce sujet important, la pensée intime :

« Je suis très-aise que Madame (la prieure de l'Abbaye-aux-Bois) parle de moi avec amitié; mais assurément elle se trompe de me croire janséniste. Pour la doctrine qu'on leur impute, je ne l'ai pas; il est vrai que les livres de ces Messieurs me paroissent au-dessus de tout ce qu'on peut lire en notre langue, et que la morale qui y est enseignée, quoique très-rude à la nature, ne laisse pas de me plaire, parce qu'elle est conforme à la seule et véritable règle, qui est l'Évangile. Voilà ma profession de foi en raccourci. Je ne m'étonne pas qu'elle soit un peu suspecte chez vous, puisque les gens qui y gouvernent ne me voyant pas de leur cabale, seroient bien aises de faire croire que je suis aussi séparée de l'Église que de leur empire. Comme leurs jugements ne sont pas ceux de Dieu, je me console, et je suis même assurée que, dès ce monde, les honnêtes gens me feront justice. »

Ces quelques mots francs et nets sur la morale sévère font plaisir à entendre. La profession de foi *en raccourci* à l'amie de cœur et pour elle seule, vaut en effet cent fois mieux que des protestations retentissantes, et répond assez bien, ce semble, quoique d'une façon indirecte, aux caquetages de madame de Sévigné.

CHAPITRE III

L'abbesse de Fontevrault est appelée à Paris pour la maladie de son père. — Elle dîne aux Carmélites avec la reine et madame de Montespan. — Le roi lui fait des cadeaux. — Son séjour à la cour. — Goût particulier du roi pour sa société. — Saint-Simon constate l'extrême décence de sa tenue. — Elle retourne à Fontevrault après la mort de son père. — Revient à Paris en 1679. — Madame de Sévigné écrit malignement qu'elle a dîné chez l'abbé Testu. — L'abbesse ne fait plus le voyage de Paris que pour les affaires de son abbaye. — Refuse celle de Montmartre. — Est approuvée par madame de Montespan. — Compose en 1674 un petit morceau sur la *Politesse*. — Genre de mérite de cette composition. — Elle fait des vers charmants qu'elle brûle aussitôt après. — Traduit plusieurs chants de l'*Iliade*. — On lui attribue une traduction du *Banquet* de Platon qu'elle aurait fait corriger par Racine. — Doutes à ce sujet. — Son affection pour madame de La Fayette. — Madame de Montespan et Segrais. — Agréable peinture de la vie de Fontevrault.

Quelques rares voyages à Paris (on en connaît quatre seulement en trente-quatre ans[1]), rompirent un peu l'uniformité de la vie d'ailleurs si active que menait l'abbesse de Fontevrault au milieu de son gouvernement. Nous parlerons plus loin de ses démêlés avec les évêques et archevêques des provinces où elle avait des couvents, de ses requêtes au roi, de ses procès

[1] *Lettre circulaire*, etc.

au Conseil. Nous sommes en 1675. Le duc de Mortemart, son père, avait failli succomber à une attaque
de paralysie suivie de rechutes fréquentes. Elle fut
sans doute appelée en toute hâte. C'était le moment où
Louis XIV, prodiguant les millions, achevait de faire
bâtir à Clagny, pour madame de Montespan, un petit
Versailles à la porte du grand. Après avoir vanté les
splendeurs incomparables de ce séjour, madame de
Sévigné écrit le 12 juin : « Madame de Fontevrault y
doit passer quelques jours. Elle venoit dans la joie de
voir son père qu'elle aime ; elle pensa mourir de douleur en le voyant en l'état qu'il est, sans pouvoir prononcer une parole, tout assoupi, tout prêt à retomber
dans l'état où il a été ; cette vue la fait mourir. » Deux
jours après, elle écrit encore que la reine a dîné aux
Carmélites de la rue du Bouloi, avec madame de Montespan et l'abbesse de Fontevrault. Singulier assemblage, et en quel lieu ! Enfin, le 20 novembre : « Le
roi a donné encore à madame de Fontevrault, outre
les six mille écus, un diamant de trois mille louis ;
j'en suis fort aise [1]. »

On a par Saint-Simon des détails indirects mais

---

[1] L'écu d'argent circulait pour trois livres. Sa valeur intrinsèque ac-
tuelle est de 5 fr. 48 c. Le louis d'or circulait pour 11 livres ; il contient
20 fr. 84 c. d'or.

Si l'on a égard au *pouvoir* comparatif des monnaies d'or et d'argent
en 1675 et en 1869, pouvoir que je considère comme étant environ cinq
fois moins fort aujourd'hui qu'il y a deux siècles, Louis XIV, en donnant à l'abbesse de Fontevrault : 1° 6,000 écus de 3 livres, soit 18,000
livres ; 2° un diamant de 3,000 louis d'or de 11 livres, soit 33,000 livres

très-vraisemblables sur ce que dut être la vie de madame de Fontevrault pendant ce premier séjour à Paris. « C'étoit, dit-il, au fort des amours du roi et de madame de Montespan... A la vérité, elle ne voyoit personne, mais elle ne bougeoit de chez madame de Montespan, entre elle et le roi, madame de Thianges et le plus intime particulier. Le roi la goûta tellement [1], qu'il avoit peine à se passer d'elle. Il auroit voulu qu'elle fût de toutes les fêtes de sa cour, alors si galante et si magnifique. Madame de Fontevrault se défendit toujours opiniâtrément des publiques, mais elle n'en put éviter de particulières. *Cela faisoit un personnage extrêmement singulier...* » Saint-Simon l'excuse par le motif qu'on l'avait forcée à prendre le voile, mais on a vu que ce point est contestable. Il ajoute d'ailleurs qu'elle fut toujours très-bonne religieuse, et qu'elle « conserva une extrême décence personnelle dans ces lieux et ces par-

---

c'est-à-dire en tout 51,000 livres du temps, lui aurait fait présent de 255,000 francs de nos jours.

On ne saurait trop déplorer que de pareils cadeaux aient été faits l'année même où le duc de Lesdiguières, gouverneur du Dauphiné, écrivait à Colbert la fameuse lettre où il lui disait que « *la plus grande partie des habitants de la province n'avaient vécu pendant l'hiver que de pain de glands et de racines, et que présentement* (20 mai 1675) *on les voyait manger l'herbe des prés et l'écorce des arbres.* »

J'ai donné dans mon *Histoire de Colber*, p. 279, la lettre entière, d'après l'original autographe de la Bibliothèque impériale. Et qu'on ne croie pas qu'elle soit la seule de ce genre. Cent autres lettres de gouverneurs, d'intendants et d'évêques insistent sur l'affreuse misère des provinces à cette époque. Voltaire, qui n'y fait pas même allusion, aurait pu écrire sur ce sujet un chapitre formant un triste contraste avec ses brillants tableaux.

[1] Les cadeaux dont parle madame de Sévigné le prouvent bien.

ties où son habit en avoit si peu. » C'est probablement dans ce voyage que l'abbesse de Fontevrault connut Racine, Boileau, Segrais, Daniel Huet, madame de La Fayette. « Elle prenait un plaisir singulier, dit une de ses nièces, à voir les beaux ouvrages d'esprit... Les secrets de la philosophie, les règles de la morale, les profondeurs de la métaphysique et de la théologie, l'Écriture sainte (dont elle savoit marquer les textes) faisoient le sujet de ses entretiens avec les hommes les plus doctes, sans pourtant qu'il y eût jamais le moindre air d'affectation, donnant, pour ainsi dire, cette nourriture à son esprit pour entretenir et fortifier ses méditations, quand elle seroit retournée dans sa retraite[1]. » Son père étant mort le 26 décembre 1675, elle dut s'empresser de rentrer à Fontevrault, qu'elle avait quitté depuis sept mois. Quels souvenirs elle y portait, et le moyen d'écarter de sa pensée ce qu'elle avait vu et entendu dans un milieu si différent! D'autres nécessités la ramenèrent à Paris, notamment en 1679, en 1695, en 1700. On ne sait rien du voyage de 1679, mais tout porte à croire qu'elle avait été demandée par madame de Montespan dont la faveur touchait décidément à sa fin, et qui, pour comble de disgrâce, était soupçonnée par La Reynie, par Colbert, par Louvois, peut-être même par Louis XIV, d'avoir été en commerce avec les empoison-

[1] *Lettre circulaire,* etc.

neuses que jugeait en ce moment la Chambre de l'Arsenal[1]. Il y a des détails que l'on ignorera toujours ; mais les suppositions, les restitutions historiques sont permises, et, selon toutes les apparences, l'abbesse de Fontevrault, dans ses conversations avec Louis XIV, avec Colbert, dut effacer les préventions injustes et préparer les apaisements qui suivirent. Ce séjour à Paris (elle y était arrivée vers la fin de 1679), fut assez prolongé, car le 28 juillet 1680, madame de Sévigné se donne le malin plaisir d'informer sa fille que madame de Fontevrault a dîné chez l'abbé Testu. Six ans se passent, et l'abbesse mande à Segrais (8 juillet 1686), après l'avoir instamment prié de venir avec sa femme lui faire visite à Fontevrault[2] : « Je n'envisage point que je puisse aller à Paris, et il est bien certain que je n'irai jamais sans une vraie nécessité, qui est chose assez rare. » Dix ans après, cette nécessité s'était sans doute produite, car l'abbesse se trouvait à Paris, et nous savons par madame de Sévigné qu'en avril 1696, elle assista, avec mesdames de Coulanges et de Montespan, à un sermon du Père de La Ferté[5]. Le 8 juillet 1699, madame de Montespan écrit à la

[1] Voy. notre ouvrage *la Police sous Louis XIV*, chap. VII.

[2] On cite ce joli mot d'elle sur Segrais. En 1677, madame de Maintenon avait voulu lui confier l'éducation du duc du Maine. Retenu à Caen par des liens de famille, Segrais, qui ne se souciait pas d'aliéner de nouveau sa liberté, refusa, en prétextant un peu de surdité. L'abbesse de Fontevrault, qui aurait préféré le voir à la cour, dit à ce sujet : « Qu'à cela ne tienne, il ne s'agira pas d'écouter le prince, mais de lui parler. » (*Segraisiana*, p. 135.)

[5] Le Père Louis de La Ferté, second fils du maréchal de ce nom ; jésuite ; né en 1659, mort en 1752.

5

maréchale de Noailles : « Ma sœur est fort déter-
minée à ne point aller à Paris, et je ne combats pas sa
résolution. » Elle y vint néanmoins une dernière fois en
1700, après avoir longtemps résisté, pour un procès
qu'elle soutenait contre les évêques au Grand-Conseil.

Une femme d'un esprit léger, futile, qui eût trouvé
son plaisir dans les distractions et les relations mondaines, se fût à coup sûr dégoûtée de sa province et
eût mis tout en œuvre pour obtenir une grande abbaye
à Paris ou dans le voisinage. Au lieu de cela, l'abbesse de Fontevrault fit, à plusieurs reprises, on
le sait de source certaine par elle-même, exactement le contraire. « Le monde, écrivait-elle à Segrais,
le 27 avril 1686, attache le bonheur à des places où
l'on ne peut trouver ni repos, ni plaisir, sans quoi,
pourtant, je ne vois pas que l'on puisse être heureux. Je suis assez dans ce cas-là, et il est vrai,
comme on vous l'a dit, Monsieur, que je n'ai point
voulu en sortir. Ce n'est pas, comme vous voyez, que
je manque d'en connoître les inconvénients ; mais c'est
que j'en trouverois encore de plus grands à changer de
poste. Après avoir passé tant d'années dans celui-ci,
j'en tire le meilleur parti possible. Je m'accommode
mieux que beaucoup d'autres de la solitude ; je me
divertis à lire, à bâtir, à jardiner, et mes affaires m'occupent trop pour me laisser remplir tous ces goûts
jusqu'à la satiété, ce que je crois même qui ne m'arriveroit pas quand je m'en occuperois toujours. »

Nous avons enfin, sur ce point important, le témoignage de madame de Montespan écrivant le 21 octobre 1699, au sujet de sa sœur, à la maréchale de Noailles[1] :

« Vous avez su que le roi lui avoit offert autrefois Montmartre pour la rapprocher ; elle le refusa par scrupule, croyant devoir demeurer où elle étoit engagée. Depuis ce temps-là, sa charge est devenue bien pesante. L'édit de quatre-vingt-quinze[2] et l'abus qu'en font les évêques lui rendent son joug très-difficile à porter ; cependant, je ne crois pas qu'elle pût se résoudre à le quitter purement pour être à son aise ; et pour moi, je vous avoue franchement, qu'à sa satisfaction près pour laquelle je voudrois tout sacrifier, je l'aime beaucoup mieux à Fontevrault qu'à Montmartre. Quand on fuit de bonne foi, on aime mieux être loin que près, et j'ai même trouvé, dans le peu de temps que j'ai été à Paris, tant d'égards et de mesures à garder, surtout dans les apparences beaucoup plus que dans le fond, que la peine passoit beaucoup le plaisir. »

Mais, quelle que fût l'activité de sa correspondance, si nombreuses qu'on suppose les occupations que lui donnait l'administration de son Ordre, l'abbesse de Fontevrault savait encore se faire des loi-

---

[1] Marie-Françoise de Bournonville. mariée le 13 août 1671 à Anne-Jules, duc, puis maréchal de Noailles. de qui elle eut vingt-deux enfants ; morte à l'âge de quatre-vingt-treize ans. le 16 juillet 1748.

[2] Édit d'avril 1695, en cinquante articles, *portant règlement pour la juridiction ecclésiastique*. Isambert, *Recueil des lois anciennes*. t. XX.)

sirs, et elle en profitait pour se livrer à ces travaux intellectuels que, depuis son enfance, elle ne cessa d'affectionner. Elle avait écrit, vers 1674, pour répondre à une question posée, un petit morceau sur *la Politesse*, qui circula parmi ses amis, et dont madame de Sablé la remercia. Le mérite de cette composition, qui compte à peine quelques pages, ainsi qu'il convient pour un sujet de ce genre, et qu'elle était loin de surfaire, consiste dans les nuances, les demi-tons. Aussi bien est-elle de celles qui veulent être lues, comme les ouvrages faits pour les salons, sans y attacher d'importance, et dont le charme s'évaporerait à l'analyse[1]. Un écrivain qui paraît l'avoir connue a dit qu'elle faisait des vers excellents, mais qu'après une simple lecture, sa modestie les lui faisait jeter au feu[2]. De plus sérieux travaux, des ouvrages de piété et de morale, des maximes de conduite, (ce fut la grande mode de La Rochefoucauld à La Bruyère) l'occupèrent aussi. Enfin, les *Mémoires de Trévoux* de 1704 disent qu'elle avait traduit quelques livres de l'*Iliade*. « Voyez madame de Fontevrault et madame de La Sablière[3], écrivait Corbinelli[4] à Bussy,

---

[1] Nous la publions parmi les lettres, sous le n° 21, à l'année 1674.

[2] *Mémoires de Trévoux*, décembre 1704.

[3] Son nom était Hesselin ou Hessein; elle avait épousé Antoine Rambouillet de La Sablière. Très-connue par son amitié pour La Fontaine. Après une intrigue avec La Fare, qui fit du bruit, elle se retira aux Incurables, où elle mourut le 8 janvier 1693.

[4] D'une famille originaire de Florence. Son père avait été secrétaire du maréchal d'Ancre. On connaît son intimité avec madame de Sévigné et Bussy. Mort en 1716, dans un âge très-avancé.

le 30 juillet 1677 : elles entendent Homère comme nous entendons Virgile. » On prétend aujourd'hui que l'abbesse de Fontevrault ne comprenait le grec qu'à l'aide d'une version latine, et qu'elle aurait dû se servir de celle de Marsile Ficin, pour la traduction du *Banquet* de Platon que l'abbé d'Olivet lui a attribuée en 1732 [1]. Ce qu'on peut affirmer, c'est que les contemporains la croyaient assez savante pour lire Homère et Platon dans l'original [2]. Cela dit, la traduction du *Banquet* n'en serait pas moins, dans la vie de la docte abbesse, si le fait est vrai, une singularité incompréhensible, un des signes particuliers du temps. Nous n'avons pas à nous étendre sur cette œuvre où des conversations sur l'*Amour* servent de prétexte à la glorification de Socrate. Quant aux détails, il faut bien reconnaître qu'ils sont plus d'une fois intraduisibles, et, quel que soit le prestige de Platon, on a de la peine à admettre qu'une abbesse chargée de l'administration de soixante couvents et dont la vertu n'a

[1] C'est M. Cousin qui dit (*Œuvres de Platon*, t. VI, p. 411) que l'abbesse de Fontevrault avait traduit le *Banquet* sur le texte latin de Ficin, *et qu'elle ne connaissait pas le moins du monde l'original.*

[2] Voici encore, à l'appui de cette assertion, une note écrite en 1697 par un anonyme : « Ce fut par le crédit de madame de Montespan, sa sœur, maîtresse de Louis XIV, que madame l'abbesse, en 1670, eut cette abbaye, il y a vingt-sept ans. Cette abbesse a bien de l'esprit et *sait les langues ;* est savante en philosophie, théologie, histoire, etc. » (Arch. de l'Empire. L. 1,019.)

On lit, d'autre part, dans la *Lettre circulaire* à l'occasion de sa mort, qu'en 1665, c'est-à-dire à l'âge de dix-neuf ans, « elle commença d'étudier la langue grecque, ce qu'elle a continué à Fontevrault, et que, pour lire le *Nouveau Testament* en original, à quoi elle ne manquoit aucun jour, elle prit même quelque teinture de la langue hébraïque. »

jamais été sérieusement suspectée, se soit attaquée à
un dialogue dont on a dit avec raison qu'il s'y trouve
tels passages *qu'une femme lira même difficilement*[1].
Ajoutons que rien ne démontre péremptoirement que
l'abbesse de Fontevrault ait traduit le *Banquet* soit en
entier, soit par fragments, l'authenticité d'une lettre de
Racine à Boileau, seule preuve à l'appui produite jusqu'à
présent, étant contestée par les fils mêmes de Racine[2].

Retournons à sa correspondance, car c'est elle qui
nous fournit les plus précieux éléments de cette biographie où, par bonheur pour celle qui en est l'objet, les aventures et les accidents font complétement
défaut. Quelques lettres nous mettent au courant
de ses goûts, de ses prédilections, de ses sympathies.
Au sujet des affaires sérieuses qu'amène chaque jour
l'administration des nombreux couvents de son Ordre,
elle écrit à Segrais : « Il est honnête de n'être pas tout
à fait inutile dans le monde. » Et elle ajoute aussitôt :
« Le commerce avec mes amis est ma consolation
la plus sensible, et vous jugez bien, Monsieur, à quel
rang je mets celui de madame de La Fayette. On
trouve en elle tous les esprits avec une attention, une
exactitude et une sûreté qui n'est assurément pas ordinaire. Vous connoissez tout ce mérite-là pour le moins
autant que moi, et vous n'en êtes pas moins touché.

---

[1] Victor Cousin, *OEuvres de Platon*, t. VI. p. 412.

[2] Voy. une étude spéciale que nous publions sur ce sujet à l'Appendice,
pièce n° 1.

Vous avez de plus le plaisir de la voir tous les ans, et c'est ce que je vous envie. » Revenant, l'année suivante, sur madame de La Fayette, elle dit encore : « Je suis toujours contente d'elle au dernier point ; elle m'écrit plus exactement que personne, et avec une attention d'autant plus agréable qu'on ne doit pas se la promettre dans un éloignement où l'on n'envisage point de fin. Comme vous avez souhaité de tout temps de nous voir unies, je crois devoir vous rendre un compte exact du bon succès qu'ont eu vos désirs à cet égard. » N'omettons pas un détail qui a son intérêt. En 1686, Segrais avait entrevu à Paris madame de Montespan qu'il trouva encore belle, et il en fit compliment à l'abbesse de Fontevrault : « Je ne manquerai pas, répondit-elle, de lui faire savoir ce que vous m'avez mandé de la beauté des deux petits princes et de la sienne. Je suis certaine que cela lui fera un très-grand plaisir. » Enfin, la correspondance avec Segrais se termine en 1699 par cette agréable peinture de la vie qu'on mène à Fontevrault : « Il me paroît que toutes les personnes avec qui j'ai à vivre ont de l'amitié pour moi. J'ai la compagnie de ma sœur au moins la moitié de l'année, et cela en attire encore d'autres qui peuplent assez ce désert pour lui ôter la tristesse que pourroit causer une solitude trop grande et trop continuelle. »

CHAPITRE IV

Plus gracieux que grave, plus affectueux qu'élevé, le ton des lettres de l'abbesse de Fontevrault a parfois cependant de la noblesse sans recherche, et une certaine dignité sans affectation. Une réponse au Père Rapin[1]

---

[1] Le Père Rapin (René), né à Tours en 1621, auteur d'un grand nombre d'ouvrages, notamment d'un poëme sur *les Jardins*, très-estimé; cor—

a particulièrement ce caractère et tranche sur l'ensemble. Le prince de Condé venait de mourir. Le révérend Père ayant écrit à madame de Fontevrault à la suite de cette mort qui fut un événement, elle lui répondit avec une simplicité qui a sa grandeur : « Si nous ne pensons à cette éternité dont vous avez si bien écrit et dont vous paroissez toujours occupé, ce n'est pas faute d'être souvent avertis par de tristes expériences du néant de toutes les choses de la terre. Rien ne le prouve mieux que d'avoir vu disparoître un homme comme feu M. le Prince. Sa naissance et son mérite lui faisoient occuper tant de place dans le monde qu'on s'imaginoit naturellement qu'il y tenoit plus fort que les autres. L'étonnement que l'on sent de la mort de ces gens-là est une preuve que l'on est dans cette erreur sans s'en apercevoir. »

De même, écrivant à l'évêque d'Avranches[1], avec qui elle fut, pendant plusieurs années, de concert avec madame de Montespan, en commerce littéraire, elle dira : « Les années, qui amènent tant de mauvaises choses, en amènent aussi de bonnes; elles donnent une attention plus scrupuleuse sur l'acquit des devoirs qu'on ne l'a dans la jeunesse. En les examinant

respondant de Bussy-Rabutin et fort mêlé au mouvement littéraire de son temps. Mort à Paris le 27 octobre 1687. — M. Léon Aubineau a publié récemment trois volumes in-8° intitulés *Mémoires du Père Rapin*. Ces mémoires sont particulièrement relatifs à la question du jansénisme.

[1] Paul-Daniel Huet, né en 1630, sous-précepteur du dauphin en 1670, évêque de Soissons, puis d'Avranches; mort à Paris en 1721.

de plus près, on les trouve plus étendus , et il est vrai aussi que ceux qui sont attachés à ma charge se sont multipliés réellement depuis quelques années. Plusieurs supérieures ont fait la même remarque par rapport à leur emploi, et soutiennent que le gouvernement est devenu plus difficile depuis quinze ou vingt ans, qu'il ne l'étoit avant ce temps-là. Je vais vous dire à quoi je m'en prends, au hasard que vous vous moquiez de moi. Je me suis imaginé que ces livres de Hollande qui ont inondé le monde depuis quelques années, et qui se sont glissés dans les cloîtres comme ailleurs, ont répandu des doutes et des demi-connoissances , dont les petits esprits n'ont pu tirer d'autre fruit que de se croire capables de juger de tout èt de regarder la soumission aux lois comme un effet de la foiblesse et de l'ignorance où ils vivoient avant ces belles découvertes. Mandez-moi, je vous supplie, Monsieur, ce que vous pensez là-dessus. »

La lettre de l'abbesse de Fontevrault sur l'entrée clandestine des pamphlets de Hollande jusque dans les couvents de femmes et sur les germes d'insubordination qu'ils y introduisaient, devra compter désormais, venant de telle source, dans l'appréciation de l'état des esprits au dix-septième siècle. Nous avons encore, en ce qui touche la discipline des couvents, plusieurs lettres de direction qui sont des plus instructives. Dans la première en date (28 mai 1674), elle se plaint *du peu de soumission* de quelques religieuses, des malignes interprétations qu'elles donnent à ses desseins, des cabales pour l'élection des mères prieures, des incessantes demandes de sorties, des infractions à la règle qui n'autorise les confesseurs extraordinaires que huit fois l'année, infractions où elle voit *un véritable libertinage d'esprit.* Ces recommandations, qui n'étaient pas les premières, furent renouvelées bien des fois, notamment en 1677, en 1681, en 1684, en 1686. La lettre circulaire de 1677 déplorait les médisances, les querelles, le peu d'union des religieuses. « Ce qu'il y a de plus criminel dans cette conduite, disait-elle, c'est que la plupart font passer jusqu'au dehors ces aigreurs et ces médisances, et scandalisent les séculiers. » Elle défendait de plus *la mondanéité dans les habits et les chaussures,* moyen infaillible de se rendre désagréable à Dieu et ridicule aux yeux du monde. La lettre de 1681 était plus explicite encore. Elle renfermait les ordres les plus sévères sur les sorties fréquentes, la disposition des parloirs et des grilles, l'entrée au couvent des gens d'affaires et des ouvriers. Insistant sur certains points délicats, l'abbesse disait : « Les longs entretiens avec les confesseurs, surtout quand ils sont jeunes, ne doivent nullement être soufferts, si ce n'est à leurs confessionnaux. Nous en chargeons les consciences des mères prieures et de nos vicaires. — Nous ordonnons la simplicité et l'uniformité dans les habits et les coiffures. » En même temps, elle proscrivait absolument aux pères

confesseurs le plaisir de la chasse qui est, disait-elle,
si scandaleux[1]. Les trop fréquentes visites au parloir et
la multiplicité des directeurs furent l'objet principal
de la circulaire de 1684. Enfin, celle de 1686 s'éleva
de nouveau très-longuement contre les autorisations
de sorties accordées sans nécessité absolue, et énuméra
les seules maladies pour lesquelles les religieuses
pourraient se faire traiter hors du couvent. C'était la
paralysie, l'épilepsie, l'apoplexie, les cancers, etc.

Cette question des sorties occupa, dans la vie administrative de l'abbesse de Fontevrault, une place si
considérable et lui suscita, du premier jusqu'au dernier jour, de si graves embarras, sans parler d'un
nombre infini de procès pour lesquels elle écrivit,
d'une plume mâle et vigoureuse, maints mémoires et
factums que nous avons retrouvés, qu'il est indispensable d'entrer à ce sujet dans quelques détails. Elle
avait eu, dès 1672, une difficulté sérieuse avec l'évêque de Saint-Flour[2], à cause de la défense faite par lui
aux prêtres de son diocèse de donner la communion

[1] Son ami Huet n'était pas si *scrupuleux*. En effet, cinq ans après,
alors qu'il était évêque de Soissons, le roi, « voulant favorablement le
traiter, lui permit, sur sa demande, de chasser ou faire chasser à toutes sortes de gibier, et pour cet effet, porter arquebuses et autres armes
à feu dans l'étendue des garennes, terres et seigneuries dépendant de
l'évêché de Soissons. » (Arch. de l'Empire, *Registre du Secrétariat.*
O. 50, fol. 581.) S'agissait-il seulement pour Huet de *faire chasser*, et
ne tenait-il pas plus à manger le gibier qu'à le tuer? Je ne me charge
pas de décider.

[2] Jérôme de La Motte-Houdancourt, évêque de Saint-Flour en 1661,
mort le 29 mai 1693, à soixante-seize ans.

aux religieuses sorties de leur couvent sans sa permission et d'absoudre quiconque, ecclésiastique ou régulier, aurait pénétré de même dans un couvent de religieuses, de l'excommunication encourue par ce seul
fait. Comme des couvents relevant de Fontevrault se
trouvaient dans le diocèse de Saint-Flour, l'abbesse
protesta contre la décision de l'évêque, par le motif
que les constitutions de son Ordre, les bulles des papes
et les lettres patentes de plusieurs rois autorisaient ces
entrées et ces sorties en vertu de sa permission accordée dans des conditions déterminées. L'affaire fut
portée au Conseil des dépêches qui la renvoya au Grand-
Conseil, tout en stipulant que, provisoirement, les
bénédictines du diocèse de Saint-Flour jouiraient de
leurs anciennes immunités[1]. Prévoyant un échec,
l'évêque n'insista pas; mais la question se représenta
bientôt sous diverses formes. Une autre fois (1684)
c'est l'évêque de Poitiers[2], qui s'érige en réformateur des bénédictines de son diocèse, sous prétexte
que leur discipline est trop relâchée, à quoi l'abbesse
de Fontevrault répond finement que celle des séminaires est incomparablement moins sévère, et qu'il ferait
bien mieux, au lieu d'empiéter sur les droits d'au-
trui, de vivre en paix avec son chapitre. L'évêque de
Poitiers invoquait, il est vrai, une bulle de quatre
cents ans, mais cette bulle n'avait jamais été exécutée,

[1] Arch. de l'Empire. *Arrêts de* 1672. E. 1766, fol. 57.
[2] De La Hoguette; il devint plus tard archevêque de Sens.

et l'abbesse en opposait une autre en vigueur depuis
six cents ans. Cependant, alarmée, inquiète, ne voulant pas laisser amoindrir son autorité, sans nouvelles
d'un mémoire que madame de Montespan s'était chargée de remettre au roi, elle lui écrivit directement, se
jeta à ses pieds, implora sa justice, sa bonté, alléguant
par-dessus tout que la moindre diminution des priviléges de son Ordre « lui seroit si funeste qu'elle en dé-
truiroit l'institut, la dignité singulière, la paix et la
soumission.»

Une nouvelle lettre à Louis XIV, du 26 septembre
1696, prouve qu'elle avait eu gain de cause en 1684;
mais, dans l'intervalle, un fait grave s'était passé et la
situation était singulièrement changée. Au mois d'avril
1695, un édit en quarante-neuf articles, nécessité sans
doute par des circonstances impérieuses, avait réglé la
juridiction ecclésiastique, et renouvelé d'une manière
expresse les dispositions d'anciennes ordonnances concernant la discipline des couvents. Or, l'édit portait
qu'aucune religieuse ne pourrait sortir d'un monastère
ou y entrer, sous quelque prétexte et pour si peu de
temps que ce fût, sans la permission écrite et motivée
de l'archevêque ou évêque diocésain[1]. Ajoutons que
l'édit de 1695 avait été inspiré par le premier prési-

---

[1] Déjà l'article 31 de l'ordonnance des états de Blois de 1579 portait
« qu'aucune religieuse ne pourroit sortir de son monastère pour quelque temps et sous quelque couleur que ce fût, si ce n'est pour cause
légitime approuvée de l'évêque ou supérieur, *et ce, nonobstant toutes
dispenses et priviléges au contraire.* »

dent de Harlay à qui l'archevêque de Reims[1], le bouil-
lant et remuant Le Tellier, écrivit à cette occasion
(21 mars 1695) : « J'ai lu avec un très-grand plaisir
l'édit concernant la juridiction ecclésiastique. C'est
une pièce achevée dont l'Église vous aura d'éternelles
obligations. Quand je ne saurois pas la part que vous
y avez dans ce temps-ci et dans celui de feu mon
père, je vous aurois reconnu dans cet édit, car il n'y
a que vous en France qui soyez capable de faire un tel
ouvrage[2]. »

On voit par là contre quels adversaires l'abbesse
avait à lutter. A la date où nous sommes, en 1696,
c'est l'archevêque de Reims qui a entrepris de mettre
l'Ordre de Fontevrault à la raison, et, comme beaucoup d'autres prélats font cause commune avec lui,
la lutte est devenue encore plus vive. Poussée à bout,
l'abbesse a de nouveau recours au roi, et elle s'écrie :
« Faudra-t-il donc voir périr entre mes mains des
priviléges qui ont subsisté depuis tant de siècles ?
Cette décadence s'attribueroit à mon indignité personnelle, qui en effet auroit dû l'attirer, si Votre Majesté, en m'élevant à une place si au-dessus de moi,
n'avoit bien voulu suppléer à tout ce qui me manque
pour la soutenir. Ce n'est que par là que j'ai conservé jusqu'ici ce que j'ai reçu des princesses à qui j'ai l'honneur

---

[1] Charles-Maurice Le Tellier, frère cadet de Louvois; archevêque
de Reims en 1671, mort en 1710, âgé de soixante-neuf ans.
[2] Depping, *Correspondance administrative sous Louis XIV*, t. IV,
p. 135.

de succéder, et si ce secours me manque, il est impossible que j'évite la honte dont Votre Majesté s'est en quelque façon engagée à me garantir. Je n'éviterois pas non plus un malheur plus essentiel, qui seroit de perdre l'estime et la confiance des personnes que je gouverne, et ainsi de ne pouvoir plus les conduire avec succès. »

Quelques années se passèrent pendant lesquelles l'affaire parut, sinon réglée, du moins assoupie ; elle se rengagea plus vivement que jamais en 1701[1]. De ce moment jusqu'à la fin de sa vie qui ne devait guère se prolonger, l'abbesse de Fontevrault fut sur la brèche, à la défense de ses chers priviléges. Dans une lettre au roi du 19 novembre, elle demande la permission de plaider contre les évêques. Elle ne s'était pas défendue, disait-elle, cinq ans auparavant, contre l'archevêque de Reims, et avait laissé rendre un arrêt par défaut pour ne pas déplaire au roi en paraissant s'élever contre l'édit de 1695 ; mais d'autres privilégiés, chefs d'Ordre comme elle, avaient depuis soutenu leurs droits, et si elle restait inactive pendant qu'ils faisaient l'impossible pour les maintenir, *cette inaction seroit une tache, non-seulement à sa vie, mais encore à sa mémoire.* Un curieux aveu lui échappe d'ailleurs

---

[1] Cependant la *Bibliothèque historique* du Père Lelong mentionne un *Arrêt du Parlement qui déclare abusive la permission donnée par l'abbesse de Fontevrault à sa sœur* (? *de sortir de la clôture de son prieuré.* (Paris, 1700, in-4°.) Je n'ai pu découvrir cet arrêt. Les mémoires et factums de l'abbesse de Fontevrault n'en font pas mention.

dans cette lettre, au sujet des priviléges auxquels l'édit de 1695 voulait mettre un terme. « *Peut-être*, dit-elle, *auroit-il plus été dans l'ordre qu'ils n'eussent jamais été accordés* ; mais, dans l'état où ils sont, les atteintes qu'ils souffrent sont souvent cause que la charité est blessée, sans que la discipline monastique en reçoive nul accroissement... » A l'entendre, la nécessité pour les religieuses d'obtenir l'agrément des évêques ne remédiera pas aux abus des sorties. « Ces messieurs, ajoute-t-elle, ne connoissant point par eux-mêmes les religieuses qui ont besoin de sortir, ils s'en rapportent, comme de raison, au jugement de leur supérieur naturel. Il arrive donc seulement que la religieuse sort avec deux permissions, au lieu qu'auparavant elle n'en avoit qu'une ; *mais la sortie n'en est pas pour cela plus mesurée, ni moins longue.* » Ce raisonnement était-il bien juste, et ne devait-on pas croire au contraire qu'une double appréciation des motifs invoqués pour justifier les sorties en réduirait le nombre ?

En attendant, les lettres succédaient aux lettres, les mémoires aux mémoires. Et non-seulement l'abbesse de Fontevrault s'adresse au roi et à madame de Maintenon, dont la protection est toute-puissante ; elle sollicite la duchesse de Nevers[1], sa nièce, qui, grâce

---

[1] Diane-Gabrielle de Damas de Thianges, mariée en 1670 au duc de Nevers. — On a dit (que ne disait-on pas à la cour ?) que madame de Thianges, sa mère, et madame de Montespan avaient voulu la *donner* à Louis XIV pour contre-balancer d'autres influences. Madame de Caylus, qui parle aussi de ces bruits, ajoute candidement : « *Au défaut du roi, elle se contenta de M. le Prince.* »

à sa beauté et au crédit dont elle jouit, peut lui
être utile. Informée qu'un conseiller d'État, rapporteur de l'affaire, M. de Pommereu[1], est hostile au
maintien des priviléges, elle lui écrit une lettre des
plus pressantes. Enfin, redoutant la décision du Grand-
Conseil, elle supplie le roi (janvier 1702) de décider
que l'affaire sera jugée *par des commissaires*. Un mémoire considérable fut alors produit en son nom ; il
n'est pas signé, mais on peut affirmer qu'elle en est
l'auteur : une dialectique serrée règne d'un bout à
l'autre, et le plus habile avocat ne le désavouerait pas[2].
L'abbesse de Fontevrault prouve, par des citations irré-
futables, que des bulles nombreuses constamment
en vigueur depuis six cents ans ont reconnu aux supérieurs et chefs d'Ordre le pouvoir de statuer, à l'ex-
clusion de l'autorité diocésaine, sur les sorties des
religieuses et l'examen des novices. En ce qui concerne le premier point, elle invoque plusieurs décisions des plus explicites, notamment un arrêt du
Grand-Conseil du 11 mars 1695 *rendu après douze audiences de plaidoirie* (un mois avant l'édit), et statuant,
conformément à ses prétentions, dans un cas tout à fait
semblable. « Depuis six cents ans que l'ordre de Fontevrault subsiste, dit-elle en terminant, MM. les Évêques
n'ont point donné la permission de sortir, ni examiné

---

[1] Jean-Baptiste de Pommereu ou Pommereuil, marquis de Ryceis.
[2] On lit dans la *Lettre circulaire* écrite aux couvents de l'Ordre, à
l'occasion de sa mort : « Elle faisoit elle-même des mémoires et des
écrits excellents qui instruisoient et persuadoient les juges. »

les novices, et l'on n'a pas vu que les sorties qui se
sont faites aient causé plus de scandale, qu'on ait reçu
plus de mauvais sujets, ni vu plus de réclamations dans
les monastères qui le composent que dans ceux qui
sont gouvernés par MM. les Évêques. Ainsi, il est beaucoup mieux de laisser les choses comme elles ont toujours été, conformément aux saints canons et aux lois
de l'État, que d'introduire une nouvelle disposition capable de troubler la paix, le repos des consciences et
le bon ordre de l'Église. »

Le moment était critique. Les évêques avaient pour
eux le droit nouveau, les dernières ordonnances, l'o-
pinion, et ce qu'ils demandaient s'exécutait sans contestation en Italie. Il fallait donc, ou tout était perdu,
obtenir ce jugement par commissaires, seule chance
de salut qui restât. L'abbesse de Fontevrault eut
recours à celle qui pouvait tout, à madame de Maintenon. Elle l'avait connue dans ses séjours à la cour,
et leur liaison avait résisté aux tourmentes qui amenèrent la disgrâce de madame de Montespan. Diverses
lettres de la rivale préférée prouvent qu'elle avait pour
notre abbesse un véritable attachement, et qu'il en
était de même du roi.

« Je n'ai jamais changé de sentiment pour vous, lui
écrivait-elle en 1686 ; vous avez touché mon goût et
rempli mon estime ; j'ai cru ne pas vous déplaire, et
tout cela, Madame, a subsisté dans tous les temps et
subsistera toujours. Mais je vous demande en grâce de

me traiter comme vous me traitiez et de m'estimer
assez pour croire que ce que la fortune fait en ma faveur ne m'a point gâtée... J'ai dit au roi les chagrins
que ses maux vous donnent et la joie que vous sentez
du retour de sa santé. Il paroît qu'il compte fort sur la
sincérité de vos protestations, et qu'il y a entre vous et
lui une intelligence particulière et fort indépendante.
Comptez, Madame, qu'il se porte bien, qu'il est très-
gai, et que vous êtes mal avertie si vos nouvelles portent qu'il s'ennuie. Que j'ai de pente à causer avec
vous, et que je le ferois de bon cœur et bien franchement ! »

Cette jolie lettre, une des plus affectueuses qu'ait
écrites madame de Maintenon, donne le ton des relations qui s'étaient établies entre elle et l'abbesse de
Fontevrault. On peut croire que celle-ci les exploita
habilement quand elle vit les priviléges de son Ordre
menacés. Nous n'avons pas les suppliques ; mais
les réponses sont là, et elles suffisent pour faire
juger des efforts tentés de ce côté. Les premières
allusions à ces affaires datent de 1692. Le roi a reçu
la lettre de l'abbesse et l'a portée plusieurs jours
sur lui pour en parler au chancelier. Il lui en a enfin
parlé ; il paraît d'ailleurs qu'il veut écrire lui-même.
Neuf ans plus tard (avril 1701), madame de Maintenon a remis une autre lettre au roi qui y répondra.
Puis, au mois de décembre : « Le roi a lu votre lettre
avec attention ; il trouve bon que vous disiez vos rai-

sons à M. le Chancelier; loin de vous retrancher ce
qui est permis aux autres, il vous accorderoit volontiers par son inclination ce qu'il refuseroit au reste
du monde. » Les dernières lettres manquent. Quoi
qu'il en soit, l'abbesse de Fontevrault finit par obtenir, grâce sans doute à l'intervention de madame de
Maintenon, que son affaire avec les évêques fût jugée
par commissaires. Voici en effet, ce qu'on lit dans une
note écrite en 1703 par un de ses amis.

« MM. les Évêques de France voyant, en octobre
1703, que le bureau des conseillers d'État *commis-*
saires n'étoit pas favorable pour eux, touchant le
procès qu'ils ont intenté à madame de Fontevrault et
autres chefs d'Ordre, au sujet de la juridiction sur les
religieuses qui dépendent d'eux, ils ont prié instamment M. le Chancelier que l'affaire ne fût point jugée,
prétendant par là se maintenir dans le droit qu'aucune religieuse ne peut sortir de son monastère sans
leur permission[1]. »

Singuliers procédés en vérité! Non-seulement les ju-
ridictions étaient innombrables et, dans beaucoup de
cas, déterminées par les fonctions ou le rang hié-
rarchique des justiciables; mais l'une des parties
pouvait, si elle était bien en cour, obtenir d'être
jugée par des commissaires que le roi ou le ministre
désignait. Que faisait alors la partie adverse? Son uni-

---

[1] Archives de l'Empire. *Monuments ecclésiastiques.* — viii. *Couvents*
de femmes, L. 1, 019. — Feuille volante, recto.

que ressource était de solliciter un ajournement qui
laissât les choses en l'état, et l'on voit qu'il ne lui
était pas refusé quand elle avait aussi quelque crédit
et que sa requête était appuyée en haut lieu. Quelle
confusion! quel arbitraire! quel mépris de la justice et
du droit!

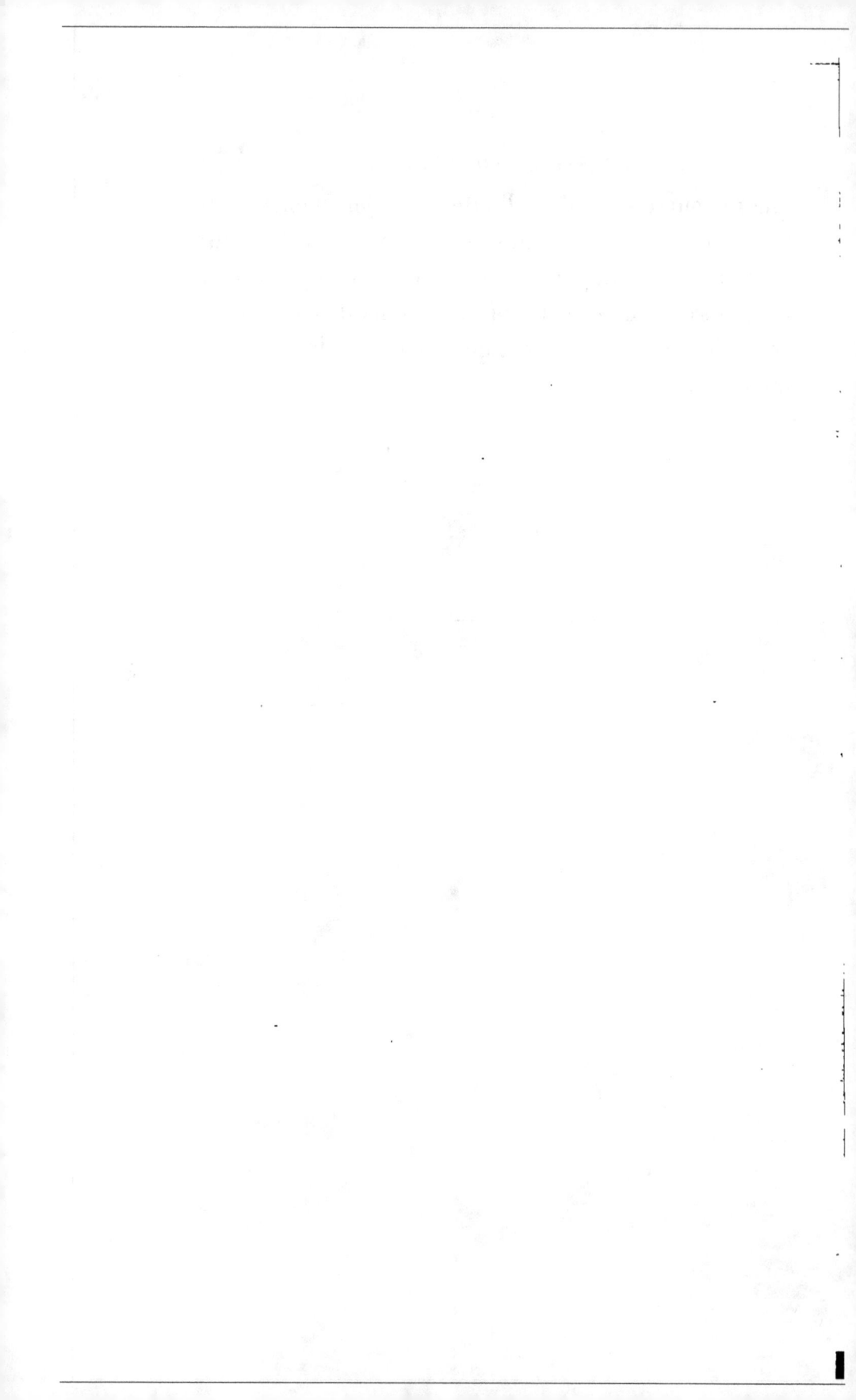

CHAPITRE V

On peut se représenter maintenant quelle était, vers la fin du dix-septième siècle, la vie d'une abbesse

4

de Fontevrault, les graves affaires à régler, les procès à soutenir pour le maintien des priviléges ou
pour d'autres motifs, procès qui ne furent point particuliers à la gestion de Gabrielle de Rochechouart,
car ils se renouvelaient sans cesse depuis la fondation de l'Ordre, et ils ne finirent qu'à sa suppression[1]. Des contestations fréquentes avaient mis plus
d'une fois en péril l'œuvre de Robert d'Arbrissel.
Non-seulement les religieux, mais encore maints couvents de femmes fondés dans le royaume d'après la règle
de Fontevrault, avaient essayé de se soustraire au commandement de l'abbesse du grand moûtier. Soutenue
par les papes, protégée par les rois de France bien aises
de disposer d'une si grande abbaye, et qui, dans l'espace de cinq siècles, y avaient appelé quinze personnes de leur maison, la générale de l'Ordre finit par
triompher de toutes les cabales, et à partir du dix-
septième siècle, son autorité fut, sous ce rapport, in-
contestée. C'est alors que des prétentions d'une autre
nature avaient surgi. On a vu les difficultés qu'elles
suscitèrent à Gabrielle de Rochechouart, et comment
madame de Maintenon l'aida à les surmonter. Une fois
délivrée de ce qu'elle appelait la persécution des évêques, la direction des âmes et les affaires administratives l'absorbèrent uniquement. Des papiers qu'on
pourrait dire officiels établissent qu'il y avait en 1700,

___

[1] On en trouve la trace persistante dans la *Bibliothèque historique*
du Père Lelong.

dans chacun des trois couvents de femmes de Fontevrault, cent religieuses. A quelques pas de là, se for-
maient, dans une sorte de séminaire, les confesseurs et
les directeurs des soixante maisons de l'Ordre[1]. Nous
savons encore que l'abbesse consacrait la nomination
des prieures régulièrement élues ou en commettait
d'autres à leur place, donnait seule la permission de
sortir, déplaçait au besoin les religieuses, autorisait
les vêtures, les professions, faisait examiner les novices, réglait les dépenses. Une fois l'année, les couvents étaient inspectés par un des quatre vicaires
visiteurs nommés par elle pour trois ans. C'est aussi
tous les trois ans qu'ils députaient à Fontevrault
le confesseur ou le visiteur de la province, et qu'à
la majorité des voix, l'un d'eux était chargé d'in-
specter le chef-lieu de l'Ordre[2]. A cette occasion, un
chapitre avait lieu. L'abbesse y faisait lire les ordonnances ou règlements projetés, et l'on discutait les
affaires générales. Il résulte d'un autre document
contemporain qu'elle nommait, changeait ou mainte-
nait à son gré les religieux confesseurs, lesquels ne
restaient en fonctions qu'autant qu'il lui plaisait,
quantum nobis placuerit. Un mémoire de l'abbesse elle-
même dit enfin « qu'on entretenoit dans l'Ordre la

---

[1] La *Circulaire nécrologique* de 1704 dit soixante en tout; une note
manuscrite du carton L, 1019 des Archives de l'Empire parle de 65,
en 1700.

[2] Un autre document porte que cette inspection devait être faite par
un religieux n'appartenant pas à l'Ordre même de Fontevrault.

liaison et la correspondance de tous les corps politiques. » Ajoutons, pour achever de donner une idée
de la déférence due à son rang, que les religieux et
religieuses faisaient, en passant devant elle, une gé-
nuflexion[1].

Il faut évidemment se méfier des panégyriques, mais
il y a dans les panégyriques mêmes des faits dont la
vérité ne peut être mise en doute. Celui de l'abbesse de
Fontevrault constate· qu'elle prononçait non-seulement des instructions, mais encore des sermons, à la
manière des meilleurs prédicateurs ; qu'à une assemblée générale, elle en fit un des plus remarquables
sur *la dignité du sacerdoce;* qu'on accourait de très-
loin à ses discours de vêture ; que ses exhortations
aux religieuses mourantes étaient d'une onction irrésistible, et ses lettres circulaires, à l'occasion de
la mort de ses religieuses, des modèles de narration
simple et naturelle. Frappé de l'excellence de ses
règlements, Bossuet en avait demandé des exemplaires « pour y apprendre, disait-il, à gouverner les
religieuses de son diocèse. » Si absorbée qu'elle fût,
l'abbesse de Fontevrault s'était chargée de l'éducation
de ses nièces et de quelques parentes. Une de ses
préoccupations principales était de leur donner le goût
de la lecture, « afin de dissiper, disait-elle, les dangereuses chimères qui s'emparent d'un esprit vif et

[1] Arch. de l'Empire, L. 1,019. *Couvents de femmes. Notes et papiers divers.*

oisif. » Doit-on s'étonner qu'une personne aussi éclairée
ait été en même temps d'une réserve et d'une mesure
extrêmes en ce qui touchait le chapitre des vocations ?
« L'abbesse de Fontevrault n'a pas pris la tyrannie des
religieuses qui veulent arracher les filles à leurs parents... Elle passe pour sainte dans la province; je
vous fais cette confidence-là. » Sait-on qui écrivait de
la sorte? Madame de Montespan elle-même qui, dans
son ardeur de prosélytisme (il faut s'attendre à tout
des natures passionnées), persécutait la maréchale de
Noailles pour lui faire mettre deux de ses filles à Fontevrault.

Élevée et agrandie à diverses époques par la libéralité des abbesses, des seigneurs de la contrée et
des princes Plantagenets, que secondait l'active coopé-
ration des fidèles, cette abbaye offrait le curieux et
intéressant spectacle des divers ordres d'architecture
tour à tour en faveur depuis sa fondation. La forme
byzantine, l'art roman et l'art gothique, le style Renaissance y étaient représentés dans leurs évolutions
principales. Pendant longtemps, on s'était borné à
des accroissements. La belle église abbatiale, dont
la nef se distinguait par quatre coupoles à pendentifs disposées avec un art parfait[1], avait été commencée en 1101. Terminée vers 1120, elle avait
successivement reçu les tombeaux de Robert d'Ar-

[1] *Dictionnaire raisonné de l'Architecture française du onzième au treizième siècle*, par M. Viollet-le-Duc, t. I, p. 171.

1.

brissel, de Henri II Plantagenet, de Richard Cœur de lion, de Jeanne d'Angleterre, d'Éléonore d'Aquitaine, de Raymond VII et d'Isabelle d'Angoulême. Les cloîtres, les réfectoires, la salle du chapitre avaient suivi, portant chacun le cachet du temps. Le moment vint où quelques abbesses, prises d'un beau zèle, songèrent à changer, corriger, enjoliver ce qui existait. Le malheur voulut que les principaux remaniements fussent faits vers le milieu du dix-septième siècle alors que les administrateurs et les architectes démolissaient, véritables iconoclastes, les chefs-d'œuvre de l'art gothique, et que d'illustres prélats croyaient faire œuvre pie en encourageant ces dévastations sacriléges, pour la plus grande gloire de l'architecture des jésuites, dont les églises de Notre-Dame des Victoires et de Saint-Thomas d'Aquin offrent aux Parisiens de si charmants modèles! La première violation avait eu lieu en 1504 par l'abbesse Renée de Bourbon qui, pour réaliser quelques modifications intérieures, déplaça maladroitement les tombeaux des Plantagenets. Envahie au mois de juillet 1562 par les huguenots, l'abbaye fut profanée, dévastée et mutilée. La tourmente religieuse passa, mais les dégradations ne s'arrêtèrent pas. Louise de Bourbon s'était contentée, dit un historien contemporain, « d'embellir le grand autel et ses appartenances d'une riche et magnifique architecture. » Nous ne connaissons que trop, hélas! ces embellissements qui font un si fâcheux contraste avec le style des monuments gothiques. Il fallait faire cesser la dissonance. « En effet, dit agréablement le même historien en parlant de deux tombeaux des Plantagenets, ces deux ouvrages de pierre, quoique insensibles, étoient néanmoins touchés, ce sembloit, de quelque sentiment de honte à la vue d'une face si riante et si agréable comme est celle de ce grand autel. Ils attendoient quelque main favorable qui essuyât cette pudeur et les relevât de cette honte en élevant sur leurs fondements quelque somptueuse structure de bâtiment. » Jeanne-Baptiste de Bourbon (c'était la fille naturelle de Henri IV) se chargea de ce soin. Comme les livres et les hommes, les monuments ont leur destinée, dans laquelle le fanatisme, l'incurie et la sottise, jouent un plus grand rôle que les ravages des siècles[1]. A la place de ce qu'on appelait le *cimetière des rois*, Jeanne de Bourbon fit faire des arcades ; elle bouleversa les cendres royales, éleva un mausolée commun où se dressèrent quatre statues juxtaposées. Ce ne fut pas tout. Deux anciens groupes ne pouvaient tenir sous les arcades nouvelles et embarrassaient le chœur ; elle les remplaça par deux statues en marbre blanc. Une épitaphe, éclatant témoignage de son ignorance, couronna l'œuvre[2].

On ne sait pas bien au juste quels furent les travaux

[1] *Tempus edax, homo edacior*, disait Horace il y a bientôt deux mille ans.

[2] Honorat Niquet, *Histoire de Fontevrault*, citée par M. Louis Coura-

exécutés sous la direction de Gabrielle de Rochechouart. La circulaire adressée aux Fontevristes après
sa mort raconte que des bâtiments somptueux avaient
été entrepris par Jeanne de Bourbon, mais faute d'être
achevés, ils restaient sans emploi. La nouvelle abbesse
forma le projet de les approprier différemment, et d'y
abriter les pauvres vieillards et les orphelins sans
famille, du pays et des environs. S'associant à ces
fondations pieuses, madame de Montespan obtint du
roi ou fournit une partie des fonds. L'abbesse ne mé-
nageait pas non plus sa fortune. Parlant d'un tabernacle, de colonnes et de balustres en marbre, dont elle
avait orné l'église du couvent, celle qui la remplaça
dit : « Elle a fait faire un soleil d'une excellente ciselure
enrichi de pierreries d'un prix infini. Outre celles
qu'elle a trouvées dans notre sacristie, elle en a fourni
des siennes, *et en a procuré d'autres en grand nombre*
(la circulaire n'ose nommer madame de Montespan[1]),
pour achever un si riche ouvrage. Elle n'a épargné ni
soins ni dépense pour la réparation et l'embellissement de notre maison... » De magnifiques dortoirs, des
chapelles restaurées ou nouvellement élevées, de
vastes salons, de spacieuses galeries, de beaux jardins

jod, de la Bibliothèque impériale, dans un intéressant travail intitulé *les
Sépultures des Plantagenets à Fontevrault.*

M. Courajod a bien voulu nous autoriser à reproduire cette précieuse
étude historique ; on la trouvera à l'Appendice, pièce n° XI.

[1] Elle dit ailleurs, au sujet des dépenses que l'abbesse n'aurait pu
supporter : « *Dieu y suppléa heureusement par une personne qui lui
étoit proche.* »

reliés par de sombres allées (elle devait cet hommage
au Père Rapin) donnent une idée des améliorations
nécessaires ou d'agrément qui marquèrent son passage
et perpétuèrent son souvenir à Fontevrault[1].

On n'a pas oublié les inquiétudes continuelles que
lui causaient ses procès avec les évêques au sujet
de la sortie des religieuses, et la chaleur avec laquelle
elle avait défendu les antiques priviléges de sa maison. La compagnie fréquente de sa sœur, les visites de quelques amis, les œuvres charitables à or-

---

[1] On sait que l'ancien couvent est aujourd'hui une maison centrale.
L'auteur d'un intéressant travail (*l'Abbaye de Fontevrault*, notice historique et archéologique, par M. Malifaud; Angers, 88 pages, 1868) a
trouvé dans cette circonstance le sujet de la sanglante épigraphe qu'on
va lire : « Il est écrit : Ma maison sera une maison de prière, et vous
en avez fait une caverne de voleurs. » (S. Luc., xix, § 4, verset 46.)

M. Malifaud n'a-t-il pas raison? Écoutons encore un critique des plus
compétents à tous les points de vue : « La partie la plus ancienne de
l'église de Fontevrault est malheureusement la plus mal conservée. Le
chœur tout entier et les transsepts, dont les voûtes abritent les sépultures désolées des Plantagenets, sont encore consacrés au culte. Mais
les quatre coupoles de la nef, morcelées par des cloisons, interrompues
par des planchers, offrent un réfectoire au rez-de-chaussée, un dortoir
à la hauteur des pendentifs et de nombreuses cellules dans l'étage in-
termédiaire. Ces dégradations sont d'autant plus affligeantes, que le
reste de l'abbaye a mieux échappé au vandalisme. Le cloître, magnifique et immense, la salle capitulaire revêtue de peintures historiques,
les grands corps de logis de la Renaissance sont intacts ; et si jamais la
France rougissait de voir ses plus illustres monastères souillés du nom
de maison centrale, un mot du ministre suffirait pour faire de Fontevrault autre chose qu'une prison. Même dans la nef, il n'y aurait guère
qu'à démolir pour remettre les choses dans leur état primitif. »
(*L'Architecture byzantine en France*, par M. Félix de Verneilh, in-4°,
p. 275.)

L'admirable abbaye du Mont-Saint-Michel a cessé depuis peu d'années d'être une maison centrale ; pourquoi celle de Fontevrault n'aurait-elle pas la même fortune? Il est bien permis de l'espérer.

ganiser, les constructions à diriger, la correspondance
administrative ou familière à tenir au courant, quelques distractions littéraires aux heures de loisir
prenaient le reste de ses journées. Trente-quatre années s'écoulèrent au milieu de ces passe-temps et de
ces travaux. Les excursions à Bourbon avec madame
de Montespan pour motif de santé, les voyages à Paris
pour les grandes affaires étaient les événements ex-
ceptionnels de cette vie si bien réglée, si calme et en
même temps si remplie. Dans un de ces voyages d'affaires qu'elle espaçait le plus possible, l'abbesse de
Fontevrault visita Saint-Cyr qu'elle ne connaissait pas.
Nous avons à ce sujet une curieuse lettre que madame
de Maintenon écrivit à la supérieure pour l'inviter à
faire avec un soin particulier, pour la circonstance,
la toilette de la maison. On y trouve, comme en tant
d'autres, l'esprit correct et pédagogique, la précision
militaire de celle qu'on pourrait appeler la comman-
dante de Saint-Cyr.

« Madame l'abbesse de Fontevrault doit venir dimanche ici; elle y entendra la messe de dix heures
dans la tribune du roi, où il faut mettre des carreaux;
elle y dînera à mon parloir; on nous servira du dehors,
et la maison n'en aura nul embarras. Je demande
deux *noires* qui, avec les demoiselles que j'aurai, suf-
firont pour nous servir. Je vous prie de charger mesdames Gauthier et du Tourp d'entretenir les religieuses de sa suite, et de les mener par la maison, si elles

veulent y aller. Que les classes soient en bon ordre ;
que les plus belles voix chantent les psaumes à vê-
pres ; qu'on chante à l'Élévation ce bel *O Salutaris* en
parties au milieu du chœur ; que mon appartement soit
propre et paré ; enfin, ma chère fille, n'oubliez rien
pour que toute la maison de Saint-Louis soit dans son
lustre ; madame de Fontevrault ne l'a jamais vue[1]. »

Dans un autre voyage à Paris, le dernier qu'elle
devait faire, l'abbesse de Fontevrault dîna (c'est Dangeau qui nous l'apprend) chez madame de Maintenon,
et y vit le roi qui revenait de Marly. C'était le 2 décembre 1700. On se figure, autour du même foyer,
les trois graves personnages, car le temps avait marché, l'âge était venu, le ciel s'était assombri. Était-on
assez loin des jours heureux où tout réussissait à
Louis XIV, où madame de Montespan et madame de
Maintenon se promenaient ensemble dans les voitures
de la reine et vivaient dans la singulière intimité que
l'on sait, où la charmante abbesse de Fontevrault tra-
versait, sans s'y corrompre, la dangereuse atmosphère
de Versailles et de Saint-Germain? Mais sans doute le
souvenir du passé ne fut pas évoqué, car le présent
aurait paru plus triste encore. C'est dans ce voyage

---

[1] *Lettres historiques et édifiantes*, t. I, p. 475. — Cette lettre porte,
dans l'édition Lavallée, la date du 1er janvier 1697. Or, on lit dans la
circulaire écrite aux couvents de l'Ordre de Fontevrault par la supérieure qui succéda à Gabrielle de Rochechouart que, depuis sa nomination, celle-ci n'était allée que quatre fois à Paris, en 1675, 1679,
1695 et 1700. La lettre doit donc être de 1695 ou de 1700.

que notre abbesse rencontra, chez la maréchale de
Noailles, le célèbre collectionneur d'antiquités, de tableaux, de chartes et de manuscrits, Roger de Gaignières[1], qui devint à partir de ce jour un de ses
correspondants les plus assidus. Ne dirait-on pas, en
lisant la lettre suivante, dont nous n'avons pu trouver
la clef, qu'elle se serait occupée de le marier?

« Je viens de parler avec toute l'exactitude et toute
la franchise dont nous étions convenus. J'ai bien peint
surtout *votre angoisse et votre insomnie* dont on m'a
dit qu'on ne doutoit pas, et qui a attiré les louanges
qu'on ne peut s'empêcher de vous donner. On ne trouve
nul inconvénient dans l'affaire, et on se moque de
notre inquiétude. On ne juge point à propos d'entrer
dans aucun éclaircissement, quoique je l'aie proposé
à deux ou trois reprises. On vous attend demain à
midi, avec votre compagnie. Me voilà, Dieu merci, déchargée d'un cruel fardeau. Je fais partir dès cette
nuit, afin que vous en soyez aussi déchargé à votre
lever ; je dirois à votre réveil, si je n'étois assurée que
vous ne dormirez pas cette nuit. »

Nous touchons aux derniers jours. Le *Journal de
Dangeau* constate que, le 5 septembre 1703, l'abbesse
de Fontevrault représenta la reine d'Angleterre au baptême de la fille du duc de Bourbon, sa petite-nièce[2],

[1] François-Roger de Gaignières, écuyer; mort le 27 mars 1715, à
l'âge de soixante-dix-sept ans.
[2] Le 22 juillet 1699, madame de Montespan écrivait à la duchesse
de Noailles : « Il y eut hier deux filles qui prirent l'habit. Mademoiselle

alors âgée de treize ans, et que la cérémonie eut lieu
à l'abbaye. Quelques mois après (5 janvier 1704),
elle adressait un mémoire au secrétaire d'État La Vrillière au sujet d'un nouveau conflit d'attributions survenu dans le diocèse de Montauban, à propos d'une
religieuse du couvent de Saint-Aignan « qui étoit tombée, disait-elle, dans une faute honteuse, à laquelle
elle avoit dû appliquer la pénitence prescrite par les
canons[1]. » Enlevée du couvent de vive force par la
sénéchaussée du parlement de Toulouse pour quelques
défauts qu'il avait relevés dans la procédure de la juridiction ecclésiastique, cette religieuse s'était réfugiée
dans un autre monastère de la province. L'affaire était
d'autant plus grave que le complice paraissait être le
curé même de Saint-Aignan, et que l'évêque nouvellement nommé à Montauban[2] s'était prononcé pour lui,
à cause de la contestation toujours pendante entre
l'abbesse et les évêques. La véracité du père visiteur
de Fontevrault qui avait fait l'enquête ayant été suspectée, l'abbesse invoquait en sa faveur le témoignage

de Bourbon supputa que, dans sept ans, elle en feroit autant. Vous pouvez compter de même pour mademoiselle votre fille, si vous avez le
bon sens d'y consentir. »

La mère de mademoiselle de Bourbon était mademoiselle de Nantes,
fille légitimée de Louis XIV et de madame de Montespan.

[1] Vraisemblablement le terrible cachot appelé *in pace*, d'où l'on ne
sortait pas vivant ?

[2] François de Nettancourt d'Haussonville de Vaubecourt, docteur de
la Faculté de Paris en 1688, abbé de la Chassaigne, près de Lyon,
en 1692, et d'Aisnay en 1693, évêque de Montauban le 15 août 1703;
mort le 17 avril 1756, âgé de quatre-vingts ans.

de Bossuet qui le connaissait. Voilà une nouvelle et triste preuve des soucis attachés, sous le régime des vocations forcées, à l'administration des grandes communautés. Comment se termina ce scandaleux procès? On l'ignore. Ce qu'on peut affirmer, c'est qu'il affecta péniblement l'abbesse de Fontevrault. Presque toujours malade ou indisposée (ses lettres au docteur Vallant le prouvent bien), on lui avait conseillé, vers le mois de juin 1704, de retourner à Bourbon dont les eaux l'avaient plusieurs fois soulagée; elle s'y refusa, ne voulant plus, dit-elle, chercher à guérir hors de l'enceinte des murs où la retenait le devoir. Un extrême abattement, accompagné d'une mélancolie douce, ne tarda pas à se produire, et la situation s'aggrava rapidement. Le 7 août, elle eut une petite fièvre d'un caractère inquiétant; le 13, elle fut prise de délire et essaya vainement de parler aux religieuses empressées autour d'elle; le 15, elle s'éteignit « mourant, rapporte sa nièce, avec une douceur qui tenoit plus de l'extase et du ravissement que d'une séparation douloureuse[1]... » Elle avait à peine cinquante-neuf ans.

On voudrait, pour madame de Montespan, qu'elle fût accourue au chevet de la tendre sœur qui l'avait consolée aux mauvais jours et constamment aimée, attirée. Qui sait? Sa vive imagination lui fit peut-être redouter les déchirements de la dernière heure; il

---

[1] *Lettre circulaire*, etc.

est possible encore que, dans son affectueuse sollici-
tude, la malade eût ordonné, pour lui épargner l'émotion des adieux suprêmes, de lui cacher son état. Cette
mort prématurée, soudaine, fit dans tous les cas sur
elle, malgré l'éloignement, une impression profonde.
Celle qui, en apprenant la fin subite de Monsieur,
s'était mise à *courir les champs*[1] pour échapper à ses
pensées, ne pouvait rester insensible à un événement
qui la touchait de si près. Elle était en ce moment à
sa terre de Petit-Bourg, ou à Paris. La marquise
d'Huxelles[2], écrivit à une amie : « Madame de Montespan a réfugié sa douleur près du duc et de la duchesse de Lesdiguières[3]. » On sait que Louis XIV se
montra complétement indifférent, en 1707, à la mort
de madame de Montespan, qui ne l'empêcha pas de
courre le cerf, suivant Dangeau, immédiatement après
en avoir reçu la nouvelle; et, quatre ans plus tard, quand
les expiations de sœur Louise de la Miséricorde eurent
un terme, on constata chez lui la même impassibilité.
Au contraire, lorsqu'on lui annonça que l'abbesse de
Fontevrault avait cessé de vivre, il se souvint de leur
ancienne intimité. « Le roi, dit Dangeau à la date du
18 août, nous apprit, à son petit coucher, la mort de

[1] Ce sont les expressions de madame de Maintenon. (Lettre du
29 juin 1701 à l'abbesse de Fontevrault.)
[2] Marie Le Bailleul, mariée en premières noces au marquis de Nangis
et en secondes noces au marquis d'Huxelles. Morte en 1712, à l'âge de
quatre-vingt-cinq ans.
[3] Gabrielle-Victoire de Rochechouart, fille du duc de Vivonne, mariée au comte de Canaples, qui devint plus tard duc de Lesdiguières.

madame l'abbesse de Fontevrault ; *il la regrette extrêmement*. C'étoit une fille de baucoup de mérite et d'esprit ; elle n'avoit été malade que trois jours[1]. » Et
Dangeau disait vrai. En effet, le 21 août, Louis XIV
annonçait lui-même à sœur Louise Françoise de Rochechouart, religieuse à Fontevrault, qu'il venait de la
nommer à la place de sa tante, et sa lettre accentuait
de la manière la plus expressive les regrets que lui cau-
sait la mort de l'ancienne abbesse : « Je suis très-fâché,
disait le roi, de la perte de madame de Fontevrault. J'ai
cru ne pouvoir mieux la remplacer que par une personne qui lui fût proche, et qui, ayant été élevée auprès
d'elle, eût pris ses maximes et profité de ses exemples... » Inanité des passions humaines ! Le souvenir
des anciens entraînements et des jours d'ivresse était,
malgré les liens du sang, devenu embarrassant, im-
portun ; l'amitié seule avait survécu.

Je ne voudrais pas tomber à mon tour dans le pa-
négyrique ; le moyen cependant de résister à tant de
qualités charmantes, et faut-il, de peur d'être accusé
d'exagération, refuser l'éloge à qui l'a mérité ? Sous
ce rapport, si l'on excepte la voix discordante de madame de Sévigné, tous ceux qui connurent l'abbesse
de Fontevrault, même les plus exigeants et les plus
difficiles, Bussy-Rabutin, Louis XIV, Saint-Simon, sont

[1] La circulaire nécrologique dit formellement que la fièvre s'était
déclarée le 7 août, et que la mort eut lieu le 15, c'est-à-dire huit jours
après.

unanimes pour la louer. Nous avons dit pourquoi madame de Sévigné ne l'aimait pas; la seule réserve de Saint-Simon porte sur les longs séjours à la cour pendant la faveur de madame de Montespan, et nous trouvons avec lui que ce n'était pas sa place; mais elle n'en demeura pas moins une abbesse très-vertueuse, très-estimée, et très-digne de l'être[1]. On a vu les motifs qui nous font douter qu'elle ait traduit le *Banquet*. Et quand elle aurait fait cette traduction, le dix-neuvième siècle sera-t-il plus sévère à cet égard que le dix-septième? « Elle découvroit dans Platon, disent les *Mémoires de Trévoux*, des beautés dont on ne s'étoit point aperçu, quoiqu'on eût passé beaucoup de fois sur les endroits qu'elle admiroit : elle perçoit au travers des images dont ce philosophe enveloppe la vérité, et y découvroit des trésors de morale, des tours d'éloquence, et une délicatesse de pensées que les génies médiocres ne peuvent démêler ; elle n'étoit pas moins touchée des beautés d'Homère, et elle avoit traduit les premiers livres de l'*Iliade*. »

En résumé, esprit ouvert, pénétrant et étendu, douée d'une exquise politesse, gracieuse, avenante et digne tout ensemble, l'abbesse de Fontevrault ne se plaisait pas moins aux conversations du monde qu'à celles des érudits et des écrivains, dont un bon nombre la con-

---

[1] Saint-Simon parle de *séjours*. Il y en a eu deux en effet. le premier en 1675 *pendant la faveur*, et un autre en 1679-1680; mais on a vu plus haut que ce dernier fut forcé, et à cette époque les préoccupations devaient passer les plaisirs.

sultaient et suivaient ses avis. Les contemporains parlent de sa beauté. Un portrait gravé par Ganterel en 1693, à une époque où elle avait déjà quarante-huit ans, confirme leurs éloges. Une robe noire, avec une guimpe blanche unie sans séparation au milieu et la croix d'abbesse au-dessous, relève la pureté du teint. Le visage est plein, arrondi, la physionomie calme et ouverte, l'air fin et placide, le regard velouté, une vraie figure de religieuse dont nulle passion violente n'a altéré la sérénité. On voit qu'il s'est fait en elle une transformation, mais il est aisé de reconnaître aussi que la beauté avait dû être réelle, et l'on entrevoit sous les traits de l'âge mûr ceux des jeunes années [1].

Faut-il blâmer l'abbesse de Fontevrault d'avoir défendu avec obstination les priviléges de son Ordre? D'abord, elle vivait sous le régime du privilége, et, nommée pour veiller au maintien des prérogatives de sa maison, elle n'aurait pu déserter sans honte, suivant

---

[1] Voir ce portrait, dont M. Cousin parle dans *Madame de Sablé* (chap. v, p. 258), au cabinet des estampes de la Bibliothèque impériale. La figure est vue de face. Le nom du peintre n'est pas sur la gravure, mais c'était assurément un artiste de mérite. Ce portrait doit encore exister. On a vu plus haut que Mignard en avait fait un en 1675.

On trouve également au cabinet des estampes, parmi les dessins de Gaignières, un dessin colorié, format in-4°, représentant l'abbesse de Fontevrault, à genoux, avec la crosse. On lit ces mots au-dessous : « *Peinture contre le mur à gauche en entrant dans le chapitre de l'abbaye de Fontevrault.* » (Voir à l'Appendice, pièce n° IX, *Fresques de Fontevrault.*) Le visage paraît avoir été peint d'après le portrait gravé par Ganterel; l'exécution ne donne pas une haute idée du talent de Gaignières. Une inscription de quelques lignes prouve l'identité du personnage.

ses expressions, une cause qu'elle devait regarder comme sacrée. Nous avons parlé de ses règlements que divers prélats, au nombre desquels figurait Bossuet, donnaient pour modèle dans les couvents de leurs diocèses. Si son esprit était curieux, un peu hardi, si l'examen et la discussion l'attiraient invinciblement, sa foi était pure, sa doctrine orthodoxe, sa simplicité vraiment chrétienne. A ces traits pris çà et là chez des contemporains, ajoutons, en puisant à la même source, que bien qu'elle connût les écrits des Pères de l'Église et sût plusieurs langues, son humilité égalait son savoir; qu'elle s'était toute sa vie étudiée à passer sans regret de l'étude aux affaires. « Son administration, disait un ami des derniers temps, est celle d'un philosophe chrétien consommé dans l'art de régner. — On ne pense point comme elle, quoiqu'elle pense le plus naturellement du monde. — Personne n'a plus de religion ni plus d'amour pour la vérité qu'elle. — Son cœur généreux et bienfaisant égale son esprit; l'un est fait pour l'autre. — Elle donne au monde des exemples de piété et de vertu aussi rares que nécessaires[1].... »

Retrouvera-t-on jamais les lettres à madame de Sablé, à madame de La Fayette, au Père Rapin, à bien d'autres que nous avons vainement cherchées, et ces ouvrages de piété, de morale, de critique, ces maximes de conduite, ces sujets traités dans le goût académi-

---

[1] Archives de l'Empire. L. 1,019. *Biographie des abbesses de Fontevrault*, par Daniel de Larroque.

que, dont parlent les *Mémoires de Trévoux*? Si le séjour
à la cour en 1675, au temps des scandaleux triomphes
de madame de Montespan, demandait à être expié,
l'expiation est là ; elle est aussi dans ces trente ans
d'une vie laborieuse, employée tout entière au bien, à la
fondation d'établissements charitables, à l'édification
par la parole et par l'exemple de ceux qui l'entou-
raient, enfin au gouvernement de ses soixante maisons.
Dans un ordre d'idées différent, Gabrielle de Rochechouart rendit encore un service que les *Mémoires de
Trévoux* ont justement signalé. Elle ne se borna pas à
édifier par sa propre vie les religieux de Fontevrault,
elle fit fleurir parmi eux les belles-lettres et les sciences, elle forma des professeurs et des prédicateurs
dont les talents profitèrent à l'Ordre entier. C'est ainsi,
c'est par les vues élevées qui ne cessèrent de diriger
tous ses actes, que les qualités de l'illustre abbesse purent en quelque sorte lui survivre, et qu'il lui fut
donné de contribuer, même après sa mort, à la prospé-
rité de la maison dont l'administration avait rempli,
et, vers la fin, consumé ses jours.

LETTRES

DE

GABRIELLE DE ROCHECHOUART

ET DE SES AMIS

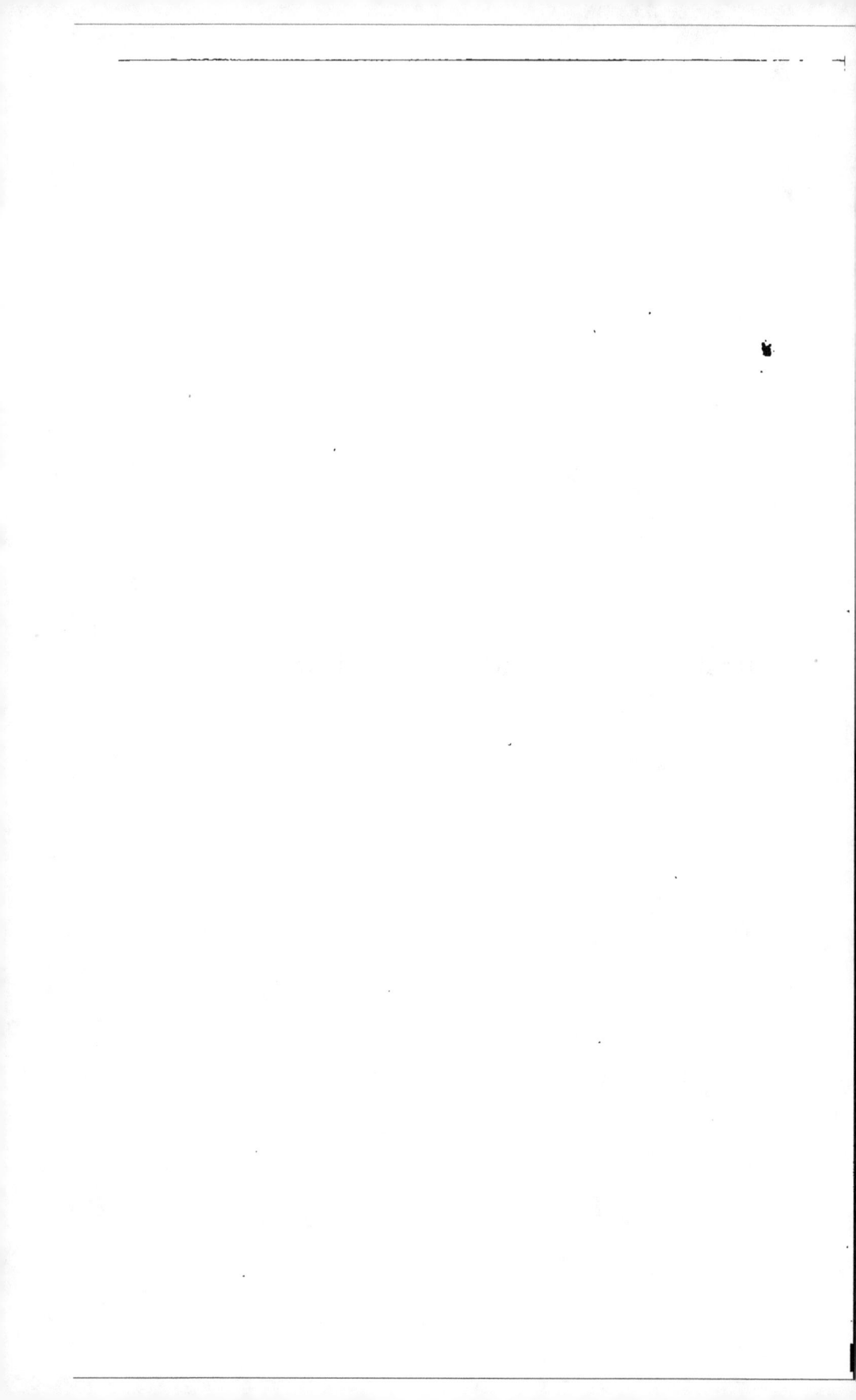

LETTRES

GABRIELLE DE ROCHECHOUART

ET DE SES AMIS[1]

---

1. — MADAME DE SABLÉ A L'ABBESSE DE FONTEVRAULT[2].

A Paris, ... août 1670.

L'honneur que j'ai eu de vous voir, Madame, et tous les biens qu'on m'a dits de vous, m'empêchent de vous faire les compliments que vous recevez de beaucoup d'autres ; car je vous avoue que je ne saurois me réjouir d'une chose qui vous éloigne d'ici, surtout après avoir fait tant de beaux châteaux en Espagne sur le plaisir qu'il y auroit de se trouver quelque jour auprès de vous. Cependant, Madame, il est vrai que vous avez un petit royaume, et que cela mérite bien qu'on s'en réjouisse, si on le considère par ce qu'il vaut. Mais comme il n'est pas permis de regarder ces choses-là par des sentiments humains, je ne sais ce que je dois dire,

---

[1] Quelques-unes des lettres qu'on va lire figurent en fragments dans la notice qui précède. Cette répétition était indispensable pour donner les lettres dans leur ensemble.

[2] Bibl. imp. Mss. 17,050. *Portefeuilles Vallant*, t. VII, fol. 459. — Cette lettre a été publiée par M. Victor Cousin dans *Madame de Sablé*, p. 262.

si ce n'est que je ne puis résister à l'abondance de mon cœur en vous disant qu'il me semble qu'à moins d'être comme M. de la Trappe[5], la situation est plus à compter dans la vie que la richesse et la magnificence des maisons. Peut-être que si j'occupois le voisinage de la vôtre, comme j'ai fait autrefois[4], je me trouverois trop heureuse pour en faire cette médisance. Enfin, Madame, votre mérite a pourtant en cela tout ce qu'on lui pouvoit donner, et je crois, puisque vous l'avez bien voulu ainsi, qu'il faut se dépouiller de ses propres sentiments pour prendre les vôtres et ceux des personnes pour qui on a tant d'estime et de respect, et qu'ainsi je dois m'étudier à m'y conformer.

2. — L'ABBESSE DE FONTEVRAULT A MADAME DE SABLÉ[1].

A Fontevrault, ce 25 août [1671].

Je ne suis pas si malheureuse que je pensois, puisque vous ne m'avez pas tout à fait abandonnée. J'avois jusques ici craint ce malheur, et je ne puis assez vous remercier, Madame, de m'avoir conservé quelque part dans votre amitié. Vous avez eu raison de croire que je comprendrois le

---

[5] Armand-Jean-Baptiste Le Bouthillier de Rancé, réformateur de la Trappe. Né en 1626, mort le 27 octobre 1700.

[4] A l'époque où elle habitait Sablé. (Note de M. Cousin.)

[1] Bibl. imp. Mss. 17,050. *Portefeuilles Vallant*, t. VII, fol. 529. Parmi les lettres de l'abbesse de Fontevrault à madame de Sablé, huit, à notre connaissance, ont été publiées : 1° par M. Victor Cousin dans son volume sur *Madame de Sablé* ; 2° par M. E. de Barthélemy dans son volume intitulé : *les Amis de madame de Sablé*. — Celle-ci a été donnée par M. de Barthélemy.

Un certain nombre de lettres de l'abbesse de Fontevrault ne sont pas signées. Généralement celles à Segrais, au Père Rapin, à Colbert, portent pour signature : *l'abbesse de Fontevrault*. Celles au roi, à Roger de Gaignières, sont signées : *M. M. Gabrielle de Rochechouart, abbesse de Fontevrault*; d'autres : *Gabrielle de Rochechouart*.

sens de votre lettre : je l'ai tout entendu, Madame [2], et je suis touchée, comme je dois, de toutes les bontés que vous m'y faites paroître. Vous êtes, je crois, bien persuadée que ma confiance et mon estime pour vous ne diminueront jamais. Ainsi, Madame, je ne vous en donnerai pas de nouvelles assurances ; mais, pour répondre autant que je le puis à tout ce qu'il vous plait de me dire, je vous avouerai sincèrement qu'en effet je suis assez en repos sur une certaine affaire, que je fais tous mes efforts pour en détourner mon imagination, et que, comme elle n'a aucun fondement, je ne puis pas me figurer qu'elle ait une longue durée. Si je n'entrois dans ces pensées, je tomberois dans un accablement qui, assurément, passeroit mes forces. Je ne prétends point faire pitié, mais il est certain qu'on ne peut pas soutenir, comme je fais, tout le poids de ma charge, sans être angoissée de plus de peines qu'il n'en faut pour exercer une médiocre patience. Vous jugerez donc bien, Madame, qu'il faudroit mourir, si l'on vouloit encore être attentive à toutes les persécutions du dehors, et vous m'avouerez que j'ai raison de les oublier autant qu'il est en mon pouvoir. Dieu me fait même la grâce de trouver des sujets solides de consolation dans les circonstances dont je serois naturellement plus blessée, car de recevoir les plus grands outrages par des personnes auxquelles non-seulement on n'a jamais fait de mal, mais qu'on a aimées, et j'ose le dire, servies en des occasions considérables, vous m'avouerez, Madame, que cela n'est point selon les règles communes et qu'il faut bien que Dieu permette cet horrible renversement pour ma sanctification. Je le prie de tout mon cœur qu'il me fasse la grâce d'en faire un bon usage et de regarder comme un bonheur une épreuve si extraordinaire.

[2] Voir chapitre II, p. 20.

Voilà, au vrai, les dispositions où j'essaye d'être sur ce sujet. Si d'abord il n'a pas paru tant de modération, cela est bien pardonnable, et vous m'avouerez qu'il y a des natures d'injustices qui font perdre toute la douceur et toute la patience qu'on pourroit avoir dans des occasions communes. Vous voyez bien, Madame, que je vous décharge mon cœur autant qu'on le peut par lettre. Je vous conjure de n'en rien faire paroître et, si vous m'aimez, de m'aider à oublier toutes ces ravauderies. Je ne veux pas mettre à d'autre usage les offres que vous avez la bonté de me faire, parce que tout le mal qu'on m'a fait est irréparable.

Au reste, je ne puis me passer de vous dire que je suis satisfaite de M. d'Angers au delà de toute expression et qu'il n'y a point d'honnêtetés qu'il ne me fasse. Si vous lui écrivez, vous m'obligerez fort, Madame, de lui faire quelques remerciements pour moi. Si on vouloit demander à ce prélat des nouvelles de ma conduite, j'aurois, je crois, le bonheur d'être autant louée par lui que je suis blâmée des gens qui sont à cent lieues de moi. Quoique cela soit très-vrai, je pense que j'aurois mieux fait de ne le pas dire; mais je n'ai pu retenir ce trait de vanité; l'extravagance des gens qui me persécutent m'a fait faire celle-là que je vous supplie très-humblement de me pardonner. Je suis si affoiblie de quelques remèdes que je fais présentement qu'il m'est impossible d'écrire davantage.

5. — AU DOCTEUR VALLANT[1].

A Fontevrault, ce 9 février 1672.

Si j'avois su, Monsieur, que vous eussiez dû lire ma lettre avec autant d'indulgence que vous m'en faites paroître,

[1] Bibl. imp. Mss. 17,050. *Portefeuilles Vallant,* t. VII, fol. 508.

je vous assure qu'en priant madame de Saint-Aubin[2] de ne la montrer à personne, je n'aurois pas manqué de vous excepter. Aussi, bien loin de lui faire reproche de son infidélité sur ce sujet, elle pourra vous dire que je lui en ai fait quasi des remerciements. Cependant je crains terriblement que vous n'ayez désapprouvé l'article de l'Abbaye, et tout ce que je vous ai ouï dire autrefois là-dessus me fait croire que cette crainte n'est pas trop mal fondée. En cas que cela soit, je vous prie de m'en gronder librement, car, afin que vous le sachiez, je suis aussi docile que jamais, et j'aime beaucoup mieux que mes amis me réprimandent que d'avoir quelque chose sur le cœur contre moi.

Vous devez encore n'être pas satisfait de ce que je ne vous rends point compte de mes lectures, et je pense que vous ne m'en dites rien parce que vous avez pris le parti de m'en punir en ne me parlant plus des vôtres. Comme j'espère que vous ne voudrez pas faire plus durer la punition que la faute, je me promets de me rendre bientôt cette satisfaction. Avant qu'il soit peu, je lirai exactement pour cela les livres que vous m'avez envoyés ; mais il faut que je vous avoue que je ne m'y suis pas encore appliquée comme il faut, et que la honte m'ayant prise de ne savoir rien de l'histoire de France, j'en ai fait quasi ma principale lecture depuis que je suis ici.

Si vous ne me louez pas de cette occupation, j'espère au moins que vous serez satisfait de la sincérité avec laquelle je vous en rends compte, et que vous jugerez par là que ma confiance et mon estime pour vous n'ont pas diminué. J'aurois une extrême joie, Monsieur, si je pouvois vous prouver l'une et l'autre en des occasions plus considérables.

---

[2] Religieuse à l'Abbaye-aux-Bois. On trouve plus loin plusieurs lettres à elle adressées par l'abbesse de Fontevrault.

4. — A MADAME DE SAINT-AUBIN, A L'ABBAYE-AUX-BOIS[1].

[1672.]

Depuis le jour de la Pentecôte, j'ai une fluxion très-grande sur le visage qui ne me permet pas d'écrire de ma main ; mais, ma chère fille, elle ne me peut empêcher de vous remercier de votre dernière lettre, et de vous faire reproche qu'après toutes les assurances que je vous ai données de brûler toutes vos lettres, vous avez encore l'injustice de vous en inquiéter. Je ne sais plus ce qu'il faut que je fasse pour vous mettre en repos sur ce sujet. Le Père Rapin, qui arriva ici samedi, m'a apporté une lettre de madame de Sablé dont je suis enchantée à mon ordinaire, et qui m'a fait repentir des plaintes que je vous avois priée de lui faire faire de ma part. J'attends ma bonne santé pour lui répondre.

Je suis bien de votre avis sur ce que vous me mandez au sujet de madame la prieure, et si elle m'honore d'une visite, je vous assure que je profiterai du conseil que vous me donnez.

Prenez la peine, ma chère fille, de dire à M. Vallant que cette affaire du Charme[2] dont il n'est pas content a été approuvée de gens auxquels il n'a pas accoutumé d'être contraire. Dans la vérité, je n'ai point entrepris cette affaire qu'après l'avoir consultée à mille personnes sages qui m'ont

---

[1] Bibl. imp. Mss. 17,050. *Portefeuilles Vallant*, t. VII, fol. 494. — La lettre n'est pas datée. L'indication de l'année a été mise au dos par Vallant. Elle n'est pas autographe, et ne porte pas de signature.

[2] Le Charme-aux-Nonains, couvent de bénédictines; il était situé dans le diocèse de Soissons et relevait de l'abbaye de Fontevrault.

prescrit la conduite que j'y ai tenue. Si, malgré tout cela, on peut me convaincre qu'elle ne soit pas juste, je suis toute prête à changer, tant est grande ma docilité.

Faites, s'il vous plaît, mille compliments pour moi à ma cousine Dofine[5], et croyez, ma chère, que je suis toute à vous. Mon indisposition ne m'a pas permis de vous faire une lettre plus longue ni mieux arrangée que celle-ci. J'espère que vous n'aurez pas de peine à m'excuser.

Je suis de tout mon cœur très-humble servante de M. et de madame de Villarmon.

5. — AU DOCTEUR VALLANT[1].

A Fontevrault, ce 16 juillet 1672.

Je meurs de peur que vous n'ayez mal jugé de moi, et que vous n'ayez cru que je ne vous écrivois point parce que vous m'aviez témoigné être dans des sentiments contraires aux miens au sujet de l'affaire du Charme[2]. Si vous avez eu cette pensée, je vous avertis, Monsieur, que vous m'avez fait une grande injustice, car j'aime que mes amis m'avertissent de mes fautes, et vous ne m'avez pas écrit de lettres qui m'aient tant plu que votre dernière; mais véritablement je n'ai pu y répondre plus tôt qu'aujourd'hui, parce que, depuis que je l'ai reçue, j'ai toujours été ou malade ou dans les remèdes, et chargée d'affaires extraordinaires

---

[5] Serait-ce Marguerite de Barentin, veuve en 1646 du marquis de Courtanvaux, et, en 1661, d'Urbain de Laval, marquis de *Bois-Dauphin*, fils de madame de Sablé, morte le 7 février 1704, à 77 ans? Celle dont il s'agit ici était vraisemblablement pensionnaire à l'Abbaye-aux-Bois. L'abbesse de Fontevrault l'appelait indistinctement *madame Dofine* ou *ma cousine*. J'ignore comment elles étaient parentes.

[1] Bibl. imp. Mss. 17,050. *Portefeuilles Vallant*, fol. 483.
Voir la lettre précédente.

les jours de poste. Mais, pour venir à l'éclaircissement que je veux vous donner pour vous justifier ma conduite à l'égard de la sœur de Maupeou, je vous dirai, Monsieur, que ce fut un de mes vicaires qui permit cette réception, et qu'ayant ouï parler fort légèrement de cette affaire au commencement de mon arrivée en ce lieu, je confirmai sans beaucoup de réflexion, par une simple lettre à la prieure, ce que ce bon Père avait réglé. Depuis, le président de Maupeou[3] a fait tout le vacarme que vous savez. Je suis convaincue qu'il en a usé de mauvaise foi avec les religieuses : mais cela n'a pas empêché que je n'aie cru et ne croie encore fermement qu'il ne gagnât en justice, s'il poussoit l'affaire à sa dernière extrémité, ne me paroissant pas raisonnable qu'une personne qui est jugée capable d'engager sa liberté et de connoître l'importance des vœux ne soit pas reçue à donner sa voix au chapitre ; d'autant plus que je connois avec regret que l'on n'agit plus en ce lieu par les lumières du Saint-Esprit, ni même par les siennes propres, les conclusions du chapitre étant tirées toujours avant qu'il s'assemble, et les plus spirituelles n'y opinant jamais que selon qu'il a plu au chef de cabale de leur inspirer.

Avec toutes ces connoissances, j'ai cru que je ne devois pas laisser engager mes religieuses du Charme dans un procès dont le meilleur succès pour elles auroit été de dévoiler une fille de condition, parente des principales d'entre elles, et qui, par cette sortie honteuse, leur auroit seulement attiré plusieurs ennemis considérables, sans abolir de leur maison l'horrible abus dont je vous viens de parler.

Ce sont, Monsieur, toutes ces considérations qui m'ont

---

[3] Président à mortier au parlement de Metz. Voir *Lettres de madame de Sévigné*, édit. Hachette, t. II, p. 400, note 5.

obligée à leur ordonner de s'accommoder avec douceur à ce qu'on souhaitoit d'elles. D'abord, elles ont mal reçu ce commandement ; mais depuis elles m'ont écrit une lettre très-soumise, et mon vicaire est sur les lieux, qui, je crois, achèvera de les mettre en paix ; je le souhaite de tout mon cœur, car le plus grand déplaisir auquel je sois exposée par ma charge est l'obligation que j'ai de contrarier quelquefois mes filles.

Je serois aussi très-affligée si une personne que j'estime autant que vous n'approuvoit pas ma conduite, et je pense vous témoigner assez ma délicatesse là-dessus par la longue explication dont cette lettre est remplie. Obligez-moi, Monsieur, de ne la montrer à personne. J'ai été engagée à y parler de quelques défauts que je dois essayer à détruire, et qu'en attendant, je dois cacher avec soin. Vous connoîtrez cela mieux que moi, et je suis si assurée de votre discrétion que je n'ai nulle inquiétude de l'usage que vous en ferez.

Voici une trop longue lettre pour oser y ajouter quelques réflexions sur mes lectures ; sachez seulement, Monsieur, que je m'applique à en faire dans tous les temps que je puis dérober, et que les livres que vous m'avez envoyés me sont d'une consolation infinie.

La religieuse qui avait une loupe a été entièrement guérie par vos emplâtres ; elle n'oubliera jamais, non plus que moi, l'obligation qu'elle vous a.

Je ne puis finir sans assurer madame la marquise de Sablé que je suis sa très-humble servante, et quelque chose de plus.

6. — A MADAME DE SAINT-AUBIN, A L'ABBAYE-AUX-BOIS [1].

A Fontevrault, ce 27 septembre 1672.

Vous m'obligez fort, ma chère fille [2], d'entrer comme vous faites dans mes raisons et de m'assurer que madame de l'Abbaye-aux-Bois [3] les a aussi entendues. Je suis toujours fort aise d'obliger, mais vous savez qu'il ne faut être ami que jusqu'à l'autel. Je crois que la pauvre dame n'observe dans son gouvernement ni cette règle ni aucune autre. C'est un grand malheur pour elle-même et pour les personnes qui sont dans sa dépendance. L'histoire que vous me mandez là-dessus ressemble à ce que j'ai vu mille fois arriver dans ce lieu-là ; mais, en vérité, il ne se peut rien de plus malhonnête à l'égard de madame Dofine. Je lui conseille cependant de mépriser cette injure, puisqu'elle méprise les personnes de qui elle part. Ma maison n'est pas si bien située, mais elle est moins orageuse, et vous pouvez assurément en disposer l'une et l'autre.

Voilà enfin le Ronceray [4] donné. Je savois bien qu'il n'étoit pas pour ma nièce [5] ; mais il me semble que la personne qui en est pourvue ne paroissoit point sur les rangs. Je la plaindrois de se transplanter à l'âge qu'elle a, si ce changement n'étoit de son choix.

---

[1] Bibl. imp. Mss. 17,048. *Portefeuilles Vallant*, fol. 140. — Cette lettre a été publiée par M. de Barthélemy, sans nom de destinataire.

[2] En abréviation. M. Cousin et M. de Barthélemy ont adopté le mot *sœur;* je crois que c'est une erreur.

[3] Marie-Madeleine-Urbaine-Thérèse d'Albert d'Ailly de Péquigny, abbesse de l'Abbaye-aux-Bois, de 1656 à 1687.

[4] Notre-Dame de Ronceray, à Angers.

[5] L'abbesse de Fontevrault avait auprès d'elle plusieurs de ses nièces, entre autres deux filles de son frère, le maréchal de Vivonne. Il s'agit évidemment de la plus âgée des deux. Elle fut nommée, en 1689, abbesse de Beaumont-les-Tours ; morte le 24 octobre 1735.

Mes compliments, s'il vous plaît, à M. Vallant. On dit qu'il se corrige de son insensibilité ; mais il faut que ce ne soit qu'à l'égard des gens qu'il voit ; j'aime mieux du moins le croire de cette sorte et n'accuser que mon absence de l'oubli où il me met. Je vous prie de me mander si ma cousine le querelle toujours, et surtout comment il se porte[6].

Je suis à vous de tout mon cœur, ma chère fille, et à madame Dofine. Je me flatte que vous en êtes l'une et l'autre bien persuadées.

7. — AU DOCTEUR VALLANT[1].

A Fontevrault, ce 1er octobre 1672.

Vous avez eu raison de juger que les ordonnances que vous avez eu la bonté de faire pour madame Testu seroient bien reçues et très-fidèlement exécutées. C'est une personne que j'ai tant d'envie de conserver qu'on ne peut me faire un plus grand plaisir que de m'en fournir les moyens, et de plus, Monsieur, vous savez bien que je suis assez aise quand je reçois de vos lettres. Elles ont aussi tout ce qu'il faut pour plaire, et je les trouve également utiles et agréables[2]. Au reste, je vois bien que madame Testu vous a mandé des choses sur mon sujet que je suis bien éloignée de mériter. J'ai été honteuse quand j'ai lu les passages que vous m'avez choisis. Cette fois, croyez-moi, Monsieur, je ne suis pas assez parfaite pour n'avoir plus que la vanité à combattre. Je sais très-bien que je ne remplis pas tous les devoirs de ma charge, que la force, la vigilance et la ferveur qui sont des qualités si nécessaires à une supérieure, me manquent

---

[6] Voir lettre 4, note 3.

[1] Bibl. imp. Mss. 17,050. *Portefeuilles Vallant*, t. VII, fol. 476.

[2] Les portefeuilles renferment les minutes de quelques-unes de ces lettres. On ne peut pas dire qu'elles soient *agréables*.

tout à fait. Ainsi je vous assure que je ne suis encore nullement satisfaite de ma conduite. Souvenez-vous donc, Monsieur, de ne plus me donner à l'avenir des instructions si délicates, et commencez, s'il vous plaît, par m'exhorter à bien faire ; c'est de quoi j'ai besoin présentement.

J'ai commencé depuis peu à lire la nouvelle traduction des *Proverbes*. C'est un livre admirable, et il me semble que j'y trouve bien des choses qui me sont propres. Si je vous voyois, je prendrois grand plaisir à en parler avec vous, mais il me semble que je serois trop longue, si je vous écrivois tout ce que je pense là-dessus. Cependant il faut que je vous dise pour l'honneur de la vérité et pour le mien que je donne tout le temps qui me reste après les affaires principales à des lectures solides dont j'espère profiter et qui me donnent même beaucoup de plaisir. Je sais que vous me souhaitez assez de bien pour apprendre cela avec joie.

Je suis édifiée au dernier point de la conduite de madame de Maubuisson[3] et de ce qu'elle a dit au sujet de madame de Chelles[4]. C'est un bel exemple pour toutes les religieuses, et surtout pour nous autres abbesses qui n'avons pas toute l'humilité à laquelle nous sommes obligées, même au jugement des personnes du monde.

Obligez-moi, Monsieur, d'assurer madame la marquise de Sablé que je suis toute à elle, et croyez tout ce que sa fille[5] vous a souvent dit de ma part.

[3] Louise-Marie-Hollandine, fille de Frédéric Ier, duc de Bavière et roi de Bohème. Née le 18 avril 1622, elle se fit catholique en 1658 et vint en France. Deux ans après, elle prit le voile à Maubuisson et fut nommée abbesse de cette communauté en 1664. Morte le 11 février 1709. — Maubuisson était une abbaye de l'ordre de Cîteaux, près de Pontoise.

[4] Marie-Guionne de Cossé-Brissac. Quelques années plus tard, elle céda sa place à la sœur de mademoiselle de Fontanges; puis, après la mort de celle-ci, elle rentra en possession de l'abbaye de Chelles. Morte le 13 juillet 1707.

[5] Ce mot est écrit en abréviation et ressemble exactement au signe

Je voulois vous demander une invention pour purger ma
tête qui est extrêmement chargée ; mais il est si tard que je
n'ose m'embarquer à vous donner les explications dont je
crois que vous avez besoin pour me marquer un remède
proportionné à mon mal.

8. — LOUIS XIV A L'ABBESSE DE FONTEVRAULT[1].

A Versailles, ce 29 octobre 1672.

Madame l'abbesse de Fontevrault, je suis touché sensiblement de ce que vous m'écrivez de vos religieuses de Colinances[2] ; mais vous devez vous-même juger ce qu'on doit
répondre à leur placet avec un obstacle comme celui d'un
arrêt contradictoire rendu dans toutes les formes. Je cher-
cherai pourtant les moyens de concilier la justice et ce
qu'elles désirent ; et s'il est possible de les trouver, j'aurai
bien de la joie de suivre les mouvements de compassion
et d'estime que vous me donnez pour elles. Ce pendant, je
vous remercie du compliment que vous me faites sur le
bonheur de ma dernière campagne, et bien qu'il soit assez
difficile de ne pas se flatter un peu quand on se sent louer
avec autant de délicatesse et de bonne foi, je reconnois que
la gloire de cette expédition est due entièrement à Dieu ; et
vous ne pouvez mieux témoigner la part que vous y prenez

dont l'abbesse de Fontevrault se sert en écrivant à plus d'une religieuse
qu'elle appelle : « Ma chère *fille*. »
  Madame de Sablé avait eu quatre enfants, dont une fille, Marie de
Laval, religieuse à Saint-Amand de Rouen. L'abbesse de Fontevrault
l'aurait-elle connue pendant qu'elle était religieuse à l'Abbaye-aux-
Bois ?
  [1] Bibl. Sainte-Geneviève. Mss. L[f] 17², fol. 445.
  [2] Le nom est douteux ; on croit lire *Colinances*. Il y avait un couvent
de bénédictines ainsi nommé dans le diocèse de Meaux.

qu'en m'aidant avec tout votre Ordre à lui en rendre grâce.

Je le prie de vous avoir, madame l'abbesse de Fontevrault, en sa sainte garde.

9. — MADAME DE SABLÉ A L'ABBESSE DE FONTEVRAULT [1].

[1672.]

Avouez, Madame, que Votre Révérence paresseuse voudroit bien que je l'oubliasse tout à fait, afin d'avoir une raison de ne vous plus souvenir de moi ; mais ne vous y attendez pas, s'il vous plait; vous avez fait de trop fortes impressions sur mon cœur, pour qu'elles en puissent être effacées, même par votre volonté.

Au reste, Madame, nous avons parlé quasi de vous, deux jours durant, M. l'abbé Testu et moi. Il me semble qu'il ne lui manque rien pour être un bon directeur que d'être un peu plus dévot. A la vérité, je n'y dois pas trouver à redire, moi qui suis si humaine et qui ne vis que par l'amour-propre. Il m'a fait part de vos règlements et de vos desseins, que je trouve également admirables. Je souhaite que vous fassiez toutes choses aussi bien par le sentiment de votre cœur que par la droiture de votre entendement.

10. — A MADAME DE SAINT-AUBIN, A L'ABBAYE-AUX-BOIS [1],

A Fontevrault, ce 3 janvier 1675.

Je suis honteuse au dernier point, ma chère fille, d'avoir été si longtemps sans vous écrire ; mais, comme j'ai eu le

---

[1] Bibl. imp. Mss. 17,050. *Portefeuilles Vallant*, t. VII. p. 263, fol. 446. — Lettre publiée par M. Cousin.

[1] Bibl. imp. Mss. 17,050. *Portefeuilles Vallant*, fol. 516.

soin de vous faire mander les légitimes raisons qui m'en empêchoient, j'espère que vous ne m'en saurez pas mauvais gré. Une partie de ces raisons subsiste encore, car vous savez que je suis embarrassée des offices jusqu'au mardi gras. Cependant je ne puis laisser passer tant d'ordinaires sans vous faire voir de mon écriture et sans vous prouver par ce petit soin, que je me souviens toujours de vous. Je n'entreprendrai point de répondre à toutes vos dernières lettres que j'ai lues avec un extrême plaisir, parce que je n'ai pas le loisir d'écrire assez longtemps pour cela ; mais je crois vous devoir dire, pour mettre vous et M. Berger en repos, que tout ce que vous avez pris la peine de me mander sur son sujet étoit très-inutile ; que je le crois l'homme du monde le plus fidèle, et que M. l'abbé Testu et moi n'avons jamais douté de lui, quoique nous ayons été en peine, lui et moi, de ce qu'on ouvroit nos lettres, car il est très-vrai qu'on les ouvre ; et quoiqu'on ne mande rien qui pût faire la moindre affaire, ce ne laisse pas d'être une chose désagréable qu'il y ait des gens qui prennent cette liberté. Ce n'est point du tout une imagination, et M. Berger m'obligeroit fort s'il les pouvoit découvrir.

Vous m'avez fait un très-grand plaisir de m'apprendre en détail le présent que madame de Montmartre a fait à M. Vallant. Comme je les aime l'un et l'autre, je m'en suis réjouie, mais avec quelque différence, car je sais que la personne qui reçoit ne doit pas être si aise que celle qui donne. Je suis ravie que le mérite de M. Vallant soit connu et de voir que tous les honnêtes gens ont sur son sujet un goût pareil au mien. Au reste, j'ai pris depuis peu des remèdes qu'il m'a envoyés, dont je me trouve si extrêmement bien que je ne puis m'en louer assez. Je lui en écrirai au premier jour une lettre de remerciement, et je prendrai aussi la liberté de lui donner une petite commission de la-

6

quelle j'espère qu'il voudra bien se charger. En attendant,
ma chère fille, obligez-moi de lui faire mes compliments ;
et croyez, s'il vous plaît, que je vous aimerai toute ma vie
fort fidèlement. J'en dis autant à madame Dofine, et je suis
de tout mon cœur sa très-humble servante.

11. — AU DOCTEUR VALLANT[1].

A Fontevrault, ce 7 janvier 1673.

Il y a bien du temps, Monsieur, que j'ai envie de vous
écrire et que je n'ai pas pu le faire à cause d'un gros rhume
dont je ne suis pas encore tout à fait quitte. Je vous suis
très-obligée de n'avoir pas eu égard à mon silence et de
m'avoir donné la consolation de recevoir une de vos lettres.
Vous m'avez fait aussi un extrême plaisir de me mander que
je suis bien avec madame de Montmartre. C'est une personne
que j'honore et que j'aime avec la dernière tendresse. Ainsi,
rien ne me pouvoit plus toucher que d'apprendre par un
homme aussi clairvoyant que vous qu'elle me donne quelque
part à son cœur. Je me suis déjà réjouie pour elle et pour
vous de ce que vous avez fait connoissance. Je vous prie,
pour m'en payer, de lui parler quelquefois de moi et de ne
pas souffrir qu'elle m'oublie. Vous voyez, Monsieur, que je
compte bien sur votre souvenir, puisque je vous donne de
telles commissions. Je vous conjure de ne me jamais faire
repentir de cette confiance.

Au reste, quoique je sois touchée vivement de l'exhortation que vous me faites touchant le mépris qu'il faut avoir
des choses de ce monde, je vous avoue cependant que je ne
me trouve pas encore assez indifférente sur les bruits qu'on
voudroit faire courre, pour oser vous éclaircir l'histoire que

[1] Bibl. imp. Mss. 17,050. *Portefeuilles Vallant*, t. VII, fol. 496.

madame Testu vous a commencée. Ce n'est pas de vous que
je me méfie, comme vous pouvez penser. Je sais dans quelle
sûreté seroit ma lettre, dès que vous l'auriez entre vos
mains ; mais je ne suis pas assurée de ce qui lui peut arriver sur les chemins, et c'est ce qui m'empêche de vous dire
ici ce que je vous conterois avec sincérité et avec joie, si je
vous voyois. Vous saurez seulement en général qu'on a
conté à Angers une histoire de Fontevrault, très-fausse dans
plusieurs de ses circonstances essentielles : madame Testu,
qui n'aime pas l'injustice, surtout quand elle s'attaque à ses
amis, souffre très-impatiemment que des gens dont il y auroit grand plaisir d'être estimée, aient peut-être conçu de
là une très-mauvaise opinion de moi[2] ; j'en souffre aussi de
mon côté ; mais voyant qu'on ne peut s'éclaircir de si loin,
je me sers de votre exhortation pour prendre patience en
cette rencontre. Je vous prie, Monsieur, de continuer à
m'en faire et de me donner toujours quelque part à vos
prières. J'ai un besoin infini de tous ces secours dans la
place où je suis.

12. — AU DOCTEUR VALLANT[1].

A Fontevrault, ce 2 février 1673.

Je suis si honteuse d'avoir mal entendu tout ce que vous
m'avez dit sur une certaine affaire, que l'horrible inquiétude
où je suis de la maladie de mon père[2] ne peut m'empêcher

---

[2] On a vu dans une lettre de l'abbesse de Fontevrault à madame de
Sablé, du 23 août 1671, les bruits qui avaient couru sur elle, et, en note,
ce qu'avait dit madame de Sévigné à ce sujet. Quelle était l'histoire
qui avait circulé à Angers? S'agissait-il encore des bruits qui l'avaient
tant chagrinée en 1671?

[1] Bibl. imp. Mss. 17,050. *Portefeuilles Vallant*, t. XII, fol. 512.

[2] Le duc de Mortemart, gouverneur de Paris. Il mourut le 26 décembre 1675.

d'essayer, dès aujourd'hui, à réparer cette faute. Ce que je
m'en vais vous dire vous paroîtra incroyable ; cependant,
Monsieur, rien n'est plus vrai. Madame Testu assure qu'elle
m'a montré la première lettre que vous lui écrivites
sur ce sujet. Je n'en doute pas, puisqu'elle le dit. Ce
qu'il y a pourtant de certain est que je ne sais que d'hier
au soir les honnêtetés que M. A...⁵ a voulu me faire. Je ne
puis vous dire la raison de tout ce malentendu ; elle m'est
incompréhensible, car je ne suis point sujette à rêver ; et
voilà cependant la plus grande de toutes les rêveries. Au
nom de Dieu, Monsieur, raccommodez tout cela du mieux
que vous pourrez ; et surtout prenez la peine de dire à M.
A... que ma vanité seroit bien agréablement flattée, s'il
étoit vrai que j'eusse quelque part à son estime, et que rien
ne peut me consoler de n'avoir point eu l'honneur de le
voir que la pensée qu'il a emporté une bonne opinion de
moi, qui auroit assurément été détruite par ma présence.
Je voudrois dire des merveilles sur ce sujet et faire des remerciements proportionnés à ma reconnoissance ; mais, je
sais qu'il est dangereux de s'embarquer dans ces sortes de
discours. Ainsi, j'ajouterai simplement que rien n'étoit plus
capable de me donner une sensible joie que de me voir honorée du souvenir d'une personne de son mérite et que j'ai
toute ma vie admirée si particulièrement. Ce sont là mes
véritables sentiments. Je vous prie, Monsieur, de les exprimer à votre mode, afin qu'ils soient reçus plus agréablement et qu'on n'ait pas lieu de se repentir des avances qu'on
m'a faites.

Il est si tard que je ne puis vous mander tout ce que je
voudrois vous dire ; ce sera pour une autre fois, car j'aime
à vous écrire, parce que j'aime passionnément vos répon-

---

⁵ La lettre autographe ne donne que cette initiale. C'est évidemment Arnauld d'Andilly.

ses. Madame de Sablé m'a mandé des choses qui redoublent la douleur que j'ai de ne la point voir. Dites-lui bien, je vous prie, et rendez-lui compte de tout ce qui est contenu dans cette lettre. Je n'ose lui écrire, parce que la petite vérole est céans. Je crois qu'elle auroit bien pitié de moi, si elle savoit qu'on se moque ici de ceux qui craignent cette maladie, et que je n'ai pas encore pu empêcher celles qui gardent la malade d'aller parmi le monde et de parler à moi, comme si de rien n'étoit.

Je ne puis finir sans vous faire mille remerciements de vos pilules : elles m'ont fait un bien qui ne se peut exprimer.

13. — AU DOCTEUR VALLANT[1].

A Fontevrault, ce 15 mai 1673.

Je n'ose me plaindre du long temps qu'il y a que je n'ai reçu de vos lettres, parce qu'il me semble que c'est un peu ma faute que j'en ai été privée, et que je ne dois pas prétendre qu'au milieu de tous vos embarras vous puissiez songer à moi sans que je prenne le soin de vous en aviser. C'est donc, Monsieur, pour m'attirer quelques marques de votre souvenir que je vous écris présentement. Je serois la plus aise du monde d'avoir, outre cela, quelque chose à vous dire qui vous rendît mes lettres un peu agréables, mais il ne se passe rien du tout ici qui mérite de vous être mandé, et cela est cause que j'ai souvent honte d'écrire à mes amis.

J'ai lu avec toute la complaisance possible les deux mots obligeants que M. A...[2] a bien voulu dire sur la lettre que vous lui avez montrée. Vous me ferez un sensible plaisir de

---

[1] Bibl. imp. Mss. 17,050. *Portefeuilles Vallant*, t. VII, fol. 506.
[2] Voir la note 5 de la lettre précédente.

lui témoigner, dans l'occasion, que j'en suis très-reconnois-sante.

Comme vous voulez savoir quelque chose de mes lectures, je crois vous devoir dire que je suis enchantée des *Constitutions de Port-Royal* que j'ai lues depuis peu. Je trouve que toutes les religieuses n'en devroient point avoir d'autres, et je m'estimerois bien heureuse si je pouvois inspirer dans mon Ordre, et surtout dans cette maison, quelque chose de ce qu'elles prescrivent.

Je vous prie de ne pas faire part de cet article de ma lettre à madame de Bois-Dauphin, car, comme le Port-Royal y est nommé, elle ne manqueroit pas de se déchaî-ner contre moi et de m'appeler janséniste.

14. — A COLBERT [1].

A Fontevrault, ce 19 août 1673.

Faites-moi l'honneur d'agréer que j'aie recours à votre protection pour une affaire qui m'est de la dernière impor-tance et sur laquelle je ne vous importune qu'après avoir tenté toutes les voies imaginables de vous épargner la peine de m'en entendre parler. Cette affaire, Monsieur, qui me donne tant d'inquiétude, est la taxe qu'on veut imposer, tant à cette abbaye qu'aux prieurés qui en dépendent, pour les nouveaux acquêts qui peuvent y avoir été faits. Il y a six mois que je tiens un agent à Paris pour obtenir un arrêt du conseil du roi qui nous décharge de la dite taxe, et j'ai fait attacher à ma requête tous les anciens et les nouveaux pri-viléges qui fondent ma demande, mais surtout les deux lettres

---

[1] Bibl. imp. Mss. *Mélanges Colbert*, vol. 165 *bis*, fol. 387. — Cette lettre donne une idée du style administratif de l'abbesse de Fontevrault, et de l'insistance avec laquelle elle défendait les intérêts de sa maison.

patentes de confirmation des priviléges qu'il a plu au roi
d'accorder à feu madame de Fontevrault et à moi. Le tout,
Monsieur, a été communiqué à M. le procureur du roi des
francs-fiefs, et dans le temps que je croyois qu'il donneroit
les mains à la conclusion de mon affaire, M. Berryer[2] est
survenu, qui a dit à mon agent qu'il falloit payer et que
la décharge que je prétendois ne me seroit point accordée.

Je vous avoue, Monsieur, que cette déclaration m'a mise
dans une surprise et dans un embarras inconcevables. J'ose
cependant espérer que vous voudrez bien m'en tirer en me
procurant l'obtention de l'arrêt que je désire. C'est, Monsieur, la très-humble grâce que je vous demande et dont je
vous serai toute ma vie obligée. Pour peu que vous vous donniez la peine d'examiner mes prétentions, vous connoîtrez
bien qu'elles sont fondées en justice, et que d'ailleurs elles
ne peuvent faire nul préjudice à Sa Majesté ni à ses traitans,
puisque, dans cinquante ans, il n'a été fait ici aucun acquêt et
que feu madame de Fontevrault a fait seulement deux échan-
ges qui ne valent pas cinq cents livres de rente.

L'extrême pauvreté de ma maison m'a obligée, Monsieur,
à vous entretenir de tout ce détail qui sans doute vous en-
nuiera très-fort. Je vous supplie très-humblement de me
pardonner ma liberté et de ne me pas refuser votre protection que je vous demande encore avec la dernière instance.
Je recevrai cette nouvelle faveur, s'il vous plaît de me l'accorder, avec tout le ressentiment possible. Faites-moi, s'il

[2] Louis Berryer, d'abord secrétaire du conseil, puis des commandements de Marie-Thérèse, procureur syndic perpétuel des secrétaires du
roi, conseiller d'État en 1664. On sait que madame de Sévigné ne le
ménage pas dans ses lettres sur le procès de Fouquet. Il devait sa fortune à Colbert. A la mort de ce dernier, il fut dénoncé comme concus-
sionnaire. Une commission avait été nommée pour vérifier ses comptes,
quand sa mort fit cesser les poursuites commencées. Il avait été un
des directeurs de la Compagnie des Indes orientales.

vous plait, Monsieur, l'honneur de le croire et d'être persuadé que je serai toute ma vie fort véritablement votre
très-humble et très-obéissante servante.

15. — A MADAME DE SABLÉ[1].

A Fontevrault, ce 3 janvier [1674].

Vous me faites justice, Madame, et outre cela le plus grand
plaisir du monde d'être persuadée que ça n'a point été par
gravité que j'ai laissé passer tant de temps sans me donner
l'honneur de vous écrire. Je vous ai déjà mandé bien des
fois que je serois ravie d'avoir un commerce réglé avec vous
et que vous seriez souvent importunée de mes lettres, s'il
se passoit ici quelque chose qui fût digne de vous être
mandé. Rien n'est si vrai que cela, Madame, et je pense
que vous n'aurez pas de peine à vous l'imaginer. Toutes les
fois que vous avez la bonté de m'écrire, je suis touchée d'admiration pour tout ce que vous avez la bonté de me mander
et d'une joie sensible des assurances d'amitié dont vos lettres sont remplies. Jugez, Madame, si ce ne seroit pas un
grand bonheur pour moi d'en recevoir souvent, et si je puis
négliger volontairement les moyens de me procurer une
chose si agréable. Je vous conjure donc de me plaindre et
de me donner des marques que vous ne m'oubliez pas, toutes
les fois que vous le pourrez faire sans vous incommoder.

Vous m'avez fait un plaisir sensible de vous étendre un
peu sur la dévotion de madame de Thianges. Il me paroît,

---

[1] Bibl. imp. Mss. 17,050. *Portefeuilles Vallant*, fol. 456. — Le second
alinéa seulement de cette lettre a été publié par M. Cousin dans
Madame de Sablé, p. 270.

La lettre ne porte pas l'indication de l'année, mais d'après une lettre
de madame de Sévigné du 5 janvier 1674, la conversion de madame
de Thianges aurait eu lieu vers la fin de 1673.

de la manière dont vous en parlez, qu'elle pourroit être très-solide, si elle quittoit la cour ; mais je ne puis croire, non plus que vous, qu'on puisse soutenir dans ce pays-là une vie aussi austère que le doit être celle des véritables chrétiens, surtout de ceux qui, ayant été engagés dans le monde, doivent songer à faire une sérieuse pénitence. Je pense, Madame, que vous et M. de Tréville² lui aurez souvent prêché cette vérité, et que bientôt elle la mettra en usage. Je trouve qu'elle n'est pas à plaindre d'avoir de tels directeurs ; car, Madame, je vous mets de ce nombre, et je sais bien que personne ne peut mieux que vous persuader de bien faire. J'ai ouï parler aussi il y a longtemps du mérite de M. de Tréville : je l'ai même vu une fois ou deux pendant que j'étois à Paris. Je ne soupçonnois point du tout alors qu'il pût être à deux ans de là le directeur de madame de Thianges ; mais Dieu change les cœurs quand il lui plaît, et je me réjouis bien quand j'appris l'année passée cette célèbre conversion.

Je suis ravie, Madame, que ma sœur soit assez heureuse pour être tout à fait bien avec vous. Je lui envie furieusement le plaisir qu'elle a de vous entretenir quelquefois, et je voudrois au moins que vous voulussiez vous souvenir de moi quand vous êtes ensemble. Croyez qu'il ne se peut rien ajouter à l'admiration que j'ai pour vous, et puisque vous voulez que je vous traite familièrement, je vous aimerai avec toute la tendresse et la fidélité possible.

² Le comte de Trois-Ville (on disait Tréville) était un homme du grand monde, qui y avait renoncé, par suite de la profonde impression qu'avait faite sur lui la mort de madame Henriette d'Angleterre. Bourdaloue prêcha, en 1671, sur cette conversion, à laquelle, de son côté, Bossuet avait coopéré. Tréville mourut le 13 août 1705.

16. — AU DOCTEUR VALLANT[1].

A Fontevrault, ce 31 janvier 1674.

Une fluxion que j'ai sur le visage m'empêche de vous écrire de ma main, comme je me l'étois promis. J'espère bientôt me donner cette satisfaction, mais je ne crois pas devoir différer à vous faire savoir que je suis toute prête à recevoir la nouvelle convertie que l'on m'offre, et qu'ainsi on n'a qu'à me l'envoyer au plus tôt, ou bien à me mander où il faut que je la prenne. Je suis persuadée que je ne pourrois refuser une pareille chose sans manquer à mes devoirs les plus essentiels de la charité ; mais, outre cela, j'avoue que j'ai une grande joie de faire une chose qui soit agréable aux personnes qui s'intéressent dans cette affaire. Je vous conjure, Monsieur, d'être persuadé de cette vérité, et de compter que personne ne connoît plus que moi ce que vous valez et n'a pour vous une estime plus particulière que j'en aurai toute ma vie.

Je vous supplie de faire mes compliments à madame la marquise de Sablé.

17. — A MADAME DE SAINT-AUBIN, A L'ABBAYE-AUX-BOIS[1].

A Fontevrault, ce 16 mars 1674.

Mes affaires ont mis une si longue interruption à notre commerce que je ne puis plus le reprendre où nous en étions

---

[1] Bibl. imp. Mss. 17,050. *Portefeuilles Vallant*, t. VII, fol. 433. — Lettre dictée, et non signée.

[1] Bibl. imp. Mss. 17,050. *Portefeuilles Vallant*, t. VII, fol. 429. — La partie entre crochets a été publiée par M. Cousin, dans *Madame de Sablé*, p. 266. M. Cousin date la lettre du 16 mars 1679 ; nous croyons qu'il faut lire 1674.

et qu'il faudra nécessairement, ma chère fille, que vous me donniez de nouveaux sujets de vous entretenir en me mandant des choses aussi agréables que celles que je trouve ordinairement dans vos lettres. Je ne sais pas trop si cet agrément est dans les nouvelles dont vous me faites part, ou seulement dans la manière dont elles sont rapportées ; mais ce qui est de vrai, ma chère fille, c'est que vos lettres me donnent un sensible plaisir et que je suis ravie toutes les fois que j'en reçois.

Comme je crois que vous avez présentement mademoiselle de Comminges, je vous prie de lui faire mes compliments, et je vous conjure encore, et madame Dofine aussi, d'avoir de la bonté pour elle. C'est une fille qui a un mérite très-solide et pour laquelle j'ai beaucoup d'amitié. J'espère que Madame et vous en serez contentes. C'est tout ce qu'elle souhaite pour le temps qu'elle demeurera chez vous.

Je vous conjure, ma chère fille, de donner à M. Vallant la lettre que j'écris à madame de Vaudemont[2], afin qu'il la fasse envoyer sûrement par Montmartre. Faites-lui en même temps bien des compliments de ma part et bien des remerciements de ce qu'il m'a envoyé pour madame de Belin, qui se porte mieux, Dieu merci.

[Je suis très-aise que Madame (la prieure de l'Abbaye-aux-Bois) parle de moi avec amitié ; mais assurément elle se trompe de me croire janséniste. Pour la doctrine qu'on leur impute, je ne l'ai pas ; mais il est vrai que les livres de ces Messieurs me paroissent au-dessus de tout ce qu'on peut lire en notre langue, et que la morale qui y est enseignée, quoique très-rude à la nature, ne laisse pas de me plaire, parce qu'elle est conforme à la seule et véritable règle, qui est l'Évangile. Voilà ma profession de foi en raccourci. Je

---

[2] Anne-Élisabeth de Lorraine, fille du duc d'Elbeuf, mariée le 28 avril 1669 à Charles-Henri de Lorraine, prince de Vaudemont.

ne m'étonne pas qu'elle soit un peu suspecte chez vous, puisque les gens qui y gouvernent, ne me croyant pas de leur cabale, seroient bien aises de faire croire que je suis aussi séparée de l'Église que de leur empire. Comme leurs jugements ne sont pas ceux de Dieu, je me console, et je suis même assurée que, dès ce monde, les vrais honnêtes gens me feront justice. Vous serez peut-être ennuyée, ma chère fille, d'un aussi grand prône que celui-là; mais comme je n'ai nulle nouvelle à vous mander et que je suis bien aise de vous écrire, je me suis étendue sur la première chose qui m'est tombée dans l'esprit.] J'espère que vous me le pardonnerez et que vous voudrez bien embrasser madame Dofine pour moi. Vous pouvez compter l'une et l'autre que vous avez en moi une très-fidèle amie.

18. — A MADAME DE BOIS-DAUPHIN, A L'ABBAYE-AUX-BOIS[1].

A Fontevrault, ce 13 avril 1674.

J'ai eu bien de la joie, ma chère cousine, de voir de votre écriture et des assurances de la continuation de votre amitié. Je n'ai pu y répondre aussitôt que je devois et que j'en avois envie, parce que le carême et mes fonctions des fêtes avoient épuisé toutes mes forces. Présentement, j'entre dans un travail qui n'est pas moins pénible, et qui sera beaucoup plus long : c'est notre chapitre général, lequel devant se tenir dans l'Octave du Saint-Sacrement, me fournit dès à cette heure plusieurs embarras. Je vous dis cela, ma chère cousine, afin que la sœur Saint-Aubin et vous ne m'accusiez point si je suis moins régulière à écrire. Comme j'aurai besoin de récréation dans ce temps-là, je vous conjure de me

---

[1] Bibl. imp. Mss. 17,048. *Portefeuilles Vallant*, t. V, fol. 175.

donner toujours de vos nouvelles et de bien enjoindre à la sœur Saint-Aubin de me mander toujours toutes les petites histoires qu'elle saura. Elle ne s'est pas assez étendue sur la permutation de madame d'Estival, de sorte que je ne sais point qui a présentement son abbaye. Je m'imagine que madame de Biscaras est bien fâchée d'avoir manqué ce coup, et que madame d'Estival et elle ne se feront guère bonne mine.

Ayez la bonté, ma chère cousine, de faire mes compliments à cette dernière et de faire dire à madame de Sablé que je serois inconsolable si elle m'oublioit. Je suis toujours charmée d'elle de plus en plus par toutes les lettres qu'elle m'écrit, et il ne se passe point de jour que je ne regrette d'être privée de sa conversation. Vous ne doutez pas, je crois, ma chère cousine, que la vôtre ne me fût bien agréable dans mon désert. Mais je vous connois si attachée au tumulte des villes que je n'ose seulement espérer une visite de vous. J'ai une sensible joie de ce que le gain de vos procès vous met en état de vivre commodément où vous vous plaisez. Mon intérêt seroit pourtant que vos affaires ne fussent pas en si bon état, parce que, peut-être, votre mauvaise fortune vous feroit réfugier auprès de moi; mais, comme il faut aimer les gens pour eux-mêmes... (*Six lignes barrées*[2])... plu et contre lesquelles je vous ai vue si souvent en colère.

[2] Le docteur Vallant, grand collectionneur d'autographes, accaparait toutes les lettres que ses amis consentaient à lui donner. Celle-ci ne lui fut sans doute livrée par madame de Bois-Dauphin que moyennant la précaution dont elle porte les traces. C'est dommage.

19. — AUX COUVENTS DE L'ORDRE[1].

28 ma 1674.

Chères filles et bien-aimées religieuses, le désir sincère et ardent qu'il a plu à Dieu de nous inspirer pour l'avancement spirituel de ce saint Ordre, nous ayant engagée à faire dans l'assemblée précédente des ordonnances par lesquelles nous espérions prévenir ou remédier à plusieurs abus qui s'étoient glissés parmi vous, nous croyons ne pouvoir mieux satisfaire au devoir indispensable de notre charge, qu'en commençant les règlements que nous sommes présentement engagées à vous donner, par une confirmation des susdites ordonnances, et par l'éclaircissement que plusieurs d'entre vous ont témoigné souhaiter sur ce sujet.

Quoique nous ressentions une très-vive douleur, non-seulement du peu de soumission que quelques-unes de vous ont fait paroître à nos ordres, mais encore des malignes interprétations qu'elles ont données à nos desseins, nous croyons cependant ne devoir pas nous arrêter à nous plaindre de cette injustice, mais plutôt nous efforcer à vous faire voir la droiture de nos intentions et la nécessité où vous êtes de vous y conformer, si vous voulez remplir les devoirs de votre profession. Nous protestons donc très-sincèrement que nous n'avons eu d'autre but dans le règlement que nous avons fait touchant les confessions extraordinaires[2], que d'accommoder autant qu'il étoit en notre pouvoir votre conduite aux saints décrets, aux constitutions apostoliques et aux règles de notre saint Ordre. Nous n'avons nullement prétendu diminuer par là l'autorité des supérieures locales et nous ne

---

[1] Archives départementales de l'Aube, liasse 444.
[2] Nous n'avons pas trouvé ce règlement, daté du 1er juin 1671.

sommes pas peu surprises que quelques personnes aient allégué ce prétexte pour excuser leur désobéissance, vu qu'il est si aisé à prouver qu'il appartient seulement aux supérieurs majeurs de faire ces sortes de règlements, et que ces mêmes supérieurs sont très-coupables quand leur peu de vigilance ou quelque vue d'intérêt les empêchent de les établir. Au reste, nous avons cru user d'une assez grande indulgence envers nos filles, lorsqu'au lieu de leur enjoindre de s'en tenir à ce que prescrit le saint concile de Trente pour les confessions des religieuses, ce que nous aurions pu sans difficulté, nous avons bien voulu leur permettre de se servir huit fois l'année de confesseurs extraordinaires, de faire venir jusqu'à deux fois des directeurs externes pour les retraites spirituelles, et que, outre cela, les mères prieures peuvent en fournir dans la nécessité, pourvu qu'elle soit véritable et d'ailleurs si pressante qu'il soit impossible d'avoir recours à nous, ou à nos vicaires.

Toutes ces choses donc mûrement examinées, et considérant que des permissions plus étendues sur ce sujet seroient la source d'une infinité de désordres et un véritable libertinage plutôt qu'une liberté de conscience, nous approuvons et confirmons nos susdites ordonnances du 1er juin 1671, et nous vous renouvelons le commandement que nous vous avons déjà fait de les observer.

Ayant été informée de l'incertitude où plusieurs monastères se sont trouvés sur ce que nous entendons que la troisième parente au degré défendu par notre sainte règle soit privée de voix active, nous nous croyons obligée d'expliquer ici que cette ordonnance ne regarde ni les petites nièces ni les cousines germaines.

Comme, depuis qu'il a plu à Dieu nous charger du pesant fardeau de la conduite de ce saint Ordre, nous avons remarqué principalement deux abus notables répandus dans la plus grande partie de nos maisons, à savoir : les cabales formées pour les élections des mères prieures, et une liberté de demander des obédiences pour sortir sur des prétextes trop légers, nous nous trouvons indispensablement engagée à vous représenter combien il est important au repos de vos consciences et de votre vie de vous régler sur ces deux points, n'étant pas possible que vous soyez agréables à Dieu et que vous jouissiez en ce monde de quelque tranquillité tant que la charité sera bannie de vos cloitres et que l'esprit de vanité et l'amour du monde s'y introduiront par les fréquentes communications avec les personnes séculières. Quoique les mères prieures ne puissent ignorer leurs obligations sur ce dernier article, la foiblesse criminelle avec laquelle nous avons remarqué que quelques-unes en usent pour procurer des sorties aux religieuses qui sont commises à leurs soins nous oblige en conscience à recommander ici auxdites mères prieures de ne nous demander jamais d'obédience sur ce sujet sans une absolue nécessité, leur représentant que les malheureuses condescendances qu'elles ont en ces occasions les rendent aussi coupables que si elles-mêmes rompoient la clôture sans besoin.

Sur ce qui nous a été rapporté que dans la plupart de nos monastères on néglige de se fournir de quelques chevaux, lesquels servant aux affaires de la maison, pourroient aussi être à l'usage des pères confesseurs, et par là leur ôter le prétexte d'en avoir en propre (ce qui est également contraire à la pauvreté qu'ils ont professée et à nos intentions), nous recommandons aux mères prieures de ne pas souffrir que les monastères soient jamais dépourvus de chevaux, et nous entendons que les susdits pères confesseurs puissent s'en servir dans les voyages qu'ils seront obligés de faire, que nous souhaitons n'être pas trop fréquents. Il est aisé de voir que nos vicaires ne peuvent avoir de part à ce règlement, puisque leur emploi, les engageant à de perpétuelles courses, exige aussi nécessairement qu'ils aient quelques chevaux en leur disposition, ainsi que cela s'est de tout temps pratiqué.

Et ayant été informée combien les aliénations et les acquêts faits mal à propos ont apporté de préjudice au bien temporel de nos maisons, sur lequel notre charge nous oblige aussi de veiller, nous défendons qu'il s'en fasse de considérables sans que nous ou nos vicaires en notre place en aient auparavant pris connoissance.

Sur ce que nous avons appris que quelques-uns de nos vicaires ont ordonné que la table appelée de miséricorde se tînt dedans et en même temps que le premier réfectoire, nous déclarons qu'il est fort à propos que cette coutume se maintienne dans les lieux où elle est déjà établie, et même qu'il seroit à souhaiter qu'elle s'introduisît dans tous nos couvents.

Comme il y a encore une infinité de choses sur quoi nous devrions vous donner des avis, et auxquelles nous ne pouvons cependant pourvoir par nous-même, tant à cause de l'éloignement que parce que les besoins se trouvent différents suivant les diverses coutumes des lieux, nous déclarons que nous avons chargé nos vicaires de tous les ordres nécessaires pour chaque maison, selon les avis qui nous sont venus et les lumières qu'ils ont pu prendre dans leurs visites. Nous vous exhortons de tout notre cœur à leur obéir ponctuellement, et à regarder tous les ordres qu'ils vous porteront de notre part et ceux que vous pouvez recevoir par nos lettres comme les marques les plus essentielles de la tendre amitié que Dieu nous a inspirée pour vous, et non pas comme l'exercice d'une autorité dans lequel [3] l'amour-propre trouve quelquefois de quoi se satisfaire, puisque Dieu par sa miséricorde nous a préservée d'une telle foiblesse, nous faisant la grâce de connoître la vanité de l'élévation où il

[3] *Sic.*

nous a mise, et de la regarder seulement comme un poids pénible et dangereux sous lequel il est très-facile de succomber [1].

20. — A MADAME DE SABLÉ [1].

A Fontevrault, ce 19 juin 1674.

Je suis trop heureuse, Madame, que vous vous soyez aperçue de mon silence et que vous m'ordonniez de vous en rendre raison. Il m'est très-aisé de le faire, et je n'ai pour cela qu'à vous dire que j'ai été deux mois occupée à mon chapitre général, qui est la plus grande et la plus longue affaire que puisse avoir l'abbesse de Fontevrault. Je n'en suis pas encore absolument quitte, mais je puis vous assurer, Madame, que, dans le temps qu'elle m'occupoit le plus, je songeois à trouver quelque moment de loisir pour vous faire ressouvenir de moi. Vous avez eu la bonté de me prévenir, et vous m'avez donné une très-sensible joie, car je ne souhaite rien tant que de trouver que vous me faites l'honneur de m'aimer, et outre cela j'aime vos lettres pour elles-mêmes. Je me fais un plaisir extrême de les lire mille fois. Ma sœur de Fourille [2] en aura un, le plus grand du monde, quand elle saura qu'il lui est permis d'aller chez vous. C'est une fille

---

[1] Cette lettre se termine par la formule ordinaire : « Lues, prononcées et publiées en notre assemblée générale de nos discrètes et discrets, tenue à Fontevrault le vingt-huitième de mai 1674. — M. M. Gabrielle de Rochechouart. »

[1] Bibl. imp. Mss. 17,050, Portefeuilles Vallant, t. VII, fol. 453. Publiée en partie par M. Cousin, dans Madame de Sablé, p. 267.

[2] « Serait-ce une fille ou une parente du lieutenant-général de Fourille, excellent officier, tué à Senef, cette même année de 1674? Dans le Grand Dictionnaire historique des Précieuses, on trouve une demoiselle de Fouril sous le nom de Florelinde, mais elle est donnée comme mariée : ce ne peut donc être celle-ci. » (Note de M. Cousin.)

qui a beaucoup d'esprit et le goût très-fin. Ainsi, il ne peut rien lui arriver de plus heureux dans tout son voyage que d'avoir l'honneur de vous entretenir. Comme elle est une de celles de cette maison que j'aime le mieux, je lui ai dit mille fois ce que je savois sur votre sujet, et vous jugez bien, Madame, que je serai ravie qu'elle vous ait vue pour que nous puissions, elle et moi, avoir le plaisir de parler souvent de vous.

Je n'ai été nullement surprise de la froide réception que madame de Thianges lui a faite ; cela ressemble à tout le reste de sa conduite à mon égard, et je commence à croire qu'elle se fait un point de conscience de me maltraiter, voyant que ce déchaînement a commencé presque en même temps que sa dévotion, et qu'il subsiste sans que j'en puisse deviner le fondement ; car enfin, Madame, je ne lui ai rien fait en ma vie, et il me semble même que, quand je l'aurois offensée, l'éloignement et l'abandon où je suis devroient naturellement faire cesser ses persécutions. Je vous dis cela, Madame, parce que j'aime à vous faire part de ce que je pense, et nullement pour que vous en fassiez usage. Je suis résolue à prendre patience, à me passer des gens et à me souvenir toujours des injustices dont ils sont capables, non pas pour leur en vouloir du mal, mais afin de n'être jamais assez sotte pour faire aucun fond sur eux. Voilà, Madame, tout ce que je pense sur ce sujet. Si je m'y suis un peu trop étendue, vous vous souviendrez, s'il vous plait, que vous m'avez mandé de vous dire toutes mes pensées sur cette affaire.

Je vais écrire à madame de La Reynie [5] sur celle de ma-

---

[5] Gabrielle de Garibal, fille d'un maître des requêtes de l'hôtel, seconde femme de Nicolas de La Reynie, qu'elle avait épousé en février 1668. C'était sans doute une amie de couvent de l'abbesse de Fontevrault.

dame la princesse de Guémené[4]. Il m'est bien glorieux de rendre quelques services à une personne de son mérite et de sa qualité; mais ce qui me touche principalement est de faire en cela quelque chose qui vous soit agréable. Je vous assure que je solliciterai madame de La Reynie plus d'une fois; elle est tout à fait de mes amies, et il est vrai qu'elle avoit fort recommandé votre procès à monsieur son mari. Toutes les fois que vous aurez besoin de son crédit, je vous conjure, Madame, de ne faire nulle difficulté de m'employer. Je suis certaine que mes recommandations ne seront pas tout à fait inutiles de ce côté-là.

Cette lettre est si longue que je n'ose vous dire tout le bien que je pense de Mgr l'archevêque de Tours[5]. En un mot, Madame, je le trouve digne de l'approbation que vous lui donnez, et il a tant de respect pour vos sentiments, qu'il n'y a point d'honnêtetés qu'il ne me fasse, fondées assurément sur la bonté qu'il sait que vous avez pour moi. Je vous serai très-obligée si vous prenez la peine de lui témoigner que je lui en suis très-reconnoissante.

Il me semble que j'ai répondu à tous les articles de votre dernière lettre, excepté aux louanges qu'il vous plaît de donner à ce petit discours qui est tombé entre vos mains[6]; mais je suis si honteuse que vous l'ayez vu que je ne puis vous en rien dire. Je vous prie de ne prendre pas cela pour une façon.

[4] Anne de Rohan, princesse de Guémené.

[5] Michel Amelot de Gournay, d'abord évêque de Lavaur en 1671, nommé archevêque de Tours en 1673. Mort le 7 février 1687, à l'âge de soixante-trois ans.

[6] « Probablement le *Discours sur la Politesse*. Il aurait donc été composé avant 1674. » (Note de M. Cousin.) Nous le donnons à la suite de cette lettre.

21. — QUESTION SUR LA POLITESSE[1].

Pour découvrir l'origine de la politesse, il faudrait la savoir bien définir, et ce n'est pas une chose aisée. On la confond presque toujours avec la civilité et la flatterie, dont la première est bonne, mais moins excellente et moins rare que la politesse ; et la seconde mauvaise et insupportable, lorsque cette même politesse ne lui prête pas ses agréments. Tout le monde est capable d'apprendre la civilité qui ne consiste qu'en certains termes et certaines cérémonies arbitraires, sujettes, comme le langage, aux pays et aux modes; mais la politesse ne s'apprend point sans une disposition naturelle, qui, à la vérité, a besoin d'être perfectionnée par l'instruction et par l'usage du monde. Elle est de tous les temps et de tous les pays, et ce qu'elle emprunte d'eux lui est si peu essentiel, qu'elle se fait sentir au travers du style ancien et des coutumes les plus étrangères.

La flatterie n'est pas moins naturelle, ni moins indépendante des temps et des lieux, puisque les passions qui la produisent ont toujours été et seront toujours dans le monde. Il semble que les conditions élevées devroient garantir de cette bassesse ; mais il se trouve des flatteurs dans tous les états. Quand l'esprit et l'usage du monde enseignent à déguiser ce défaut, sous la marque[2] de la politesse, en se rendant agréable, il devient plus pernicieux ; mais toutes les fois qu'il se montre à découvert, il inspire le mépris et le dégoût, souvent même aux personnes en faveur desquelles il est employé. Il est donc autre chose que la politesse, qui

---

[1] *Recueil de divers écrits.* Paris, in-12, 1756, p. 84. — Le titre porte : *Question sur la Politesse, résolue par madame l'abbesse de F...*
  Voir la note 6 de la lettre précédente.
[2] Le texte porte bien *la marque.* Ne serait-ce pas *le masque?*

7.

plait toujours, et qui est toujours estimée. En effet, si on juge de sa nature par le terme dont on se sert pour l'exprimer, on n'y découvre rien que d'innocent et de louable. Polir un ouvrage dans le langage des artisans, c'est en ôter ce qu'il y a de rude et d'ingrat, y mettre le lustre et la douceur dont la matière qui le compose se trouve susceptible, et en un mot le finir et le perfectionner. Si l'on donne à cette expression un sens spirituel, on trouve de même que ce qu'elle renferme est bon et louable.

Un discours, un sens poli, des manières et des conversations polies, cela ne signifie-t-il pas que ces choses sont exemptes de l'enflure, de la rudesse, et des autres défauts contraires au bon sens et à la société civile, et qu'elles sont revêtues de la douceur, de la modestie, et de la justice que l'esprit cherche, et dont la société a besoin pour être paisible et agréable? Tous ces effets, renfermés dans de justes bornes, ne sont-ils pas bons, et ne conduisent-ils pas à conclure que la cause qui les produit ne peut aussi être que bonne? Je ne sais si je la connois bien, mais il me semble qu'elle est dans l'âme une inclination douce et bienfaisante qui rend l'esprit attentif et lui fait découvrir avec délicatesse tout ce qui a rapport à cette inclination, tant pour le sentir dans ce qui est hors de soi, que pour le produire soi-même suivant sa portée; parce qu'il me paroît que la politesse, aussi bien que le goût, dépend de l'esprit, plutôt que de son étendue; et que, comme il y a des esprits médiocres qui ont le goût très-sûr dans tout ce qu'ils sont capables de connoître, et d'autres très-élevés, qui l'ont mauvais et incertain; il se trouve de même des esprits de la première classe, dépourvus de politesse, et de communs qui en ont beaucoup.

On ne finiroit point si on examinoit en détail combien ce défaut de politesse se fait sentir, et combien, s'il est permis de parler ainsi, elle embellit tout ce qu'elle touche. Quelle attention ne faut-il pas avoir pour pénétrer les bonnes choses sous une enveloppe grossière et mal polie? Combien de gens d'un mérite solide, combien d'écrits et de discours bons et savants, qui sont fuis et rejetés, et dont le mérite ne se découvre qu'avec travail, par un petit nombre de personnes, parce que cette aimable politesse leur manque? Et, au contraire, qu'est-ce que cette même politesse ne fait pas valoir? Un geste, une parole, le silence même; enfin, les moindres choses guidées par elle, sont toujours accompagnées de grâces, et deviennent souvent considérables.

En effet, sans parler du reste, de quel usage n'est point quelquefois ce silence poli, dans les conversations même les plus vives? C'est lui qui arrête les railleries, précisément au terme qu'elles ne pourroient passer sans devenir piquantes, et qui donne aussi des bornes aux discours qui montreroient plus d'esprit que les gens avec qui on parle n'en veulent trouver dans les autres. Ce même silence ne supprime-t-il pas aussi fort à propos plusieurs réponses spirituelles, lorsqu'elles peuvent devenir ridicules ou dangereuses, soit en prolongeant trop les compliments, soit en évitant quelques disputes? Ce dernier usage de la politesse la relève infiniment, puisqu'il contribue à entretenir la paix, et que par là il devient, si on l'ose dire, une espèce de préparation à la charité. Il est encore bien glorieux à la politesse d'être souvent employée dans les écrits et dans les discours de morale, ceux mêmes de la morale chrétienne, comme un véhicule qui diminue en quelque sorte la pesanteur et l'austérité des préceptes et des corrections les plus sévères.

J'avoue que cette même politesse étant profanée et corrompue, devient souvent un des plus dangereux instruments de l'amour-propre mal réglé. Mais en convenant qu'elle est corrompue par quelque chose d'étranger, on prouve, ce me semble, que de sa nature, elle est pure et innocente ; et c'est dans cet esprit simple qu'elle doit être considérée ici, pour répondre à la question proposée.

Il ne m'appartient pas de décider ; je ne puis seulement m'empêcher de croire que la politesse tire son origine de la vertu ; qu'en se renfermant dans l'usage qui lui est propre, elle demeure vertueuse ; et que lorsqu'elle sert au vice, elle éprouve le sort des meilleures choses, dont les hommes vicieux corrompent l'usage : la beauté, l'esprit, le savoir. Toutes les créatures en un mot, ne sont-elles pas souvent employées au mal, et perdent-elles pour cela leur bonté naturelle?

Tous les abus qui naissent de la politesse n'empêchent pas qu'elle ne soit essentiellement un bien, tant dans son origine que dans ses effets, lorsque rien de mauvais n'en altère la simplicité.

22. — AU DOCTEUR VALLANT[1].

[Fontevrault, septembre 1674.]

Vous m'avez fait plaisir, Monsieur, de m'avertir d'écrire à madame de Montmartre, non pas que j'en eusse besoin, mais parce que vous m'avez prouvé par là que vous vous intéressez à notre amitié et que vous seriez fâché qu'elle fût altérée par ma faute. Je puis vous promettre que je ne vous donnerai jamais ce chagrin. C'est à vous, Monsieur, à ne pas souffrir que j'aie celui d'être oubliée d'une personne que j'aime et que j'honore autant que madame de Montmartre. Je vous charge sans scrupule de la lettre que je lui

---

[1] Bibl. imp. Mss. 17,050. *Portefeuilles Vallant*, t. VII, fol. 460.—Cette lettre a été publiée par M. de Barthélemy dans *les Amis de madame de Sablé*, p. 190.

viens d'écrire, parce que je sais que vous avez souvent la joie de la voir.

J'ai une autre prière à vous faire qui ne vous sera peut-être pas si agréable. C'est, Monsieur, de vouloir m'apprendre, à votre loisir, si le petit livre des *Avis de la Vierge à ses dévots indiscrets* [2], sur lequel M. de Tournay [3] a fait une si belle lettre, a été condamné comme je l'ai entendu dire, et ce qui est aussi arrivé de cet entretien sur la défense que M. d'Amiens [4] a faite de lire le *Nouveau Testament, de Mons.* Cet écrit m'est tombé depuis peu entre les mains et quoiqu'il contienne de belles vérités en de certains endroits, il y en a d'autres que j'ai peine à croire qui aient été soufferts, et qui, en effet, ne me paroissent pas soutenables.

Je serois ravie de pouvoir vous entretenir là-dessus et de savoir si mes jugements sont conformes aux vôtres. J'aurois bien de la vanité si cela étoit, et j'aurai beaucoup de joie si vous prenez la peine de m'écrire quelque chose sur tout cela. Vous jugez bien que je le tiendrai aussi secret que vous

[2] « *Monita salutaria beatæ Virginis Mariæ ad suos cultores indiscretos*, ouvrage contre le culte de la Sainte Vierge, dont l'auteur est un jurisconsulte allemand nommé Adam Windelfets; il en parut une traduction française de dom Gerberon, sous ce titre : *Avertissements salutaires de la bienheureuse Vierge Marie à ses dévots indiscrets*, Gand, 1673. Mgr l'évêque de Tournay, Gilbert de Choiseul, avait approuvé cette traduction; mais cette approbation ayant été fort attaquée, le savant évêque avait dû la défendre, en 1674, dans la lettre pastorale que cite madame de Sablé dans la lettre du 13 octobre 1674. Voyez la *Bibliothèque janséniste*, 2e édition, de 1731, p. 26. » (Note de M. Cousin dans *Madame de Sablé*, p. 265.)

[3] Gilbert de Choiseul d'Hostel, évêque de Comminges, puis de Tournay en 1668; mort à Paris, le 31 décembre 1689.

[4] François Faure, né le 28 novembre 1612, entra dans l'ordre de Saint-François en 1628; sous-précepteur de Louis XIV; évêque de Glandèves en 1651, d'Amiens en 1653; mort d'apoplexie, à Paris, le 11 mars 1687.

le pouvez souhaiter, et que j'ai envie que ce soit de la curiosité que je vous fais paroître sur une pareille matière.

23. — MADAME DE SABLÉ A L'ABBESSE DE FONTEVRAULT[1].

A Paris, ce 13 octobre 1674.

Ce seroit, Madame, un grand bien pour moi, aussi bien
qu'un grand honneur, si j'avois une de vos lettres à porter
toutes les fois que je vais à Montmartre. Cela me donne un
rehaussement d'être nouveau, comme il arrive aux ambas-
sadeurs des grands princes. J'ai beaucoup de joie, Madame,
que vous ayez vu le livre qu'on appelle *Monita* et la belle
lettre que M. de Tournay a écrite sur cela. Celle qui est
en latin est un peu plus longue et plus exacte, et l'on y voit
de quelle sorte on doit entendre l'endroit de l'index où on
l'a mis.

Voici comme la chose s'est passée à Rome. Quantité de
personnes qui ont intérêt que toutes les imaginations de
dévotions subsistent, s'élevèrent contre ce livre et demandèrent qu'il fût condamné. D'autres, au contraire, bien intentionnées, dirent que l'on ne pouvoit condamner ce livre et
demandèrent que l'examen en fût fait, et que s'il y avoit quelque proposition qui fût suspecte dans la foi, on le condam-
nât. L'on examine ce livre; l'on n'y trouve rien qui puisse

---

[1] Bibl. imp. Mss. 17,050. *Portefeuilles Vallant*, t. VII, fol. 150. —
Deux ou trois phrases seulement, les premières et les dernières, ont
été publiées par M. Cousin.

Les lettres que l'on a de madame de Sablé sont en minute.

On n'a pas découvert jusqu'à présent les originaux de celles adressées à l'abbesse de Fontevrault. Les conservait-elle? On peut en douter
par ce qu'elle écrivit, le 3 janvier 1677, au docteur Vallant, au sujet
d'une de ses lettres qu'elle avait, disait-elle, perdue. Elle écrivait une
autre fois à la sœur de Saint-Aubin, pour provoquer ses confidences,
qu'elle brûlait toutes ses lettres.

être suspect. Nonobstant cela, comme le parti contraire à ce livre étoit fort nombreux, puissant et pressant, l'on ne peut leur refuser quelque chose, ne pouvant le condamner, ce qui ne s'est jamais fait.

Pour l'autre, qui a été fait contre M. d'Amiens, quoique cet évêque se soit oublié en ce qu'il a fait, l'écrit qui lui est contraire vient d'une source inconnue, et il est rejeté de tout le monde, comme de vous, Madame, qui en avez jugé comme les plus grands docteurs qui sont ici[2].

Il y a plus de quinze jours que cette lettre est écrite, mais comme l'on me dit que l'auteur du livre appelé *Monita*, etc., a fait une lettre apologétique pour sa défense, qu'il y a encore une lettre sur le même sujet contre M. Abely[5], qui a fait *Monita Jesu*, j'attendois d'avoir tout cela pour vous l'envoyer, Madame, en me donnant l'honneur de vous écrire. Mais le libraire qui les vend, et auquel un de mes amis m'avoit adressée, m'a prise pour un mouchard. Cet ami m'a dit qu'il m'y mèneroit. En attendant, Madame, j'ai cru qu'il ne falloit pas vous laisser dans le doute des causes de mon silence.

La comparaison que madame de Bois-Dauphin fait de la cour de l'Abbaye-aux-Bois avec celle de Fontevrault me paroît fort plaisante.

Que l'on est heureux, Madame, quand on a de quoi voir par soi-même comme vous, et de n'être point conduit comme un oison bridé par des gens qui, étant aveugles, tombent les premiers et font tomber ceux qui les suivent !

---

[2] Voir la lettre précédente ; 2ᵉ alinéa.

[5] Louis Abelly, né en 1603 dans le Vexin français, curé de Saint-Josse, à Paris, grand-vicaire de Bayonne, évêque de Rodez en 1662, se démit de son siége en 1666 et se retira dans la maison de Saint-Lazare, où il mourut en 1691. Auteur d'une *Vie de saint Vincent de Paul* et de livres de piété et de théologie.

24. — AU DOCTEUR VALLANT [1].

A Fontevrault, ce 9 janvier 1675.

Quoique je n'aie aujourd'hui qu'un moment de loisir, je ne puis différer à vous témoigner la joie que j'ai que vous ayez enfin songé à moi. Je vous ai cru à mon égard dans un profond assoupissement, et la supérieure [2], bien loin de vous justifier, m'a quelquefois mandé de petits mots qui m'ont confirmée dans cette opinion. Quoi qu'il en soit, puisque vous êtes réveillé, je ne prétends plus vous faire de querelle ; je vous prie seulement de ne me plus remettre dans la même peine.

Puisque vous voulez que je vous mande ce que je pense des plaintes que madame la supérieure fait de vous, je vous avouerai sincèrement qu'elles ne me surprennent pas, par la raison qu'elles sont déraisonnables, et que je ne puis plus être étonnée sur son sujet que quand je la verrai s'accommoder d'un procédé droit et juste comme le vôtre. Je ne sais si la charité n'est point un peu blessée dans cette décision ; mais comme je ne vous apprends rien de nouveau et que je connois votre discrétion, j'espère que ma sincérité en cette occasion ne sera point criminelle. Il me semble que madame la coadjutrice n'épargne pas sa sœur plus que moi, lorsqu'elle dit qu'on trouble son repos, en conservant la vie d'une de ses religieuses. J'admire comment on peut faire parade d'une telle injustice, et je voudrois bien savoir en quoi la blesse l'absence d'une personne qu'elle n'aime pas,

[1] Bibl. imp. Mss. 17,048. *Portefeuilles Vallant*, t. V, fol. 85.
[2] Le mot est écrit en abrégé. On voit, en se reportant au premier alinéa de la lettre du 27 septembre 1672, qu'il s'agit ici de la supérieure de l'Abbaye-aux-Bois, que l'abbesse de Fontevrault n'aimait pas.

lorsque sa conscience est à couvert par l'attestation de plusieurs médecins de probité, si elle[5] ne veut bien laisser croire à tout le monde que c'est par malignité qu'elle souhaite son retour, et que le repos qu'on lui ôte, en procurant la demeure de madame du Mas à Sainte-Menehould, n'est autre chose que la priver du plaisir qu'elle prendroit à maltraiter cette pauvre fille.

Je suis naturellement si choquée des injustices que je m'emporterois encore davantage sur cette matière, si je ne craignois de vous trop scandaliser, et si on ne me tourmentoit pour envoyer cette lettre. J'attends avec impatience vos réflexions sur les livres dont vous me parlez, et je vous conjure, Monsieur, de vouloir faire tenir les lettres que je vous adresse pour madame de Montmartre et madame de Sablé.

25. — AU DOCTEUR VALLANT[1].

A Fontevrault, ce 19 février 1675.

C'est bien tard répondre à votre dernière lettre, mais vous savez si bien les embarras auxquels je suis exposée, que je m'assure que vous ne m'aurez point pour cela accusée de paresse. J'ai lu avec honte les grands remerciements que vous m'avez faits pour un très-petit présent, et avec plaisir ce qui a été écrit pour et contre le petit livre des *Avis salutaires de la bienheureuse Vierge*[2]. Vous croyez bien, Monsieur, que je ne me mêle pas de décider ce qui vaut mieux de tout cela; mais je vous avouerai franchement que

---

[5] La phrase est obscure. On la comprendrait mieux ainsi : A moins qu'elle ne veuille laisser croire, etc.

[1] Bibl. imp. Mss. 17,050. *Portefeuilles Vallant*, t. VII, fol. 421.

[2] Voir les lettres des ... septembre et 13 octobre 1674.

rien ne m'a tant plu ni tant persuadée sur cette matière que
la lettre de M. de Tournay. Il me semble qu'elle répond
pleinement à tout, et que, quand on l'a lue, les objections
que l'on fait sur les *Avis de la bienheureuse Vierge* paroissent bien foibles. Quand il vous tombera entre les mains
quelques autres écrits de cette nature, vous me ferez un
plaisir extrême de m'en faire part; mais sur toutes choses
je vous demande la continuation de votre amitié, qui me
paroît d'un grand prix par l'opinion que j'ai de votre esprit
et de votre vertu. Ma sœur de Fourille a connu l'un et l'autre dans le séjour qu'elle a fait à Paris, et je puis vous assurer, Monsieur, qu'elle vous estime infiniment. Nous parlons
souvent de vous, elle et moi, avec plaisir [3]...

26. — A MADAME DE SABLÉ [1].

A Fontevrault, ce 27 avril [1675].

Je suis fort d'avis, aussi bien que vous, Madame, que nous
ne comptions point ensemble pour nos lettres et que nous
nous écrivions plutôt parce que l'envie nous en prendra,
que par l'obligation de faire réponse. Si j'avois la vanité de
croire que mes lettres vous fussent agréables, je vous dirois que vous gagneriez à ce marché-là, parce que assurément le désir de vous entretenir me viendra plus souvent
que je ne m'y trouverai engagée par ce qui me viendra de
votre part. Cependant je ne dois pas me plaindre puisque
jusqu'ici vous ne m'avez jamais abandonnée pour quel-

---

[3] La fin de la lettre est relative à une de ses amies qui a été guérie
par une ordonnance du docteur, et à une dame de Belin, qui souffre de
vapeurs, et pour laquelle elle demande une ordonnance.
[1] Bibliothèque Victor Cousin, à la Sorbonne. Ms. 1,004. Cahier 12,
n° 33.

que temps que vous ne m'en ayez donné après de si bonnes raisons, que je n'aie eu sujet de croire que ça n'a pas été par oubli. La dernière que vous m'alléguez est meilleure que je ne voudrois, et je m'accommoderois encore mieux d'un peu de négligence que de vous savoir malade.

Depuis quelques jours, je l'ai aussi été. C'étoit une nouvelle sorte de douleur de tête que je n'avois pas encore connue et qu'on dit qui venoit de vapeurs de rate. J'ai été saignée pour cela, et présentement je m'en porte mieux. Je crois que ce mal m'avoit été causé par toutes les fatigues des dernières fêtes[2] qui sont terribles pour l'abbesse de Fontevrault. Ce temps-ci est un peu plus commode, quoiqu'il n'y en ait aucun où je ne sois obligée à bien des fonctions pénibles ; cependant il faut avouer que l'habitude fait quelque chose et que les maux deviennent plus supportables avec le temps. Je vous mande cela parce qu'il me semble que je suis obligée à vous instruire de mes dispositions.

Je ne puis finir sans vous remercier de l'occasion que vous me donnez de vous rendre un petit service. M. Tubeuf[3] est extrêmement de mes amis, et il m'est fort aisé de lui parler de vos affaires. De l'humeur dont je le connois, je crois même qu'il suffira de lui nommer votre nom pour le faire agir de son mieux pour vos intérêts. Il m'a mandé qu'il me viendroit voir lundi. Quand je l'aurai entretenu, je vous rendrai compte de tout ce qu'il m'aura dit sur votre affaire.

Je trouve madame de Belin[4] charmée d'une lettre que vous lui avez écrite, et qui en effet est admirable.

[2] Les fêtes de Pâques.

[3] Charles Tubeuf, conseiller au parlement (1654), maître des requêtes (1661), intendant à Moulins en 1667, à Bourges et à Moulins réunis en 1670, à Tours en 1674. Mort en cette dernière ville, le 3 septembre 1679, à l'âge de quarante-six ans.

[4] C'était sans doute une dame de Paris retirée à Fontevrault ; il en

Je vous prie de vous souvenir que vous me devez des copies de toutes les maximes, et des autres choses qui parti-
ront de votre esprit que j'admire toujours nouvellement[5].

27. — MADAME DE SABLÉ A L'ABBESSE DE FONTEVRAULT [1].

[1675[2].]

Je suis chargée, Madame, de vous témoigner mille sentiments de respect et de reconnoissance de la part des personnes qui m'ont obligée de vous faire la très-humble supplication que vous avez reçue si généreusement. Quand je ne
le serois pas, je prendrois la liberté de vous témoigner les
miens qui sont assurément au-dessus de tout ce que je pourrois dire. Il n'y a rien de si obligeant ni de si généreux que
ce que vous m'avez fait l'honneur de m'écrire ; je voudrois
bien vous pouvoir mander quelque chose qui pût rendre
cette lettre un peu agréable. J'en avois une qui vous auroit
pu donner quelque plaisir, mais je crains que la Sainte[3] ne
m'ait devancée. C'est que le prédicateur de Montmartre
prêcha dimanche dernier sur la tentation, et dit qu'il ne
falloit pas se mettre tant en peine lorsque l'on étoit tenté,

est souvent question dans la correspondance avec madame de Sablé et
avec le docteur Vallant.

[5] Voir dans *Madame de Sablé*, par Victor Cousin, chap. iii, quelques-unes de ces maximes et le jugement qu'il en porte.

[1] Bibl. imp. Mss. 17,050. *Portefeuilles Vallant*, t. VII, fol. 450. —
Cette lettre a été publiée en extrait dans *Madame de Sablé*, par Victor
Cousin, p. 264.

[2] Je ne sais au juste si cette lettre et celle n° 26 sont de 1674 ou
1675. Dans tous les cas, celle-ci paraît faire allusion à un service que
l'abbesse de Fontevrault avait annoncé, dans la première des deux, être
toute prête à rendre à madame de Sablé auprès de M. Tubeuf, lequel
avait été nommé intendant de Touraine en 1674.

[3] Vraisemblablement madame de Saint-Aubin ou madame de Bois-
Dauphin, toutes deux retirées à l'Abbaye-aux-Bois.

qu'il n'y avoit qu'à dire non; que David étant vieux et comme usé lorsqu'il fit tuer le mari de Betsabée, ne pouvoit pas avoir une grande tentation; qu'il y succomba parce qu'il ne sut pas dire non; que Joseph, au contraire, qui étoit jeune, sanguin et vigoureux, en devoit avoir une fort grande; qu'il n'y succomba pas pourtant, parce qu'il sut dire non, et même laisser sa casaque, mais que si elle avoit tenu au bouton, il ne savoit pas ce qui en seroit arrivé.

N'est-ce pas là un bon entretien pour des religieuses? Je ne sais pas comment madame de Montmartre l'aura pris, mais je gagerois toujours cent contre un qu'elle en sera très-mécontente.

J'ai lu le livre dont j'ai eu l'honneur de vous parler; il y a de fort plaisantes choses. Je vous en manderai une des principales à la première occasion.

28. — AU DOCTEUR VALLANT[1].

A Fontevrault, ce 3 janvier 1677.

J'ai reçu, Monsieur, la lettre dont vous me parlez dans votre dernière; mais ce fut dans un temps où j'avois tant d'embarras qu'il me fut impossible d'y répondre. Cependant j'eus beaucoup de joie de voir que vous vouliez bien encore me faire part de vos sentiments et que vous aviez assez bonne opinion de moi pour vouloir savoir les miens sur des matières aussi solides que le sont celles que vous me proposez.

Je ne vous puis répondre sur la question qui étoit dans votre autre lettre, parce que je l'ai oubliée et que par malheur la lettre s'est perdue; mais pour la dernière, je vous dirai ce que j'ose penser.

[1] Bibl. imp. Mss. 17,050. *Portefeuilles Vallant*, t. VII, fol. 502.

Il est certain qu'en effet il n'y a point de personne raisonnable qui puisse hésiter à s'humilier devant Dieu, et qui, connoissant toutes les misères de la condition humaine, ne se trouve méprisable et infiniment éloignée de cet être parfait et éternel duquel toutes choses dépendent. Voilà un sentiment qui est, je crois, commun à tout le monde, et qui, à force d'être raisonnable, ne peut être d'aucun mérite et ne satisfait pas, à mon avis, à l'humilité que nous devons avoir devant Dieu. La première [2] naît de la seule lumière naturelle et se trouve aussi bien dans les païens que dans les fidèles ; mais la seconde, qui, je crois, est la seule qui soit méritoire, suppose une grâce qui, nous faisant connoître l'horreur du péché, et surtout de ceux que nous avons commis, et nous approchant assez de Dieu pour nous donner quelque chose de sa pureté et de sa souveraine perfection, nous abîme en sa présence et nous persuade avec raison que nous nous sommes mis, par notre propre faute, au-dessous des bêtes, des créatures insensibles, du néant même.

Il est assez aisé d'avoir ces pensées dans la superficie de l'esprit, et il n'y a guère de gens qui ne soient assez instruits pour tenir le langage qu'il faut sur ce sujet ; mais je suis persuadée qu'il y en a peu qui en soient pénétrés au fond du cœur, et que, quand on est là, on a déjà fait bien du chemin dans la vertu.

Voilà, Monsieur, tout ce qui m'est venu dans l'esprit sur cette question. Je me suis hasardée à vous le mander pour vous obliger à m'en faire de nouvelles, et surtout à me faire part de tout ce que vous saurez sur chaque sujet. J'ai tant de confiance en vous que je m'assure que vous ne montrerez à personne ce que je vous mande, et même que vous serez assez bon pour ne vous en pas moquer en votre particulier.

[2] On dirait qu'il y a ici une lacune ; cependant le passage est reproduit textuellement. Il faut sans doute sous-entendre le mot *humilité*.

Jusqu'à ce que vous me détrompiez là-dessus, ce qui, je crois, n'arrivera jamais, je traiterai toujours avec la même liberté tous les chapitres sur lesquels vous voudrez bien avoir mon sentiment.

Madame de Belin vous fait mille compliments et vous supplie de lui renvoyer au plus tôt des méditations manuscrites qu'elle vous prêta l'année passée; elle en est un peu en peine.

Vous m'obligerez fort de faire mes compliments au Père Martin, et de lui dire que j'ai une véritable honte du long temps qu'il y a que je ne lui ai écrit.

29. — AU DOCTEUR VALLANT[1].

A Fontevrault, ce 21 avril 1677.

Je vois bien, Monsieur, que vous m'avez punie de mon silence, puisque vous ne m'avez point envoyé le passage que vous m'aviez promis pour le commencement du carême. Cependant je ne méritois pas cet abandon, car ç'a été malgré moi et par des occupations indispensables de ma charge que j'ai été privée du plaisir de vous écrire depuis les Rois jusqu'à la semaine de la Passion. J'ai eu huit filles à assister à la mort, et à cette occupation a succédé celle du jubilé, de sorte que j'ai été contrainte de suspendre tous les commerces que j'ai avec mes amis.

Je vous mande tout ce détail, afin qu'en vous donnant la réponse que je vous envoie pour M. du Bois[2], vous lui fas-

[1] Bibl. imp. Mss. 17.050. *Portefeuilles Vallant*, t. VII, fol. 480. — Cette lettre a été publiée dans *les Amis de madame de Sablé*, par M. E. de Barthélemy, p. 559.

[2] Philippe Goibaud, sieur du Bois, membre de l'Académie française, auteur de plusieurs livres de religion; mort le 1er juillet 1694.

siez bien comprendre ce qui est cause qu'il la reçoit si tard. Comme je l'estime beaucoup et que je serai ravie d'avoir quelquefois de ses lettres, j'ai grand intérêt qu'il ne me soupçonne d'aucune négligence à son égard.

J'ai été extrêmement satisfaite du passage de sainte Thérèse, et encore plus de celui de saint Bernard, que vous avez donnés à madame de Bois-Dauphin.

Je vous prie, Monsieur, de recommencer à prendre soin de moi, et de croire que tout ce qui me vient de votre part m'est extrêmement agréable.

50. — AUX COUVENTS DE L'ORDRE [1].

A Fontevrault, ce 21 juin 1677.

Chères filles et bien-aimées religieuses, le relâchement n'étant que trop ordinaire dans les Ordres même les plus saints, et ce malheur ayant été prévu par ceux qui en sont les fondateurs et les maîtres, ils ont sagement ordonné des visites et des assemblées générales, dans lesquelles on peut trouver plus aisément et plus sûrement les lumières nécessaires pour connoître les désordres et pour trouver les moyens d'y remédier. C'est, mes chères filles, pour nous conformer à de si justes et de si saintes intentions qu'après avoir pris un soin exact d'examiner les règlements dont nos maisons ont présentement plus de besoin, nous avons résolu de dresser les suivantes ordonnances, lesquelles nous vous enjoignons et conjurons d'observer avec autant d'exactitude qu'il est véritable que nous ne vous les prescrivons que par le zèle et le désir sincère que Dieu nous donne pour votre perfection et pour votre salut.

[1] Archives départementales de l'Aube, liasse 444.

Comme les ordonnances de feu Madame[2] et celles de nos vicaires, que nous confirmons, vous ont instruites suffisamment de l'exactitude et de la modestie requise au divin office, et que ce devoir qui regarde Dieu est assez recommandable par lui-même, nous ne vous dirons rien sur ce sujet, si ce n'est que nous n'entendons point qu'on demeure dans les parloirs pendant ledit office sans une nécessité indispensable, qui par conséquent doit être fort rare.

Comme toutes les règles du christianisme nous recommandent incessamment la charité, nous vous renvoyons à l'Évangile et à tout ce que les apôtres et les saints Pères ont écrit sur cette importante matière, ne présumant pas que celles qui méprisent les paroles de Jésus-Christ et de ses saints eussent quelque déférence aux nôtres. Cependant nous ne pouvons nous empêcher de déplorer ici le malheur de quelques-unes de nos filles, lesquelles, semblables à ces vierges imprudentes de l'Évangile, perdent le mérite de toutes leurs austérités par leurs médisances, leurs querelles et leur peu d'union les unes avec les autres. Ce qu'il y a dans cette conduite de plus criminel, c'est que la plupart font passer jusques au dehors ces aigreurs et ces médisances, et scandalisent les séculiers d'une manière aussi irréparable qu'elle est honteuse à la religion. Cet article est si essentiel que nous chargeons nos vicaires de l'examiner en toute rigueur, et de punir exactement les personnes qui tomberont dans de pareilles fautes.

Nous sommes si convaincue, par une fréquente et cruelle expérience, que les désordres et la tiédeur qui se glissent dans les maisons religieuses sont ordinairement causés par l'épanchement qu'elles ont au dehors, que nous ne pouvons

---

[2] Jeanne-Baptiste de Bourbon, fille naturelle de Henri IV et de Charlotte des Essarts.

nous dispenser d'avoir une attention toute particulière à tout ce qui concerne les parloirs et la clôture. Ainsi, nous ordonnons :

1° Que la porte ne soit jamais ouverte et fermée par une seule religieuse ;

2° Que, selon que la règle le prescrit, on n'y souffrira les entrées que dans une pressante et claire nécessité ;

3° Que les personnes qui entreront, soit confesseur, médecin, chirurgien ou autres, sortiront dès qu'ils auront satisfait au sujet de leur entrée ;

4° Que tout le temps qu'ils seront dans la maison, ils seront toujours accompagnés au moins de deux religieuses ;

5° Qu'ils n'entreront jamais plus tard ni plus matin qu'il est prescrit par notre sainte règle, si ce n'est pour quelque raison extraordinaire et indispensable ;

6° Que la porte ne demeurera jamais ouverte, et qu'on la fermera dès qu'on aura satisfait à la nécessité, quand même on devroit la rouvrir aussitôt après ;

7° Quand la clôture sera rompue, nous ordonnons qu'on travaille incessamment à la rétablir, et que cela se fasse préférablement à tout autre ouvrage.

Quant aux parloirs, nous ordonnons :

1° Que la mère prieure en garde les clefs ;

2° Qu'on n'y fasse jamais manger les gens de dehors ;

3° Qu'on n'y aille jamais sans la permission de la mère prieure ;

4° Qu'ils soient toujours fermés à la fin de complies ;

5° Que les volets des grilles ne soient jamais ouverts que pour les proches parents ou les personnes de grande considération.

Nous chargeons nos vicaires de plusieurs autres choses qui concernent cet article, souhaitant avec ardeur qu'on l'observe selon que notre sainte règle le prescrit.

On ne laissera jamais le tour ouvert; les seules tourières y parleront quand il faudra le faire, et elles seules recevront au dedans, et passeront au dehors ce qui sera nécessaire.

Lorsqu'on demandera quelque religieuse, lesdites tourières ne les en avertiront point qu'elles ne l'aient dit à la mère prieure et qu'elles n'aient pris sa permission. On observera de même à l'égard des lettres et présents qui pourront se porter dans le monastère.

On ne passera par le tour de la sacristie que ce qui doit servir à l'église.

Le guichet de la grande grille ne servira que pour la communion.

Étant bien informée qu'il se commet de grands désordres dans les élections des mères prieures, nous enjoindrons à nos commissaires de ne les point recevoir si vous n'y observez toutes les règles canoniques.

Les maîtresses des novices ne seront point troublées dans l'exercice de leurs charges par les parentes ou amies desdites novices, qui ne doivent se mêler en aucune façon de leur conduite pendant tout le temps de leur noviciat.

On ne recevra point de pensionnaires, dans les lieux où nous avons permis d'en recevoir, passé l'âge de quatorze ans.

Nous jugeons fort à propos pour le bien du temporel qu'il y ait dans chaque maison un conseil établi, où les pères confesseurs soient appelés et qu'il se tienne tout au moins une fois le mois.

Nous avons recommandé à nos vicaires de ne recevoir jamais les comptes des mères officières s'ils ne sont en bonne forme, et nous confirmons ce qui a déjà été ordonné touchant lesdites mères officières, qui est qu'elles ne conserveront ni argent, ni aucunes choses dépendantes des emplois dont elles seront sorties.

On n'abattra jamais de grands bois, en quelque petite

quantité que ce soit, sans une permission de nous, ou de nos vicaires, par écrit.

Les chambres qui sont hors du dortoir ne demeureront point affectées à des religieuses particulières ; si on les juge propres à servir d'infirmerie, elles seront indifféremment à toutes celles qui en auront besoin.

Nous exemptons des offices et charges de la religion, et défendons d'y mettre, ou élire, les personnes qui ne couchent pas dans le dortoir, et qui, à raison de leurs infirmités perpétuelles, demeurent toujours dans l'infirmerie.

Excepté les malades et les infirmières, toutes les religieuses prendront leurs repas au réfectoire à l'heure due.

Nous défendons très-expressément la mondanéité dans les habits et les chaussures ; les personnes religieuses qui affectent ces sortes de choses se rendent par là très-désagréables à Dieu, et même très-ridicules aux yeux du monde à qui elles ont intention de plaire.

Comme les susdites ordonnances sont entièrement conformes aux lois du christianisme et à notre sainte règle, nous ne doutons pas que vous les receviez avec autant de respect que de résolution de les mettre en pratique. Nous savons, et ce nous est un sujet de joie devant Dieu, qu'il y a plusieurs de nos maisons où tout ce que nous venons de prescrire est observé avec exactitude. Mais, en même temps, nous sommes convaincue avec douleur qu'il y a plusieurs autres lieux de notre dépendance où l'on a grand besoin de réforme. Nous prions Dieu avec ardeur que ces susdites ordonnances ne leur soient pas inutiles, et que bien loin de tourner un jour à leur condamnation, elles s'en servent comme étant des moyens très-efficaces de parvenir à la perfection de leur état, qui est la seule chose qui leur est nécessaire et qu'elles ont dû seulement avoir en vue en quittant le monde et en s'engageant dans la religion.

31. — AU DOCTEUR VALLANT[1].

A Fontevrault, ce 18 juillet 1677.

Je crois que vous avez appris à Montmartre les occupations que j'ai eues depuis quelque temps et qu'ainsi vous ne m'aurez pas su mauvais gré d'avoir tant différé à vous faire réponse. J'ai eu la visite de M. du Maine[2] et notre chapitre général qui m'a fourni de grandes et de longues affaires dont je commence à peine à être quitte.

Je vous suis la plus obligée du monde du passage que vous m'avez envoyé. Je suis persuadée qu'il est très-véritable que non-seulement on ne peut espérer le repos de l'autre vie que par les travaux qui sont attachés à la vie chrétienne, mais même que ce que l'on prétend être un repos selon le monde est accompagné de peines et d'amertumes qui tourmentent bien plus réellement que les exercices de piété qui font le plus de peur. Votre passage explique cette vérité plus élégamment que tout ce que j'ai jamais vu sur ce sujet. J'espère ne le jamais oublier, et je voudrois bien en pouvoir tirer quelque profit. Je vous supplie de vous souvenir que vous m'en devez un tous les mois. Je serai plus exacte à vous faire réponse, parce que je vais être un peu moins chargée d'affaires.

J'avois demandé à M. d'Angers la lettre qu'il a reçue du pape; mais comme il ne me l'a point envoyée, je vous supplie d'essayer à m'en procurer une copie. J'ai vu celle d M. Arnauld, dont je suis fort satisfaite.

---

[1] Bibl. imp. Mss. 17.050. *Portefeuilles Vallant*, t. VII, p. 465
[2] Vers la fin de juin 1677. — Le jeune prince s'était arrêté à Fontevrault en allant pour la seconde fois à Baréges avec madame de Maintenon.

Je souhaite que M. du Bois ne se sente plus de son indisposition. Je vous supplie, Monsieur, de lui faire mes compliments et de compter toujours que je suis aussi sincèrement de vos amies que je vous l'ai promis.

32. — A MADAME DE SAINT-AUBIN, A L'ABBAYE-AUX-BOIS[1].

A Fontevrault, ce 29 août 1678.

Vous êtes bien bonne, ma chère fille, d'avoir pris la peine de m'écrire sans attendre toutes les réponses que je vous devois et d'avoir bien compris que c'étoit mon voyage qui m'avoit empêchée de vous écrire. Ce voyage cependant n'a duré que huit jours, mais les sorties, si petites qu'elles soient, sont d'un si grand embarras pour les religieuses, qu'il n'en falloit pas davantage pour nous occuper longtemps. J'ai trouvé que l'air étoit d'un grand secours pour la santé, et si, à mon retour, je n'avois trouvé des nouveautés qui me font retomber dans mes maux de rate, je crois que ma petite promenade m'auroit été fort utile. J'ai vu beaucoup de belles maisons, et partout où j'ai été, j'ai été reçue, sans exagération, comme la reine. Il n'est pas imaginable comme l'abbesse de Fontevrault est grande dame dans toute cette province. C'est dommage que cette place ne soit pas occupée par madame de Poissy[2], elle y trouveroit de quoi assouvir sa vanité. La petite abbesse bénite a voulu que je la reconduisisse à sa maison. C'est une petite abbaye qui a de beaux droits, et dont les religieuses sont en très-petit nombre, et régulière au dernier point. Je voudrois que madame Dofine

[1] Bibl. imp. Mss. 17,050. *Portefeuilles Vallant*, t. VII, p. 425.
Madame de Chaulnes, abbesse de Poissy. (Voir chap. 1, p. 8.)

fût aussi bien placée, car quoiqu'il y ait des maisons plus
éclatantes, je ne crois pas qu'il y en ait de plus commode.
C'est de quoi une personne de la qualité de madame de
Bois-Dauphin a principalement affaire. J'attends bientôt madame du Pré, et j'entends dire de toutes parts qu'elle et ses
religieuses sont fort satisfaites les unes des autres. Je trouve
le démêlé de Madame des Filles-Dieu et d'elle extrêmement
plaisant, et vous m'obligerez fort, ma chère fille, de me
mander ces sortes de nouvelles.

Je ferai avec plaisir ce que vous souhaitez pour mademoiselle de La Varenne[3], et vous savez bien le pouvoir que vous
avez sur moi, dont il ne tiendra qu'à vous de tirer des
preuves. J'en dis autant à ma cousine et vous embrasse
l'une et l'autre de tout mon cœur.

Je suis fort touchée de la douceur de M. Vallant, non-seulement par sa rareté, mais encore plus parce que son amitié
me paroit d'un grand prix. Je vous prie de lui faire mes
compliments.

J'ai reçu la lettre dont vous êtes en peine; il ne s'en perd
jamais à la poste.

35. — COLBERT A L'ABBESSE DE FONTEVRAULT [1].

Saint-Germain, ce 17 février 1679.

Madame, enfin le mariage que vous avez si longtemps

---

[3] De quoi s'agissait-il? Il y a sur cette demoiselle et sur une dame
de La Croix, pensionnaire à l'Abbaye-aux-Bois, qui la patronnait,
des détails bien compromettants dans les lettres de Bussy-Rabutin,
t. V, p. 39, et à l'Appendice du même volume, p. 612. Il est évident
que madame de Saint-Aubin s'était laissé tromper par ces intrigantes.

[1] Bibl. imp. Mss. *Mélanges Clairembault*, vol. 426, fol. 173; copie.

souhaité de M. le duc de Mortemart[2] avec ma fille[3] est heureusement accompli[4], et je suis bien aise de vous faire le premier mes compliments sur ce sujet, et de vous assurer en même temps que, comme dans le désir de ce mariage, vous vous êtes jointe à madame de Montespan pour la satisfaction de monsieur votre neveu et le rétablissement de votre maison avec l'assistance et les bienfaits du roi, j'emploierai tous mes soins à concourir avec vous à ces deux fins, et je suis persuadé que ce seront les meilleurs moyens dont je me pourrai servir pour conserver l'amitié dont vous m'avez déjà donné tant de marques.

53 *bis*. — RACINE A BOILEAU[1].

18 décembre [1679].

Puisque vous allez demain à la cour, je vous prie, Monsieur, d'y porter les papiers ci-joints. Vous savez ce que c'est. J'avois eu dessein de faire, comme on me le demandoit, des remarques sur les endroits qui me paroîtroient en avoir besoin; mais comme il falloit les raisonner, ce qui auroit rendu l'ouvrage un peu long, je n'ai pas eu la résolution d'achever ce que j'avois commencé, et j'ai cru que j'aurois plus tôt fait d'entreprendre une traduction nouvelle. J'ai tra-

---

[2] Louis de Rochechouart, duc de Mortemart, général des galères en survivance du duc de Vivonne, son père. Mort le 5 avril 1688, à l'âge de vingt-cinq ans. Le mariage avait été arrêté le 14 février 1679, mais il ne se fit qu'au mois d'octobre 1680. Dans l'intervalle, le jeune duc de Mortemart fit un voyage en Italie.

[3] Marie-Anne Colbert troisième fille du ministre.

[4] C'est-à-dire arrêté, décidé.

[1] Voir chap. III, p. 40, et la pièce n° 1 de l'Appendice. — Nous avons hésité à reproduire cette lettre dans la correspondance, parce que l'authenticité en a été contestée par les fils de Racine. Réflexion faite, nous la donnons ici, *mais sous toutes réserves*, à cause des particularités qu'elle contient sur la traduction attribuée à l'abbesse de Fontevrault.

duit jusqu'au discours du médecin, exclusivement. Il dit, à
la vérité, de très-belles choses ; mais il ne les explique point
assez ; et notre siècle, qui n'est pas si philosophe que celui
de Platon, demanderoit que l'on mît ces mêmes choses dans
un plus grand jour.

Quoi qu'il en soit, mon essai suffira pour montrer à madame de Fontevrault que j'avois à cœur de lui obéir. Il est
vrai que le mois où nous sommes m'a fait souvenir de l'ancienne fête des saturnales, pendant laquelle les serviteurs
prenoient avec leurs maîtres des libertés qu'ils n'auroient
pas prises dans un autre temps. Ma conduite ne ressemble
pas trop mal à celle-là ; je me mets sans façon à côté de
madame de Fontevrault, je prends des airs de maître, je
m'accommode sans scrupule de ses termes et de ses phrases,
je les rejette quand bon me semble. Mais, Monsieur, la fête
ne durera pas toujours, les saturnales passeront, et l'illustre
dame reprendra sur son serviteur l'autorité qui lui est
acquise. J'y aurai peu de mérite en tout sens : car il faut
convenir que son style est admirable ; il a une douceur que
nous autres hommes nous n'attrapons point ; et si j'avois
continué à refondre son ouvrage, vraisemblablement je l'aurois gâté. Elle a traduit le discours d'Alcibiade, par où finit
le *Banquet* de Platon. Elle l'a rectifié, je l'avoue, par un
choix d'expressions fines et délicates, qui sauvent en partie
la grossièreté des idées. Mais, avec tout cela, je crois que le
mieux est de le supprimer. Outre qu'il est scandaleux, il est
inutile ; car ce sont les louanges, non de l'amour, dont il
s'agit dans ce dialogue, mais de Socrate, qui n'y est introduit que comme un des interlocuteurs. Voilà, Monsieur, le
canevas de ce que je vous supplie de dire pour moi à madame de Fontevrault. Assurez-la qu'enrhumé au point que je
le suis depuis trois semaines, je suis au désespoir de ne
point aller moi-même lui rendre ces papiers ; et si par ha-

sard elle demande que j'achève de traduire l'ouvrage, n'oubliez rien pour me délivrer de cette corvée. Adieu, bon
voyage, et donnez-moi de vos nouvelles dès que vous serez
de retour.

34. — AUX COUVENTS DE L'ORDRE[1].

9 juin 1681.

Chères filles et bien-aimées religieuses, quoique nous sa-
chions bien que toutes les choses qui peuvent contribuer au
bon règlement des monastères et à la perfection particulière
des personnes qui les composent soient contenues dans
notre sainte règle et dans les ordonnances auxquelles vous
pourriez et devriez avoir recours en toute occasion, nous
sommes aussi informée, et nous en avons souvent gémi,
que ces mêmes ordonnances auxquelles vous êtes toujours
d'autant plus assujetties qu'elles sont ou des explications de
la règle que vous avez professée pour toujours ou des moyens
de l'observer, ne vous paroissent plus de nulle vigueur lorsqu'elles sont un peu anciennes.

C'est donc pour remédier en quelque sorte à cet abus que
nous allons vous marquer ici ce qu'en conscience nous devons tâcher à rétablir ou à détruire ; vous conjurant d'être
persuadées que nous ne voulons nullement vous imposer de
nouvelles obligations, mais seulement vous maintenir ou vous
rétablir dans celles que vous avez contractées, et sur la pratique desquelles notre charge de votre supérieure majeure
nous oblige de veiller soigneusement.

L'épanchement au dehors est de tous les désordres celui
qui entraîne de plus dangereuses conséquences, et par mal-

[1] Archives départementales de l'Aube, liasse 444.

heur c'est aussi celui qui est le plus universellement répandu dans nos maisons tant par les entrées inutiles que par le trop grand attachement au parloir. Nous défendons l'un et l'autre de toute notre autorité, et nous déclarons :

1° Qu'aucun confesseur, gens d'affaires, ni ouvriers, ne doivent jamais entrer dans l'intérieur des couvents sans un véritable besoin;

2° Qu'ils ne doivent jamais demeurer avec une religieuse seule, sous quelque prétexte que ce soit;

3° Qu'ils ne mangeront point au dedans de la maison, et enfin qu'ils sortiront dès qu'ils auront satisfait au sujet de leur entrée.

Pour les parloirs, nous souhaitons ardemment qu'ils soient tels que notre sainte règle nous le prescrit, et nous chargeons nos vicaires de s'appliquer sans relâche à les mettre en cet état, ce qu'ils pourront faire plus efficacement que nous par l'inspection des lieux.

Nous ordonnons cependant :

1° Que toutes les grilles soient de fer, et tout au moins assez serrées pour que la main n'y puisse passer;

2° Que, dans les endroits où il y a des guichets, ils soient condamnés et qu'on mette de petits tours dont on pourra sans péril tirer les mêmes commodités que desdits guichets.

Lesdits parloirs se fermeront sans manquer, tous les étés à huit heures, et tous les hivers à sept, sans que, passé ce temps-là, il soit permis de sonner ni d'avertir du dehors pour quelque compagnie que ce soit.

Les longs entretiens avec les confesseurs, surtout quand ils sont jeunes, ne doivent nullement être soufferts, si ce n'est à leurs confessionnaux; nous en chargeons les consciences des mères prieures et celles de nos vicaires.

Nous ne pouvons nous empêcher de déplorer encore le

nombre presque infini d'obédiences[2] qui se demandent dans l'Ordre sur d'aussi légers fondements, et avec aussi peu de scrupules que si on n'avoit point fait vœu de clôture. Les personnes qui les demandent et celles qui travaillent à les leur obtenir, ont grand sujet de redouter là-dessus les châtiments de Dieu, puisque sans compter les dérèglements particuliers qui sont presque inséparables des sorties, ces mêmes personnes sont encore un sujet de scandale pour tout notre saint Ordre et une source de division avec messieurs les évêques qui croient pouvoir profiter de ces courses si mal séantes à des religieuses pour donner atteinte à nos priviléges[5].

Nous ordonnons la simplicité et l'uniformité dans les habits et dans les coiffures.

Il ne sera point permis aux mères prieures d'ajouter aucuns suffrages à leur dévotion aux prières générales de la communauté. Nous défendons aussi qu'on dise l'office selon aucun autre cahier que selon celui qui est propre à notre Ordre.

Dans les couvents où nous permettons qu'on reçoive des pensionnaires, nous ordonnons qu'on leur donne une maîtresse à part, afin qu'elles soient entièrement séparées du noviciat.

Personne ne se mêlera de l'éducation des novices que la mère prieure et leurs maîtresses.

Nous nous sommes souvent affligée de la liberté avec laquelle les religieuses instruisent leurs parents et amis des fautes qui se peuvent commettre dans l'Ordre, et en particulier de celles de leurs confesseurs, ce qu'elles font même avec exagération. Nous leur défendons expressément d'en user à l'avenir de cette sorte, et nous ne nous sommes pas

[2] Permission de sortir du couvent, de s'absenter.
[5] Voir chapitre iv, p. 49.

jusqu'ici avisée de leur défendre parce que nous ne pouvions nous imaginer que les personnes de leur profession pussent ignorer ou négliger un devoir qui est connu même de tous les séculiers, et pratiqué par tous ceux d'entre eux qui ont quelque attention à leur salut.

Vous appellerez *mères* toutes celles qui ont cinq ans de profession au-dessus de vous.

Vous tiendrez tous les mois, mes chères filles, le conseil que nous avons déjà ordonné, auquel vous appellerez vos pères confesseurs ; vous n'entreprendrez aucune affaire qui n'ait été examinée et résolue dans ledit conseil.

Vos sœurs laies n'auront connoissance de nos ordonnances que des articles qui auront rapport à elles.

Nous ordonnons que lesdites sœurs laies portent exactement la ceinture liée par-dessus leurs habits, qu'elles appellent *mères* toutes les religieuses de chœur sans aucune exception, et qu'en cas qu'elles s'opiniâtrent à ne le pas faire, elles soient punies ou renvoyées, si elles sont encore novices, montrant bien par cette résistance un orgueil à quoi nous expérimentons que les professes d'entre elles sont aussi sujettes qu'elles en devroient être éloignées par leur état.

Si c'est, mes chères filles, un très-grand défaut de souhaiter la supériorité et de faire des brigues pour l'obtenir, c'est une chose encore plus odieuse de témoigner du ressentiment aux personnes dont on croit n'avoir pas été élue.

Les parentes au degré défendu par la règle ne seront jamais ensemble aux offices comptables ; on ne les mettra pas non plus dans lesdits offices lorsqu'une de leur parente dans le susdit degré sera prieure.

Les mères dépositaires rendront tous les ans, sans manquer, leurs comptes aux mères prieures, afin que nos vicaires les puissent ensuite recevoir avec plus de netteté.

9

Nous ordonnons aux mères officières d'employer tout le revenu qu'elles ont entre leurs mains, et toute leur application à bien nourrir la communauté, et de se souvenir que ce sont les personnes les plus foibles et les plus infirmes, et non pas leurs amies, qui doivent être le mieux traitées; qu'elles aient soin de faire payer ce qui leur est dû; qu'elles fassent les poursuites nécessaires pour cela, sans crainte de déplaire aux parentes de ceux qui doivent à leur maison.

Nous condamnons comme choses contraires au vœu de pauvreté, toute particularité, curiosité et présent un peu considérable. Il n'y a point non plus de raison qui puisse excuser une religieuse qui n'est pas officière de garder de l'argent.

Nous avons vu, mes chères filles, plusieurs personnes religieuses et séculières scandalisées du style libre et peu modeste dont la plupart des jeunes filles usent dans leurs lettres. Si les mères prieures les voyoient, comme notre sainte règle les y oblige, ce désordre seroit arrêté. Nous chargeons lesdites mères prieures d'être exactes là-dessus, à moins que les lettres ne s'adressent aux parents très-proches.

Nous confirmons les ordonnances de nos vicaires; mais aussi nous déclarons nulles toutes les permissions que des particulières auroient pu obtenir d'eux pour l'avenir. Toutes les choses que nous avons refusées et que nosdits vicaires pourroient ensuite permettre par surprise ne seront pas plus légitimes que si elles étoient faites sans nulles dispenses. Les personnes bien intentionnées ne tomberont jamais dans de parcilles fautes; mais celles qui se flattent et évitent de s'instruire ne seront plus excusables après la déclaration que nous faisons là-dessus.

Nous ordonnons que tous les domestiques vicieux soient chassés, particulièrement les ivrognes. Il ne faut point avoir égard sur cela aux sollicitations des personnes qui les pro tégent; ces mêmes personnes devroient avoir honte de souhaiter que, dans des maisons consacrées à Dieu, on tolérât des désordres qui ne sont pas soufferts par les personnes même les plus engagées dans le siècle.

Les pères confesseurs ne feront jamais de voyages sans l'agrément des mères prieures, et ils en feront rarement. Nous défendons de rechef qu'ils aient des chevaux en propre, à moins qu'ils ne produisent pour cela une permission signée de nous. S'ils ne font des voyages qu'autant que la bienséance le leur permet et que nous l'entendons, ils ne manqueront jamais de trouver un cheval dans la maison où ils sont, et s'ils veulent se promener plus qu'ils ne doivent, nous souhaitons qu'ils ne trouvent pour cela aucun secours.

Lesdits pères confesseurs ne doivent pas se dispenser des austérités de la règle qui se peuvent pratiquer dans les couvents, si ce n'est que leur mauvaise santé les en exempte légitimement.

Nous chargeons très-expressément nos vicaires de veiller sur la conduite desdits pères confesseurs, particulièrement de ceux qui sont jeunes, et nous les conjurons de les envoyer à l'habit[1] quand ils les convaincront de quelque dérèglement,

---

[1] Je dois l'explication de cette locution à mon savant confrère, M. d'Arbois de Jubainville, archiviste du département de l'Aube, auteur d'une remarquable *Histoire des comtes de Champagne :*

« *Habit* est une expression abrégée pour « *habitation.* » Le mot *habit* s'employait, dans l'ordre de Fontevrault, par opposition à *monastère.* Le *monastère* était l'édifice occupé par les religieuses ; c'était le bâtiment principal, de même que les religieuses étaient la partie principale de l'Ordre. L'*habit* (*habitation*, était le logement des religieux, bâtiment d'importance secondaire, comme la position qu'avaient les hommes qu'il abritait.

« On lit dans le *Dictionnaire de Trévoux*, édition de 1671, t. IV, p. 698, col. 2 : « Dans l'ordre de Fontevrault, on nomme la demeure « des religieux de l'Ordre, qui servent de chapelains et de confesseurs « aux dames auxquelles ils sont soumis, *l'habit.* »

soit de celui de la chasse, qui est si scandaleux et qu'on leur a tant de fois défendu, soit un attachement trop violent à des religieuses, ou quelque autre chose que ce soit, par laquelle ils déshonoreroient leur profession ou corromproient les âmes qu'ils sont obligés de conduire uniquement à Dieu.

Les confesseurs anciens veilleront sur la conduite de leurs coadjuteurs, et les avertiront de leurs défauts quand ils n'auront pas eu le crédit de les corriger.

Comme nous condamnons fort les religieux qui aiment l'argent et qui veulent faire des dépenses au delà du nécessaire, nous désapprouvons aussi beaucoup la dureté de quelques maisons qui refusent ou font attendre longtemps ce qui est légitimement dû auxdits religieux, faisant après de grandes plaintes, même aux personnes séculières, de la dépense de leurs pères confesseurs, pendant que, pour l'ordinaire, elles ne plaignent point les profusions qu'elles font pour des prêtres et religieux étrangers, qui souvent ne ruinent pas moins le spirituel que le temporel des monastères.

Il faut que les mères dépositaires aient par devers elles un mémoire de tous les meubles et livres qui sont dans les chambres des confesseurs, et qu'aucune personne ni lesdits confesseurs n'en emportent jamais rien dans le temps qu'on les change d'une maison à une autre.

Nous défendons de rechef qu'on n'adressera point de lettres à nos religieuses des Filles-Dieu sans en payer soigneusement le port. Elles ont déjà fait là-dessus plusieurs dépenses qui les incommodent fort, et qui sont injustes, puisque ces lettres ne les regardent point.

Comme les susdites ordonnances, mes chères filles, ne contiennent rien à quoi l'état religieux que vous professez ne vous oblige, nous espérons qu'elles seront déjà en pratique, ou tout au moins très-bien reçues des personnes bien intentionnées. Nous le souhaitons ardemment, non pas pour la gloire de nous faire obéir, mais parce qu'étant chargée de votre conduite et vous aimant avec une véritable tendresse, nous ne pourrions jamais avoir de repos, si vous étiez assez malheureuses pour négliger l'ouvrage de votre salut. Nous pourrions aussi vous représenter que l'honneur et la réputation des religieuses ne peuvent subsister tant que les défauts que nous venons de reprendre règnent dans les monastères; mais cette considération qui fait entreprendre des choses si difficiles aux personnes du monde, doit paroître bien foible quand on la compare au bonheur de plaire à Dieu, et de pouvoir, par des peines passagères, acquérir le ciel pour une éternité. C'est la seule chose, mes chères filles, qui mérite nos affections et à laquelle nous devons travailler sans relâche[5]...

55. — A SEGRAIS[1].

A Fontevrault, ce 4 juillet 1681.

J'ai, en vérité, Monsieur, une joie très-sensible de recevoir de vos nouvelles. J'avois appris en partant que vous deviez arriver bientôt à Paris, et je m'étois déjà plainte d'y avoir demeuré deux ans pour vous presque inutilement, et d'en sortir précisément dans le temps que vous y revenez. Je ne pouvois plus rien désirer là-dessus que de vous voir faire des réflexions pareilles aux miennes, et c'est ce que j'ai sujet de juger par votre lettre. Je suis fort fâchée que votre séjour dans Paris doive finir si tôt; il me semble que, sans y être,

[5] Suit la formule. Voir lettre 30. p. 137.
[1] Bibl. imp. Mss. Fr. 24,991. *Lettres de Gaignières*, fol. 201. — Jean Regnauld de Segrais, auteur d'églogues louées par Boileau et de divers romans, était né à Caen en 1624; mort en 1701.

je ne laisserai pas de vous perdre quand vous en sortirez, puisqu'il n'y a que de celui-là que vous me donnez des marques de votre souvenir. Cependant, Monsieur, j'en mériterois toujours par l'estime, le goût et l'amitié très-sincère que je conserve et que j'aurai pour vous toute la vie. C'est sur quoi vous devez compter très-assurément et dont je voudrois bien que vous puissiez faire quelque usage.

Vous me faites un grand plaisir de me répondre que madame de La Fayette a de l'amitié pour moi. J'ai trouvé en elle toutes les grandes et bonnes qualités que vous m'aviez dites, et dans tout le temps que j'ai pu la voir, j'ai joui de sa conversation comme d'une des choses du monde la plus délicieuse. Présentement que je suis éloignée, ses lettres tiennent le même rang entre les seules joies qui me restent, qui sont en petit nombre.

J'en attends avec impatience sur la mort de madame de Fontanges. Je m'assure que madame de La Fayette en saura des particularités que les autres gens ne m'apprendroient pas, et que les réflexions qu'elle aura faites sur cet événement seront aussi meilleures que tout ce qui me pourroit venir d'ailleurs. Ayez la bonté de lui faire mes compliments, et apprenez-moi encore de vos nouvelles avant que de vous renfoncer dans votre province.

56. — AU DOCTEUR VALLANT [1].

A Fontevrault, ce 20 octobre [1681].

Vous avez répondu si promptement et avec tant de bonté à la plainte que je vous faisois de ma mauvaise santé que je ne puis douter que vous n'y preniez part. Je vous en suis très-obligée, Monsieur, et je vous conjure de me conseiller

---

[1] Bibl. imp. Mss. 17,050; *Portefeuilles Vallant*, t. VII, fol. 474.

quelque remède. J'ai des décharges de cerveau quasi continuelles qui me causent de grands maux de cœur ; j'ai aussi toujours l'estomac en très-mauvais ordre, et ce qui me tourmente plus que tout cela sont des maux de rate qui me donnent souvent des mélancolies furieuses, surtout la nuit ; j'en suis persécutée étrangement. Madame Testu me dit à toute heure que son sirop y seroit admirable, mais je n'ai osé en prendre sans savoir auparavant votre avis. Elle se trouve, Dieu merci, assez bien de l'air de Fontevrault ; mais elle n'est point docile, et si vous ne renouvelez point vos ordonnances, l'on ne pourra l'empêcher de manger maigre les vendredis. Ayez la bonté de la réprimander là-dessus ; elle vous obéira assurément mieux qu'à moi, et même, pour sa conscience, elle se fiera plus à vos décisions qu'à celles de nos directeurs. Je suis assez de son avis sur ce sujet.

On me presse si fort de finir que je ne puis pour cette heure vous entretenir davantage. Souvenez-vous, Monsieur, de continuer à me faire part de vos lectures le plus souvent que vous pourrez sans vous incommoder.

57. — AU DOCTEUR VALLANT [1].

A Fontevrault, ce 5 décembre 1681.

Le curé de Belhomer [2] est sorti de cette maison depuis le mois de juin. Il est vrai qu'il s'y conduisoit fort bien ; mais il y avoit près de quinze ans qu'il y demeuroit, et cette longue demeure étoit une singularité dans notre Ordre qui produisoit une espèce de scandale. Il a fallu donc lui faire subir la même loi qu'aux autres, et cela n'a pas été une petite

---

[1] Bibl. imp. Mss. 17,050. *Portefeuilles Vallant*, t. VII, fol. 210.
[2] Diocèse de Chartres. Il y avait un couvent de Bénédictines dépendant de Fontevrault.

peine. Vous voyez, Monsieur, que ce seroit tout gâter que de détruire sitôt une chose que l'on a cru devoir faire par conscience et par raison. Cependant, comme ce religieux est en effet sans reproches, et que ses grandes infirmités le rendent incommode à toute autre maison que celle de Belhomer, je ne refuse pas de l'y remettre, quand il aura eu le loisir de connoitre et de faire voir aux autres qu'il est dans la dépendance. Je ne prendrai pas pour cela un long terme, et peut-être que dans six mois il pourra être rétabli. Je crois que madame de Guise ne désapprouvera pas la précaution avec laquelle je crois lui devoir obéir en cette rencontre. Je vous prie, Monsieur, de lui en expliquer les motifs en lui présentant la lettre que j'ai l'honneur de lui écrire.

Je vous ai consulté depuis peu sur un mal d'yeux qui me met assez en peine. J'espère que vous aurez la bonté d'y avoir attention.

Je suis très-aise que M. du Bois soit content de moi. Je vous prie, Monsieur, de lui faire mes compliments, et de me croire toujours fort sincèrement de vos amies.

J'ai reçu depuis deux jours un présent de madame de Montmartre, qui est la chose du monde la plus charmante.

38. — A COLBERT [1].

A Fontevrault, ce 27 mars 1682.

Un de mes couvents, nommé Blessac [2], situé à une lieue d'Aubusson, se trouve attaqué depuis peu par messieurs du Domaine, lesquels ont saisi des bestiaux et autres choses appartenantes audit couvent, sous prétexte que les religieu-

---

[1] Archives de l'Empire. *Fonds de l'ancien contrôle général des finances.*
[2] Arrondissement et canton d'Aubusson (Creuse).

ses ne leur ont pas fait voir assez tôt les titres de tout le bien qu'elles possèdent. Elles prétendent cependant, Monsieur, qu'elles les produiront tous, mais que, n'ayant eu qu'un délai fort court et ne s'attendant nullement à cette recherche, elles n'ont pas eu le loisir d'assembler tant de papiers différents.

Ayez la bonté, Monsieur, d'ordonner qu'on leur laisse un temps raisonnable pour cela, et que cependant on leur rende ce qu'on leur a saisi. C'est la très-humble grâce que je vous demande. J'ose vous dire confidemment, Monsieur, que ces pauvres filles soupçonnent que M. de La Feuillade[5] leur a suscité cette persécution. En effet, il s'est avisé depuis quelques mois de vouloir leur persuader qu'il est leur fondateur ; et comme les religieuses aiment mieux croire que c'est le roi, comme de tout temps elles s'en sont flattées, M. de La Feuillade a témoigné prendre la chose fort à cœur, et veut même leur faire un procès. Je lui écris pour l'avertir qu'il s'adresseroit à moi, et que je serois fort fâchée de plaider contre lui ; que je le supplie de nommer qui il voudra pour finir l'affaire à l'amiable, et que j'ai envoyé pour cela à M. de Lossendière tous les titres qui peuvent servir à soutenir les droits du couvent de Blessac.

Je ne sais s'il aura la bonté de m'accorder ce que je lui demande, mais j'ai cru, Monsieur, que je devois vous rendre compte de cette affaire. Si j'ai abusé de votre patience, je vous supplie de me le pardonner ; et en cas que vous jugiez à propos de m'inspirer quelque conduite, et que le sujet le mérite, croyez, Monsieur, qu'en cela et en toute autre chose, je suivrai exactement ce que vous me ferez l'honneur de me prescrire. Ce que je prends encore la liberté de vous demander, c'est, Monsieur, d'ordonner à ces messieurs du Domaine

[5] F. d'Aubusson, duc de La Feuillade, le fameux courtisan.

9.

de traiter doucement ces pauvres religieuses, et de décider vous-même du temps que vous voudrez bien leur donner pour assembler leurs titres.

La longueur de ma lettre me fait honte ; je vous en demande mille pardons, et je suis toujours avec bien du respect, Monsieur, votre très-humble et très-obéissante servante [4].

39. — A MADAME DE BOIS-DAUPHIN, A L'ABBAYE-AUX-BOIS [1].

A Fontevrault, ce 26 juin 1682.

Je fais faire un bâtiment pour lequel la clôture est déjà ouverte depuis plus d'un mois ; aussi tout le monde a vu la maison et l'a trouvée fort belle. Le bonhomme Mgr l'évêque d'Angers y entra dernièrement par la même occasion, et me parut plus satisfait que jamais, de corps et d'esprit. Il a quatre-vingt-six ans, et, dans trois ou quatre heures qu'il demeura ici, il ne cessa pas de marcher par tous les hauts et les bas que vous connoissez, sans être fatigué le moins du monde. Nous étions ici ravies de voir ce saint homme, et nous prîmes bien des fois sa bénédiction. M. Vallant ne sera peut-être pas fâché d'apprendre des nouvelles d'une personne que sans doute il estime. Je vous prie donc, ma chère cousine, de lui lire cet article et de lui faire bien mes compliments.

Cette fille est bien heureuse de n'avoir pas été reçue dans

---

[4] Il est probable que Colbert eut égard à cette prière. Un an après, le 4 février 1683, il recommandait à d'Aguesseau, intendant du Languedoc, les affaires concernant les couvents de l'ordre de Fontevrault, particulièrement pour les pensions des filles ayant fait profession, et dont les parents négligeaient de payer la pension. (*Lettres de Colbert*, t. VI, p. 190.)

[1] Bibl. imp. Mss. 17,050. *Portefeuilles Vallant*, t. VII, fol. 201. = Fragment de lettre; copie.

nos couvents, puisqu'une si bonne fortune l'attendoit à
l'Abbaye-aux-Bois. Si on connoissoit l'avenir, on se réjouiroit
souvent de ce qui afflige le plus. Les expériences que nous
avons de temps en temps là-dessus devroient bien nous faire
conclure que nous ne savons guère ce qui nous est propre,
et que notre mieux, en toutes manières, est de nous abandonner à la Providence...

40. — A LOUIS XIV[1].

[1684.]

Sire, l'affaire que me veut susciter Mgr l'évêque de Poitiers me paroît toujours d'une si grande conséquence pour
tout mon Ordre que je serai contrainte d'en importuner souvent Votre Majesté, à moins qu'elle ne veuille bien l'étouffer
dans sa naissance en ordonnant qu'on nous laisse dans la
possession dont nous jouissons depuis près de six siècles.
Cette bonté, Sire, seroit une suite de celle que vous témoi-
gnâtes à feu madame de Fontevrault dans une semblable occasion, lorsque feu M. de Poitiers, se récriant contre l'étendue de ses priviléges et suppliant Votre Majesté d'y donner
des bornes, vous voulûtes bien imposer silence à ce prélat,
qui, depuis ce temps-là, ne fit plus paroître aucune prétention
contre nous.

Toute ma communauté, Sire, se souvient de cette grâce
avec une respectueuse reconnoissance, et me demande à
toute heure si je ne serai pas assez heureuse pour en obtenir
une pareille. Si elle avoit été personnelle à feu madame de
Fontevrault, je n'en tirerois aucune conséquence pour moi;
mais, Sire, quelque différence qu'il y ait entre les abbesses,
Votre Majesté me permettra de lui représenter que c'est

¹ Bibl. imp.; département des Imprimés. Ms. (copie). II. $\frac{1529}{2}$

toujours la même abbaye, c'est-à-dire la plus considérable de votre royaume et de toute l'Église, et que, moins je suis capable de la soutenir par moi-même, plus je me vois fondée d'avoir recours à votre protection.

J'essayerai à ne point rebattre les raisons alléguées dans un mémoire que j'ai prié madame de Montespan de présenter à Votre Majesté [2], et j'exposerai seulement celles que l'examen de nos titres et mes réflexions m'ont fournies depuis quelques jours.

S'il falloit juger la question selon le droit, j'ai fait dresser des écrits pour cela dont Votre Majesté ne sera point importunée qu'elle ne l'ordonne. Mais quoique j'ose dire avec vérité que nos moyens de défense sont beaucoup plus forts que ceux qu'on nous oppose, et que pour une bulle de quatre cents ans qui n'a jamais été exécutée ni peut-être reçue, dont M. de Poitiers fait son droit, nous en pouvons produire un grand nombre de plus anciennes et de postérieures qui autorisent clairement l'usage dans lequel nous nous efforçons d'être maintenues, je persévère à demander ardemment à Votre Majesté que l'affaire ne soit point entamée. Votre extrême bonté, Sire, m'inspire une confiance peut-être un peu trop hardie et me va faire entrer dans un détail bien indigne de l'attention de Votre Majesté; mais la peine où je me trouve doit en quelque façon excuser ma faute.

J'ai déjà insinué dans mon mémoire que l'activité de M. de Poitiers le rendoit redoutable dans les procès. C'est une vérité, Sire, qu'il prouve tous les jours par sa conduite et dont plusieurs de mes amis me font peur depuis trois ans qu'il me menace. Qu'opposerai-je à ses poursuites vives et concertées de si longue main, moi qui n'ai ni industrie ni intrigue, et qui aurois échoué dans les moindres affaires,

[2] Nous n'avons pas trouvé ce mémoire.

sans la puissante protection de Votre Majesté? Elle considé-
rera aussi, s'il lui plaît, qu'un procès de cette conséquence
demanderoit que je l'allasse solliciter en personne. Je n'aurai pas l'hypocrisie de dire que ce voyage me seroit désagréable, puisque naturellement il me plairoit fort. Cependant, Sire, je connois toutes les conséquences d'une pareille
démarche, et je désire aussi sincèrement de ne la point
faire que si j'y avois une véritable répugnance.

Il est surprenant que M. de Poitiers ait osé alléguer que
cette affaire lui est plus importante que celle qu'il a eue
contre les chapitres de son diocèse, et que nos priviléges
apportent de la confusion dans son église. Il est bien aisé de
voir qu'un évêque qui est en guerre avec ses chanoines a en
effet une grande affaire sur les bras; mais on ne comprend
pas bien que ce lui en soit une de manquer à être reçu avec
cérémonie chez des religieuses qu'il peut ne jamais voir,
puisqu'il convient lui-même qu'il n'est pas chargé de leur
conduite. Et pour ce qui regarde nos prêtres, j'ose avancer,
Sire, qu'ils sont pour le moins aussi réglés que les siens,
puisque j'ai ici des régents de philosophie et de théologie
qui pourvoient à leur instruction, et que la discipline du
cloître où ils sont toujours soumis est plus rigoureuse que
celle des séminaires où les ecclésiastiques ne demeurent que
peu de temps. D'ailleurs, nos religieux n'exercent point leur
ministère à l'égard des séculiers que M. de Poitiers ne leur
en donne la permission. Et quand quelques-uns d'entre eux
sont pourvus de quelque cure, ils n'en prennent possession
qu'avec le visa de l'évêque diocésain ; et dans toutes les
fonctions curiales, ils sont aussi obéissants et ont la même
relation avec lui que les autres curés de sa dépendance.

Ce que j'ai l'honneur de dire à Votre Majesté étant exactement vrai, elle jugera peut-être, ce que j'avoue que je crois
voir clairement, que M. de Poitiers n'a nulle raison de con-

science, ni même aucun intérêt solide dans les demandes qu'il fait contre nous, qu'il ne souffrira aucun mal réel quand elles lui seront interdites pour toujours, et que, s'il en obtient l'effet, sa vanité seule y trouvera son compte, sans que son diocèse en soit ni plus réglé ni plus raisonnable. J'ai au contraire représenté à Votre Majesté que nos moindres pertes à cet égard seroient funestes à tout l'Ordre, qu'elles en détruiroient l'institut, la dignité singulière, la paix et la soumission que je m'efforce d'y maintenir.

S'il y alloit de moins, je me reprocherois comme un crime une lettre si longue et si pleine de liberté. Je proteste encore à Votre Majesté que je n'y ai rien avancé que je ne prouve quand elle me l'ordonnera, et que je ne lui déguiserai jamais la vérité, pas même celle qui me condamneroit. Je me jette à vos pieds, Sire, avec tout mon Ordre, pour vous demander une paix qui ne fera tort à personne, et que nous désirons par des motifs que je puis dire légitimes et même louables, et que votre autorité nous peut donner avec une seule parole.

C'est la très-humble prière de la personne du monde qui est avec le plus profond respect, Sire, de Votre Majesté la très-humble et très-obéissante sujette et servante.

41. — AUX COUVENTS DE L'ORDRE[1].

A Fontevrault, ce 5 juin 1684.

Chères filles et bien-aimées religieuses, si la loi de Dieu n'a été écrite sur des tables de pierre que depuis qu'elle a cessé d'être gravée dans les cœurs des hommes, et si quelques Pères de l'Église reprochent aux chrétiens de leur temps le besoin qu'ils ont des saintes écritures comme un effet de

[1] Archives départementales de l'Aube, liasse 444.

leur endurcissement et de leur dépravation, que vous dirons-nous de ce qu'ayant entre vos mains la même écriture, votre règle, et une infinité d'ordonnances de vos supérieures, qui ne tendent qu'à vous expliquer l'une et l'autre, vous êtes néanmoins si négligentes, non-seulement de pratiquer, mais encore de lire des instructions si nécessaires à votre salut?

Nous ne prétendons point vous charger d'ordonnances nouvelles, et nous reconnoissons avec joie que quelques-unes de nos communautés pourroient, par leur bonne conduite, nous dispenser entièrement de ce soin. Nous conjurons celles-là, qui par malheur sont en petit nombre, de remercier Dieu lorsqu'elles trouveront ici des règlements qu'elles pratiquent déjà, et de prier pour leurs sœurs à qui ces dits règlements peuvent être nécessaires, au lieu de publier avec murmure qu'on leur fait des lois inutiles, et d'anéantir par cet orgueil tout le mérite de leurs bonnes actions.

Comme on n'avance rien, dans la guérison des maladies, lorsqu'on ne les combat que dans leurs effets, et qu'on ne s'attache pas à en détruire la cause, nous travaillerions aussi inutilement pour le bien de notre saint Ordre, si nous contentant de vous recommander l'esprit de retraite, le silence, l'assiduité au chœur, la modestie et l'uniformité dans vos habits, l'union, la paix et toutes vos autres obligations, nous ne vous découvrions encore la source des fautes que vous commettez contre ces devoirs si essentiels à votre état.

Quand nous examinons la conduite des monastères bien réglés, nous y remarquons trois maximes inviolables, qui sont visiblement les gardiennes de la régularité :

1° Les sorties entièrement interdites ou très-rares, et accompagnées de toutes les précautions qui peuvent en diminuer le péril ;

2º Les parloirs fermés de bonne heure et trop austères pour attirer les gens mal intentionnés ;

3º Les directeurs en petit nombre, choisis par un sage supérieur, et non pas par l'inclination naturelle des particulières, et ces mêmes directeurs occupés uniquement du salut des âmes, évitant avec soin de s'attacher aux personnes, que, pour cela, ils ne voient que rarement, et avec une extrême circonspection.

Voilà ce qui forme et entretient ce grand nombre de religieuses que l'Église regarde avec joie, et tout le monde avec admiration, et c'est aussi par les trois désordres opposés que les personnes qui veulent allier l'esprit et les manières mondaines avec le nom et l'habit religieux font un composé monstrueux que l'Église désavoue, et que le monde rejette avec autant d'horreur que de moquerie.

Vous trouverez dans cet exposé la source des plaies dont le relâchement a affligé notre saint Ordre, et un moyen général de les guérir, à quoi nous ajouterons quelques considérations particulières dont nous souhaitons ardemment que vous receviez quelque utilité.

1º Que ces sorties si fréquentes et si peu mesurées, outre le tort notable qu'elles font à nos consciences et le mépris qu'elles nous attirent de la part des séculiers, ne nous délivrant point pour toujours de la profession dont elles nous dégoûtent, nous laissent une amertume dans le cœur, capable de nous rendre malheureuses pour toujours ;

2º Que cette liberté d'aller au parloir et d'y demeurer tard est cause ou tout au moins l'occasion prochaine des attachements criminels, et le fondement inévitable de plusieurs discours et jugements scandaleux qui se font de nos maisons ; que, par là, le silence est aboli, le service divin négligé, les prières accompagnées d'une foule de distractions, les secrets du cloître livrés aux personnes du siècle qui en font toujours un mauvais usage, et enfin vos biens temporels dissipés dans le dehors, pendant que vos bâtiments demeurent sans réparations, et vos personnes dans l'indigence de plusieurs choses nécessaires;

3° Que cette multiplicité de directeurs introduisant dans vos monastères des opinions et des maximes différentes, ruine entièrement la subordination et la charité; que, par là, vos communautés, qui devroient être des sociétés douces et paisibles, deviennent des assemblées tumultueuses qui ne travaillent qu'à s'inquiéter et à se détruire, d'où s'ensuit infailliblement la ruine du recueillement et du bien temporel, car ces directeurs se succédant toujours les uns aux autres, ne vous laissent jamais sans distractions par leurs entretiens continuels, et sans dépenses extraordinaires par l'attachement que vous avez à les bien traiter.

Nous vous ordonnons donc de tout notre pouvoir de vous réformer très-soigneusement sur ces trois chefs, vous soumettant avec docilité aux moyens que nos vicaires vous fourniront pour parvenir à ce but, en quoi ils agiront conformément à nos bonnes intentions, et au besoin des lieux qu'ils pourront connoître pendant l'acte de leur visite.

Nous confirmons les ordonnances de feu Mesdames les abbesses, de nos dits vicaires et les nôtres précédentes, vous enjoignant d'en lire tous les mois en chapitre quelque partie, en sorte que vous les puissiez toutes parcourir dans le cours de chaque année. Nous vous exhortons aussi de tout notre pouvoir à la lecture fréquente de notre sainte règle, dans laquelle vous trouverez des instructions de tout ce que vous devez faire, et un sujet légitime de vous humilier par la prodigieuse différence que vous remarquerez entre vos obligations et vos pratiques.

Nous avons honte de défendre aux mères officières de s'approprier ou de gratifier leurs parentes et amies des biens

de la religion qui leur sont confiés, nous semblant que cet
abus si incompatible avec une conscience et une probité
même médiocre, ne devroit seulement pas être connu
parmi des personnes de naissance, et qui de plus sont
religieuses. Mais, comme nous ne savons que trop qu'il a
pris de profondes racines dans quelques-uns de nos couvents, nous ne pouvons éviter de le condamner ici comme
un larcin d'autant plus criminel qu'il s'attaque au bien de
la religion, et qu'il est commis par des épouses de Jésus-
Christ, de qui ce divin époux exige une fidélité scrupuleuse.
C'est tomber dans le même désordre que de prétendre hériter les unes des autres, sous prétexte de parenté ou de
quelque autre liaison.

Nous ordonnons aux mères officières d'écrire elles-mêmes
leurs comptes, et d'y marquer avec simplicité et sans détour ce qu'elles auront reçu et dépensé ; elles ne sauroient
éviter avec trop de soin de confier aux gens d'affaires les
titres et papiers des maisons, et on a là-dessus plusieurs fâcheuses expériences.

Nous ordonnons qu'il y ait toutes les nuits une lampe
allumée dans chaque dortoir. En négligeant ce devoir de
charité et d'humanité, on se rend coupable de plusieurs accidents, auxquels on ne peut quelquefois remédier faute de
lumière.

Nous recommandons aux mères portières de ne confier
jamais leurs clefs à personne, et de ne point ouvrir les portes
sans être accompagnées d'une de leurs aides.

Nous vous défendons les médecins, chirurgiens et domestiques de la religion prétendue réformée ; il seroit insupportable que ces hérétiques fussent reçus favorablement
dans les maisons religieuses, pendant que le roi travaille
avec tant de zèle et de succès à en purger son royaume.

Ayant appris que, dans quelques monastères où l'on souffre

que les religieuses embrassent leurs parents à la porte, ces mêmes parents se glissent souvent par surprise dans l'intérieur des maisons, nous nous croyons obligée d'ôter l'occasion de ce désordre, en défendant que les portes soient jamais ouvertes pour ce sujet, que le mauvais usage a rendu criminel et illégitime.

Les religieuses qui, dans les retraites spirituelles, se dispensent de l'assistance au chœur pour vaquer à quelques dévotions particulières, sont dignes du reproche que Notre-Seigneur faisoit aux pharisiens, sur ce qu'ils négligeoient les commandements pour s'attacher à leurs traditions.

Il y a plusieurs choses sur lesquelles il seroit à propos de vous parler, que nous omettons néanmoins, les ayant trouvées fort au long dans nos dernières ordonnances que vous devez lire et observer comme celle-ci. Nous y renvoyons pareillement nos chers et bien-aimés religieux, nos pères confesseurs, sur les articles qui les regardent, et entre autres ceux qui leur défendent les chevaux en propre, les voyages inutiles et indépendants des mères prieures, et les entretiens trop fréquents aux parloirs. A quoi nous ajoutons que c'est contre nos lumières et presque par force que nous tolérons les pensions qui leur sont données pour leurs habits, et que nous souhaiterions ardemment que leur désintéressement d'une part, et de l'autre la justice et l'honnêteté des mères officières, les remît à cet égard dans l'usage plus conforme à notre sainte règle.

Nous prions Dieu de tout notre cœur de vouloir vous inspirer des sentiments équitables sur le sujet de nos dits pères confesseurs pour lesquels vous faites paroître presque toujours, ou un éloignement qui tient de la haine, ou une affection déréglée. Et ce qui est étonnant, c'est que ces deux choses si contraires subsistent souvent dans le même monastère, qui se trouve déchiré par cette division, et détourné de la piété par le même moyen qui devroit l'y conduire. On ne sauroit trop déplorer ce désordre et on iroit trop loin si on entreprenoit d'en spécifier toutes les suites funestes; elles ne sont que trop publiques dans le monde par les discours que vous faites sur ce sujet à vos parents et amis, avec une imprudence et une exagération si grande, qu'ils n'ont que faire de leur malignité naturelle pour en tirer des conséquences pernicieuses.

Voilà, mes chères filles, ce qu'un véritable désir de votre salut et de votre repos nous a inspiré de vous prescrire; nous vous conjurons par le même motif de vous y soumettre avec sincérité, et d'être persuadées que nous vous aimons avec toute l'ardeur et toute la tendresse à laquelle notre charge nous oblige [2].

42. — A SEGRAIS [1].

A Fontevrault, ce 14 mai 1684.

Je suis très-aise, Monsieur, toutes les fois que je vous sais à Paris, parce que je crois que vous y êtes agréablement et que je vous trouve rapproché; mais c'est un séjour de si peu de durée qu'on n'a presque pas le loisir d'y faire attention. Je suis bien touchée que vous ayez celle de m'écrire dans un temps qui vous doit paroître si précieux; rien ne me prouve mieux qu'en effet j'ai toujours quelque part à votre amitié à laquelle je vous assure, Monsieur, que je suis très-sensible. Vous pouvez juger combien je le suis aussi à une séparation aussi désespérée que la nôtre, et combien je trouve mauvais qu'étant destinés l'un et l'autre à vivre si loin du monde,

[2] La formule comme à la lettre n° 30.
[1] Bibl. imp. Mss. Fr. 24,991. *Lettres de Gaignières*, fol. 204.

nous ne nous soyons pas trouvés tous deux dans la même province.

J'eus un très-grand plaisir à trouver dans votre dernière lettre que vous songiez, madame votre femme[2] et vous, à me venir voir, et qu'il n'étoit pas impossible que cela n'arrivât quelque jour. Je vous laisse à penser comme je vous recevrois ! mais je crois, après tout, qu'il seroit ridicule de se flatter de cette espérance. Je ne suis pas surprise de ce que vous me dites des sentiments de madame de La Fayette à mon égard ; elle m'en donne des preuves dont je ne puis douter, et c'est encore une des personnes du monde qui me fait le plus regretter mon exil. Je tremble pour M. son fils, car je connois son extrême sensibilité sur ce sujet ; et, d'ailleurs, la foiblesse de sa santé ne pourroit plus résister à une violente affliction.

Je vous remercie des nouvelles que vous m'avez mandées. Vous n'êtes pas tombé dans le défaut de presque tous les gens qui écrivent, qui, en supposant qu'on est instruit de tout, laissent les pauvres absents dans une ignorance entière. Vous avez peut-être tâté de ce procédé, et c'est ce qui vous empêche de l'imiter. Pour la critique de Despréaux, je l'avois apprise d'abord sans m'en émouvoir, parce que c'est une chose inévitable dont, par conséquent, on ne doit être ni fâché ni surpris. Je savois aussi que M. l'abbé Testu l'avoit condamnée, et que tous les honnêtes gens avoient suivi son exemple. Si on ne vouloit être content de soi que lorsqu'on seroit approuvé de ces deux messieurs, il faudroit renoncer à ce bonheur, et il me semble qu'il n'y a rien qui condamne à une si dure soumission[3]

---

[2] Claude Acher du Mesnilvité, cousine de Segrais. Elle était riche, et ne voulut épouser que lui, quoiqu'il fût sans biens. Ils s'étaient mariés en 1676.

[3] Ces *deux messieurs* étaient Racine et Boileau ; Segrais ne les ai-

Je vous demande, Monsieur, la continuation de votre amitié, et je vous prie d'être toujours très-assuré de la mienne. Ma sœur de l'Hôpital vous fait mille compliments. Je ferai faire les vôtres à madame de Belin, qui est à une lieue d'ici pour prendre l'air, dont elle se porte mieux, grâces à Dieu !

43. — AUX COUVENTS DE L'ORDRE [1].

A Fontevrault, ce 6 février 1686.

Chères filles et bien aimées religieuses, entre tous les embarras inséparables de l'emploi dont Dieu a permis que nous fussions chargée, nous n'en avons trouvé aucun qui nous causât plus de scrupules, ni plus de reproches, de la part des personnes de dehors, que les fréquentes et longues sorties de nos religieuses. Vous nous avez souvent vu gémir sur ce sujet, dans nos lettres particulières et dans nos ordonnances générales ; nous avions même imposé de certaines conditions qui nous paroissoient devoir rendre ces sorties plus difficiles et moins sujettes aux abus : mais toutes ces précautions n'ayant pu prévaloir sur la facilité des mères prieures et des médecins, non plus que sur les poursuites empressées des particulières, nous avons cru qu'il falloit établir des règlements, lesquels, satisfaisant à notre conscience, pussent en même temps garantir notre saint Ordre

---

mait pas. On s'en aperçoit à cette boutade. « C'est à l'occasion de Despréaux et de Racine que M. de La Rochefoucauld a établi la maxime par laquelle il dit que c'est une grande pauvreté de n'avoir qu'une sorte d'esprit. *Tout leur entretien ne roule que sur la poésie ; ôtez-les de là, ils ne savent plus rien.* » (*Segraisiana*, 1751, in-8°.)

On en avait dit autant de Corneille. Segrais était, avec madame de Sévigné, de l'avis de ceux qui, fidèles à l'auteur de *Cinna*, croyaient que Racine *passerait*.

[1] Bibl. imp. Imprimés, 5,155.

de la médisance des séculiers, des reproches continuels de MM. les évêques, et de l'esprit du monde, que ces sorties introduisent dans ces mêmes couvents.

Après avoir bien prié Dieu qu'il nous donnât assez de force et de lumière pour remédier à un si grand mal et avoir conféré plusieurs fois avec notre conseil sur ce sujet, voici, mes chères filles, ce que nous avons jugé de plus raisonnable.

Nous trouvons dans notre sainte règle que, quoique les sorties ne soient pas absolument interdites, elles ne peuvent néanmoins se faire qu'à des conditions qui les rendroient si rares et si mesurées, qu'il ne faudroit que les observer pour éviter toute sorte d'abus.

Outre cet esprit de l'Ordre, auquel nous sommes obligées de nous conformer autant qu'il est possible, nous avons une expérience assez longue que les maladies corporelles ne sont presque jamais soulagées, au moins d'une manière durable, tant par le changement d'air, que par l'usage des eaux.

Nous vous avons représenté d'ailleurs combien ces moyens de chercher du soulagement étoient préjudiciables aux âmes. Avec quelle conscience pouvez-vous donc vous exposer à un danger si essentiel sur l'espérance frivole et trompeuse d'acquérir une santé passagère?

Ce raisonnement déplaira à plusieurs, mais nous ne croyons pas que personne le puisse détruire avec tant soit peu de solidité, et nous espérons qu'avec le temps tout le monde connoîtra que la conséquence que nous allons en tirer est juste et utile.

Comme nous ne voyons pas la plus grande partie des personnes auxquelles nous donnons des obédiences, et que, quand même elles seroient exposées à notre vue, nous pourrions souvent être trompée sur le degré de leur maladie, et ainsi être sévère ou indulgente plutôt suivant l'attestation des médecins, et les apparences qui peuvent être fort trompeuses, que suivant les règles certaines de la justice et de la charité, ce que nous ne doutons pas qui ne soit arrivé souvent; — quand cette faute est venue directement de nous, nous pouvons protester qu'elle n'a pas été volontaire : de la part des monastères, elle a pu être causée par les brigues et les entêtements qui y sont devenus si communs qu'on n'en a presque plus ni honte ni scrupule ; — le meilleur moyen, à notre avis, de diminuer tant de sortes d'inconvénients est de faire une loi égale et universelle, qui nous lie nous-même en quelque sorte. Et voici quelle est cette loi :

Les sorties ne s'accorderont plus que pour les maux qui seront apparemment très-rares, et dont nous prions Dieu de tout notre cœur de vouloir toutes vous préserver. Ces maux sont la paralysie, l'épilepsie, l'apoplexie, les cancers et quelques autres de cette importance qui ne se peuvent pas prévoir, soit qu'ils viennent naturellement, ou par des blessures qui requerroient des opérations de chirurgie qui ne se pourroient faire dans les monastères, lesquelles pourtant seroient connues indispensables, ou pour la conservation de la vie, ou pour empêcher que les personnes demeurassent estropiées.

Les obédiences, qui ne s'accorderont plus du tout que sur ces seules causes, à moins qu'il ne se présentât d'autres besoins que nous ne pouvons prévoir et dont nous jugerons par nous-même, ces obédiences, dis-je, ne seront jamais plus longues que de trois mois. C'est ainsi qu'en usent presque tous MM. les évêques, et il est visible que les religieuses de leur dépendance, aussi bien que ce grand nombre d'autres dont la clôture ne se rompt jamais, sous quelque prétexte que ce soit, ne vivent pas moins, et ne sont pas plus souvent malades que dans les maisons où les sorties sont fréquentes. Et sans sortir de notre saint Ordre, nous avons l'exemple de Clervissel², où l'on vit avec plus de santé et de repos que dans ces lieux où les religieuses languissent continuellement, tantôt dans la prétention du changement d'air, ou bien dans le dégoût qu'elles sentent après en être revenues.

Après vous avoir montré invinciblement, ce nous semble, l'inutilité et le préjudice des sorties, et vous avoir averties de notre ferme résolution à cet égard, nous n'avons plus qu'à vous prier, mes chères filles, d'y accommoder vos sentiments. Aussi bien nous nous promettons, avec l'aide de Dieu, que vous n'y dérogerez jamais extérieurement tant que vous demeurerez soumises à notre conduite.

Nous ne touchons point aux permissions déjà accordées, mais certainement nous n'en accorderons aucune nouvelle qu'aux conditions ci-dessus marquées, quelque protection, sollicitation ou importunité qui se puisse mettre à la traverse.

Que les personnes qui craignent le refus ne s'y exposent pas par des demandes contraires à nos intentions, ou bien que celles qui seront assez imprudentes pour se faire refuser ne nous imputent pas la honte et le chagrin qu'elles en pourront concevoir, après les précautions que nous prenons pour les leur épargner. Que ces mêmes personnes ne prétendent pas trouver quelque ressource dans l'indulgence de nos vicaires; ils observeront à la lettre les lois qui sont ici prescrites, tant pour les conditions et la courte durée des obédiences, que pour ne se laisser jamais aller, non plus que moi, à accorder de ces prolongations abusives, si malheureusement introduites dans notre Ordre.

Pour achever de régler ce qui regarde la clôture, nous ordonnons que toutes les grilles soient incessamment réformées dans tous les lieux où nos vicaires les trouveront ex-

² Couvent de Bénédictines situé dans le diocèse de Rouen.

10

cédant la mesure que nous leur avons mise entre les mains ;
c'est celle même des parloirs de notre logis. — Nous espérons que les maisons régulières n'auront rien de nouveau à
faire là-dessus ; mais quand , par hasard et sans qu'on leur
pût reprocher aucun mauvais usage, il se trouveroit quelques-unes de leurs grilles un peu trop ouvertes, elles ne devroient pas avoir de honte de les réformer , comme nous
n'en avons pas eu nous-mêmes de faire réformer les nôtres
plus d'une fois. Quand on pourroit répondre de la sûreté
présente, on ne sait point ce qui arrivera à l'avenir, et l'on
répondroit devant Dieu des inconvénients qu'on n'auroit
pas voulu prévenir, par une opiniâtreté et une fausse gloire
qui sont des fautes nouvelles, bien loin de pouvoir être reçues
pour excuses.

L'article de notre sainte règle qui prescrit aux pères confesseurs d'accompagner les médecins dans l'intérieur des
monastères étant devenu , par l'usage qu'on en a fait, non-
seulement inutile, mais encore visiblement contraire à
l'esprit de la même règle, les maisons les plus réglées, à
commencer par celle-ci, ont sagement discontinué d'y déférer, ce que nous approuvons si fort, qu'une des choses du
monde que nous souhaitons le plus ardemment est de voir
leur exemple, à cet égard, universellement suivi dans notre
Ordre [3]. Nous en chargeons la conscience des mères prieures
et nous leur ordonnons, sous peine d'inobédience, qu'au cas
qu'elles trouvent quelquefois ces entrées indispensables elles
y apportent du moins la précaution de ne point souffrir,
sous quelque prétexte que ce soit, que les pères confesseurs
se séparent des médecins, et qu'ils demeurent plus longtemps qu'eux dans le dedans, à moins que ces mêmes confesseurs ne fussent obligés d'assister quelque mourante. Les

[3] Voir à l'Appendice l'article 55 du règlement du 2 juin 1687.

mères prieures répondront à Dieu plus que jamais, après l'ordre formel que nous leur donnons sur ce sujet, des abus qui pourroient continuer de s'y glisser à l'avenir; et nous serions obligée d'avoir recours à des remèdes encore plus forts, si celui-ci se trouvoit impuissant, ce que nous espérons que Dieu ne permettra pas.

Dans les pauvres monastères où les murailles de clôture sont foibles, trop basses ou imparfaites, nous ordonnons que, préférablement à toute autre dépense, on travaille à mettre les mêmes murailles dans l'état régulier que nos vicaires auront soin de prescrire aux mères prieures et officières. Si cet ouvrage ne se peut faire en une année, il faut y travailler peu à peu ; mais on doit sincèrement l'avancer autant qu'il sera possible. On évitera soigneusement les brèches, et lorsqu'elles seront indispensables, on ne souffrira pas qu'elles servent de prétexte à aucune entrée, principalement dans l'intérieur des monastères : et s'il s'en faisoit quelqu'une par surprise, les mères prieures répareront ce désordre, le plus promptement qu'il se pourra, usant premièrement de prières, pour faire sortir les personnes qui seront entrées, et les y contraignant ensuite, s'il est besoin. Nous défendons surtout qu'on fasse jamais manger dans le dedans lesdites personnes, ni qu'on les accompagne pour leur faire voir la maison.

Tous ces règlements étant des suites d'une longue réflexion et de la certitude où nous sommes que notre salut seroit en grand danger si nous n'employions toutes nos forces et toute notre industrie à les maintenir courageusement, vous voyez bien, mes chères filles, que vos répugnances et vos sollicitations ne serviroient qu'à vous tourmenter, et ne détruiroient pas des résolutions si solidement établies. Il est bien certain aussi que ces efforts ne seroient pas moins criminels qu'impuissants, puisqu'ils combattroient une autorité légitime et un zèle qui n'a pour but que votre repos et votre perfection.

Nous sommes bien assurée de votre soumission extérieure, au moins dans l'article principal dont il s'agit, puisqu'il dépend de notre fermeté à n'en point relâcher ; en quoi, avec l'aide de Dieu, nous espérons être fidèle. Mais, où nous avons besoin de vous et ce que nous vous demandons, mes chères filles, c'est que vous rendiez cette obéissance d'assez bon cœur pour qu'elle devienne méritoire. Dieu lui-même pénétrera vos sentiments et en sera le juste juge.

Nous le prions de les rendre conformes à sa sainte volonté et de répandre sur vous abondamment toutes les bénédictions que vous souhaite, chères filles et bien aimées religieuses, votre très-affectionnée mère-abbesse.

44. — A SEGRAIS [1].

A Fontevrault, ce 27 avril 1686.

J'attends toujours votre voyage de Paris avec une grande impatience, et je trouve, Monsieur, que j'en suis bien payée par les lettres que je reçois exactement de vous en ce temps-là. Je veux du mal à madame votre femme d'être cause que ces voyages sont si rares et de si peu de durée ; mais, d'ailleurs, j'ai une grande joie qu'il n'y ait que sur ce seul chapitre que vous ne soyez pas tout à fait d'accord. La plupart des maris achèteroient bien cher une pareille contradiction. Il me paroit toujours, par tout ce que vous me mandez, que votre vie est douce et tranquille, et, quoique la fortune n'ait pas paru vous être fort favorable [2], vous devez

---

[1] Bibl. imp. Mss. Fr. 24,991 ; fol. 208. *Lettres de Gaignières.*

[2] Il semble résulter de la phrase suivante que Segrais avait sollicité une place qu'il n'aurait pas obtenue.

vous trouver heureux puisque vous êtes en repos. Il faut plutôt en juger par là, ce me semble, que par l'opinion du monde qui attache le bonheur à des places où l'on ne peut trouver ni repos ni plaisir, sans quoi, pourtant, je ne vois pas que l'on puisse être heureux.

Je suis assez dans ce cas-là, et il est vrai, comme on vous l'a dit, Monsieur, que je n'ai point voulu en sortir. Ce n'est pas, comme vous voyez, que je manque d'en connoître les inconvénients, mais c'est que j'en trouverois encore de plus grands à changer de poste. Après avoir passé tant d'années dans celui-ci, j'en tire le meilleur parti possible. Je m'accommode mieux que beaucoup d'autres de la solitude; je me divertis à lire, à bâtir, à jardiner, et mes affaires m'occupent trop pour me laisser remplir tous ces goûts jusqu'à la satiété, ce que je crois même qui ne m'arriveroit pas quand je m'en occuperois toujours.

Dans ces affaires, qui, à la vérité, sont fort importunes, on se soutient du mieux que l'on peut par des vues solides, et parce qu'en effet il est honnête de n'être pas tout à fait inutile dans le monde. Le commerce de mes amis est ma consolation la plus sensible, et vous jugez bien, Monsieur, à quel rang je mets celui de madame de La Fayette. On trouve en elle tous les esprits, avec une attention, une exactitude et une sûreté qui n'est assurément pas ordinaire. Vous connoissez tout ce mérite-là, Monsieur, pour le moins autant que moi, et vous n'en êtes pas moins touché. Vous avez de plus le plaisir de la voir tous les ans, et c'est ce que je vous envie.

Vous voilà instruit de ma situation presque autant que je le suis moi-même. Puisque nous ne nous voyons pas, nous nous devons de temps en temps ce compte-là l'un à l'autre. Vous voyez que je fais toujours le même fond sur votre amitié, et que celle que je vous ai promise, il y a longtemps,

10.

ne diminue pas par l'absence. Je suis persuadée qu'elle durera autant que ma vie, et je vous conjure de n'en jamais douter.

Madame de Belin et ma sœur de l'Hôpital sont ravies que vous ne les oubliiez pas ; elles vous font mille compliments.

[45. — A SEGRAIS[1].

A Fontevrault, ce 22 mai 1686.

Je fais mes compliments à madame de La Fayette sur votre départ de Paris, et je crois, Monsieur, qu'il faut vous en faire aussi de l'avoir quittée. C'est apparemment la seule chose que vous ayez regrettée véritablement. Le reste du monde est un spectacle que vous venez voir de temps en temps pour n'en pas perdre tout à fait l'idée, et peut-être aussi pour en tirer quelque instruction.

Je suis bien fâchée que madame de Montespan n'ait passé devant vos yeux que de cette sorte, et que vous n'ayez point vu du tout madame de Thianges. Je ne manquerai pas de faire savoir à la première ce que vous m'avez mandé de la beauté des deux petits princes et de la sienne. Je suis certaine que cela lui fera un très-grand plaisir.

En vérité, je ne me console point, Monsieur, de ce qu'étant, vous et moi, destinés à passer notre vie en province, celles que nous habitons soient si éloignées l'une de l'autre. C'est un vrai malheur pour moi, et je compte si fort sur votre amitié que je crois que c'en est un aussi pour vous. Cependant c'est moi qui suis le plus à plaindre, car je n'ai rien dans tout mon voisinage qui m'accommode tant soit peu, et dans le vôtre vous trouvez d'anciens amis et beau-

[1] Bibl. imp. Mss. Fr. 24,991 ; fol. 212.

coup de gens capables de société. Je ne me plains pas de cette consolation; au contraire, je suis ravie que vous l'ayez; mais j'avoue que je voudrois fort en avoir une pareille.

46. — A SEGRAIS [1].

A Fontevrault, ce 8 juillet 1686.

Je vois par tout ce que vous prenez la peine de me mander, Monsieur, que vous avez pénétré tout ce qui peut augmenter la douleur de ma famille et la mienne particulière dans la perte que vient de faire mon neveu de Thianges [2]. Je suis aussi très-persuadée que vous y êtes sensible, et cette assurance me donne beaucoup de consolation. C'est un grand secours de penser que nos amis prennent part à ce que nous souffrons, mais c'en seroit un encore plus grand de les pouvoir entretenir en ces tristes occasions.

Je vous assure, Monsieur, que je vois toujours avec une extrême douleur la séparation où nous sommes, apparemment pour toute notre vie. Si vous pouviez vous résoudre au moins à la visite que vous avez quelquefois la bonté de projeter, vous adouciriez un peu cette peine. Je vous supplie de gagner madame votre femme là-dessus et de lui faire bien des compliments et des amitiés de ma part. Je n'envisage point que je puisse aller à Paris, et il est bien certain que je n'irai jamais sans une vraie nécessité, qui est une chose assez rare.

J'enverrai cette lettre par la voie que vous me marquez, et je serai fort aise de recevoir un peu plus souvent des vôtres. Surtout, Monsieur, continuez-moi l'amitié que vous

[1] Bibl. imp. Mss. Fr. 24. 991, fol. 215.
[2] Probablement la mort de sa première femme, Anne-Claire-Thérèse de la Chapelle.

m'avez promise. Je vous assure que celle que j'ai pour vous, et sur laquelle je me flatte que vous comptez, durera autant que ma vie.

47. — MADAME DE MAINTENON A L'ABBESSE DE FONTEVRAULT[1].

A Saint-Cyr, ce 27 juillet 1686.

Je suis toujours ravie, Madame, quand je reçois des marques de vos bontés pour moi ; mais je voudrois bien que vous ne me fissiez point de remerciements, quelque chose que je puisse faire. Jugez par là, Madame, si j'en dois attendre pour mes seules bonnes intentions et sur la manière dont je reçois les choses qui me viennent par vous. Il est certain qu'il n'y a rien qui me soit plus précieux, et que les intérêts de madame de Mortemart[2] et ceux de madame de Thianges me tiennent trop au cœur. Je n'ai jamais changé de sentiments pour vous ; vous avez touché mon goût et rempli mon estime ; j'ai cru ne pas vous déplaire, et tout cela, Madame, a subsisté dans tous les temps et subsistera toujours. Mais je vous demande en grâce de me traiter comme vous me traitiez et de m'estimer assez pour croire que ce que la fortune fait en ma faveur ne m'a point gâtée. Je souffre fort volontiers tout ce qu'elle m'attire des gens qui ne me connoissent point et dont l'opinion m'est assez indifférente ; il n'en est pas de même de vous, Madame, dont l'estime et l'approbation m'ont été précieuses, et je serois

---

[1] Tirée d'un recueil manuscrit de huit lettres qui a appartenu à la maison de Saint-Cyr. (M. Lavallée, *Correspondance générale de madame de Maintenon*, t. III, p. 37.)

[2] Une des filles du duc de Vivonne, religieuse à Fontevrault, que l'abbesse de Fontevrault, sa tante, désirait faire nommer abbesse, et qui fut mise, quelque temps après, à la tête du couvent de Beaumont-lez-Tours.

au désespoir que vous me crussiez assez folle pour avoir oublié combien votre amitié honore et avec quel respect je dois vous assurer que je la mérite par la manière dont je suis pour vous.

J'ai dit au roi, Madame, les chagrins que ses maux vous donnent et la joie que vous sentez du retour de sa santé. Il paroît qu'il compte fort sur la sincérité de vos protestations et qu'il y a entre vous et lui une intelligence particulière et fort indépendante. Comptez, Madame, qu'il se porte bien, qu'il est très-gai et que vous êtes mal avertie si vos nouvelles portent qu'il s'ennuie. Que j'ai de pente à causer avec vous et que je le ferois de bon cœur et bien franchement!

48. — A SEGRAIS[1].

A Fontevrault, ce 7 janvier 1687.

Quand je reçus votre lettre, Monsieur, je n'étois pas encore tout à fait quitte des alarmes que j'ai eues sur la petite vérole de madame la duchesse[2], et vous savez qu'on a encore eu depuis d'autres sujets de chagrin[3]. Tout cela a été cause, Monsieur, que j'ai différé à vous répondre. Je voulois avoir l'esprit libre pour cela, et, grâces à Dieu, les nouvelles sont très-agréables depuis quelques jours, ce qui me fait espérer que cette année se passera plus gaiement que n'a fait la dernière. C'est déjà une chose bien agréable pour moi de connoître que j'ai toujours quelque part dans votre sou-

---

[1] Bibl. imp. Mss. Fr. 24,991, fol 217.

[2] La duchesse de Bourbon (mademoiselle de Nantes), fille de madame de Montespan et de Louis XIV.

[3] Allusion à la mort du grand Condé, arrivée à Fontainebleau le 11 décembre 1686, à la suite de ses fatigues pendant la maladie de la duchesse de Bourbon, mariée, le 24 juillet 1685, au duc de Bourbon, son petit-fils.

venir et dans votre amitié. Vous pouvez compter sur ·la
même chose de ma part, et je vous assure que je ne me
console point de l'impossibilité où je me trouve par ma
situation d'espérer seulement le plaisir de vous voir ; car,
quoiqu'à la rigueur il fût en votre pouvoir de me rendre
quelque visite, et que vous ayez même la bonté d'en former
quelquefois le projet, il n'y a cependant nulle apparence
que cela arrive jamais.

Il me paroît, par les choses que vous me mandez, que
vous menez une vie fort agréable et que vous avez le bon
esprit de profiter des sujets de divertissement qui se présen-
tent au lieu où vous êtes. Je suis ravie que M. de Saint-Martin [4] dure encore, et qu'il ait même eu la bonté d'empirer.
Je me souviens de la calotte fournée, sur quoi il fit un procès, de la royauté du Mont-Saint-Michel, et de tous les autres
récits que vous m'avez faits de lui ; mais je trouve tout cela
au-dessous de la conduite qu'il a présentement. Je vous suis
fort obligée de m'en avoir instruite, et je vous supplie de
continuer à le faire. Je prierai madame de La Fayette de me
faire part de la relation. Je suis toujours contente d'elle au
dernier point ; elle m'écrit plus exactement que personne et
avec une attention d'autant plus agréable qu'on ne doit
presque pas se la promettre dans un éloignement où l'on
n'envisage point de fin. Comme vous avez souhaité de tout
temps de nous voir amies, je crois devoir vous rendre un
compte exact du bon succès qu'ont eu vos désirs à cet égard.

J'ai vu la fin de votre opéra [5] où j'ai trouvé beaucoup d'invention et le même agrément que dans le reste de la pièce,

[4] L'abbé de Saint-Martin, fils d'un gros marchand de Saint-Lô; personnage ridicule. En 1686, il avait renouvelé à Caen la scène du
Mamamouchi dans une farce qui amusa toute la ville. (*Segrais, sa vie
et ses œuvres*, par M. Brédif, p. 106.)

[5] Il s'agit sans doute de *l'Amour guéri par le temps*. Voir lettre 52,
note 2.

qui est beaucoup dire, comme vous savez. Je m'imagine que vous avez fait quelque autre entreprise nouvelle. Quand on a le goût et le talent que vous avez, on ne demeure point oisif, et on auroit grand tort de l'être. Il me semble, Monsieur, que vous me devriez un peu mieux informer là-dessus que vous ne faites. Quand vos ouvrages devroient être cachés, vous ne doutez pas, je crois, de ma discrétion; et vous savez, d'ailleurs, que j'ai tant de goût pour ce qui vient de vous, que je mérite tout au moins par là d'en avoir connoissance.

Je verrai si vous profitez de cet avis; et si cela arrive, je vous en serai très-obligée. Je fais, Monsieur, avec votre permission, mille compliments à madame votre femme.

49. — AU PÈRE RAPIN, DE LA COMPAGNIE DE JÉSUS[1].

A Fontevrault, ce 9 février 1687.

Je vous suis bien obligée, mon révérend père, d'avoir pensé à moi dans un événement aussi important que celui de la mort de feu M. le Prince[2], qui en effet m'a touchée particulièrement par rapport à madame la duchesse[3] et à M. le prince d'à présent[4] qui, de tout temps, a des bontés extraordinaires pour moi. Si nous ne pensons à cette éternité dont

[1] Je dois la communication de cette intéressante lettre à l'extrême obligeance de mon savant confrère, M. Rathery. La lettre est autographe et signée : L'Abbesse de Fontevrault, sans protocole.

[2] On sait que Bossuet et Bourdaloue firent chacun l'oraison funèbre du prince de Condé. Le Père Rapin composa aussi son éloge; mais, dit Bussy-Rabutin dans une lettre à madame de Sévigné du 19 novembre 1687, « l'hôtel de Condé lui en fit changer une partie. » Bussy ajoute que « cela alloit lui rendre les histoires encore plus suspectes qu'elles ne l'avoient été jusqu'ici. »

C'était fait pour ça.

[3] Voir la lettre précédente, note 3.

[4] Henri-Jules de Bourbon, prince de Condé, fils du grand Condé, alors gouverneur de Bourgogne; né en 1643, mort le 13 avril 1709.

vous avez si bien écrit et dont vous paroissez toujours occupé, ce n'est pas faute d'être souvent avertis par de tristes expériences du néant de toutes les choses de la terre. Rien ne le prouve mieux que d'avoir vu disparoître un homme comme feu M. le Prince. Sa naissance et son mérite lui faisoient occuper tant de place dans le monde qu'on s'imaginoit naturellement qu'il y tenoit plus fort que les autres. L'étonnement que l'on sent à la mort de ces gens-là est une preuve que l'on est dans cette erreur sans s'en apercevoir.

J'ai été bien édifiée de tous les récits qui me sont revenus des dispositions de feu M. le Prince à cette dernière heure et les deux années qui l'ont précédée. Tous les gens qui aiment la religion doivent se réjouir de ce grand exemple, et ceux qui étoient particulièrement attachés à feu M. le Prince y doivent trouver une consolation solide.

Je suis toujours, mon révérend père, parfaitement contente de M. de Basville[5], et je ne manque pas à lui écrire de temps en temps, mais bien moins que je ne voudrois, parce que je respecte ses occupations. Je souhaite fort qu'il aille à Paris ce printemps, dans l'espérance qu'il passera par la Mothe[6], et que je pourrai le voir. Il y a bien peu de gens au monde pour qui j'aie autant d'estime et de goût que j'en ai toujours eu pour lui depuis que je le connois. Vous savez que je ne vous ai jamais tenu un autre langage. Il y a apparence que je ne changerai pas d'avis là-dessus.

[5] Nicolas de Lamoignon, sieur de Basville; il était alors intendant du Languedoc, où il exécutait avec une rigueur excessive les ordres de Louvois contre les protestants; mort le 17 mai 1724, âgé de soixante-dix-sept ans.

[6] Madame de Montespan parle dans une lettre du 15 septembre 1689 du château de la Mothe. Il était situé commune d'Artannes, près Fontevrault. Il était sans doute à proximité de la route de Paris, et l'abbesse de Fontevrault espérait y voir Basville au passage.

Je vous supplie de ne pas aussi changer pour moi, mon révérend père, et de me continuer cette année et les suivantes (que je vous souhaite très-heureuses) l'amitié que vous avez bien voulu m'accorder il y a longtemps, et que j'estime au dernier point. Je vous demande aussi, s'il vous plaît, de n'être pas oubliée dans vos prières.

50. — LOUIS XIV A L'ABBESSE DE FONTEVRAULT [1].

A Versailles, ce 20 février 1687.

Madame l'abbesse de Fontevrault, j'ai vu par la dernière lettre que vous m'avez écrite combien vous êtes sensible aux moindres marques de mon souvenir; je ne l'ai pas moins été aux expressions de votre joie pour le rétablissement de ma santé, et vous ne devez pas craindre qu'elles soient arrivées trop tard, les ayant prévenues par la connoissance que j'ai de votre affection pour tout ce qui me regarde. Soyez bien persuadée de la continuation de la mienne pour votre personne et pour votre Ordre, et m'accordez aussi de bon cœur celle de vos prières envers Dieu que je prie de vous avoir, madame l'abbesse de Fontevrault, en sa sainte garde.

51. — MADAME DE MONTESPAN A HUET, ÉVÊQUE DE SOISSONS [1].

[1688].

On est bien heureux, Monsieur, quand vous prenez une cause sous votre protection. Ce que vous m'avez dit sur l'é-

---

[1] Bibl. Sainte-Geneviève. Mss. LF. 17³, fol. 691.
[1] Bibl. imp. Mss. S. F. 5.272. *Correspondance de Huet*. t. I.
« Cette lettre n'est point autographe. L'original fut sans doute adressé à Huet, qui l'a fait imprimer sur un quart de feuille, sans date ni suscription; il a seulement écrit en tête : *Lettre de madame de Montespan.* Elle se trouvait au commencement du portefeuille des lettres auto-

criture m'y a fait trouver des mérites dont je ne m'étois jamais aperçue. J'avois toujours cru que la vivacité de la conversation et le plaisir de voir naître les pensées le devoit emporter sur le froid d'une lettre qui peut être faite avec un grand loisir, et dont les déguisements ne peuvent être découverts par les mines, ni les secours [2] par aucun témoin. Mais ce que vous m'avez dit m'a bien fait changer d'avis ; vous m'avez fait trouver la conversation grossière, trompeuse et dangereuse ; l'on s'y emporte souvent à dire des choses contre sa pensée ; l'avis des autres nous entraîne ou nous révolte ; nous parlons selon ce qu'on nous dit, et point selon les véritables sentiments de notre cœur. On se fait par là des ennemis de gens à qui l'on ne veut aucun mal ; on laisse entendre des choses si précieuses qu'elles perdent de leur mérite en les livrant aux témoins que l'on a souvent sans les connoître. Un ton plus haut nous coupe la gorge dans les affaires de conséquence, et la timidité nous ôte quelquefois tout le mérite d'une jolie pensée, parce qu'elle n'est pas prononcée agréablement.

L'écriture met à couvert de tous ces inconvénients ; elle fait en même temps la sûreté de ceux qui écrivent et le bonheur de ceux à qui l'on écrit. On s'explique avec confiance, parce qu'on n'est entendu que de celui de qui on

graphes de mesdames de Montespan et de Fontevrault. Comme nous ne présumons pas qu'elle soit connue, malgré ce que nous venons de dire, nous la joignons à cette collection dont elle fait réellement partie. Il est cependant à présumer qu'elle a été retouchée par Huet, ou dictée à sa sœur par *l'abbesse de Fontevrault ;* car on verra que les lettres suivantes de madame de Montespan ne se ressentent nullement de cette pureté de diction. » (*Note de Leduché d'Anizy, auteur du recueil auquel la lettre est empruntée.*)

J'avois publié cette lettre et celles portant les numéros 55, 56, 57 et 58 dans *Madame de Montespan et Louis XIV.* J'estime également qu'elle a été dictée par l'abbesse de Fontevrault, et c'est pour cela que j'ai cru devoir la reproduire ici.

[2] *Sic* dans la copie.

veut l'être, et ce qu'on dit lui devient mille fois plus agréable par l'assurance qu'il a de ne le partager avec personne. Mais ce qui donne, à mon sens, l'avantage tout entier aux lettres sur la conversation, c'est qu'elles ne vous donnent pas seulement des paroles que le vent emporte et que l'air dissipe; elles rendent les pensées visibles et aussi durables que le papier même à qui on les confie. On a la joie d'y reconnoître la main de la personne qui nous écrit, de la suivre dans toutes les lignes où elle a passé. On recherche jusque dans la manière dont les caractères sont tracés, ce que les termes les plus vifs ne sauroient jamais bien faire sentir.

Vous voyez, Monsieur, que j'ai assez bien profité de vos instructions, et j'espère que vous vous en apercevrez encore mieux, dans la suite, par la régularité que j'aurai à entretenir le commerce de lettres que je commence aujourd'hui avec vous.

52. — A SEGRAIS[1].

A Fontevrault, ce 15 février 1689.

J'avois espéré, Monsieur, que vous me donneriez quelque marque de souvenir au commencement de cette année, mais je vois bien qu'il faut que ce soit moi qui vous réveille. Je n'ai pourtant garde de croire que vous m'avez oubliée; j'en serois trop affligée, et il me semble aussi que nous ne devons jamais former de soupçons l'un de l'autre; mais je ne puis m'empêcher de sentir de temps en temps que notre commerce est trop rare, et de vous en savoir un peu mauvais gré. Je vous demande donc de vos nouvelles, Monsieur, et je vous apprends que les miennes sont bonnes, grâces à Dieu. En disant que je me porte bien, je dis toutes mes nou-

[1] Bibl. imp. Mss. Fr. 24,991, fol. 221.

velles, car ma vie est si unie qu'il suffit d'en avoir été instruit une fois pour la connoître toujours. Vous me direz peut-être la même chose de votre fortune, et si vous en êtes content, il ne faut pas regarder comme un malheur qu'elle demeure toujours au même état.

Je crois, Monsieur, que madame de La Fayette vous aura témoigné l'envie que j'ai de revoir votre petit opéra, que le *Roland*[2], qui se publie à l'heure qu'il est, fait admirer de nouveau à ceux à qui vous l'avez fait voir. Si vous voulez bien m'en confier une copie, madame de La Fayette me la pourra faire tenir très-sûrement, et je vous promets d'être fidèle jusqu'au scrupule à n'en faire que l'usage que vous me voudrez prescrire. Vous pouvez certainement compter là-dessus.

Je vous supplie de faire mes compliments à madame votre femme, et d'être persuadé qu'il ne se peut rien ajouter à l'estime et à l'amitié que j'aurai pour vous toute ma vie.

53. — A SEGRAIS[1].

A Fontevrault, ce 20 juin 1689.

Je reçus votre lettre, Monsieur, dans le temps d'une mission qui nous occupoit ici depuis le matin jusqu'au soir et qui ne me permit pas de vous répondre sur l'heure, comme je l'aurois bien désiré. Je vous supplie de croire que je suis extrêmement touchée des marques de souvenir que vous me donnez toujours en arrivant à Paris. Vous y demeurez si

---

[2] Opéra de Quinault, musique de Lulli, représenté à Versailles, le 8 janvier 1685. L'opéra de Segrais sur le même sujet était intitulé *L'Amour guéri par le temps;* Segrais avait espéré que Lulli en ferait la musique, mais celui-ci s'y refusa par le motif que les vers en étaient très-durs; et il avait bien raison.

[1] Bibl. imp. Mss. 24,991, fol. 223.

peu, et vous y trouvez tant de choses qui seroient capables de vous distraire, que cette attention que vous avez à moi est d'un double mérite. Je vous assure aussi, Monsieur, que je suis bien éloignée de vous oublier, et que mon goût et mon amitié pour vous sont toujours au même point que lorsque j'avois le plaisir de vous voir. Je voudrois bien que les projets que vous faites pour me le redonner encore puissent avoir quelque effet. Je suis infiniment obligée à madame votre femme d'avoir la bonté d'y entrer. Par toutes sortes de raisons, je lui souhaitois déjà une santé parfaite; mais vous jugez bien que je vais m'y intéresser plus que jamais.

- Je renvoie le petit opéra à madame de La Fayette, après en avoir tiré une copie, suivant votre permission. Je vous supplie de ne pas craindre que j'en fasse jamais un mauvais usage. J'observerai au pied de la lettre ce que vous m'avez prescrit là-dessus, et pour rien au monde je n'y voudrois manquer. J'ai été plus charmée encore que la première fois de ce petit ouvrage, et je trouve, aussi bien que madame de La Fayette, que celui de Quinault lui a donné un nouveau lustre.

Je ne puis vous exprimer à quel point je continue d'être contente de madame de La Fayette. C'est une personne capable de remplir tous les goûts, et qui écrit avec tant d'exactitude et d'agrément que l'absence n'empêche pas qu'on puisse jouir de son commerce. Je crois que vous vous en apercevez comme moi.

Je vous suis fort obligée du soin que vous avez pris de me mander les nouvelles. Madame de Belin et ma sœur de l'Hôpital vous font, Monsieur, mille compliments.

54. — AU RÉVÉREND PÈRE RAPIN [1].

A Fontevrault, ce 22 juin 1689.

M. de Basville vint hier, le jour de la Pentecôte, comme vous me l'aviez mandé. Madame sa femme étoit avec lui. Vous jugez bien, mon révérend père, qu'un des premiers chapitres que nous traitâmes fut le vôtre. J'espérois qu'il auroit quelque expédient pour vous faire venir, mais il me dit qu'il n'attendoit aucune visite cette année. Pour moi, si j'en reçois quelques-unes, elles viendront de Chambord, et ce n'est pas ce qu'il vous faudroit. Ce que nous avons imaginé à la fin a été M. et madame de Valentinay [2], qui viennent d'ordinaire passer l'automne dans ce pays-ci, et dont la compagnie est également commode et agréable. Je ne doute pas, mon révérend père, qu'ils ne fissent le même jugement de la vôtre. Ainsi, si vous l'agréez, je m'informerai s'ils feront leur voyage à l'ordinaire, et leur demanderai, en ce cas, de vouloir bien vous amener. J'attendrai donc votre réponse positive là-dessus.

Je suis fort obligée au révérend père provincial du désir qu'il témoigne sur ce voyage; j'espère l'en remercier bien fort moi-même. J'ai si peu de loisir, à cause des dévotions de l'Octave, qu'il m'est impossible, mon révérend père, de vous entretenir aujourd'hui autant que je le voudrois. Je me dédommagerai de cette perte le plus tôt qu'il me sera possible.

[1] Je dois la communication de cette lettre à l'obligeance de M. Étienne Charavay

[2] Leur fils, Louis Bernin de Valentinay, marquis d'Ussé, contrôleur général de la maison du roi, épousa le 8 janvier 1691, Jeanne-Françoise Le Prestre, fille de Vauban, âgée de douze ans et trois mois.

55. — A DANIEL HUET[1].

A Fontevrault, ce 9 septembre 1689.

Votre réponse à la lettre de pièces rapportées est un vrai chef-d'œuvre[2]. Vous ne sauriez croire combien nous l'avons lue et admirée. Nous commencions à nous impatienter de ce qu'elle ne venoit point, et nous aurions été encore plus en peine si nous avions su que c'étoit une indisposition qui vous empêchoit d'écrire. Je prie Dieu que vous en soyez bien quitte. Il faut vous éclaircir sur les deux écritures que vous n'avez point connues. La première est de ma cousine de Montpineau, novice, et l'autre de ma sœur de l'Hôpital, sur laquelle il est honteux que vous ayez été en doute.

Mademoiselle de Tonnay-Charente[3] dit que vous lui dites de jolies choses, mais que vous ne répondez pas à ce qu'elle vous avoit mandé; cependant vous devez être content de vous, car vous vous êtes tiré à merveille de cette affaire. Je voudrois pouvoir espérer que toutes celles où vous avez part auront un aussi heureux succès.

La mort du pape[4] me donne sur cela quelques inquiétudes[5], quoique madame de Montespan soit persuadée qu'il se passera encore plusieurs mois avant que toutes choses soient entièrement réglées, quand même il se feroit une élection telle que nous la pouvons souhaiter, ce qui est douteux. Il ne faut donc pas perdre espérance; et, quoiqu'il

[1] Bibl. imp. Mss. S. F. 5, 272, t. I.

[2] La lettre de *pièces rapportées* ne contient que quelques lignes de l'abbesse de Fontevrault. Je l'ai également publiée dans *Madame de Montespan*.

[3] Marie Elisabeth de Rochechouart, une des cinq filles du duc de Vivonne.

[4] Innocent XI, mort le 20 août; il eut pour successeur Alexandre VII.

[5] La cour de Rome n'avait pas encore expédié les bulles pour l'évêché de Soissons.

arrive, vous faites toujours très-bien de faire entrer dans la
négociation qui se traite, une circonstance qui peut être
utile partout, et qui seroit d'une bienséance merveilleuse
dans le poste de XQ'YTU[6]. Vous êtes bien sage de voir avec joie
que celui que beaucoup de gens vous destinoient soit rempli par un autre. C'est en effet un bonheur, mais l'opinion
du monde qui l'emporte d'ordinaire sur la vérité en décide-
roit autrement. J'ai reçu votre lettre adressée aux Filles-
Dieu, et j'y ai répondu. Le *Journal des Savants* m'a aussi été
envoyé de la part de l'abbé Tallemant[7]. Pour l'affaire de
ma sœur de Brielles, j'avois déjà ordonné à mon vicaire de
La France d'en prendre connoissance. Il est inouï qu'une
religieuse soit sans obédience[8], et il faut que celle-là soit
folle, aussi bien que sa mère, pour faire de pareilles choses.
Elle rentrera à Foigny[9], qui est son couvent de profession;
ainsi je n'en serai guère importunée. Je vous envoyai dernièrement une lettre pour madame de Charenton[10], que je
crois que vous aurez eu la bonté de faire tenir. La pauvre
Couperette auroit grand besoin de votre protection, à l'heure
qu'il est; ses affaires empirent tous les jours et la résolution
est prise de la laisser cet hiver avec les sœurs de la Sainte-
Famille, pour être instruite et veillée de près. Elle en a grand
besoin, et elle est si menteuse, que, malgré votre recommandation, je suis forcée de convenir de son tort.

Nous avons été effrayées ces jours passés de ce qui est arrivé en Flandre, où vous savez que M. du Maine a été exposé
comme un volontaire.

Il y a dans notre voisinage deux abbayes de filles, dont

[6] On cherche en vain la signification de ce mot mal reproduit sans
doute par les copies.
[7] Paul Tallemant, né à Paris le 18 juin 1642, mort en 1712.
[8] C'est-à-dire qu'elle soit sortie sans permission.
[9] Diocèse de Laon.
[10] Vraisemblablement l'abbesse d'un couvent situé à Charenton.

l'une est vacante, et l'autre en soupçon de vaquer bientôt par la démission de l'abbesse. Nous travaillons, ma sœur et moi, à faire avoir l'une ou l'autre à ma nièce de Mortemart. Si la chose réussit, vous croyez bien que je vous en informerai promptement, puisque je ne vous laisse pas même ignorer la négociation. M. l'archevêque de Tours [11] a sollicité le Père de La Chaise, sans en être prié ; on ne peut rien ajouter à l'honnêteté de son procédé en cette occasion.

Je vous mande sans ordre tout ce que votre lettre et ce qui se passe ici me fournissent, parce que j'écris fort à la hâte et que j'ai envie de ne rien oublier. Toute la maison vous fait, Monsieur, mille compliments. Vous jugez bien que votre lettre a été fidèlement rendue à la Cossonnière [12].

10 *septembre*. — Cette lettre ne partit point mercredi, parce que je ne songeois à rien ce jour-là qu'à regretter le départ de ma sœur. La veille, nous ne nous doutions pas l'une et l'autre de cette séparation ; au contraire, les nouvelles de l'armée et celles du voyage de Fontainebleau pour le mois d'octobre avoient reculé celui de ma sœur jusqu'à ce moment-là ; mais mademoiselle de Blois eut le même soir un mal de tête accompagné d'étourdissements dont nous fûmes si démontées, que nous conclûmes qu'il falloit la mener promptement en lieu où l'on eût le pouvoir de la traiter de tous ses maux bizarres. Celui-ci disparut aussitôt que la colique ; elle passa bien la nuit, et les gens qui sont venus m'apprendre de ses nouvelles de dessus la route, m'ont assuré que le mieux continuoit. Cette brusque séparation, fondée sur un sujet d'inquiétude, m'a causé un saisissement dont je ne suis pas encore revenue. L'abbé Genest [13]

---

[11] Claude de Saint-Georges, archevêque de Tours de 1687 à 1693 : nommé, à cette époque, archevêque de Lyon.

[12] Commune de Pontvillain, Sarthe. A qui appartenait le château ?

[13] Charles-Claude Genest, abbé de Saint-Vilmer. (Voir lettre n° 62, p 203, note 2.)

m'est demeuré pour huit jours ; sa conversation et la lecture que je lui fais faire de ses ouvrages et de quelques autres livres contribueront à me remettre peu à peu de l'ennui
où un si grand changement de vie m'a jetée.

Je viens de recevoir une de vos lettres à laquelle je ne
répondrai autre chose pour cette fois, sinon que vous avez
très-mal fait de ne pas lire entièrement celle que j'écrivois
à madame de Charenton ; vous y auriez trouvé des choses
sur votre sujet, qu'il est trop grossier de dire en face, et
dont je suis pourtant fort aise que vous me sachiez persuadée. Je veux croire que vous le savez par ailleurs ; sans
cela, j'aurois de la peine à vous pardonner votre discrétion.

J'envoie votre lettre à ma nièce Tonnay-Charente, qui,
selon mes souhaits, est avec madame de Montespan, dont
l'absence ne laisse pas de m'être fort pénible.

56. — A DANIEL HUET[1].

A Fontevrault, ce 4 août 1690.

Je veux croire, Monsieur, que vous ne serez pas parti
de Paris sans avoir vu ma sœur. Elle est revenue depuis
quelques jours à Paris, et, au pis aller, elle vous aura
prié d'aller à Petit-Bourg [2], à quoi vous devez n'avoir pas
résisté. Je fais réflexion cependant, que m'écrivant tous les
ordinaires, comme elle fait, elle m'auroit informée de votre
visite, et elle ne m'en a rien mandé. Son projet étoit de demeurer en solitude à Petit-Bourg. Peut-être auroit-elle fait
scrupule d'avoir une aussi bonne compagnie que la vôtre ;
mais il falloit toujours vous mander de ses nouvelles, et je
ne la trouve pas excusable, si elle a persévéré dans le silence

[1] Bibl. imp. Mss. S. F. 5,272, t. I.
[2] Chez madame de Montespan.

dont vous me parliez dernièrement. Le marquis d'Antin n'est point brouillé avec elle; je sais par elle et par lui-même qu'ils s'écrivent. Il n'y a pas longtemps aussi que madame d'Antin a été avec elle, à un autre voyage de Petit-Bourg, et, depuis, à Saint-Joseph. Je ne répondrois pas qu'il n'y eût quelquefois de petites bouderies passagères; il n'y a guère de société qui en soit exempte; mais cela ne peut se voir de loin, et ne mérite pas une grande attention de la part du monde. A l'égard de l'abbé Anselme[5], il peut s'être élevé quelques petits nuages dont le monde ne devroit pas non plus être instruit. Dans les conversations, on pourroit, à des heures perdues, parler de ces niaiseries, mais il seroit bien mal aisé de les écrire, et, en vérité, elle n'en valent pas la peine. Je regrette fort, en toute manière, que vous ne puis-siez venir ici; c'est une privation fort triste pour moi, et les sujets qui la causent sont encore plus tristes s'il se peut, puisque ce sont vos désagréables affaires et votre mauvaise santé.

Vous avez donc encore perdu la pauvre madame de Montataire[4]. Je ne sais si votre amitié pour elle étoit encore bien vive, mais il est toujours cruel de voir disparoître des amis, à quelque degré qu'ils soient, et même de simples connoissances. Je ne m'apprivoise point à ce genre de malheur, quoiqu'il soit le plus certain de tous, et celui par conséquent contre lequel il est plus nécessaire de se munir. Vous m'avez toujours paru assez ferme là-dessus par rapport aux autres et à vous-même. C'est une sagesse que j'estime fort et que je voudrois de tout mon cœur pouvoir acquérir.

Expliquez-moi, je vous prie, pourquoi vous songez à avoir une maison de campagne auprès de Paris, autre que celle de

---

[5] C'est lui qui prononça l'oraison funèbre de l'abbesse de Fontevrault en 1704.

[4] Marie-Thérèse de Rabutin, fille aînée du second mariage de Bussy, chanoinesse de Remiremont, puis marquise de Montataire.

M. Peletier [5] dont vous aviez paru content, et qu'il persiste à vous offrir. Est-ce que vous voulez avoir une terre dans ce canton? En ce cas, je n'ai rien à dire, mais si vous ne cherchez qu'une demeure agréable et à portée de tout, cette maison est votre fait, et je ne vous conseille point du tout de vous charger de l'embarras d'une acquisition. A propos d'embarras, vous êtes admirable de vous en prendre à moi de ceux dont je suis accablée, et de me conseiller de les partager. Avez-vous oublié que j'ai cinq ou six secrétaires, et ne devez-vous pas savoir, vous qui avez tant fréquenté les couvents, qu'il y a certains devoirs qu'une abbesse doit remplir en personne. Ces devoirs sont multipliés à l'infini pour une abbesse de Fontevrault; il ne lui est pas libre comme à un évêque de prendre ses heures; elle n'en a point d'assurée, la moindre religieuse et le moindre moine [6] sont en droit de disposer de tous mes moments. Il y a de plus des écritures qu'il faut que je dicte ou que je fasse moi-même, sans compter celles où je suis secourue par mes secrétaires auxquelles, entre nous, je ne livre que les choses tout à fait communes et quasi indifférentes, parce que j'ai éprouvé mille fois qu'il faut traiter soi-même les véritables affaires, si on veut se faire entendre, et si on a une sincère intention d'agir de son mieux. Pour cette intention, je l'ai certainement et je sens qu'elle se fortifie à mesure que les années s'accumulent. Les années qui amènent tant de mauvaises choses en amènent aussi de bonnes; elles donnent une attention plus scrupuleuse sur l'acquit des devoirs qu'on ne l'a dans la jeunesse : en les examinant de plus près, on les trouve plus étendus, et il est vrai aussi que ceux qui sont

[5] Claude Le Peletier, qui avait succédé à Colbert au contrôle général des finances. Il avait un château à Villeneuve-le-Roi, près Paris.

[6] On a vu que, comme chef d'ordre, l'abbesse de Fontevrault avait à diriger des moines en même temps que des religieuses.

attachés à ma charge, se sont multipliés réellement depuis quelques années. Plusieurs supérieures ont fait la même remarque par rapport à leur emploi, et soutiennent que le gouvernement est devenu plus difficile depuis quinze ou vingt ans qu'il ne l'étoit avant ce temps-là. Je vais vous dire à quoi je m'en prends, au hasard que vous vous moquiez de moi. Je me suis imaginé que ces livres de Hollande qui ont inondé le monde depuis quelques années, et qui se sont glissés dans les cloîtres, comme ailleurs, ont répandu des doutes et des demi-connoissances, dont les petits esprits n'ont pu tirer d'autre fruit que de se croire capables de juger de tout et de regarder la soumission aux lois comme un effet de la foiblesse et de l'ignorance où ils vivoient avant ces belles découvertes.

Mandez-moi, je vous supplie, Monsieur, ce que vous pensez là-dessus, et ne manquez pas de m'informer soigneusement de l'état de votre santé. Je veux savoir aussi vos occupations, et si vous n'avez pas entrepris quelque nouvel ouvrage. Je n'en doute nullement, mais il faut m'en dire le sujet. J'envoie cette lettre par une voie un peu plus diligente que celle des Filles-Dieu.

57. — A DANIEL HUET[1].

A Fontevrault, ce 13 août 1691.

Si vos diocésains vous importunent, il faut convenir au moins que leur conversation ne vous a pas encore rouillé. La lettre que vous venez de m'écrire ne tient en aucune manière des affaires dont vous vous plaignez et de la mauvaise humeur qui les accompagne ordinairement. Elle a été

---

[1] Bibl. imp. Mss. S. F. 5,272, t. I.

lue à toutes les personnes qui y ont part et elles en ont jugé comme moi.

Je commence à espérer que vous trouverez ma sœur, si vous venez ce mois de septembre, et que vous pourrez même vous en retourner de compagnie. Avant que votre lettre arrivât, elle m'avoit chargée de vous mander que cela étoit possible si vous le vouliez, et qu'elle le souhaitoit fort. Il faut bien céder à toutes ses sollicitations et vous défaire promptement de tous vos embarras. Je me flatte que cela arrivera et que c'est tout de bon que vous avez envie de nous voir. Je vous assure, Monsieur, que nous vous le rendons bien et que nous en parlons très-souvent. Ce que vous dites sur Couperette[2] ne se peut payer; je lui ai trouvé comme vous une mine précieuse, qui n'est pas tout à fait si charmante que sa voix ; mais les airs naturels qui vous charmèrent ne laisseroient pas de se trouver encore dans l'occasion , et je suis fort trompée si les poires n'étoient encore capables de lui faire affronter d'assez grands périls. Au pis aller, nous vous fournirons d'autres personnes de ce mérite-là tant que vous voudrez, et qui l'ont même sans aucune altération.

Je n'entame point le récit d'une fête qui vous auroit charmé, parce que nous le gardons pour quelque soirée. C'est la translation de la Sainte-Famille[3] dans une grande maison dont vous avez vu le plan. Vous voyez que le fondement de cette fête est très-pieux ; cela n'empêcha pas qu'elle fut très-divertissante. Voilà tout ce que vous en saurez pour le présent. J'ai toujours oublié à vous mander que Dupré parut le jour même où je vous avois mandé qu'il étoit invisible, et qu'il a été repris en votre considération.

Mademoiselle de Mortemart prétend que vous ne vous

---

[2] Voir la lettre n° 55, p. 188.
[3] Maison de bienfaisance établie à Fontevrault.

plaignez d'elle que pour varier la phrase, et que jamais vous
n'avez été plus contents l'un de l'autre que depuis qu'elle
a respiré l'air de la cour. Pour mademoiselle de Maure, je
ne me commets plus à vous parler d'elle, puisque vous me
déclarez si nettement que vous ne voulez point de moi pour
confidente. Ce mépris me réduit à prendre le rôle de gouvernante, dont vous serez peut-être encore plus incommodé.

Vous me réjoui-sez de me promettre que j'aurai bientôt
le livre du *Paradis terrestre*[4]. J'avois déjà ouï dire que la
réponse de Régis[5] n'étoit pas si forte qu'on l'avoit attendue
d'un aussi grand Cartésien que lui. On me l'a envoyée il y
a longtemps, mais je n'en ai vu que les premiers feuillets,
parce que la présence de ma sœur m'ôte tout à fait, comme
vous savez, le loisir de lire. Il y a une vie de Descartes[6],
que nous lisons à bâtons rompus, mademoiselle de Mortemart et moi; comme elle est de deux tomes in-quarto, nous
avons bien de la peine à en venir à bout, et nous ne sommes guère contentes de toutes les choses inutiles qui y sont
entassées, non plus que du style. Nous raisonnerons de tout
cela quand vous serez ici, ou plutôt nous vous entendrons
raisonner.

Ma sœur vous mande qu'elle vient de Richelieu[7], où vous
avez été fort souhaité, aussi bien qu'ici; elle dit qu'une personne plus éveillée qu'elle ne vous feroit pas valoir les autres, mais que sa sincérité l'emporte sur ses intérêts, et
qu'elle compte d'ailleurs que vous ne laissez pas de distin_
guer et de connoître que ses sentiments aussi bien que les

---

[4] *La situation du paradis terrestre*, par Daniel Huet. L'ouvrage parut
en 1691, en un volume in-12.

[5] Un jésuite, orientaliste, de ce nom, vivait encore en 1724. Est-ce
le même?

[6] Par Adrien Baillet, 1691, 2 vol. in-4. L'auteur en publia un abrégé
en 1693; 1 vol. in-12.

[7] Le château de Richelieu, à 5 lieues de Fontevrault.

miens sont beaucoup au-dessus de ce que tous les faiseurs de
compliments peuvent vous dire. Je suis environnée de tant
de distractions que je ne sais moi-même ce que je vous dis;
vous ne vous en apercevrez que trop à mon écriture et à
mon style.

58. — L'ABBESSE DE FONTEVRAULT ET MADAME DE MONTESPAN
A DANIEL HUET[1].

[1691].

(De la main de l'abbesse de Fontevrault.)

Je me souviens, Monsieur, que vous avez une fois trouvé
mauvais de n'être pas averti de mes maladies; ainsi, je
crois vous devoir apprendre que j'ai eu la fièvre ces jours-ci,
qui, sans doute, eût été double-quarte et assez violente si
le quinquina ne l'avoit arrêtée. C'est par ordonnance de ma
sœur que je le prends : elle est un très-excellent médecin
tant par ses ordonnances que par ses soins ; elle exige, à la
vérité, une obéissance aveugle, jusqu'à empêcher, par le
temps qu'il fait, de mettre la tête à la fenêtre ; mais le bon
succès de son gouvernement fait que je m'y soumets sans
murmurer. C'est elle qui dicte la plus grande partie de cette
lettre. J'ai vu depuis peu M. de Richelieu, qui n'a point
apporté la petite Bible, parce que son aumônier, qui n'étoit
pas avec lui à Paris, a la clef du lieu où il croit qu'il y en a
deux exemplaires enfermés. Ils doivent tous y retourner
dans deux mois, et il promet que, dans ce temps, vous aurez
votre livre. Il parle toujours de vous avec beaucoup d'estime, et attend, aussi bien que moi, fort impatiemment le
livre du *Paradis terrestre*.

[1] Bibl. imp. Mss. S. F. 5,272.

(De la main de madame de Montespan.)

Si j'étois aussi tyrannique que l'on vous dit, je ne laisserois pas écrire une aussi longue lettre en prenant le quinquina ; mais ma sœur est si persuadée qu'elle vous attendrira en vous mandant elle-même sa maladie, que je ne lui ai pu refuser. Je souhaite qu'elle ne se soit pas trompée, et que vous payiez d'une visite l'empressement que l'on a pour vous.

59. — MADAME DE MAINTENON A L'ABBESSE DE FONTEVRAULT [1].

A Fontainebleau, ce 27 septembre 1691.

Je n'aurois pas été si longtemps, Madame, sans répondre aux lettres dont vous m'avez honorée, si je n'avois attendu que le roi me chargeât de ce qu'il auroit à vous faire savoir sur celle que vous lui avez écrite. Il la porte sur lui pour en parler à M. de Pontchartrain, et il a tant d'affaires qu'il oublie celle-là. Je vous assure, Madame, que vous lui pardonneriez si vous voyiez de près comment les journées se passent. Les personnes qui l'ont vu de plus près seroient surprises de son activité : il a plus de conseils que jamais, parce qu'il y a plus d'affaires, et donne deux ou trois heures par jour à la chasse. Quand il le peut, il rentre à six heures, et est jusques à dix sans cesser de lire, d'écrire ou de dicter. Il congédie souvent les princesses après souper pour expédier quelque courrier [2]. Ses généraux sont si aises d'être en

[1] *Correspondance générale de Madame de Maintenon*, par Lavallée, t. III, p, 504 — *Manuscrits des Dames de Saint-Cyr.*
(Toutes les notes de cette lettre sont de M. *Lavallée.*)
[2] « Depuis la mort de M. de Louvois, il travaille trois ou quatre heures par jour plus qu'il ne travailloit; il écrit beaucoup de choses de sa main. » (Dangeau, t. III, p. 387.)

commerce avec lui, qu'ils lui rendent un compte très-exact; ils paroissent charmés de ses réponses, et sans vouloir insulter[5], ils les trouvent d'un style bien doux.

Je n'ai pu, Madame, connoissant votre attachement pour le roi, ne vous pas parler de lui; je ne crois pas vous déplaire. Il n'a pas été content du personnage que M. de Luxembourg a fait faire à notre prince dans le dernier combat[4]. M. le duc de Chartres revient, et le nôtre ne reviendra pas sitôt. Mademoiselle de Blois fait fort bien, et je voudrois de tout mon cœur la voir mariée. Le duc du Maine désire de l'être, et on ne sait qui lui donner.

Voilà, Madame, des nouvelles de ceux que vous aimez. Le roi penche plus[5] à une particulière qu'à une princesse étrangère; Mademoiselle espère Monseigneur; les filles de M. le prince sont naines; en connoissez-vous d'autres?

La famille de madame de Louvois est partagée pour l'abbaye de Saint-Amand[5 bis]. Les uns la demandent pour madame de Barentin, sœur de la mère de madame de Louvois, religieuse du Val-de-Grâce; les autres pour madame de Bois-Dauphin.

J'ai montré au roi votre recommandation : je me plains, Madame, de toutes les excuses dont vous l'avez accompagnée; elles font tort à la manière dont je suis pour vous. Je

---

[5] Elle sous-entend peut-être : « A la mémoire de Louvois. »

[4] Le combat de Leuze, livré le 19 septembre. Le prince d'Orange ayant quitté son armée et chargé le prince de Waldeck de la mettre en quartier d'hiver, celui-ci le fit avec tant de négligence, que le maréchal de Luxembourg, averti, prit avec lui trente escadrons de la maison du roi, fit 5 lieues à la course, et tomba sur l'arrière-garde ennemie forte de soixante-douze escadrons; il la mit en déroute. — Le *Journal de Dangeau* ne dit qu'un mot du duc du Maine. « M. le duc de Chartres, M. le duc du Maine et presque tous les officiers principaux de l'armée avoient suivi M. de Luxembourg. »

[5] Pour le duc du Maine.

([5 bis] Voir lettre n° 7, note 5.)

ne vous promets pas de réussir toujours à ce que vous m'ordonnerez, mais je puis bien vous promettre de n'en être jamais importunée.

Je suis ravie, Madame, d'avoir reçu quelques marques du souvenir de madame de Montespan. Je craignois d'être mal avec elle. Dieu sait si j'ai fait quelque chose qui l'ait mérité et comment mon cœur est pour elle[6]. J'aurois quelque curiosité de savoir ce qu'elle a pensé de l'horrible mort de cet homme[7] qui seul lui paroissoit quelque chose et qui remplissoit ses idées. « *Il ne fit que passer et n'étoit déjà plus.* » Il passa la galerie en santé, et il alloit mourir.

En voici un autre. M. de La Feuillade meurt subitement[8] le onzième jour d'une maladie ; il n'a que le temps de dire : « Je sens la mort. Seigneur, faites-moi miséricorde ! » C'est plus que l'autre, mais je ne sais si c'est assez. Je crois vous entretenir, Madame, et je me laisse aller à ce plaisir trop naturellement.

Le roi a chargé M. de Pontchartrain de s'informer comment on a fait sur ce que vous demandez ; et il me paroît, Madame, qu'il veut vous répondre lui-même. Je crois, Madame, que vous vous souvenez bien que je n'ai point rempli la place de Beaumont[9]. Je voudrois donner à madame de Mortemart un bon sujet et qui eût de la voix ; tout cela ne s'accorde pas toujours. Voilà encore l'abbaye de Chelles vacante. Ma lettre est trop longue, mais je me flatte que vous ne m'en saurez pas mauvais gré.

---

[6] On voit avec quelle tranquillité madame de Maintenon parle de sa conduite tant contestée à l'égard de madame de Montespan. Elle n'a jamais cru faire du mal à cette favorite en l'arrachant à ses désordres.

[7] Louvois.

[8] Le 18 septembre 1691. C'est le duc de La Feuillade, fameux par ses flatteries envers Louis XIV et le monument de la place des Victoires.

[9] Beaumont-les-Tours. Une des filles du duc de Vivonne en était abbesse.

60. — A LOUIS XIV[1].

A Fontevrault, ce 26 septembre 1696.

Sire, je suis bien malheureuse de ne pouvoir rendre mes
devoirs à Votre Majesté dans les temps mêmes les plus destinés à la joie, sans être forcée à la fatiguer de mes affaires.
Quelques fâcheuses qu'elles soient, elles ne m'empêchent
pas de ressentir vivement un aussi grand bonheur que celui
de savoir Votre Majesté dans une santé parfaite; mais elles
me mortifient beaucoup en me mettant dans la nécessité de
vous être importune.

Votre Majesté est instruite de celle dont il s'agit présentement et sur laquelle je garderois le silence, après ce que
madame de Maintenon a pris la peine de me mander, si je
n'étois engagée indispensablement à faire tous mes efforts
pour garantir mon Ordre du malheur qui le menace. Je
n'en parle point, Sire, avec exagération. L'affaire n'est rien
pour M. l'archevêque de Reims, mais c'est tout pour nous,
puisque nos priviléges ont une telle liaison, que s'il y en a
un seul entamé, on peut compter qu'ils le sont tous. Comme
c'est l'autorité qui les a établis et maintenus depuis six cents
ans, il n'y a que cette voie qui puisse les défendre. L'édit de
1695 n'y fait point de tort particulier; ils étoient aussi en
danger en 1687, lorsque M. de Reims les attaqua pour la
première fois. Votre Majesté sait bien que j'eus l'honneur
de lui représenter alors que je fuyois un jugement réglé
qui nous seroit toujours contraire, et que rien ne nous pouvoit mettre à l'abri que la même protection qui m'avoit déjà
sauvée de M. de Poitiers. Vous m'honorâtes de cette protection, et vous voulûtes bien ajouter à une grâce si considéra-

[1] Bibl. imp., département des imprimés. Mss. (Copie). II. 1529.

ble celle de m'assurer par une lettre que, pendant votre règne, on ne feroit aucun tort à nos droits.

Ne puis-je donc espérer, Sire, et prendre la liberté de
vous conjurer par la gloire de ce règne dont la puissance se
fait sentir présentement par des effets si doux, qu'il plaise
à Votre Majesté d'étendre la paix jusque dans notre Ordre,
et de m'épargner la cruelle mortification de voir périr entre mes mains des priviléges qui ont subsisté pendant tant
de siècles? Cette décadence s'attribueroit à mon indignité
personnelle, qui en effet auroit dû l'attirer, si Votre Majesté,
en m'élevant à une place si au-dessus de moi, n'avoit bien
voulu suppléer à tout ce qui me manque pour la soutenir.
Ce n'est que par là que j'ai conservé jusqu'ici ce que j'ai
reçu des princesses à qui j'ai l'honneur de succéder, et si ce
secours me manque, il est impossible que j'évite la honte
dont Votre Majesté s'est en quelque façon engagée de me
garantir. Je n'éviterois pas non plus un malheur plus essentiel, qui seroit de perdre l'estime et la confiance des personnes que je gouverne, et ainsi de ne pouvoir plus les
conduire avec succès. J'ai si souvent importuné Votre Majesté des autres raisons qui appuient nos priviléges, que je
ne les répète point ici, sans compter que celle (ce me semble) qui les comprend toutes, est cette autorité des papes et
des rois qui, ayant établi et soutenu, pendant six cents ans,
ces mêmes priviléges, les doit faire supposer justes et leur
donner assez de poids pour n'être plus exposés à l'examen
et aux attaques de MM. les évêques, ni soumis à la justice
ordinaire.

J'aurois fort souhaité pouvoir représenter tout ceci
en peu de mots, mais je n'ai pu éviter de faire une longue
lettre. Je vous supplie très-humblement de me le vouloir pardonner et de me faire l'honneur de me croire, avec
tout le profond respect et tout l'attachement que je dois,

Sire, de Votre Majesté, la très-humble, très-obéissante et très-obligée sujette et servante.

61. — MADAME DE MAINTENON A L'ABBESSE DE FONTEVRAULT[1].

A Saint-Cyr, ce 17 décembre 1698.

Il m'étoit revenu par plusieurs endroits, Madame, que vous étiez contente de moi, et l'assurance que vous voulez encore m'en donner vous-même me fait un sensible plaisir. Cependant, Madame, je n'ai pas fait tout ce que j'aurois voulu, ayant à me partager entre plusieurs personnes dans un temps où je n'étois occupée que de vous. Je suis ravie de ce que vous me dites sur madame la duchesse de Bourgogne; mais comme l'amour est ingénieux à se faire des peines, je m'en fais une de ce qu'on voudra vous croire prévenue, et par là douter de ce que vous direz à l'aimable princesse à qui vous plaisez autant, Madame, qu'elle vous plait. Elle a senti votre mérite, et me dit : « Ah! que je m'accommoderois bien de votre abbesse! » Enfin, Madame, il n'y a pas jusqu'à *Abner* [2] qui vous trouve fort aimable; j'avois pensé à vous le prêter, afin qu'il vous formât une troupe à Fontevrault, qui fît quelquefois pleurer madame de Montpineau. Vous pouvez disposer, Madame, de tout ce qui est en mon pouvoir, et vous seriez très-injuste si vous ne comptiez pas sur moi comme sur une très-sincère et très-humble servante.

Je vous supplie, Madame, d'assurer madame de Montespan des sentiments que vous avez vu que je conserve pour elle; je ne puis jamais cesser de m'intéresser à tout ce qui

[1] *Correspondance générale de madame de Maintenon*, t. IV, p. 267. — *Manuscrits des Dames de Saint-Cyr.*

[2] Le comte d'Ayen, qui jouait dans *Athalie* avec sa femme et la duchesse de Bourgogne.

la touche, depuis les plus grandes jusqu'aux plus petites choses.

62. — A SEGRAIS[1].

A Fontevrault, ce 31 janvier 1699.

Il faut toujours que ce soit moi qui rompe le silence; cela me fait craindre, Monsieur, de n'avoir plus guère de part en votre souvenir. Je ne veux pas laisser passer ce premier mois de l'année sans vous la souhaiter heureuse et sans vous assurer que mes sentiments pour vous sont toujours les mêmes. Je vous demande de vos nouvelles et de celles de madame votre femme, à qui je fais, s'il vous plaît, mille compliments. Je compte que votre vie, à l'un et à l'autre, est aussi douce et aussi heureuse qu'elle l'est depuis plusieurs années, et je désire de tout mon cœur qu'elle se soutienne encore longtemps de la même sorte.

La mienne est toujours mêlée des agitations que ma charge ne peut manquer de produire, mais elle a aussi ses douceurs. Il me paroît que toutes les personnes avec qui j'ai à vivre ont de l'amitié pour moi. J'ai la compagnie de ma sœur au moins la moitié de l'année, et cela en attire encore d'autres qui peuplent assez ce désert pour lui ôter la tristesse que pourroit causer une solitude trop grande et trop continuelle.

Ma sœur m'a amené ce voyage-ci votre confrère, l'abbé Genest[2], qui a, comme vous savez, un excellent esprit et qui est d'un commerce très-doux et très-agréable. C'est une compagnie dont je m'accommode fort et que j'ai de temps

---

[1] Bibl. imp. Mss. 24,991, fol. 245.
[2] Charles-Claude Genest, abbé de Saint-Vilmer, aumônier de S. A. R. madame la duchesse d'Orléans (mademoiselle de Blois), secrétaire gé-

en temps, c'est-à-dire tous les deux ou trois ans, et quelquefois moins. Je ne vous parle point des autres gens qui nous rendent visite, parce que je ne crois pas qu'ils soient de votre connoissance. Madame de Thianges, que vous avez vue sous le nom de mademoiselle de Bréval[5], est ici avec son mari; mais ce sera pour peu de jours. Ils reviennent des terres de Bretagne que son mari a héritées de sa première femme.

Vous voyez, Monsieur, que, quand je me mets à vous entretenir, je vous rends compte de tout ce qui me regarde; c'est une marque que je me flatte toujours de ne vous être pas indifférente. Je serois bien fâchée de me tromper là-dessus, et vous me feriez une grande injustice. Est-il possible que vos *Géorgiques* ne soient pas encore imprimées, ou qu'elles le soient sans que vous ayez eu la bonté de m'en faire part? Je vous supplie de me mander ce qui en est, et, supposé que vous m'eussiez oubliée dans la distribution des exemplaires, de vouloir bien réparer cette faute le plus tôt qu'il sera possible.

néral de la province de Languedoc; né à Paris en 1659, membre de l'Académie française, en 1698, mort en 1719.

On trouve de curieux détails sur la vie passablement romanesque de l'abbé Genest dans une lettre de l'abbé d'Olivet au président Bouhier. (*Histoire de l'Académie française*, par Pellisson et d'Olivet. édition Livet, t. II, p. 369.)

Attaché pendant quelques années au duc de Nevers, il avait été présenté par lui à sa belle mère, madame de Thianges, qui le mit en relation avec ses sœurs, l'abbesse de Fontevrault et madame de Montespan. Celle-ci le donna comme précepteur à mademoiselle de Blois, dont il devint plus tard aumônier.

On a vu plus haut, page 190, qu'à Fontevrault il était obligé de lire ses propres ouvrages à l'abbesse. C'était flatteur.

[5] Geneviève-Françoise de Harlay de Bréval, mariée le 2 mars 1696 au marquis de Thianges, qui était veuf.

63. — A ROGER DE GAIGNIÈRES [1].

A Fontevrault, ce 10 février 1700.

J'apprends, Monsieur, par le Père Roucellet [2] et par M. de Larroque [3] que vous avez la bonté de vous intéresser vive-

---

[1] Bibl. imp. Mss. 24,991. fol. 227.— Cette lettre est vraisemblablement le point de départ de la correspondance qui s'établit entre l'abbesse de Fontevrault et de Gaignières, qu'elle connut sans doute chez la maréchale de Noailles où il était reçu dans l'intimité. Leur correspondance fut assez active jusqu'en 1704, époque de la mort de l'abbesse. Je supprime quelques lettres de pure politesse et sans intérêt.

[2] Le Père Roucellet était visiteur de la province d'Anjou.

[3] Daniel de Larroque était né à Vitré, vers 1660, d'un père protestant qui a publié divers ouvrages de controverse religieuse. Il exerça d'abord le ministère évangélique à Londres, ensuite à Copenhague. En 1690, il se brouilla avec Bayle dont il paraît avoir été le collaborateur, rentra en France et embrassa le catholicisme. Sans emploi, sans fortune, il consentit, en 1693, à faire la préface d'un pamphlet où le gouvernement était accusé de n'avoir pris aucune mesure pour prévenir la famine. L'ouvrage fut saisi, *le libraire pendu*, et Larroque enfermé d'abord au Châtelet, puis au château de Saumur, où il resta cinq ans. L'abbesse de Fontevrault, à laquelle il fit sans doute appel, s'intéressa à lui. Après bien des sollicitations, elle obtint son élargissement, le reçut à Fontevrault, et le recommanda instamment à madame de Montespan, à Gaignières, aux Noailles, qui finirent par lui trouver un emploi de traducteur dans les bureaux des affaires étrangères. Nommé plus tard secrétaire du conseil de l'intérieur, de Larroque obtint, à la suppression de ce conseil, une pension de 4,000 livres qui lui permit de se livrer entièrement à son goût pour les lettres. Un de ses amis, l'abbé d'Olivet, l'estimait autant pour ses talents que pour la douceur et l'amabilité de son caractère.

Ainsi s'explique l'accueil bienveillant qu'il reçut à Fontevrault, où il composa, à l'aide des archives de la maison, la biographie des abbesses, que l'on trouvera à l'Appendice, pièce, n° x. Daniel de Larroque mourut à Paris le 5 septembre 1751. C'est lui, je crois, qui, à la mort de madame de Montespan, publia dans le *Mercure françois* des mois de juin et août 1707, les deux articles que j'ai reproduits dans mon volume sur *Madame de Montespan et Louis XIV*, Appendice, pièce xii.

12

ment à notre affaire de Fontaines [4], et que vous prenez la
peine de la solliciter. Je sais depuis longtemps comme vous
êtes pour vos amis, et je me flatte d'être de ce nombre. Cependant je ne laisse pas d'être surprise d'une générosité si
peu ordinaire. Croyez, s'il vous plaît, Monsieur, que j'en
suis touchée sensiblement et que je ne l'oublierai de ma
vie. Ma sœur ne manque pas d'y prendre part et vous fait
beaucoup de compliments. Vous ne devez pas nous tenir
compte de l'estime que nous avons pour vous, puisque c'est
une justice que vous recevez de toutes les personnes qui
vous connoissent; mais nous joignons à cette estime une si
sincère amitié qu'elle nous doit mériter quelque part en la
vôtre dont nous nous flattons aussi, et moi particulièrement
qui en reçois présentement une marque si essentielle.

Je vous en demande la continuation, et vous assure, Monsieur, que je serai toute ma vie véritablement votre très-
humble servante.

64. — A ROGER DE GAIGNIÈRES [1].

A Bourbon, ce 25 mai 1700.

Je suis très-persuadée, Monsieur, que vous avez la bonté
de vous intéresser à ma santé, mais je n'ai nul sujet de
me flatter qu'elle soit aussi nécessaire que votre politesse
et peut-être votre amitié vous le fait dire. Jusqu'ici je me
trouve très-bien des eaux, et mieux que l'année passée. Ma
sœur s'en trouvoit bien aussi; mais depuis hier elle a des
maux de tête accompagnés de vapeurs qui la dérangent un

[4] Fontaines était un couvent de bénédictines situé dans le diocèse de
Meaux. — Quelle était cette affaire où l'abbesse finit par avoir gain de
cause? Les lettres ne l'expliquent pas.
[1] Bibl. imp. Mss. 24,991, fol. 233. — Lettre dictée et non signée.

peu et qui me donnent bien de l'inquiétude, quoique cette incommodité soit, par la grâce de Dieu, sans nulle conséquence.

Il est vrai que les religieuses de Fontaines m'ont écrit, même jusqu'à deux fois, dans des termes assez soumis; mais il ne paroît pas qu'elles se repentent de leur faute, ni même qu'elles la connoissent. Ce grand ouvrage appartient à Dieu, et il faut l'espérer de sa bonté. Cependant je ferai ce qui dépend de moi, et je suivrai le conseil que l'on me donne de profiter de ma sortie pour visiter ce monastère. Mgr l'archevêque [de Paris] m'a paru de cet avis[2], et cela seul auroit pu me déterminer. Assurez-le, s'il vous plaît, Monsieur, de mes respects et de ma reconnoissance, et ne perdez point d'occasion de me rendre de bons offices auprès de lui. Je vous demande la même grâce auprès de M. et de madame de Noailles, et je vous supplie de ne jamais douter de l'estime sincère avec laquelle je serai toute ma vie, Monsieur, votre très-humble servante.

— Je ne vous écris point de ma main, parce que cela est absolument défendu ici, et que la moindre application ne peut s'accommoder avec les eaux[3].

65. — A ROGER DE GAIGNIÈRES[1].

[Paris] Mercredi au soir [1700]

Je viens de parler avec toute l'exactitude et toute la franchise dont nous étions convenus. J'ai bien peint surtout votre

[2] Louis-Antoine de Noailles, né le 27 mai 1651, évêque de Cahors en 1679, de Châlons la même année, archevêque de Paris en 1695.

[3] Toutes les autres lettres de l'abbesse de Fontevrault à de Gaignières sont autographes; il en est de même de celles adressées à Segrais.

[1] Bibl. imp. Mss. 24,991, fol. 207. — Ce billet, sans date, est adressé à l'hôtel de Guise, à Paris; toutes les autres lettres sont adressées *près*

angoisse et votre insomnie, dont on m'a dit qu'on ne doutoit pas, et qui a attiré les louanges qu'on ne peut s'empêcher de vous donner. On ne trouve nul inconvénient dans
l'affaire, et on se moque de notre inquiétude. On ne juge
point à propos d'entrer dans aucun éclaircissement, quoique
je l'ai proposé à deux ou trois reprises. On vous attend demain à midi avec votre compagnie. Me voilà, Dieu merci,
déchargée d'un cruel fardeau. Je fais partir dès cette nuit,
afin que vous en soyez aussi débarrassé à votre lever, je dirois
à votre réveil, si je n'étois assurée que vous ne dormirez pas
cette nuit.

66. — A ROGER DE GAIGNIÈRES[1].

A Fontevrault, ce 9 février 1701.

J'ai chargé ma sœur de La Verdrie[2] de vous souhaiter la
bonne année de ma part, Monsieur, et de vous demander
de vos nouvelles, auxquelles je m'intéresserai toujours très-
sincèrement. Je prends part à la joie que vous avez sans
doute de revoir M. le cardinal ¯de Noailles¯ en bonne santé,
et je prends la confiance, Monsieur, de vous charger d'une
lettre pour lui qui regarde une affaire de cloître dont je

---

des Incurables, où Gaignières demeura plus tard, dans une maison à lui.
Il est signé, comme la plupart des lettres : *Gabrielle de Rochechouart,
abbesse de Fontevrault.*

Le contenu du billet prouve qu'il a été écrit à Paris. Or, le dernier
voyage que l'abbesse de Fontevrault y fit eut lieu en novembre ou
décembre 1700. Quel est l'objet du mystérieux billet? Cette *angoisse,*
cette *insomnie* de Gaignières indiqueraient que l'abbesse de Fontevrault s'était chargée de la négociation d'un mariage qui le touchait
au cœur. Enfin, quel était ce *on* ? Les lettres suivantes, écrites de Fontevrault, font penser à madame de Montespan.

[1] Bibl. imp. Mss. 24.991, fol. 255.

[2] Religieuse à Fontevrault; il y a une lettre d'elle à Gaignières dans
le même volume.

vous ferois volontiers confidence, si cela ne demandoit trop de temps.

Je n'ai point perdu de vue celle dont vous me parlâtes avant mon départ, mais je n'en ai pas encore dit un seul mot, parce que j'ai presque toujours été séparée de la personne que vous savez, et qu'elle a été jusqu'ici dans une disposition aux vapeurs peu favorable aux discours sérieux et solides. Je prendrai mon temps le mieux qu'il me sera possible, car j'ai la chose autant à cœur que vous pouvez désirer [5].

Quand je chargeai dernièrement ma sœur de La Verdrie de vous mander que je n'avois encore rien à vous dire sur une affaire, parce que ma sœur étoit absente, comptez bien au moins que je ne fis nullement entendre de quoi il s'agissoit, et qu'il n'y a personne au monde qui en ait le moindre soupçon.

67. — A ROGER DE GAIGNIÈRES [1].

A Fontevrault, ce 23 février 1701.

Je n'avois point reçu de lettres de vous depuis mon retour, Monsieur, quand je vous fis souhaiter la bonne année par ma sœur de La Verdrie. J'en avois été en peine, connoissant comme je fais votre attention pour vos amis. Je suis bien aise que vous n'en ayez point manqué pour moi, mais je regrette fort ces lettres que je n'ai point reçues. Il faut qu'elles aient été brouillées ici, car il me semble qu'il ne s'en perd point à la poste.

[5] On voit que l'abbesse de Fontevrault fait ici allusion à madame de Montespan, alors auprès d'elle. S'agit-il de la même affaire que dans la lettre précédente? Cela paraît probable.

[1] Bibl. imp. Mss. 24,991, fol. 237.

12.

En voici encore une que je vous supplie de donner à
M. le cardinal. Je ne puis trop me louer de ses bontés pour
moi, non plus que de celles de M. le maréchal de Noailles,
qui a songé, dans son voyage, à m'écrire et à m'envoyer
des leçons de Ténèbres, que je lui avois demandées à Paris.
Des cœurs faits comme ceux-là sont bien rares, et on ne
sauroit trop chercher à se lier à eux de plus en plus.

J'ai trouvé occasion de parler là-dessus plus d'une fois.
On y est entré avec les sentiments que je souhaitois, en
m'assurant que cela plairoit fort. Comme la chose paroit un
peu éloignée à cause de l'âge, je ne crois pas qu'on se
presse trop de la traiter, surtout quand on se trouve éloigné
des gens à qui la principale décision appartient[2]. Enfin, ma
proposition a été reçue agréablement et a attiré des louanges
et des témoignages d'estime et d'amitié pour les gens en
question, tels qu'en effet on doit les avoir. Je ne perdrai
point d'occasion de remettre encore la chose sur le tapis,
et vous me faites bien la justice de croire que si elle dé-
pendoit de moi, elle seroit conclue tout à l'heure.

Je vous supplie, Monsieur, de faire tenir ma réponse à
M. le maréchal de Noailles et de reprocher à madame de
Noailles, la première fois que vous la verrez, qu'elle ne m'a
pas donné un signe de vie sur une lettre que je lui écrivis
le mois passé, et que je lui adressai à la cour. Vous joindrez,
s'il vous plait, à ces reproches, des compliments que ma
colère ne m'empêche pas de lui faire de bon cœur.

Vous faites bien d'habiter une maison qui est à vous, et
qui est très-belle. Si j'étois à Paris, je ne manquerois pas
de vous rendre une visite dans cette nouvelle demeure.

[2] Voir la note 5 de la lettre suivante.

68. — A ROGER DE GAIGNIÈRES [1].

A Fontevrault, ce 29 mars 1701.

Je n'ai pu écrire pendant les jours saints, à cause des fonctions continuelles et un peu fatigantes qu'ils m'attirent et que Dieu m'a fait la grâce de remplir entièrement cette année, et sans aucune incommodité. J'ai dit, Monsieur, au Père Roucellet que vous aviez pris la peine de me répondre, et il a trouvé fort bon que vous vous en soyez tenu là, puisqu'il ne vous avoit écrit que pour moi. Il a d'ailleurs reçu avec beaucoup de reconnoissance et de sensibilité les compliments que je lui ai faits de votre part, car il vous estime au dernier point et n'oubliera jamais, non plus que moi, tous les secours que vous avez bien voulu nous donner dans le procès de Fontaines.

L'affaire dont ce père vous informoit a fait tout le chemin dont le petit religieux avoit menacé. Il s'est donné la liberté d'écrire au roi; cela est revenu à M. l'archevêque de Tours [2] par M. de Torcy [3], et je n'en ai rien appris d'ailleurs, marque que ce ministre a connu de lui-même le peu de solidité des plaintes, ou, ce qui est plus vraisemblable, que M. le cardinal, informé favorablement par vous, Monsieur, a eu la bonté de me rendre justice, en cette occasion comme en plusieurs autres. Ce religieux continue à nous faire toute la peine qu'il peut, et quoique blâmé hautement par ses confrères et sincèrement par plusieurs, il ne laisse pas d'être

[1] Bibl. imp. Mss. 24,991, fol. 259.

[2] Mathieu Isoré d'Hervaut, auditeur de rote à Rome en 1680, reçu l'année suivante docteur en théologie. Nommé le 8 septembre 1693 évêque de Condom, il était appelé le mois suivant à l'archevêché de Tours. Mort en 1716.

[3] Ministre des affaires étrangères.

approuvé et soutenu par quelques libertins qui ne cherchent qu'à troubler. Je ne sais ce qui en arrivera et j'avoue que les croix qui me viennent de ces côtés-là me tentent[4] souvent d'un découragement auquel je crois bien cependant qu'il ne faut pas s'abandonner.

Je vous supplie de faire mes très-humbles remerciements et mille assurances de mes respects à M. le cardinal et d'être persuadé que je ressens comme je le dois tout ce que vous avez la bonté de faire pour moi.

Je ne sais pas pourquoi vous voulez désespérer de l'affaire que vous savez. On en a reçu avec joie et avec goût la proposition, comme je vous le mandois dernièrement. Toutes les fois que j'en ai parlé depuis, on m'en a parlé de même, et quoique cela ne soit ni conclu, ni dans les voies de se conclure avant un certain âge, il me semble que ce n'est pas à dire que la chose soit manquée, puisque, si l'on est obligé d'attendre de ce côté-ci, il y a de l'autre de quoi fournir, pour le temps présent, à d'autres sujets plus avancés, et pour le temps à venir, à celui dont nous parlons et dont l'âge se trouve apparemment convenable à quelque dernière cadette. Si c'étoit à moi à décider, je quitterois ces vues éloignées pour assurer tout à l'heure ce que je souhaite et pour préférer une personne que je connois et qui me plaît fort, à d'autres que je n'ai point vues et qui ne la vaudront peut-être pas. Mais, comme je ne suis pas maîtresse, j'aime encore mieux espérer que cette vue éloignée pourra réussir, puisqu'elle regarde la même maison, que d'en envisager d'autres qui n'y auroient point rapport[5].

---

[4] *Sic.*

[5] Il résulte évidemment de ce passage et de la lettre précédente, qu'il s'agissait du mariage du marquis de Gondrin, petit-fils de madame de Montespan, avec une des filles du maréchal de Noailles. Ce mariage eut lieu le 25 janvier 1707. *L'angoisse* et *l'insomnie* dont il est question dans la lettre n° 65 prouvent que Gaignières s'y intéressait d'une manière

Je reçus, peu de jours après vous avoir écrit, Monsieur, une réponse très-obligeante de madame la duchesse de Noailles. Il m'est venu encore de nouvelles leçons de Ténèbres de la part de M. le Maréchal. Je suis touchée au dernier point de cette attention, et je vous envoie une lettre pour lui que je vous supplie de lui vouloir envoyer. J'y en joindrai une, si le temps le permet, pour M. de Larroque, dont j'espère que vous aurez aussi la bonté de prendre soin.

Ma sœur est depuis quelques jours à Oiron; je lui fis vos compliments avant son départ, et je puis vous assurer, Monsieur, qu'elle les reçut comme elle fait toujours, avec beaucoup de joie et de reconnoissance.

69. — MADAME DE MAINTENON A L'ABBESSE DE FONTEVRAULT [1].

18 avril 1701.

J'ai donné votre lettre au roi qui m'a dit qu'il vouloit y répondre. Il est vrai, Madame, que M. le dauphin a donné une grande alarme, et que l'on passa une triste nuit; le roi en fut encore plus touché qu'on ne l'auroit pu croire, et il a une grande raison, car il n'y eut jamais un fils si digne d'être aimé de son père. Grâce à Dieu, ce mal a eu de très heureuses suites. M. le dauphin a grand soin de sa santé, et, ce qui vaut encore mieux, il pense très-sérieusement à son salut; ainsi il n'y a qu'à remercier Dieu. Votre amie, madame la duchesse de Bourgogne, donna dans cette occasion bien des marques de son bon naturel et de sa tendresse

toute particulière. Le passage de l'*Etude historique* (page 72), relatif à ladite lettre, doit être rectifié dans ce sens.

[1] *Correspondance générale de madame de Maintenon*, t. IV, p. 425. — *Manuscrits des Dames de Saint-Cyr.*

pour Monseigneur, qui en est fort touché. Il a eu le plaisir de voir combien il est aimé.

Je vous avoue tout simplement, Madame, que j'avois oublié que je vous eusse promis le portrait de notre princesse; mais puisque je vous l'ai fait attendre, ayez encore la bonté de me mander de quelle grandeur et de quelle figure vous le voulez, et je vous promets de réparer ma faute.

Je ne manquerai pas, Madame, de parler à M. de Chamillart, et je le ferai en présence du roi, afin qu'il joigne sa sollicitation à la mienne, qui pourra être de quelque considération auprès de son ministre.

Vous ne me nommez pas le nom de madame de Montespan, et je ne saurois faire de même ; elle m'est trop souvent présente ; je lui souhaite tout ce que je me souhaite à moi-même. Apprenez-lui, Madame, la mort de madame de Brinon[2], et croyez l'une et l'autre que par les sentiments que j'ai pour vous, je mérite vos bontés pour moi.

70. — MADAME DE MAINTENON A L'ABBESSE DE FONTEVRAULT[1].

A Marly, ce 29 juin 1701.

Le roi me vit recevoir votre lettre, Madame, et me demanda s'il n'y en avoit pas une pour lui. Je lui lus la mienne, et il vit la raison qui vous empêchoit de lui écrire. Il vous remercie, Madame, de la part que vous avez prise à sa douleur; elle a été très-grande. Il aimoit Monsieur[2], il en étoit

[2] Ancienne supérieure de Saint-Cyr, d'abord fort en faveur auprès de madame de Maintenon et tombée ensuite en disgrâce. Elle était morte le mois de mars précédent.

[1] *Correspondance générale de madame de Maintenon*, t IV, p. 440.

[2] Mort le 9 juin, à la suite d'une altercation avec Louis XIV. Il faut voi Saint-Simon à ce sujet. On n'a ici que la surface des choses et ce qu'il était convenable d'écrire.

aimé; ils ne s'étoient jamais quittés; la manière de la mort étoit effrayante, le spectacle bien triste. Tout cela, Madame, fit une impression qui inquiéta tout le monde pour la plus précieuse santé qu'il y ait à conserver. La cour et les affaires sont très-bonnes dans les afflictions; il faut se dissiper et se contraindre; on en profite.

Vous faites justice à madame la duchesse de Bourgogne, Madame, quand vous l'avez crue touchée; elle l'a été au-dessus de son âge; elle commençoit à aimer Monsieur; l'humeur gaie de l'un et de l'autre s'accommodoient parfaitement. Cette princesse fut témoin de cette mort; elle a joint aux sentiments de tendresse une peur de son âge, de sorte qu'elle ne pouvoit dormir; elle s'en est trouvée mal, et cela, avec un certain dérangement, donne quelque espérance, peu fondée pourtant, qu'elle pourroit être grosse. Elle conserve un goût pour vous, Madame, dont vous ne douteriez pas si vous étiez plus près d'elle. Elle me charge de vous bien remercier de tout ce que vous me dites sur son sujet. Elle n'a que trop de goût pour l'esprit; il n'est plus guère à la mode, et ceux qui n'en ont point lui sauront mauvais gré de le trouver[5].

J'ai bien pensé à madame de Montespan en cette occasion, et je ne suis point surprise qu'elle coure les champs. Je crois tout ce qu'elle pense et par combien d'endroits elle est touchée. Je ne sais, Madame, comment on pourroit supporter la tristesse de la vieillesse et ses réflexions, si on n'espéroit une autre vie qui ne finira point. Croyez, Madame, que tant que la mienne durera, je serai la personne du monde qui vous honore le plus.

[5] Voir la lettre n° 61.

71. — A ROGER DE GAIGNIÈRES [1].

A Fontevrault, ce 27 août 1701.

Je reçois toujours vos lettres, Monsieur, avec beaucoup
de joie, et je vous prie de croire que les nouvelles publiques ne leur donneroient aucun nouveau mérite auprès de
moi. Celles qui intéressent véritablement ne manquent
guère de venir par quelque voie que ce soit, et toutes les
autres me sont fort indifférentes. Je serai ravie si l'amitié
que Boudot [2] m'a témoignée peut vous être bonne à quelque
chose. J'espère qu'il repassera ici, comme il me l'a promis,
et, en cas qu'il me tienne parole, je prendrois le livre que
vous me marquez comme si je le voulois pour moi, et je vous
l'enverrai en vous en marquant le prix, car je connois
comme vous avez le cœur fait, et je sais que vous seriez au
désespoir de m'avoir témoigné votre goût pour le livre si
je m'avisois de vous le donner, ce que je ferois pourtant
avec grand plaisir si je ne songeois à ménager votre délicatesse et si je ne voulois vous servir comme vous voulez.
Si parfois Boudot manquoit à repasser par ici, je lui écrirois
que je veux acheter ce livre, et je le chargerois de le
faire porter aux Filles-Dieu, ou de le mettre entre les mains
de M. de Larroque pour me l'envoyer. Vous le recevriez aisément de ces deux endroits, et le libraire n'auroit nulle
connoissance que le livre fût pour vous.

Je ne profiterai point de l'avis que vous avez la bonté de
me donner touchant les portraits de Santeuil [5]. J'aime fort

---

[1] Bibl. imp. Mss. 24,991, fol. 245.

[2] Libraire du temps, qui faisait le commerce des bibliothèques. Voy.
la lettre suivante.

[5] Chanoine régulier de Saint-Victor, célèbre par ses poésies latines ;
né en 1630, mort en 1697.

les estampes, mais en tableaux seulement, et non pas en portraits. Vous avez raison d'avouer hardiment votre goût pour les curiosités qui font votre principale occupation; c'est une passion non-seulement innocente, mais encore louable et utile.

Je vous supplie, Monsieur, de me rendre toujours de bons offices dans la maison de Noailles, pour laquelle vous connoissez mes sentiments. Je me flatte que ceux que j'ai pour vous sont aussi très-connus, et que vous ne doutez jamais de l'estime sincère avec laquelle je serai toute ma vie, Monsieur, votre très-humble servante.

72. — A ROGER DE GAIGNIÈRES [1].

A Fontevrault, ce 2 septembre 1701.

On me dit hier que Boudot s'en étoit retourné, qu'il avoit passé à Saumur sans emporter la bibliothèque de M. Chevreau, qu'il avoit pourtant achetée huit mille francs, mais qu'il l'avoit aussitôt vendue pour dix mille aux Bénédictins de Saint-Jouin [2]. Me voilà par là privée du plaisir de vous procurer le livre que vous désiriez, et j'y ai beaucoup plus de regret, Monsieur, qu'à ceux que je m'étois promis d'acheter pour moi-même. Je ne saurois comprendre comment M. Boudot, au lieu de repasser par ici, comme il me l'avoit promis, n'a pas seulement daigné m'écrire un mot de tout cela. Et, encore une fois, Monsieur, je regrette extrêmement de ne pouvoir vous rendre le petit service dont je m'étois chargée avec un très-grand plaisir. Je vous supplie

---

[1] Bibl. imp. Mss. 24,991, fol. 245.

[2] Il y a plusieurs communes de ce nom. C'est probablement Saint-Jouin, (Indre et Loire), canton de Richelieu, dans le voisinage de Fontevrault.

de conter cette petite aventure à M. de Larroque, et de vouloir bien lui faire mes compliments.

Je m'imagine qu'il va souvent vous voir dans votre belle retraite, où je regrette bien que vous n'ayez pas été établi pendant que j'étois à Paris. J'aurois été fort aise de vous y rendre visite et de voir les ornements que vous y avez mis, qui doivent être plus à l'aise dans cette belle et grande maison que dans celle où ils étoient auparavant.

75. — MADAME DE MAINTENON A L'ABBESSE DE FONTEVRAULT [1].

Fontainebleau, ce 1er octobre 1701.

J'ai à répondre à trois de vos lettres, Madame, et je serois bien honteuse si je n'avois une très-bonne excuse. Je suis tombée malade aussitôt après l'extrémité où nous avions vu Madame la duchesse de Bourgogne, et comme nos âges sont différents, nos ressources le sont aussi. Elle est parfaitement guérie, et je suis encore abattue et dans l'usage du quinquina qui m'enivre deux fois par jour, ce qui n'est pas propre aux têtes attaquées de migraine. Mais venons à vos lettres, Madame, que j'ai devant les yeux.

Il est question dans la première de l'abbaye du Ronceray, dont le roi n'a point encore la démission. Il n'y a guère d'affaires dont je me mêle moins que de celles des bénéfices, croyant très-dangereux d'en charger ma conscience. J'ai lu, Madame, tout ce que vous me dites de madame votre nièce; vous savez l'estime que le roi a pour vous; il est fâcheux que l'évêque y fût contraire, car on les consulte en pareil cas. Je ne comprends pas qu'en cela vos intérêts soient contraires à ceux de madame de Ronceray, puisque vous ne pré-

---

[1] *Correspondance générale de Madame de Maintenon*; t. IV, p. 452

tendez à l'abbaye que lorsqu'elle ne voudra plus ou ne pourra plus en jouir [2].

Votre seconde lettre, Madame, est sur la maladie de madame la duchesse de Bourgogne, qui est très-sensible à la part que vous y avez prise. Elle est tout à fait rétablie et me charge de vous remercier de ce que vous ne l'oubliez pas. Le roi a reçu avec plaisir, Madame, les compliments que vous lui avez [3] faits là-dessus.

Venons à la troisième, qui est sur le portrait de cette princesse. Votre extrême politesse ne vous permettroit pas d'y trouver à redire ; tel qu'il peut être, il nous a paru charmant. J'ai choisi cet habit parce qu'il me paroissoit avantageux, madame la duchesse de Bourgogne ayant le col un peu trop long. On a pris sa mesure juste sur sa taille. Vous parlez très-bien, Madame, sur la coiffure ; il est très-vrai qu'on lui cache trop le front, c'est parce qu'elle l'a trop grand. Notre princesse est laide, mais si elle avoit des dents, elle seroit plus aimable que les plus belles femmes. Elle devient grande et donnera, s'il plaît à Dieu, de beaux enfants. Elle a bien été contente de se voir traiter par vous de mérite solide, et elle l'est assez pour préférer cette louange à celle de sa personne. Elle n'a aucun ridicule là-dessus et devient très-raisonnable. Je voudrois qu'elle aimât un peu moins le jeu, mais il est difficile de s'en passer à la cour, et encore plus de s'y modérer. Je vous quitte, Madame, pour aller prendre un verre de vin qui me mettra hors d'état de conti-

---

[2] Voir, dans *Madame de Montespan et Louis XIV*, p. 338, au sujet des démarches pour faire donner cette abbaye à une nièce de l'abbesse de Fontevrault et de madame de Montespan, une longue lettre de cette dernière à la maréchale de Noailles, du 22 novembre 1699.

[3] M. Lavallée dit *furies* ; c'est évidemment une erreur. — Il y a dans le dernier alinéa de cette lettre tel qu'il est donné par M. Lavallée, sur une copie certainement fautive, quelques légères incorrections de détail que nous avons pris sur nous de corriger.

nuer ma lettre et de vous faire des protestations que j'espère qui ne sont point nécessaires pour vous persuader un véritable attachement pour vous.

74. — MADAME DE MAINTENON A L'ABBESSE DE FONTEVRAULT[1].

Ce 7 novembre 1701.

Le roi m'ordonne de vous mander, Madame, qu'il a lu votre lettre avec attention, qu'il trouve bon que vous disiez vos raisons à M. le chancelier, et que, bien loin de vous retrancher ce qui est permis aux autres, il vous accorderoit volontiers par son inclination ce qu'il refuseroit au reste du monde. Je me réjouis avec vous, Madame, de cette continuation de la considération que j'ai toujours vue dans le roi pour vous.

Après ce compliment, venons au portrait de madame la duchesse de Bourgogne[2]. Vous n'avez plus la hauteur, Madame ; elle est présentement aussi grande que moi, et le sera bientôt davantage ; sa taille est encore embellie, parce que le sein lui vient, mais je la trouve un peu déparée d'avoir perdu ses cheveux après sa grande maladie.

Il n'est question ici que de la reine d'Espagne[3]. Les portraits qu'on en fait ressemblent fort à notre princesse. Mais ce qu'on mande de son esprit est surprenant, et effraye les Espagnols. Voilà finir bien court, Madame ; ce n'étoit pas mon intention.

---

[1] *Correspondance générale de madame de Maintenon*, t. IV, p. 461. — Le commencement de cette lettre se trouve aux Archives de l'Empire, L, 1,019. Elle y est datée du 7 ; M. Lavallée l'a datée du 9.

[2] Voir la lettre précédente.

[3] Marie-Louise-Gabrielle de Savoie, sœur cadette de la duchesse de Bourgogne.

75. — A LOUIS XIV[1].

Du 19 novembre 1701.

Sire, je suis soumise avec tant de scrupule, non-seulement aux ordres de Votre Majesté, mais encore à ses moindres intentions, que, me trouvant conviée par les engage-
ments de ma charge et par l'exemple des autres généraux
d'Ordre, à défendre le point de nos privilèges qui nous rend
seuls maîtres des sorties de nos religieuses, je ne veux faire
aucune démarche là-dessus sans la permission de Votre Majesté. On m'assure qu'elle veut bien encore entendre les
raisons des privilégiés, et qu'elle a chargé M. le chancelier
de les recevoir et de lui en rendre compte. Je lui commu-
niquerai les miennes, si vous me faites l'honneur de l'a-
gréer, et j'ose me promettre cette liberté quand je vois
qu'elle est accordée à d'autres personnes qui n'ont pas tant
de preuves que moi de la protection et de la bonté particulière de Votre Majesté. Si j'envisageois mon repos, je ne
ferois pas une demande qui m'engage dans un assez grand
travail, peut-être infructueux ; mais il me seroit encore plus
impossible de souffrir la honte et le reproche que j'aurois
sans doute à essuyer de la part de mon Ordre et des autres
supérieurs qui sont dans les mêmes droits que moi, si je
demeurois dans l'inaction par rapport aux privilégiés, pendant qu'ils font tous leurs efforts pour les maintenir, et ce
reproche seroit une tache, non-seulement à ma vie, mais
encore à ma mémoire.

Je ne me défendis point, il y a cinq ans, contre M. l'archevêque de Reims, et je lui laissai obtenir un arrêt par dé-

[1] Bibl. imp., département des imprimés. Ms. (Copie.) H, $\frac{1529}{2}$.

faut contre moi, parce que j'avois été informée que c'étoit
déplaire en quelque manière à Votre Majesté que de contester l'entière exécution de votre édit. Cependant quelques
généraux d'Ordre ont plaidé depuis sur le même point que je
cédai alors, et ont obtenu des arrêts contre quelques-uns de
MM. les évêques; ce qui m'a fait accuser de foiblesse et d'in-
différence pour des droits que je dois avoir à cœur et que j'ai
en effet, non pas (si j'ose le dire) par une inclination naturelle, mais parce que la conscience et l'honneur m'obligent à
les maintenir, et que je ne puis m'empêcher de trouver très-
mortifiant qu'ils commencent à être entamés dans le temps
précisément que je m'en trouve responsable, après s'être
soutenus en leur entier pendant près de six siècles. J'ose
ajouter que cette espèce d'humiliation n'est pas ce qui m'afflige le plus. Je ne prétends nullement me donner pour zélée, mais je crois sentir que je préfère l'intérêt général de
la religion à mon intérêt personnel. S'il y a de la vanité à
penser cela de soi et de la témérité à l'oser dire, je lui en
demande très-humblement pardon et lui proteste avec sincérité que je n'avance rien là-dessus que je ne croie comme
j'ai la simplicité de le dire, et que ce sentiment me fait remarquer avec un grand déplaisir tous les inconvénients qui
naissent de l'affoiblissement des priviléges. Peut-être auroit-il été plus dans l'ordre qu'ils n'eussent jamais été accordés; mais, dans l'état où ils sont, les atteintes qu'ils
souffrent sont souvent cause que la charité est blessée, sans
que la discipline monastique en reçoive nul accroissement.
Je sais ce que ces changements ont produit dans notre Ordre, et je connois les couvents en général de trop longue
main pour n'être pas persuadée que ce qui se passe parmi
nous arrive aussi dans les autres Ordres.

J'aurai donc l'honneur de vous représenter, Sire, que
sans compter les contestations perpétuelles entre MM. les

évêques et les supérieurs réguliers, dans lesquelles l'aigreur peut se mêler quelquefois, des religieux et religieuses se trouvent aussi divisés entre eux à ce sujet et moins obéissants à leurs supérieurs, et ces supérieurs, moins autorisés à les remettre dans le devoir, les premiers cherchant l'appui de MM. les évêques, au premier mécontentement qu'ils conçoivent dans le cloître, et les autres étant assez foibles pour craindre davantage cette espèce de désertion que l'affoiblissement de la régularité.

J'ai des exemples de tout cela que je n'ai garde d'exposer plus en détail à Votre Majesté, ayant une confusion extrême d'avoir déjà tant abusé de sa patience. J'ajouterai seulement, sur l'article des sorties des religieuses, que la permission de MM. les évêques n'en peut guère retrancher les abus. Ces messieurs, ne connoissant point par eux-mêmes les religieuses qui ont besoin de sortir, ils s'en rapportent, comme de raison, au jugement de leur supérieur naturel. Il arrive donc seulement que la religieuse sort avec deux permissions, au lieu qu'auparavant elle n'en avoit qu'une ; mais la sortie n'en est pas pour cela plus mesurée, ni moins longue.

Je me jette aux pieds de Votre Majesté pour lui demander très-humblement pardon de m'être laissée emporter à une liberté que je meurs de peur qui n'aille jusques à la hardiesse. J'avois commencé cette lettre avec une intention plus retenue qui se bornoit à la permission que j'ai demandée d'abord et que j'espère que vous me ferez l'honneur de m'accorder.

J'ai été entraînée, sans presque m'en apercevoir, à une confiance peut-être un peu trop libre, mais qui ne peut déplaire à Votre Majesté, si elle veut bien faire réflexion que j'y ai été conduite par la conviction où je suis de son extrême bonté qui imite celle de Dieu, en la présence duquel

il nous est permis et même commandé d'épancher nos cœurs
et d'exprimer nos sentiments.

Je suis avec un très-profond respect et un entier dévouement, Sire, de Votre Majesté, la très-humble, très-obéissante et très-obligée sujette et servante.

76. — A ROGER DE GAIGNIÈRES [1].

A Fontevrault, ce 17 janvier 1702.

Je suis très-persuadée, Monsieur, des souhaits favorables
que vous faites pour moi et de la part que vous avez la bonté
de prendre à ce qui me touche, mais je ne laisse pas d'être
bien aise que vous vouliez bien me faire la grâce de m'en
assurer quelquefois. Quand vous ne m'auriez pas fait l'honneur de m'écrire, je comptois bien ne pas laisser passer ce
commencement d'année sans vous la souhaiter heureuse et
vous renouveler les assurances de ce que je suis pour vous,
c'est-à-dire, Monsieur, de l'estime très-particulière et de la
sincérité avec laquelle je serai toute ma vie votre très-humble servante.

Ma sœur vous fait mille compliments. Oserois-je vous supplier, Monsieur, de dire, à la première occasion, à M. le
maréchal de Noailles que j'ai commencé à entendre la musique qu'il a eu la bonté de m'envoyer, et que je la trouve
d'une beauté singulière [2] ?

Je voudrois bien aussi qu'il sût encore que j'ai honte
d'avoir annoncé des noix confites pour madame la maréchale de Noailles, que j'ai appris qui n'étoient pas encore
arrivées à Paris. Je les y croyois quand je mandai qu'on les
allât quérir aux Filles-Dieu, parce qu'il y avoit près de

[1] Bibl. imp. Mss. 24,991, fol. 247.
[2] On voudrait bien savoir de quelle musique il s'agit.

quinze jours qu'on les avoit fait partir d'ici. La cause de
ce long retardement vient de ce qu'elles ont été mises dans
un ballot sur la rivière, qui est, comme vous savez , Monsieur, une voie très-bizarre, quelquefois prompte, et souvent extrêmement lente. J'aurois dû faire attention à cette
incertitude, et c'est une faute que vous aurez, s'il vous plaît,
la bonté de me faire pardonner.

77. — A LOUIS XIV[1].

[Fontevrault] Janvier 1702.

Sire, la permission que Votre Majesté m'a fait l'honneur
de m'accorder depuis peu et dont je lui aurois témoigné ma
respectueuse reconnoissance si je n'avois craint de lui être
trop importune, me met dans la nécessité de lui adresser
encore mes très-humbles prières touchant cette même affaire dans laquelle elle a approuvé que j'entrasse, comme
la place que j'occupe semble m'y engager indispensablement. J'ai fourni un mémoire à M. le chancelier des raisons
qui appuient les droits que je me vois obligée de défendre,
et j'ai fait toutes les autres diligences qui peuvent dépendre
de moi; mais tous ces efforts sont bien impuissants, si je
suis assez malheureuse pour n'oser me flatter de la protection de Votre Majesté. Ç'a été jusques ici tout mon appui et
toute ma force après le secours de Dieu, et si cette protection me manque dans l'occasion présente, je dois m'attendre
à y succomber.

Peut-être, Sire, serois-je téméraire de demander qu'il
vous plût d'user de votre autorité pour empêcher qu'on ne
troublât une possession que j'ai trouvée établie depuis six

[1] Bibl. imp., département des imprimés. Ms. (Copie.) II, $\frac{1529}{2}$.

15.

cents ans et que je me flattois de conserver dans l'état où elle m'avoit été confiée ; je ne prends pas la liberté de demander une grâce si singulière ; je supplie seulement Votre Majesté de vouloir bien que l'affaire dont il s'agit soit terminée par des commissaires. Elle est assez importante et d'une assez grande discussion pour avoir besoin d'un examen très-particulier que je me garderois bien de désirer, ce que les autres privilégiés ne désireroient pas non plus, s'ils ne croyoient comme moi que les titres qui appuient les privilèges sont plus forts et plus authentiques que MM. les évêques ne le publient.

Je supplie très-humblement Votre Majesté d'avoir quelque égard à ma respectueuse supplication, et surtout de vouloir bien considérer que je ne l'en importune que pour satisfaire à un des devoirs essentiels de la charge qu'elle m'a fait l'honneur de me confier, toute autre raison n'étant pas capable de vaincre la crainte respectueuse qui accompagne toutes mes démarches auprès d'elle, et qui même retient quelquefois celles qui n'avoient pour but que de lui montrer mon zèle et mon parfait dévouement.

Je viens de l'éprouver au renouvellement de cette année où je me suis contentée de redoubler mes vœux très-ardents pour votre précieuse conservation et pour tout le bonheur dont elle peut être accompagnée, sans oser me laisser aller au désir extrême de vous les faire connoître. Je crois que cette liberté peut m'être permise à l'heure qu'il est et je la prends avec plaisir, quoique l'occasion qui me la donne me soit d'ailleurs un sujet de crainte et de chagrin.

78. — A LA DUCHESSE DE NEVERS.

(MÉMOIRE [1])

[Fontevrault] Du 11 février 1702.

Il n'y a pas d'apparence que MM. les évêques puissent tirer aucun avantage de l'arrêt que M. l'archevêque de Reims obtint contre moi en 1697 sur le point dont il s'agit présentement. Je laissai prononcer cet arrêt par défaut, et sans aucune défense, non-seulement parce que j'avois sujet de croire qu'elle n'auroit pas prévalu au parlement sur la prévention où l'on est dans ce tribunal contre les priviléges, et sur les vives poursuites de M. l'archevêque de Reims, mais encore plus par la respectueuse et sincère obéissance que j'avois et que j'aurai toute ma vie aux ordres du roi, et qu'alors je croyois Sa Majesté portée à maintenir la déclaration de 1696, suivant l'interprétation que MM. les évêques avoient entrepris d'y donner.

Dans cette impuissance, vraie ou apparente, de défendre mon droit, je ne pensai plus qu'à tenir la conduite la plus propre à ne le pas ruiner davantage, et ce fut, (suivant l'avis de plusieurs personnes éclairées), de laisser passer cet orage sans y former une opposition qui, à notre avis, n'auroit pu avoir d'autre effet que de rendre la condamnation dont j'étois menacée plus irrévocable.

J'observai donc ce ménagement et je me contentai de faire

[1] Bibl. imp., département des imprimés. Ms. (Copie.) H. $\frac{1529}{2}$. Le titre exact est : *Mémoire envoyé à madame la duchesse de Nevers pour s'en servir en cas que MM. les évêques allèguent l'arrêt par défaut obtenu par M. l'archevêque de Reims, et des lettres particulières à quelques-uns d'eux.* » — On lit en marge de la copie manuscrite : « *Ce mémoire a été fait par madame l'abbesse de Fontevrault.* »

rentrer dans notre couvent de Reims la pauvre religieuse
dont la sortie, quoique très-légitime, avoit donné lieu aux
poursuites de M. l'archevêque de Reims. Cette fille méritoit
en toute manière d'être mieux traitée; elle étoit très-bonne
religieuse ; sa naissance et son infirmité étoient encore
dignes de considération. Elle étoit de la maison de Coligny,
et sa maladie étoit si réelle qu'étant rentrée dans son couvent sans avoir eu le loisir d'achever les remèdes qui lui
étoient ordonnés, et le cœur pénétré de l'affaire dont elle se
trouvoit cause, aussi bien que des menaces que M. l'archevêque de Reims publioit contre elle, elle mourut au bout de
huit jours.

Après ce mauvais succès, je me trouvai dans la nécessité,
ou de ne plus du tout permettre les sorties, ou de prendre
quelques mesures avec MM. les évêques en les permettant,
et je fus nécessitée à ce dernier parti, celui d'abolir les sorties que l'intérêt de ma conscience et mon inclination m'a-
voient fait choisir n'étant pas en mon pouvoir, parce que
notre règle confirmée par une bulle et par un arrêt authentique, et qui, par conséquent, a une autorité supérieure à
la mienne, permet les sorties en certains cas, entre lesquels
celui d'infirmité se trouve compris et spécifié, et que les
religieuses ne prenant d'engagement que conformément à
leur règle, celles de mon Ordre ne peuvent être légitimement chargées d'un joug que cette même règle ne leur impose point et auquel elle déclare au contraire en termes
exprès qu'elles ne sont point assujetties.

Je fus donc forcée à demeurer à cet égard dans l'ancien
usage de mon Ordre, auquel je puis prouver que je n'ai pas
introduit de relâchement, y ayant même attaché des précautions et des formalités que notre règle et les anciennes
ordonnances de mesdames les abbesses n'avoient pas exigées et qui pourroient prévenir tous les abus de ces sorties,

si la vigilance la plus exacte, tant de MM. les évêques que des autres supérieurs, ne demeuroit pas toujours sujette à quelques surprises.

Dans l'obligation indispensable d'avoir sur ce point quelque relation avec MM. les évêques, en évitant les contestations incertaines toujours contraires à mon humeur, et, ce qui est plus décisif, que je croyois lors opposées aux intentions de Sa Majesté, je me déterminai, avec l'avis de mon conseil, à prendre le parti le plus honnête et en même temps le moins préjudiciable à notre droit, qui fut d'informer MM. les évêques, par de simples lettres de sorties, que je ne pouvois me dispenser de permettre dans leurs diocèses, de leur en exposer les principales raisons, et de les supplier d'y donner leur agrément.

La plupart de ces messieurs m'ont fait l'honneur de se contenter de cette déférence et de me le témoigner par leurs réponses. Quelques autres, en petit nombre, n'étant pas satisfaits d'être seulement instruits et de juger la sortie légitime (qui est pourtant ce qui paroît essentiel au bon règlement), ont voulu que leur consentement parût revêtu de toutes les formes qui pouvoient faire sentir leur autorité, sans pourtant qu'elles pussent avoir un autre effet, pour le fond, que celui des simples réponses dont ceux qui vouloient bien ne me pas mortifier inutilement avoient la bonté de m'honorer.

Ces permissions dans les formes ne m'ont jamais été adressées, et j'ai toujours voulu les ignorer. Elles ont été envoyées à quelques mères prieures ou aux religieuses particulières, qui les ont reçues, et peut-être demandées elles-mêmes à mon insu, se souciant peu de l'intérêt général de l'Ordre, pourvu qu'elles eussent la satisfaction particulière d'être souffertes paisiblement dans leur changement d'air, ce qu'elles obtenoient infailliblement, MM. les évêques n'étant pas si choqués des sorties des religieuses que de la circonstance que ces sorties se fassent sans les marques précises de leur autorité.

Je ne crois pas que ceux de ces messieurs qui m'ont fait l'honneur de se contenter de ces lettres que je viens d'expliquer s'en veuillent servir comme d'un titre contre moi. Ils en peuvent produire plusieurs pleines du respect que je leur dois, et que je leur rendrai toujours de très-bon cœur, et dans lesquelles même j'ai souvent joint une confiance qui m'étoit inspirée par leur bonté, et par le désir que j'avois et que j'aurai toujours d'avoir recours à leurs lumières quand ils voudront bien me le permettre. Mais, sans compter que de simples lettres ne peuvent pas, ce me semble, servir de titres dans une affaire de cette espèce, il est bien visible que je n'écrivois celles dont il s'agit que pour conserver les débris d'un droit que j'aurois cédé bien plus commodément (si j'avois été capable d'un pareil dessein) en laissant demander les permissions à MM. les évêques par les personnes intéressées qu'en ajoutant à mes embarras ordinaires le surcroît de ces lettres, d'autant plus longues et plus difficiles qu'il falloit remplacer par les tours et les explications la dépendance marquée que j'essayois de sauver, et qui n'auroit demandé qu'un seul mot si j'avois pu me résoudre à la livrer nettement.

Il me semble qu'on ne peut s'empêcher de me rendre justice là-dessus, et que ces déférences forcées ne pourront entrer dans l'examen d'un droit qui doit être considéré en lui-même, et qui, je crois, paroîtra, par nos titres et par nos mémoires, aussi solidement établi que l'explication que je donne ici de ma conduite particulière paroîtra simple et véritable aux personnes qui voudront bien prendre la peine d'y faire quelque attention.

79. — A M. DE POMMEREU, CONSEILLER D'ÉTAT.

[Fontevrault] Du 18 mars 1702.

On m'a mandé, Monsieur, que vous n'approuviez pas que je fusse entrée dans le procès touchant lequel j'ai eu l'honneur de vous solliciter. Cette nouvelle m'a affligée bien plus par la haute estime que j'ai de votre discernement que par la crainte de ne vous pas trouver aussi favorable que vos anciennes bontés pour moi m'avoient donné lieu de m'en flatter. Si j'avois été à portée de prendre conseil en cette occasion, le vôtre, Monsieur, auroit été le premier auquel j'aurois eu recours; mais je n'ai eu ni les moyens ni le loisir de délibérer. De plus, Monsieur, la singularité de ma charge y attache (comme j'ai eu l'honneur de vous le dire plusieurs fois) des obligations toutes singulières. Selon les règles communes, on ne doit point s'embarquer dans une affaire que le succès n'en paroisse au moins vraisemblable. Suivant les lois bizarres où je me trouve soumise dans l'espèce d'affaire dont il s'agit, j'ai dû plutôt risquer le succès que de manquer à faire toutes les poursuites qui sont en mon pouvoir, surtout ayant l'occasion d'unir ma cause à celle de M. l'abbé de Cîteaux, dont l'Ordre est si étendu et si considérable que les pertes, qui pourroient nous être communes avec lui, nous seroient moins imputées que celles que nous souffririons séparément. D'ailleurs, Monsieur, si j'avois pu vous faire connoître en détail l'état violent et incertain où je me trouvois depuis la déclaration de 1696 par rapport au point contesté, le travail et les dégoûts continuels auxquels je me trouvois livrée par là, vous m'auriez conseillé sans doute de

---

[1] Bibl. imp., département des imprimés. Ms. (Copie.) II, $\frac{1529}{2}$.

sortir de cette incertitude, au hasard même d'attirer une décision qui me priveroit d'un droit dont les plus grands ménagements me conservoient seulement une ombre dans les diocèses qui me sont favorables, et que je ne soutenois point du tout dans les autres.

Dans une si pénible situation, pouvois-je, Monsieur, laisser juger cette cause pour M. de Citeaux sans y prendre part? Avant cette conjoncture favorable, mon Ordre trouvoit mauvais que je souffrisse sans résistance une diminution à nos droits, et ne pouvoit se consoler de l'arrêt par défaut que j'avois laissé obtenir à M. de Reims. Il falloit faire mes efforts pour me tirer de ce blâme qui auroit fort augmenté, et avec un fondement du moins fort apparent, si je n'avois pas profité de l'occasion que m'offroit M. de Citeaux.

Je me donnai l'honneur d'exposer au roi toutes ces questions et de lui demander sa volonté touchant la conduite que j'avois à tenir. Sa Majesté voulut bien me permettre, dans des termes pleins de bonté, de défendre mon droit autant qu'il me seroit possible, et ce n'est qu'après cette permission que j'ai entré dans le procès. Je n'ai pas promis à mon Ordre de le gagner, puisque cela ne dépend pas de moi; je lui ai promis seulement de m'y employer de mon mieux, et j'ai reçu des remerciements au lieu des murmures qu'on me faisoit auparavant essuyer sur ce sujet. Vous vous ennuierez sans doute, Monsieur, de mon long éclaircissement; mais regardez-le, je vous en supplie, comme une marque de mon respect pour vous et du désir extrême que j'ai de mériter votre approbation. Je suis si certaine que vous avez la bonté d'examiner soigneusement mes mémoires que je ne vous fatigue point de nouveau des raisons que j'y ai renfermées, et qui doivent, ce me semble, faire impression à quelqu'un qui a autant de pénétration et d'équité que vous en avez. Je n'ai jamais été entêtée de mes priviléges, et plus ils deviennent difficiles à soutenir, plus ils me deviendroient odieux, si je me laissois aller à mon humeur. Ce n'est donc pas par une prévention favorable que je les trouve solidement autorisés et que je vois les inconvénients qu'il y auroit à leur donner atteinte; ce sont nos titres et une expérience de trente ans qui me portent à en juger de cette sorte et à me faire espérer que le crédit de MM. les évêques, tout éclatant qu'il est, pourra bien ne pas prévaloir sur des considérations si importantes dans un tribunal aussi juste et aussi éclairé que celui de qui nous dépendons.

Je me confie encore très-particulièrement aux bontés dont vous m'avez toujours honorée. Je vous supplie très-humblement, Monsieur, de me les continuer, et d'être persuadé que je serai toute ma vie véritablement votre très-humble et très-obéissante servante.

80. — A ROGER DE GAIGNIÈRES[1].

A Fontevrault, ce 29 décembre 1702.

Ce n'est pas à vous, Monsieur, à me faire des remerciements sur mon portrait: c'est à moi à vous remercier d'avoir eu la bonté de le souhaiter et de le recevoir si favorablement. Il m'est très-honorable qu'il soit placé dans un cabinet aussi précieux que le vôtre, mais je suis encore moins touchée de cet honneur que du droit où il me met de compter sur votre amitié, beaucoup plus précieuse que toutes les raretés que vous avez rassemblées chez vous. Je vous supplie, Monsieur, de me la vouloir bien continuer, et d'être persuadé que personne ne connoit mieux que moi le prix de cette grâce et ne

[1] Bibl. imp. Mss. 24,991, fol. 249.

désire plus sincèrement de s'en rendre digne. M. de Larroque peut vous répondre qu'il n'entre point de compliments dans les assurances que je vous donne là-dessus.

J'avois bien souvent le plaisir de parler de vous avec lui, Monsieur, dans le temps qu'il a bien voulu me donner, et qui m'a paru bien court par rapport à l'utilité et à l'agrément que l'on trouve dans une société comme la sienne. Il n'y a rien à vous apprendre sur son mérite comme sur ses sentiments pour vous, qui répondent bien, en vérité, à toute l'estime qui vous est due et aux obligations essentielles qu'il vous a. Il est triste que sa fortune se trouve si disproportionnée à son mérite, et je suis bien certaine que vous ressentez ce malheur encore plus que lui. Vous n'avez point d'amis malheureux qui ne doivent se promettre de trouver ce sentiment-là en vous et d'en recevoir toutes les preuves qu'une amitié vive et ingénieuse peut fournir. Je ne finirois pas si tôt si je me laissois aller à toutes les louanges que vous méritez là-dessus; comptez seulement, Monsieur, que personne ne vous les donne de meilleur cœur que moi et n'est avec plus d'estime et de considération que je suis, votre très-humble servante.

— Je ne puis m'empêcher de vous dire que je suis plus contente que jamais de votre bon ami M. le maréchal de Noailles. Il a le cœur fait comme vous, et c'est tout dire. J'en ai fait depuis peu de nouvelles expériences dont je suis touchée au dernier point. J'espère que vous voudrez bien y prendre part. M. le cardinal continue à en user très-honnêtement pour moi, malgré mon malheureux procès. C'est une droiture et une bonté assez rares, et que j'estimerois quand même elle n'auroit pas rapport à moi.

81. — A ROGER DE GAIGNIÈRES[1].

A Fontevrault, ce 19 mai 1703.

J'avois bien espéré, Monsieur, que vous auriez eu la bonté de faire tenir ma lettre sûrement, et que vous ne trouveriez point mauvais que j'eusse pris la confiance de la faire passer par vos mains. Vous vous intéressez avec tant de bonté à tout ce qui me regarde, que je ne puis jamais craindre que les prières que je vous fais vous soient importunes. M. de Larroque doit vous mander, Monsieur, jusqu'à quel point je porte l'opinion que j'ai de votre bon cœur et de vos bonnes qualités. Nous en parlons souvent avec plaisir, et il m'assure aussi très-souvent que vos sentiments pour moi sont tels que je le puis souhaiter.

Sans vouloir lui rendre de bons offices auprès de vous, Monsieur, je dois vous dire qu'il paroit bien véritablement attaché à vous, et, en effet, il le doit bien être. C'est un grand adoucissement à sa mauvaise fortune que de pouvoir s'assurer que vous l'aimez, et toutes les personnes qui s'intéressent à lui comme je fais, doivent sentir pour lui un bonheur comme celui-là. Il a apporté de votre part, Monsieur, un trésor bien considérable pour la bibliothèque de nos religieux. Le Père prieur a dû vous en faire de très-humbles remerciements, et je vous supplie de croire que je prends une très-grande part à ce bienfait.

[1] Bibl. imp. Mss. 24,991, fol. 255.

82. — AUX COUVENTS DE L'ORDRE[1].

A Fontevrault, ce 23 mai 1703.

Chères filles et bien-aimées religieuses, nous voici encore dans l'obligation de vous informer d'une perte qui nous est très-sensible, et de vous demander le secours de vos prières pour la personne que Dieu vient d'appeler à lui : c'est notre très-chère et bien-aimée fille la révérende mère sœur Marie de Launay de La Mothaye, grande prieure antique de notre abbaye. Elle a occupé des places si considérables dans notre saint Ordre, et avec tant d'approbation, que son mérite y est généralement connu, et que nous avons sujet d'espérer que sa mémoire y sera toujours recommandable.

Cette chère fille était bien née en toute manière, et avoit reçu une très-bonne éducation dans l'abbaye de Ronceray, illustre par la régularité inviolable qui s'y maintient depuis plusieurs siècles, et par la loi qu'elle observe (suivant son institution) de ne recevoir aucune religieuse dont la noblesse ne soit prouvée par des titres authentiques. Ils étoient aisés à fournir pour la mère de La Mothaye, et même plus nombreux qu'on ne les exige d'ordinaire. Ses qualités personnelles étoient d'ailleurs très-propres à la rendre agréable dans quelque lieu qu'elle eût voulu choisir ; aussi fut-on si content d'elle au Ronceray, qu'on se disposa à lui donner l'habit aussitôt qu'elle eut atteint l'âge convenable.

Dieu, qui destinoit un si bon sujet à notre saint Ordre, permit que cette cérémonie fût différée par des raisons qui ne regardoient point la mère de La Mothaye, mais quelques

[1] Bibl. imp. Ld. $\frac{74}{1}$. (Pièce imprimée.)

autres postulantes qui devoient lui être associées, suivant l'usage de cette ancienne abbaye, les cérémonies de la vêture et de la profession ne se devant jamais faire pour une seule personne. Il fut donc impossible de séparer la mère de La Mothaye de ses compagnes, et cette attente lui étant insupportable par le désir ardent qu'elle avoit d'être religieuse, elle résolut de venir ici, où elle avoit une tante, sœur de celle qu'elle quittoit au Ronceray.

On la reçut dans cette maison avec d'autant plus de joie que, venant d'être postulante dans un lieu dont la règle et les usages ont une grande conformité aux nôtres, on n'avoit pas besoin de l'engager à une nouvelle épreuve. En effet, on lui donna l'habit presque aussitôt après son entrée, et on la trouva tout accoutumée aux observances, qu'elle a toujours aimées et suivies autant qu'il lui a été possible.

Cette régularité n'étoit pas seulement extérieure, elle étoit la suite d'une sagesse naturelle et d'une dévotion solide. Tout cela se montroit dans le règlement de la conduite, et même dans la physionomie de la mère de La Mothaye. L'air de jeunesse qui s'y est maintenu dans l'âge le plus avancé, et les autres agréments de sa personne étoient accompagnés d'une modestie et d'une certaine dignité qui marquoient le caractère de son âme, et qui faisoient sentir que, comme sa figure ne lui causoit ni vanité ni désir de plaire au monde, elle ne devoit aussi inspirer aux personnes qui la voyoient qu'une bienveillance accompagnée du respect dû à sa vertu et à sa profession.

Des qualités si aimables plurent d'abord à feu Madame Jeanne-Baptiste de Bourbon. La mère de La Mothaye eut l'honneur d'être sa première professe, et a été jusqu'à la fin sa plus chère fille. Elle s'est montrée digne d'une distinction si glorieuse, et elle l'a reconnue par un parfait dévouement, qui a duré non-seulement pendant la vie de cette

sage princesse, mais encore pendant les trente-trois années
que la mère de La Mothaye lui a survécu. Elle ne pouvoit
se rappeler une perte si douloureuse sans être aussi at-
tendrie que si elle eût été toute récente. Tout ce qui avoit
eu quelque relation avec feu Madame l'intéressoit toujours
sensiblement, et elle étoit si zélée pour sa gloire, qu'elle
s'est donnée des peines infinies, même dans ses dernières
infirmités, pour procurer une histoire exacte de la vie de
cette grande abbesse.

Elle a fourni pour cela des écrits et des instructions, et
elle s'est employée si efficacement à ce dessein, que l'ouvrage est déjà bien avancé. Elle étoit la seule qui pouvoit
guider sûrement dans cette entreprise, ayant toujours eu
part aux plus secrètes pensées de feu Madame, et ayant été
témoin de ses actions depuis le temps qu'elle eut l'honneur
d'être attachée auprès de sa personne, premièrement dans
la fonction de secrétaire de France et de gouvernante de
mademoiselle de Nemours, actuellement duchesse douai-
rière de Savoie, et ensuite dans la charge de chapelaine.

A notre arrivée ici, nous fûmes conseillée de lui conserver auprès de nous cette même qualité, et nous connûmes
ensuite que ce choix étoit très-bon. Nous avions alors
si peu d'années de religion et si peu de connoissance des
usages de notre Ordre, que, nous trouvant engagée dès le
lendemain de notre entrée, à faire les fonctions de notre
charge, nous aurions été fort embarrassée sur les cérémonies qui s'y observent, si notre chapelaine (qui nous y as-
siste) ne nous les avoit enseignées; et cette chère fille nous
rendoit ce service si discrètement et si à propos, que, sans
presque nous en apercevoir, et que cela parût aux autres,
nous nous en acquittâmes de manière, avec ce secours,
qu'on auroit pu nous y croire habituée de longue main.

Nous eûmes le même sujet de nous louer de la mère de

La Mothaye dans les autres devoirs plus essentiels que son office lui imposoit à notre égard. Elle étoit naturellement exacte et réglée. Cette heureuse disposition, aidée de la religion et du raisonnement, avoit formé en elle des principes inébranlables que le changement des lieux et des objets ne pouvoit jamais déranger. Malgré les voyages, les affaires et les distractions inévitables dans son emploi, elle a toujours été fidèle à l'oraison et à l'approche fréquente des sacrements, et on peut juger qu'ayant pu conserver cette ferveur au milieu des dissipations qui la tiroient du cloître en quelque sorte, elle ne s'en est pas démentie dans la charge de grande prieure qui l'y renfermoit entièrement.

La mort de notre chère et bien-aimée fille, la révérende mère Bonne Binet nous affligea doublement, en nous privant d'une si sainte religieuse, pour laquelle nous avions une amitié et une estime qui alloit jusqu'à la vénération, et en nous engageant à tirer d'auprès de nous la mère de La Mothaye pour lui faire remplir cette place si importante. Les obligations et les honneurs qui y sont attachés effrayèrent son humilité, et la circonstance de se séparer de nous en quelque sorte parut aussi lui être sensible. La seule obéissance fut capable de la déterminer à suivre nos intentions, et elle ne s'y conforma pas moins dans le reste de sa conduite que dans cette première démarche.

Elle avoit les qualités propres au gouvernement, et feu Madame lui avoit communiqué des lumières particulières touchant celui de notre saint Ordre. Elle ne perdoit point de vue cet excellent modèle qu'elle avoit d'autant mieux étudié que l'admiration et la tendresse l'y rendoient continuellement attentive. Elle avoit de la gaieté dans l'humeur ; mais son esprit, qui étoit sérieux, la portoit à s'occuper toujours solidement. Elle se renfermoit sans partage aux choses qui regardoient son devoir; elle les prévoyoit de loin et y travailloit avec tant d'application qu'elles se trouvoient toujours faites à propos et avec la perfection convenable.

Cette prévoyance étoit un des effets de la prudence qui régnoit dans toutes ses paroles et dans toutes ses actions, et qu'elle portoit à un si haut point qu'on étoit tenté quelquefois de la trouver excessive. Sa fidélité à garder les secrets qui lui étoient confiés étoit au même degré, et quoique ces deux vertus se trouvent comprises dans celles qui sont propres au gouvernement, que nous lui avons déjà attribuées en général, nous ne pouvons nous dispenser d'en faire une mention particulière pour donner un juste idée du caractère de cette chère fille. Il est aisé de conclure que plus elle se trouva à portée d'être connue de notre chère communauté, plus elle s'en attira l'estime, l'amitié et la confiance.

Un discours aussi borné que celui-ci ne permet pas d'entrer dans un détail entier de la conduite de cette bonne mère; nous en rapporterons seulement un trait qui a été admiré, et qui n'est pas moins glorieux pour notre chère communauté que pour la mère de La Mothaye.

Elle étoit naturellement timide, non-seulement dans les affaires, dont sa prudence lui faisoit approfondir toutes les difficultés, mais encore dans tous les périls qui pouvoient menacer sa vie, ayant une crainte de la mort dont il n'a plu à Dieu de la délivrer, que lorsqu'elle l'a vue de plus près, c'est-à-dire dans son extrémité. En connoissant cette foiblesse, on connoîtra mieux le mérite de la fermeté qu'elle montra une nuit qu'elle présidoit aux matines. Un tonnerre épouvantable tomba dans notre église dans le temps qu'on chantoit le *Benedicite* des Laudes. Dans toute autre conjoncture, la mère grande prieure et nos autres filles au-

roient été accablées d'une frayeur mortelle. Elles s'en trouvoient saisies en effet ; mais étant encore plus pénétrées de
la présence de Dieu et de la majesté de l'office divin, elles
obéirent à l'ordre que la mère grande prieure eut le courage
de leur donner de ne pas interrompre le chant, et elles
suivirent son exemple.

La violence du coup, l'odeur et la vue du tonnerre qui
faisoit un fracas horrible dans le chœur en brisant l'architecture qui le sépare du dehors, tant d'objets épouvantables
réunis ensemble firent tomber toute cette simple assemblée
prosternée devant Dieu, mais ils n'eurent pas le pouvoir
d'apporter la moindre interruption à l'office. Tout le canton
fut épouvanté d'un si grand orage ; les personnes qui le
voyoient de leurs yeux et qui en étoient plus menacées sont
celles qui le supportent plus constamment, rassurées par
leur propre foi et par celle d'une sage supérieure qui les
avertit et les anime.

Les violentes infirmités dont elle fut affligée et qui n'ont
fini que par sa mort nous contraignirent à la soulager d'une
charge qu'elle remplissoit si dignement. Dans ce dernier
état qui a duré dix ans, elle a donné un exemple continuel
de patience. Plusieurs espèces de maladies la tourmentoient
tour à tour ; mais la plus mortifiante de toutes étoit une
goutte habituelle très-douloureuse, qui ne lui laissoit aucun
mouvement libre, et la mettoit dans une dépendance générale et continuelle des personnes qui l'assistoient. A la vérité, ces services lui étoient rendus, non-seulement avec
charité, mais encore avec un goût et une affection qui alloit
jusqu'à l'empressement. Les personnes qui en étoient chargées étoient si éloignées de s'en lasser, qu'au contraire la
chose du monde qu'elles craignoient le plus étoit de les voir
finir ; et ces sentiments n'ont pu être ralentis par une fatigue
qui se soutenoit jour et nuit.

14

Les grands du monde, à force de biens et d'espérances dont ils flattent leurs domestiques, ont bien de la peine à s'en faire servir assiduement dans l'état que nous venons de représenter; ou si cette assiduité se trouve dans quelques-uns, du moins est-il bien rare qu'elle ne soit pas accompagnée de lassitude et de murmure, et quelquefois de mépris. Et voici une pauvre religieuse auprès de laquelle on ne peut se promettre nul avantage temporel, qui n'éprouve aucun de ces inconvénients. Elle ne donne ni argent, ni fortune aux gens qui la servent; elle leur montre seulement une patience à toute épreuve, une humeur douce et égale, une raison que les douleurs et une extrême vieillesse n'affoiblissent en rien. Ce spectacle les soutient, les attendrit, leur inspire du respect et de la vénération, et les paye abondamment de toutes leurs fatigues. Voilà l'effet de la vertu et une marque sensible de la préférence qu'elle obtient souvent, dès ce monde même, sur les faux biens qui se poursuivent avec tant d'ardeur.

Il est temps, chères filles, de vous marquer la fin d'une vie si édifiante. Elle a été longue par rapport à sa durée de quatre-vingt-quatre ans, et par rapport au mérite qui l'a constamment accompagnée. On peut dire aussi qu'elle a été heureuse, quoique mêlée de beaucoup de souffrances, puisqu'à juger selon l'idée commune, c'est un bonheur de vivre longtemps, surtout quand la vieillesse n'apporte aucune altération à l'esprit, non plus qu'à la considération qu'on s'est acquis dans le monde.

La mère de La Mothaye a joui de tous ces avantages ; mais que lui serviroient-ils présentement qu'ils sont passés, et quel adoucissement apporteroient-ils au regret que nous avons de sa perte, si cette chère fille, secourue de la grâce, n'avoit employé la longue suite d'années qu'il a plu à Dieu de la laisser dans ce monde, à étudier sa loi, à la suivre, et à l'enseigner aux autres, lorsqu'elle a été chargée d'un emploi qui lui imposoit ce devoir? Nous trouvons de grands sujets d'espérance pour cette âme dans la vue d'une conduite si pure et si régulière, et ce qui augmente notre consolation est de considérer que cette âme innocente a encore été purifiée par une maladie cruelle qui a duré dix années et par les peines intérieures que lui causoit la crainte de la mort.

Cette crainte étoit uniquement fondée sur le juste sujet que nous avons tous de redouter les jugements de Dieu, et non pas sur un attachement à la vie, que cette chère mère n'a jamais senti dans l'âge même où elle auroit pu la trouver agréable.

Elle communia dix jours avant sa mort dans l'intention du Jubilé, dont elle avoit accompli les pratiques, autant que l'état où elle étoit l'avoit pu permettre. Comme elle connoissoit son extrémité, elle souhaita que cette communion lui servît aussi de viatique, et Dieu permit qu'elle le pût recevoir encore huit jours après, avec l'extrême-onction. Ces sacrements lui furent administrés avec les cérémonies qu'on observe pour les révérendes mères grandes prieures, présentes et antiques. Elle édifia par les sentiments de piété dont elle donna des témoignages jusqu'à la fin, et elle mourut en paix le 9e de ce mois.

Nous vous demandons encore avec instance de l'assister de vos prières, et nous vous conjurons de croire que si les nôtres méritoient d'être exaucées vous seriez comblées des bénédictions les plus abondantes. C'est ce que souhaite avec ardeur, chères filles et bien aimées Religieuses, votre très-affectionnée Mère Abbesse.

83. — A ROGER DE GAIGNIÈRES[1].

A Fontevrault, ce 1er juillet 1703.

Je suis honteuse, Monsieur, d'avoir reçu deux de vos lettres sans avoir encore pu trouver le temps d'y répondre. La vie que je mène seroit une bonne excuse si vous pouviez la voir d'où vous êtes, et les sentiments que j'ai pour vous doivent encore plus vous répondre que je suis incapable de négligence à votre égard. Je reçus une lettre de M. le maréchal de Noailles deux jours après que M. de Larroque vous eût mandé que j'en attendois. Quand son silence auroit duré plus longtemps, je n'aurois pas douté de son cœur que je connois à fond et dont je suis contente au dernier point. Je lui avois parlé de M. de Larroque suivant votre conseil, Monsieur; il ne m'a pas répondu sur cet article, mais je ne doute pas pour cela de son attention ni de sa bonté pour notre ami. Ce pauvre M. de Larroque est malade depuis trois jours d'un rhume accompagné de fièvre; ce ne sera rien, s'il plait à Dieu, et on m'assure aujourd'hui qu'il est beaucoup mieux.

La lettre que vous avez eu la bonté de m'envoyer de M. le cardinal [de Noailles] est à l'ordinaire très-honnête, et je lui en suis très-obligée. Je vous avouerai cependant entre nous, Monsieur, que j'y ai trouvé un petit trait d'âpreté qui me paroît sortir un peu de l'équité et de la douceur que j'ai toujours vénérée dans ce saint prélat. Je l'avois informé que la mère de La Busnelais, que vous avez vue ici dépositaire, avoit été forcée d'aller à Paris pour se faire traiter d'un cancer. J'ajoutois, comme il est vrai, que cette bonne

---

[1] Bibl. imp. Mss. 24,991, fol. 255.

fille étoit tellement attachée à la clôture que, par son goût, elle auroit plutôt choisi de mourir que de la violer, et que ce n'avoit été que par pure obéissance qu'elle avoit fait ce voyage. On diroit, à la réponse de M. le cardinal, que j'aurois dû laisser mourir cette pauvre fille, et ne point combattre son zèle qui étoit pourtant indiscret en cette occasion, puisque notre règle, qu'elle a professée, bien loin d'autoriser une telle rigueur, comme la règle des carmélites, des capucines et de quelques autres, notre règle, dis-je, déclare expressément, comme tout le monde le peut voir, que nos religieuses peuvent sortir en cas d'infirmité, entre lesquelles il n'y en a aucune qui autorise plus légitimement une sortie qu'un cancer formé comme l'étoit celui de cette pauvre fille, qu'elle s'est laissé arracher avec un courage et une résignation qui a été admirée de toutes les personnes qui en ont eu connoissance.

C'est aux Filles-Dieu que cette opération s'est faite et où cette bonne fille s'est retirée. Cette communauté très-difficile est charmée de sa vertu et de sa régularité, et ne se lasse point de publier ses louanges. Elle ne sort point, tant à cause de son infirmité qui la retient nécessairement, que par son éloignement pour le monde.

Il est vrai qu'à son arrivée ma sœur et mes nièces la menèrent chez quelques médecins et quelques chirurgiens pour épargner quelque chose sur les grands frais que font ces messieurs, quand ils vont chercher les malades. J'eus la bonne foi d'avertir M. le cardinal de ces visites nécessaires : il paroit les condamner, et me recommande qu'elles ne se fassent plus. Il est bien aisé d'ordonner en général ce qui paroit plus parfait ; mais en descendant dans les détails on trouve quelquefois des difficultés insurmontables dans la pratique. Il y a de certaines précautions que la dépense qui les accompagne rend impossibles, et enfin il est juste et lé-

14.

gitime de ne pas risquer la vie de la moindre des religieuses,
faute d'une sortie permise par la règle. A plus forte raison,
ne doit-on pas s'exposer à perdre une religieuse qui édifie
et qui sert utilement la communauté comme a toujours fait
la mère de La Busnelais.

Pardonnez-moi, Monsieur, le petit soulagement que je
me donne avec vous sur ce sujet. Je sais que vous en userez
avec discrétion, et je vous connois un si bon cœur et tant de
droiture d'esprit, que je suis assurée que vous entrerez dans
mes raisons, si elles sont aussi bonnes qu'elles me le paroissent.

84. — A ROGER DE GAIGNIÈRES [1].

A Fontevrault, ce 24 août 1703.

Je n'ai que trop usé, Monsieur, de la liberté que vous me
donnez de n'être pas régulière à vous répondre. Il y a longtemps que j'ai envie de vous remercier de l'intérêt avec
lequel vous êtes entré dans l'explication que j'avois pris la
confiance de vous faire touchant les sorties de nos religieuses,
mais je me suis trouvée si chargée à toutes les postes, qu'il
a fallu toujours remettre ce remerciement, qui me tenoit
pourtant fort au cœur. Quand j'ai fait réflexion à la manière
dont vous êtes pour vos amis, j'ai eu peur de vous avoir
causé du chagrin et de l'inquiétude, et je me suis presque
reproché le soulagement que je m'étois donné en vous montrant si librement le petit chagrin qu'on m'avoit donné.

J'ai reçu depuis peu, de ce côté-là, une réponse très-
honnête au compliment que j'avois fait et à l'avis que je
donnois, selon ma coutume, de l'ordonnance qui avoit
été faite à deux pauvres malades, l'une d'un cancer, et

[1] Bibl. imp. Mss. 24,991, fol. 259.

l'autre d'une fluxion qui menace de la perte d'un œil.
Mais cette réponse, toute honnête et obligeante qu'elle est,
revient encore à la charge sur une proposition dont j'ai
montré plusieurs fois l'impossibilité : c'est que ces malades demeurent aux Filles-Dieu et qu'elles s'y fassent traiter. Je n'ai pas l'autorité de contraindre cette communauté
à recevoir ces malades, et, dans la vérité, comme vous pouvez le savoir, Monsieur, ayant entrée dans cette maison, la
chose seroit absolument impossible, quand même les religieuses y consentiroient. Il n'y a dans ce couvent qu'une
seule chambre pour toute infirmerie, et tous les autres loge-
ments, qui sont fort étroits et en petit nombre, se trouvent
entièrement occupés. Quand on est forcé de m'y recevoir, on
déloge les novices et les pensionnaires et on les place dans
une espèce de cave où il n'y auroit pas moyen de les établir
pour toujours. La mère de La Busnelais, qui n'a été reçue
que par un excès de complaisance pour moi, et qui n'a guère
demeuré plus de trois mois, a occupé la chambre de la mère
prieure, qui ne peut pas être cédée à tous les passants. C'est
un fait dont on peut s'éclaircir. On ne peut pas bâtir une
maison, et, comme je vous l'ai déjà dit, mon pouvoir sur les
couvents ne s'étend pas jusqu'à les forcer à faire de leur
maison une espèce d'hôpital. Entre des religieuses du même
Ordre, chaque maison ne laisse pas d'avoir son esprit particulier, et cet assemblage est capable d'altérer la paix et la
régularité d'une maison. Voilà ce qui rend les Filles-Dieu si
difficiles à recevoir les religieuses des autres couvents. Je ne
puis pas d'ailleurs empêcher qu'il ne survienne de certaines
maladies que les seuls chirurgiens de Paris se trouvent capables de traiter.

J'ai expliqué tout cela plusieurs fois au long; cependant
on me répète toujours que toutes les religieuses de mon
Ordre, nécessitées à demeurer à Paris, doivent être renfer-

mées aux Filles-Dieu, et que je dois l'ordonner, ce qui me persuade que je n'ai pas été entendue. Je vous supplie, Monsieur, de ne rien dire là-dessus; c'est très-véritablement que je vous fais cette prière et que je ne me suis laissée aller à vous faire ce récit que par le plaisir qu'on trouve à parler franchement à ses amis.

Le curé de Saint-Aignan s'appelle de La Malatie. Il déguisera peut-être son nom, qui est fort décrié. J'apprends en ce moment qu'il y a un nouvel évêque à Montauban[2], que cet homme artificieux surprendra peut-être. Ce seroit un malheur pour cette pauvre maison de Saint-Aignan et pour moi. Ce curé a déjà la protection d'un des évêques de la province; mais, à cela près, il est fort décrié parmi toutes les personnes qui le connoissent.

M. de Larroque est dans une grande faveur auprès de ma sœur; elle l'a encore mené à Oiron et l'y retiendra, je crois, tant qu'elle y demeurera. Je suis fâchée d'être privée par-là d'une aussi bonne compagnie que la sienne; mais je suis bien aise d'ailleurs que le mérite qui est en lui soit si bien connu.

Je crois, Monsieur, que vous êtes dans les mêmes sentiments.

85. — A ROGER DE GAIGNIÈRES[1].

A Fontevrault, ce 28 octobre 1703.

J'ai toujours compté, Monsieur, que vous aviez la bonté de vous intéresser à la bonne fortune de madame de Lesdiguières[2], et je n'étois point surprise de ne point recevoir de

2 François de Nettancourt d'Haussonville de Vaubecourt; reçu docteur en théologie, en 1688, abbé de la Chassaigne en 1691, et d'Aisnay, en 1693. Nommé évêque de Montauban en 1703; il prit sa retraite en 1729. Mort le 17 avril 1736, à l'âge de quatre-vingts ans.

1 Bibl. imp. Mss. 24,991, fol. 262.

2 Gabrielle-Victoire de Rochechouart, fille du duc de Vivonne, mariée au comte de Canaples, qui devint plus tard duc de Lesdiguières.

vos lettres là-dessus, parce que je savois que vous étiez incommodé. Je me flatte que votre santé est meilleure présentement. Conservez-la, Monsieur, et comptez, s'il vous plaît,
qu'entre le grand nombre de gens qui s'y intéressent,
personne ne connoît mieux que moi combien on est heureux
de pouvoir compter sur votre amitié. Vous voulez bien, Monsieur, que je m'en flatte, et vous me faites aussi, je crois, la
justice qu'on ne peut vous honorer ni vous estimer plus sincèrement que je fais.

M. de Larroque veut absolument nous quitter au premier
jour. Il y a plus d'un mois que je le retiens malgré lui. Je
crois, Monsieur, que vous avez été bien aise d'apprendre par
ma sœur elle-même combien elle goûte son esprit et ses manières, et le désir qu'elle auroit de lui rendre quelque service convenable à son humeur. Je me garde bien de lui
faire aucun semblant de ce projet, auquel même vous voyez
qu'il se rencontre des obstacles qui pourront bien le rendre
inutile. C'est un malheur que je crains et qui m'affligeroit
fort assurément.

Vous ne doutez pas que je n'aie appris avec douleur la
mort de M. de Beaumanoir[5].

La *bonne fortune* dont il s'agit était la mort du duc de Lesdiguières, qui
n'avait pas d'enfants, et dont le duché revenait au comte de Canaples.
Dangeau, *Journal*, t. IX, 15 et 16 octobre 1705.) Ce comte de Canaples
avait soixante-treize ans passés lorsqu'il épousa mademoiselle de Vivonne. « C'étoit, dit Saint-Simon, un vieil imbécile, qui avoit commandé
à Lyon et qui y donnoit la bénédiction dans les rues, de son carrosse,
comme l'archevêque. Le cardinal de Coislin, surpris de son mariage,
lui en parla. Il dit qu'il vouloit avoir des enfants. « Mais, Monsieur,
répliqua le cardinal, parlant de sa future, elle est bien vertueuse. »
Ce mot fut trouvé d'autant plus plaisant qu'il étoit sorti de la bouche
la plus pure et la plus réservée qu'il y eut peut-être dans tout l'épisco-
pat. » Notes du *Journal de Dangeau*, t. VIII. 494)
[5] Le marquis de Beaumanoir de Lavardin, marié depuis peu à une
fille du duc de Noailles; il venait d'être tué à la bataille de Spire.

86. — A MONSIEUR DE LA VRILLIÈRE[1].

(MÉMOIRE)

Du 5 janvier 1704.

Un couvent de l'ordre de Fontevrault, nommé Saint-Aignan, situé dans le diocèse de Montauban, cause depuis plusieurs années du scandale dans sa province, et beaucoup de peine à l'abbesse de Fontevrault, qui s'en trouve responsable. Une religieuse de ce même couvent, nommée sœur de Melet, tomba dans une faute honteuse, il y a environ huit ou neuf ans, pour laquelle l'abbesse ordonna à son vicaire, visiteur de la province, d'imposer à cette malheureuse la pénitence prescrite par les canons et par la règle de Fontevrault pour de pareilles fautes. Le vicaire se transporta sur les lieux et commença le procès, qu'il ne put conduire jusqu'à la sentence, en étant empêché par un appel que la criminelle avoit fait à Rome, et par la protection qu'elle trouva auprès du parlement et de la sénéchaussée de Toulouse, laquelle protection se porta à un tel excès, que quelques officiers de ce dernier siége vinrent enfoncer les portes du couvent et enlever la religieuse coupable pour la placer dans un monastère de Toulouse où elle demeure depuis ce temps-là, quoiqu'il soit d'un Ordre différent du sien.

L'abbesse de Fontevrault, qui étoit alors à Paris, se flatta qu'on lui feroit justice de cette violence, qui causoit un avilissement notable à son Ordre et à l'autorité attachée à sa charge, surtout dans une province où la plupart des es-

---

[1] Bibl. imp. département des imprimés, Ms. (Copie.) II, $\frac{1529}{2}$.
— Louis-Phélypeaux de La Vrillière, secrétaire d'État, marié à Françoise de Mailly, en juin 1700.

prits, hautains et indociles, ne peuvent guère être gouvernés que par la crainte.

Cependant l'abbesse, avec ses très-humbles remontrances
et toutes ses plaintes, qu'elle prit même la liberté de porter
jusqu'au roi, ne put rien obtenir, feu M. le chancelier ayant
été prévenu contre la procédure de son vicaire, dans laquelle un avocat de Paris avoit trouvé quelques défauts de
formalité.

Le mauvais succès de cette affaire a causé plusieurs dés-
obéissances de la part de quelques couvents de Gascogne, et
a été la source de plusieurs nouveaux désordres dans la
malheureuse communauté de Saint-Aignan.

L'abbesse de Fontevrault a employé sans relâche tous les
moyens qui dépendoient d'elle pour les réprimer. Elle a
interdit la réception des novices et des pensionnaires. Elle
a tiré d'anciennes religieuses des couvents de son Ordre,
des plus réguliers de la même province, et les a établies
prieures dans Saint-Aignan, dans l'espérance qu'elles y
pourroient mettre la réforme.

Mais ses bons desseins ont été traversés par les intrigues
du nommé La Malatie, curé du même Saint-Aignan. On a
toujours tenu pour constant qu'il étoit complice du crime
honteux dont on vient de parler, et cette corruption de
mœurs jointe à l'artifice de son esprit, est un poison mor-
tel pour une petite communauté déjà mal disposée, et de laquelle les accès au parloir sont si faciles à ce curé par la
situation de son église et de sa demeure, que toute la vigilance possible ne lui en peut interdire l'entrée.

M. de Nesmond, alors évêque de Montauban, étoit si persuadé que cet ecclésiastique étoit pernicieux, non-seulement
à la maison de Saint-Aignan, mais encore à tout le diocèse,
qu'il a écrit plusieurs fois à l'abbesse de Fontevrault, et a
dit encore plus souvent à ses vicaires qu'il cherchoit tous

les moyens possibles pour l'en éloigner. Il le renferma
quelques mois dans son séminaire, dans le temps de l'affaire
de la sœur de Melet, dont ce prélat tenoit pour tout assuré
qu'il étoit complice, quoique cela n'eût pas été prouvé ju-
ridiquement, à cause de la violence du sénéchal de Toulouse,
qui avoit arrêté la poursuite du procès. Ce prélat l'a souvent
accusé depuis de semblables désordres, et mêlant ses
plaintes avec celles de l'abbesse de Fontevrault sur les dérèglements dont ce curé étoit cause, il se résolut enfin à
solliciter une lettre de cachet qui délivrât son diocèse d'un
homme si dangereux.

M. l'évêque adressa à l'abbesse de Fontevrault la lettre
très-forte qu'il écrivoit sur ce sujet à M. le marquis de La
Vrillière, la conviant à l'accompagner d'une des siennes, ce
qu'elle fit très-volontiers, s'y croyant obligée en conscience.

Ces lettres eurent leur effet et en attirèrent une de cachet
au curé, par laquelle il lui étoit ordonné de quitter la province et d'aller demeurer à Clermont en Auvergne ; tout
cela arriva l'année passée, 1705. La lettre de cachet étoit
adressée à M. de Montauban, qui la fit signifier au curé lorsqu'il le jugea à propos.

Le curé fut longtemps sans y déférer, demeurant dans
la province à y publier des insolences et des menaces contre
l'abbesse de Fontevrault et son Ordre, se vantant de les décrier à la cour, où il avoit, disoit-il, des protecteurs qui le
serviroient dans cette occasion.

On ne crut pas devoir faire grand cas de ses discours peu
mesurés ; l'abbesse prit seulement la précaution d'avertir,
en général, qu'un homme de ce caractère devoit toujours
être suspect, et principalement lorsqu'il étoit irrité.

Il passe pour constant qu'il n'a point du tout obéi à l'ordre
que le roi lui avoit donné d'aller à Clermont, et il est du
moins très-certain qu'il vient de demeurer plusieurs mois à

Paris, où ses artifices ont si bien réussi, qu'il est revenu triomphant à Saint-Aignan, montrant une révocation de la lettre de cachet, et publiant qu'il fera éclater dans peu des ordres bien humiliants pour tout l'Ordre de Fontevrault.

On ne peut concevoir que cet homme ait trouvé tant de faveur, et que ses parties en aient été privées jusqu'au point de n'être ni averties ni entendues. Ce qui augmente cette surprise, c'est que M. l'évêque de Montauban (à présent archevêque d'Alby) étant à portée de soutenir ce qu'il avoit dit et écrit tant de fois, il paroit hors de toute vraisemblance qu'il n'ait pas été plutôt cru que le curé, ou (ce qui seroit encore plus surprenant,) qu'il eût changé d'opinion à l'égard de cet homme, en changeant de diocèse. C'est ce que l'on ne sauroit soupçonner, d'autant plus que ce même prélat a toujours paru très-favorable à l'Ordre de Fontevrault et à l'abbesse, qui s'est louée dans tous les temps de ses honnêtetés par rapport au couvent en question, la plaignant et l'aidant avec charité à remédier au désordre, sans donner jamais la moindre atteinte à ses priviléges.

On jugera par cet exposé fidèle combien il est important que les premiers ordres de Sa Majesté à l'égard du nommé La Malatie, curé de Saint-Aignan, soient exécutés; il paroitroit aussi assez juste que son audace fût réprimée d'une manière qui pût remédier en quelque sorte aux mauvais effets qu'elle a déjà produits et qui se multiplieront certainement dans la suite, si on n'en arrête pas le cours.

L'abbesse de Fontevrault consentiroit à souffrir l'humiliation que le triomphe de ce curé lui attire, si elle se terminoit à sa personne; mais comme elle tombe aussi sur sa charge, elle se croit indispensablement obligée à employer ses soins pour maintenir l'autorité légitime, dont elle ne veut user que pour combattre les déréglements et pour maintenir la règle qui doit être observée dans ses monastères.

15

Elle supplie très-humblement qu'on prenne la peine de consulter M. l'archevêque d'Albi, touchant la conduite de ce curé.

On sait que ce dernier a produit une copie de sentence autorisée d'un notaire et du seing de quelques religieuses, dont il prétend avoir tiré un grand avantage auprès de M. le marquis de La Vrillière ; c'est ce curé même qui s'en vante. On ne peut répondre précisément à une chose aussi confuse et alléguée par quelqu'un qui mérite si peu qu'on ajoute foi à ce qu'il ose avancer. On sait seulement, en général, que cet homme gouverne encore absolument quelques religieuses de Saint-Aignan, et que c'est précisément ce qui a engagé M. l'évêque de Montauban et l'abbesse de Fontevrault à demander qu'il fût éloigné. On doit remarquer encore que la prieure qui a précédé celle d'à présent (quoique ancienne, vertueuse et tirée d'un monastère très-régulier) avoit eu la foiblesse de se laisser gagner par une de ses amies en faveur de ce même homme dont on s'étoit flatté qu'elle arrêteroit les désordres, par rapport à la communauté qui lui étoit commise à ce dessein. Ces religieuses séduites ont pu écrire et signer tout ce qu'il a voulu. Si ces actes produits contiennent quelque déréglement, ce sont ou des suppositions entières, ou des effets de la corruption que le curé a introduite dans cette malheureuse communauté, et qu'il y entretiendra tant qu'on lui en laissera l'occasion, soit en se rendant lui-même complice des désordres, comme dans l'affaire qui a été citée d'abord, soit en empoisonnant les esprits de ses maximes pernicieuses qui ouvrent la porte à tous les désordres et qui inspirent un dégoût et une révolte générale contre tous les devoirs de la religion.

Entre tous les avantages réels et prétendus qu'il se vante d'avoir tirés de ses sollicitations à la cour, il n'oublie pas qu'il y a décrié le visiteur actuel de la province, qui est pour-

tant un religieux d'un mérite et d'une vertu distinguée, et
dont la probité n'a jamais reçu la moindre atteinte. L'abbesse
de Fontevrault en rend hardiment ce témoignage qu'on fera
confirmer quand on le voudra par des prélats très-considé-
rables, et surtout par M. l'évêque de Meaux, dont ce religieux, nommé le Père Roucellet, a l'honneur d'être connu
particulièrement depuis près de vingt années.

87. — A ROGER DE GAIGNIÈRES[1].

A Fontevrault, ce 9 janvier 1704.

Je ne veux pas passer les premiers jours de l'année,
Monsieur, sans vous la souhaiter heureuse et suivie d'un
grand nombre d'autres. J'ai pris part à la joie que vous
aurez eue sans doute de revoir M. de Larroque, quoique
son retour à Paris fût une perte pour moi. Je le prie, Monsieur, de vous faire lire, à votre commodité, un mémoire qui
vous apprendra que le curé de Gascogne dont on me mena-
çoit et contre lequel vous aviez eu la bonté de prévenir plus
d'une fois M. le cardinal de Noailles, que ce curé, dis-je, est
venu à bout de ses desseins malgré toutes nos précautions
et l'indignité de sa cause et de sa personne. J'en écris fortement à M. de La Vrillière, à qui mon mémoire sera aussi
présenté[2]. Je charge M. de Castries[3] de tout cela. S'il faut
mettre d'autres gens dans la négociation, il me le mandera,

---

[1] Bibl. imp. Mss. 24,991. fol. 265.

[2] C'est le mémoire qui précède.

[3] Le marquis de Castries, gouverneur de Montpellier, etc., avait
épousé, le 20 mai 1695, Marie-Élisabeth de Rochechouart, troisième fille
du duc de Vivonne, aussi savante, disait-on, que sa tante. C'est elle que
Daniel Huet avait un jour surpise lisant un livre grec. M. Boutron possède
l'autographe d'une églogue latine à elle adressée par Huet, et intitulée :
Hinaus, sive speculum.

et en ce cas je pourrois avoir recours à M. le maréchal de Noailles. Il ne me paroit jamais importuné des prières que je lui fais ; mais je ne dois pas pour cela abuser de sa bonté.

Je ne vous demande présentement, Monsieur, nul autre usage de mon mémoire que celui de vous y instruire de l'affaire et de pouvoir répondre pour moi, supposé que cette question s'agitât en votre présence. Je me promets encore que vous désapprouverez et que vous ressentirez l'injustice qu'on me fait, et ce n'est pas un petit soulagement dans les peines de pouvoir compter que les amis les partagent, et surtout, Monsieur, un ami comme vous, qui a trop de droiture et trop de raison pour pouvoir être soupçonné d'appuyer une mauvaise cause.

88. — LOUIS XIV A SŒUR LOUISE-FRANÇOISE DE ROCHECHOUART,
NOMMÉE ABBESSE DE FONTEVRAULT [1].

A Marly, ce 21 août 1704.

Je suis très-fâché de la perte de madame de Fontevrault. J'ai cru ne pouvoir mieux la remplacer que par une personne qui lui fût proche, et qui ayant été élevée auprès d'elle, eût pris ses maximes et profité de ses exemples.

J'espère que vous acquitterez ma conscience et la vôtre d'une charge si importante. Je vous aiderai dans toutes les occasions à soutenir l'Ordre dont vous êtes le chef. J'ai voulu moi-même vous marquer la considération et l'estime que j'ai pour votre personne.

[1] Arch. de l'Empire. *Couvents de femmes*, VIII, L, 1,019. (Copie.)

SUPPLÉMENT

AUX LETTRES DE L'ABBESSE DE FONTEVRAULT.

———

59 *bis*. — A M. DE PONTCHARTRAIN

CONTRÔLEUR GÉNÉRAL DES FINANCES [1].

[août 1692.]

Je reçus hier au soir par Hautes-Bruyères [2] le contrat
que j'attendois avec impatience, et je prends la liberté de
vous l'envoyer présentement, avec ma ratification. Je me
serois contentée de vous le faire présenter sans vous fatiguer
encore d'une de mes lettres, si MM. les intéressés ne m'obli-
geoient, par leur chicane, à avoir recours à votre autorité.
Je ne répéterai point ici, Monsieur, ce que j'ai mis au long

---

[1] *Arch. de l'Empire.* Papiers de l'ancien contrôle général.

La lettre n'a pas de suscription et n'est pas datée ; mais on lit en
marge, de la main du contrôleur général : « M. *d'Héricourt, n'en parler ;* » et, d'une autre main : « *Répondu le 25 août 1692.* »

Le billet qui suit nous paraît avoir été également adressé au contrôleur général vers la même époque. On était en pleine guerre, et les
impôts extraordinaires pesaient durement sur tous.

« Je vous supplie très-humblement de me continuer l'honneur de
votre protection dans l'affaire qui survient à mon Abbaye au sujet du
nouveau don gratuit accordé au roi par le clergé.

« Jusqu'ici nous avons toujours été déchargées de ces sortes de con-
tributions, et nous avons de justes sujets d'espérer la continuation de
cette grâce, si vous avez la bonté, Monsieur, d'examiner notre requête.

« Je me flatte que vous jugerez nos prétentions à cet égard assez bien
fondées pour vouloir bien les maintenir. C'est ce que j'ose vous demander
avec instance, et de me faire la justice de me croire très-respectueuse-
ment, Monsieur, votre très-humble et très-obéissante servante, M. M. GA-
BRIELLE DE ROCHECHOUART, abbesse de Fontevrault. »

[2] Commune de Neaufles-sur-Risle, canton de Rugles, arrondissement
d'Évreux. Il y avait sans doute un couvent de Bénédictines dépendant
de Fontevrault.

dans mon placet, que je vous supplie très-humblement de vouloir regarder. Je vous avouerai seulement que je me trouve à plaindre que ces Messieurs, par leur opposition à nos priviléges, me mettent dans la nécessité de demander presque tous les ans comme une grâce nouvelle, ce qui ne devroit pas, ce me semble, nous être disputé après une si ancienne possession, ni même être regardé comme une grâce, puisque ces priviléges ne nous viennent pas d'un don, mais d'un échange, comme j'ai eu souvent l'honneur de vous le représenter.

Cette bonne opinion que j'ai de nos droits n'empêche pas, Monsieur, que je ne voie combien votre protection m'est nécessaire pour les maintenir. J'ose donc, Monsieur, vous la demander instamment et vous assurer que vous ne la sauriez accorder à personne qui en ait plus de reconnoissance que moi, ni qui soit, avec plus de respect que je serai toute ma vie, Monsieur, votre très-humble et très-obéissante servante.

79 *bis*. — GAIGNIÈRES A L'ABBESSE DE FONTEVRAULT [1].

[Paris] 13 décembre 1702.

M. de Larroque ne me pouvoit procurer, Madame, un plus sensible plaisir que celui que vous m'avez fait de m'honorer de votre portrait si magnifiquement accompagné. Je voudrois bien qu'il m'aidât aussi à vous en faire mes très-humbles remercîments. J'ai reçu tant de marques de votre bonté, que j'espère, Madame, que vous aurez encore celle

---

[1] Bibl. imp. Mss. 24,987, fol. 160. Minute de lettre.

Il y a, à la suite, deux autres minutes de lettres de Gaignières à l'abbesse de Fontevrault. Elles roulent dans le même cercle d'idées. Ce sont des remercîments au sujet de miniatures qu'on lui a adressées en considération de l'abbesse, des protestations d'amitié pour M. de Larroque, etc. Il nous paraît inutile de les reproduire; il suffisait de donner le ton.

d'être persuadée que je suis très-sensiblement touché de tout ce qui me vient de votre part.

Vous avez encore augmenté mon cabinet par deux livres que M. de Larroque m'a apportés. En vérité, Màdame, cette attention pour tout ce qui me regarde me met hors d'état de vous en pouvoir assez témoigner ma reconnoissance par mes services. Ils vous sont si véritablement acquis, que je n'ajouterai rien aux protestations que j'ai l'honneur de vous en faire que les assurances que je vous prie de recevoir de la continuation de mon respect et de mon attachement très-sincère, et que je suis, Madame, etc.

En post-scriptum. — Je ne puis pas, Madame, m'empêcher de vous parler de M. de Larroque. Il est si pénétré de vos bontés, qu'il n'y a personne, à l'entendre, qui ne se trouve engagé dans sa reconnoissance, et qui ne soit touché des manières dont vous savez obliger. En mon particulier, Madame, cela ne m'est pas nouveau. Je ne saurois oublier la générosité avec laquelle vous fûtes touchée de ce qui le regardoit, quand vous avançâtes votre voyage de Versailles à son sujet. Vous connoissez son mérite, son bon cœur et tout ce qu'il vaut. Je suis bien certain que vous n'aurez jamais lieu de vous repentir de tout ce que vous faites pour lui. Il seroit bien digne d'une meilleure fortune. Enfin, Madame, c'est à Fontevrault que je l'ai connu, et c'est à l'honneur que vous m'y avez fait et à la considération qu'il a pour vous que je dois son amitié dont j'ai beaucoup de sujet de me louer. Il faut toujours remonter à la source. Ainsi, Madame, ce sont encore des grâces à vous rendre.

FIN DES LETTRES.

APPENDICE

SUR LA TRADUCTION DU BANQUET DE PLATON

ATTRIBUÉE A GABRIELLE DE ROCHECHOUART DE MORTEMART.

On a vu [1] que, suivant divers auteurs contemporains, l'abbesse de
Fontevrault connaissait plusieurs langues : l'italien, l'espagnol, le
latin, le grec, et même l'hébreu qu'elle aurait appris pour lire
l'*Ancien Testament* dans l'original.

Les *Mémoires de Trévoux* disent, en outre, « qu'elle découvrit
dans Platon des beautés dont on ne s'étoit point aperçu, quoiqu'on
eût passé beaucoup de fois sur les endroits qu'elle admiroit; qu'elle
perçoit au travers des images dont ce philosophe enveloppe la vérité, et y découvroit des trésors de morale, des tours d'éloquence
et une délicatesse de pensées que les génies médiocres ne peuvent
démêler [2]; qu'elle n'étoit pas moins touchée des beautés d'Homère; qu'elle s'étoit quelquefois essayée à traduire les premiers
livres de l'*Iliade*, et que, sans faire de tort aux habiles écrivains

---

[1] *Avertissement*, et chapitre III, p. 40.
[2] On sait aujourd'hui que l'abbesse de Fontevrault avait dans sa bibliothèque un bel exemplaire de Platon mis en latin par Jean de Serres (*Serra-
nus*), et imprimé par Henri Estienne. (*Racine*, édit. Hachette, t. V, p. 455. —
Note sur les traductions de Racine, par M. Paul Mesnard.)

qui avoient entrepris de la donner tout entière, peut-être n'a-
voit-on rien vu de si achevé dans ce genre [1]. »

Saint-Simon et d'autres écrivains contemporains parlent également de l'aptitude extraordinaire de l'abbesse de Fontevrault pour
apprendre les langues.

On lit enfin dans une lettre de Corbinelli à Bussy, du 30 juin
1677 : « Voyez madame de Fontevrault et madame de La Sablière
qui entendent Homère comme nous entendons Virgile [2]. »

Ainsi, l'abbesse de Fontevrault savait, entre autres langues, le
latin et le grec ; elle avait traduit les premiers livres de l'*Iliade* ;
mais on ne trouve, à ma connaissance du moins, dans aucun livre
ni document de son temps, qu'elle eût traduit le *Banquet* de Platon.

C'est pour la première fois, en 1732, qu'il a été question de cette
traduction dans un volume publié par l'abbé d'Olivet, sous le pseudonyme de *Bousquet*, et intitulé :

« *Le Banquet de Platon, traduit un tiers par feu M. Racine, de
l'Académie françoise, et le reste par Mme de ****. Paris, Pierre
Gandoin, 1732 [3]. »

L'avertissement placé en tête de l'ouvrage contient la lettre suivante de Racine à Boileau, au sujet de laquelle l'éditeur fait la remarque ci-après : « *Cette lettre est du 18 décembre, mais l'année
n'y est pas marquée. Il seroit aussi difficile d'en deviner la date
précise qu'inutile de la savoir au juste. Voici la lettre* [4] :

« Puisque vous allez demain à la cour, je vous prie, Monsieur, d'y
porter les papiers ci-joints. Vous savez ce que c'est. J'avois eu dessein
de faire, comme on me le demandoit, des remarques sur les endroits
qui me paroîtroient en avoir besoin ; mais, comme il falloit les raisonner, ce qui auroit rendu l'ouvrage un peu long, je n'ai pas eu la

[1] *Mémoires pour servir à l'histoire des Sciences*, décembre 1704. Trévoux.
[2] *Madame de Sévigné*, édit. Hachette. — *Lettres de Bussy-Rabutin*, édit. Lalanne.— L'édition Hachette dit à ce sujet : « *Homère* est le texte du manuscrit
de la Bibliothèque impériale, lequel donne ainsi cette fin de phrase : « qui
entendent Homère comme nous faisons Virgile. » Dans notre manuscrit, il y
a *Horace* au lieu d'*Homère*. »
M. L. Lalanne dit à son tour : « L'imprimé porte *Horace*, ce qui est plus
vraisemblable. »
[3] Le *Journal des Savants* du mois de juillet 1732 se borna à annoncer l'ouvrage, sans en rendre compte ; le *Mercure de France* et les *Mémoires de Trévoux* n'en font pas même mention.
[4] Je la reproduis ici, bien qu'elle figure déjà dans la correspondance, afin
que le lecteur ait à la suite toutes les pièces sous les yeux.

résolution d'achever ce que j'avois commencé, et j'ai cru que j'aurois plus tôt fait d'entreprendre une traduction nouvelle. J'ai traduit jusqu'au Discours du médecin, exclusivement. Il dit, à la vérité, de très-belles choses, mais il ne les explique point assez, et notre siècle, qui n'est pas si philosophe que celui de Platon, demanderoit que l'on mît ces mêmes choses dans un plus grand jour.

« Quoi qu'il en soit, mon essai suffira pour montrer à madame de *** que j'avois à cœur de lui obéir. Il est vrai que le mois où nous sommes m'a fait souvenir de l'ancienne fête des Saturnales, pendant laquelle les serviteurs prenoient avec leurs maîtres des libertés qu'ils n'auroient pas prises dans un autre temps. Ma conduite ne ressemble pas trop mal à celle-là ; je me mets sans façon à côté de madame de ***, je prends des airs de maître, je m'accommode sans scrupule de ses termes et de ses phrases, je les rejette quand bon me semble. Mais, Monsieur, la fête ne durera pas toujours, les Saturnales passeront, et l'illustre dame reprendra sur son serviteur l'autorité qui lui est acquise. J'y aurai peu de mérite en tout sens, car il faut convenir que son style est admirable ; il a une douceur que nous autres hommes nous n'attrapons point, et, si j'avois continué à refondre son ouvrage, vraisemblablement je l'aurois gâté. Elle a traduit le discours d'Alcibiade, par où finit le *Banquet* de Platon. Elle l'a rectifié, je l'avoue, par un choix d'expressions fines et délicates, qui sauvent, en partie, la grossièreté des idées. Mais, avec tout cela, je crois que le mieux est de le supprimer. Outre qu'il est scandaleux, il est inutile[2] ; car ce sont les louanges, non de l'amour, dont il s'agit dans ce dialogue, mais de Socrate, qui n'y est introduit que comme un des interlocuteurs.

« Voilà, Monsieur, le canevas de ce que je vous supplie de vouloir dire pour moi à madame de ***. Assurez-la, qu'enrhumé au point que je le suis depuis trois semaines, je suis au désespoir de ne point aller moi-même lui rendre ces papiers ; et si, par hasard, elle demande que j'achève de traduire l'ouvrage, n'oubliez rien pour me délivrer de cette corvée. Adieu, bon voyage, et donnez-moi de vos nouvelles dès que vous serez de retour. »

[1] Bien que l'abbé d'Olivet ne désigne pas nominativement l'abbesse de Fontevrault, le reste de la lettre prouve bien qu'il ne peut être question que d'elle ; il dit, d'ailleurs, dans l'*Épître dédicatoire*, que le manuscrit qu'il publie « *lui tomba, il y a plus de vingt ans, entre les mains* (on verra tout à l'heure, sur ce point, la note de Louis Racine), *parmi d'autres écrits d'une dame très-illustre, dont le nom, s'il o-oit le déclarer, n'orneroit pas peu cet ouvrage.* » Il a dit enfin, dans une note de l'édition de son *Histoire de l'Académie françoise*, publiée en 1745, que cette dame étoit l'*illustre Marie-Madeleine-Gabrielle de Rochechouart de Mortemart, abbesse de Fontevrault, morte en* 1704.

[2] *Inutile!*... Le but principal du *Banquet* est au contraire la *louange*, la justification de Socrate.

C'est donc, on le voit, en 1732 que prend naissance l'assertion, d'après laquelle l'abbesse de Fontevrault a traduit le *Banquet* de Platon, et cette assertion n'a, jusqu'à présent, d'autre preuve que la lettre de Racine à Boileau qui précède.

Cette lettre est-elle bien authentique, et mérite-t-elle une croyance entière, absolue? Voilà la question qu'il s'agit d'examiner.

Nous avons, pour nous guider dans cette recherche, un document important. On lit, en effet, sur la feuille de garde d'un exemplaire de la publication de l'abbé d'Olivet ayant appartenu à Louis Racine, une note de l'écriture même de ce dernier, ainsi conçue[1] :

« Mon père n'eut jamais intention que ce qu'il avoit traduit du *Banquet* de Platon fût imprimé. M. l'abbé d'Olivet, ayant emprunté pour un jour ce manuscrit à mon frère (Jean-Baptiste Racine), le fit copier à la hâte, ce qui est cause que cet imprimé n'est pas en tout conforme *à l'original que j'ai.* Mon frère fut très-irrité quand il vit paroître cette traduction, et se plaignit amèrement du procédé de l'abbé d'Olivet.

« *La lettre de mon père à Boileau rapportée à la page* VII *et* VIII (du volume de l'abbé d'Olivet) *m'est inconnue, et, ne se trouvant point au nombre de celles que Boileau nous avoit rendues, m'est fort suspecte.* »

On le voit, dans l'opinion de Louis Racine, la lettre de Jean Racine à Boileau, que nous avons reproduite, pourrait bien avoir été fabriquée par l'abbé d'Olivet.

D'autre part, Louis Racine ne parle nullement dans sa note du premier travail de l'abbesse de Fontevrault[2]; il se borne à dire que *son père ne vouloit pas que ce qu'il avoit traduit du Banquet de Platon fût imprimé.* Il dit, en outre, dans les *Mémoires sur la vie de Jean Racine,* que celui-ci avait fait la traduction dont il s'agit dans sa jeunesse, à Port-Royal ou à Uzès, ce qui exclut l'idée de

---

[1] Je dois la communication de cette curieuse note à l'extrême obligeance de M. Boutron, possesseur actuel de l'exemplaire de Louis Racine. Il est à remarquer que les observations que contient la note se trouvent également dans les *Mémoires de Louis Racine sur la vie de son père.*

[2] Pour lui, malgré l'assertion de l'abbé d'Olivet, cette traduction n'existe pas. Même silence à cet égard dans ses *Mémoires sur la vie de son père,* écrits sur les notes de son frère, Jean-Baptiste Racine. L'abbesse de Fontevrault n'est jamais nommée par eux. Croyaient-ils donc non-seulement que la lettre de Racine à Boileau était fausse, mais encore que tous les faits qu'elle énonce étaient également faux?

toute collaboration avec l'abbesse de Fontevrault, et détruit de fond en comble les assertions contenues dans la lettre de Racine à Boileau [1].

On remarquera que, d'après cette lettre, l'abbesse de Fontevrault avait traduit le discours d'Alcibiade dont Jean Racine conseille la suppression, *parce qu'il est scandaleux*. Et, en effet, l'éditeur pseudonyme met en note, au sujet de ce discours : « *On l'a supprimé dans cette édition.* »

Qui ne connaît aujourd'hui le célèbre dialogue que Platon a intitulé *le Banquet, ou de l'Amour?* Peut-on admettre sans preuves, qu'une abbesse respectée et considérée comme l'était celle de Fontevrault, qui avait charge d'âmes et commandait à soixante couvents, ait songé, malgré sa grande admiration pour Platon, à traduire un morceau au sujet duquel M. Victor Cousin a écrit ce qui suit ?

« On sait que madame de Rochechouart, abbesse de Fontevrault, traduisit le *Banquet* et s'arrêta, comme Le Roi [2], devant le discours d'Alcibiade [3]. Racine a refait une partie de cette traduction. J'ai mis à profit ce morceau échappé à la plume savante de l'un des écrivains les plus habiles de la langue française. Il eût été ridicule de ne pas se

---

[1] L'éditeur des *OEuvres de Jean Racine*, dans la belle et précieuse collection des *Grands Écrivains de la France*, publiée par la maison Hachette, M. Paul Mesnard, qui a étudié consciencieusement la question au point de vue de Racine, croit que, sous ce rapport, les assertions de Jean-Baptiste et de Louis Racine sont suspectes, et que cette traduction a dû être faite ou révisée de 1677 à 1686.

M. Paul Mesnard se fonde sur ce que les fils de Racine ne voulaient pas qu'on pût croire qu'il avait traduit une œuvre aussi éminemment profane que le *Banquet*, à un âge où, ayant renoncé au théâtre, ses idées étaient toutes tournées vers la religion.

Mais si Jean-Baptiste et Louis Racine ont eu ce scrupule pour leur père mort, comment croire que l'abbesse de Fontevrault ait pu songer, en aucun temps, à traduire jusqu'à la fin, comme le dit la lettre de Racine à Boileau, le *Banquet* de Platon ?

[2] Louis Le Roi, dit *Regius*, professeur de philosophie grecque, au Collège de France; 1559. (Note de M. Cousin.)

[3] M. Cousin raisonne, on le voit, dans l'idée que l'abbesse de Fontevrault n'avait pas traduit le discours d'Alcibiade, le dernier du *Banquet*. Pourtant la lettre de Racine à Boileau, publiée par d'Olivet, dit positivement que l'abbesse a traduit ce discours, « qu'elle a rectifié par un choix d'expressions fines et délicates, qui sauvent, en partie, la grossièreté des idées... » M. Cousin n'aurait-il pas connu cette lettre? Cela n'est pas admissible, puisqu'elle est dans le volume même de l'abbé d'Olivet. Il l'aurait donc perdue de vue.

servir d'une traduction de Racine, et cependant, même à Racine, je ne pouvais sacrifier Platon. De là les emprunts perpétuels que j'ai faits à ce fragment, et les changements que je me suis permis d'y introduire pour rétablir le sens et quelquefois la couleur de l'original. Quant à la traduction de madame de Rochechouart, le style en est toujours bon, et il y a de loin en loin des tournures et des expressions heureuses que j'ai recueillies. D'ailleurs, elle est d'une inexactitude qui ne permettait pas de songer à s'en servir. L'auteur d'*Esther*, dans la partie du *Banquet* qu'il a traduite, affaiblit l'expression de l'amour grec et substitue au langage naïf et direct de l'original la phraséologie équivoque de la galanterie moderne. Madame de Rochechouart dénature bien plus le texte, et le discours d'Aristophane n'est plus reconnaissable dans la chaste traduction de la docte abbesse. En effet, l'épreuve était aussi trop forte, et l'*on ne peut la blâmer de n'avoir pas osé traduire ce qu'une femme lira même difficilement* [1]. On voit, au reste, qu'elle a traduit sur le latin de Ficin et ne connaissait pas le moins du monde l'original [2]. Le docte professeur et la noble dame s'étaient arrêtés devant le discours d'Alcibiade. »

Il est à remarquer enfin que Daniel Huet, dont on a de nombreuses lettres à l'abbesse de Fontevrault, que d'ailleurs il ne nomme même

---

[1] *Œuvres de Platon*, t. VI, p. 411. — Rapprochons de l'appréciation moderne celle d'un contemporain considérable. Le 2 juin 1670, l'abbé Fleury écrivit au président de Lamoignon une longue lettre sur Platon. Après un grand éloge de sa philosophie, de sa morale et de ses mœurs, de sa dialectique et de son style, après avoir fait observer que les Pères de l'Église étaient obligés de le combattre parce que cette philosophie était la règle de la société de leur temps et qu'il n'en était plus de même, après avoir dit enfin que Platon pouvait être utile pour nous faire connaître les beautés extérieures de l'Écriture sainte, l'abbé Fleury ajoute : « Je n'en conseillerois pas la lecture à toutes sortes de personnes. Il faut avoir l'esprit droit et être affermi dans les bons principes pour n'être pas scandalisé de certains traits de libertinage qui s'y rencontrent. Il faut entendre raillerie pour s'accommoder des ironies de Socrate... » (*Opuscules de l'abbé Fleury*, t. III, p. 181 et suiv.)

Voici, dans le même ordre d'idées et sur le même sujet, les réflexions faites par le critique Geoffroy, dans son édition de *Racine* :

« Il est difficile de concevoir qu'une femme d'esprit ait eu l'idée de traduire un ouvrage tel que le *Banquet* de Platon. Elle ne peut pas avoir été trompée par le nom d'amour, car cet amour dont on parle dans tout le dialogue n'est point celui qui flatte les femmes... Les détails du discours d'Alcibiade sont d'un genre qui devait alarmer une femme délicate, à moins que son respect pour l'antiquité n'ait prévalu sur sa délicatesse. » (*Œuvres de Racine*, t. VI, p. 459.)

[2] Nous avons dit plus haut que l'abbesse de Fontevrault avait dans sa bibliothèque la traduction de Platon, en latin, par Jean de Serres ; rien ne prouve d'ailleurs qu'elle n'avait pas aussi celle de Marsile Ficin.

pas dans ses *Mémoires*, parle par contre, avec des éloges infinis, d'une
des nièces de l'abbesse (Marie-Élisabeth de Rochechouart, fille du duc
de Vivonne) qu'il surprit aux eaux de Bourbon, en 1689, lisant un
livre qu'elle refusa d'abord de lui montrer. C'était un recueil de
quelques opuscules de Platon, de l'édition grecque de Bâle. « Elle
me supplia de ne pas la trahir, dit Huet dans ses *Mémoires*, et,
puisque le hasard m'avoit conduit céans, de lire avec elle jusqu'à
la fin le *Criton*, dont elle avoit déjà lu le commencement. C'est
ce que nous fîmes en effet. Mais, tout le temps de la lecture, je
demeurai dans un étonnement profond causé par la découverte que
je faisois alors de tant d'érudition jointe à tant de modestie, dans
un sexe et dans un âge si tendre. Ce n'étoit pourtant là que la
moindre des qualités de mademoiselle de Rochechouart[1]. »

Nous espérions rencontrer la solution de la question dans la correspondance littéraire de Mathieu Marais et du président Bouhier ;
nous n'y avons trouvé que des insinuations contre l'abbé d'Olivet
et quelques indications qui ne décident rien. Voici d'abord, à la date
du 22 octobre 1726 et du 21 janvier 1727, comment Mathieu Marais parlait de l'abbé d'Olivet :

— « ... Le Père du Cerceau a fait une réponse très-sage et très-
polie à l'*Apologie* de l'abbé d'Olivet ; il lui a adressé la réponse à lui-
même. Cela ne regarde que le livre *De natura deorum* ; je ne sais de
quoi l'abbé s'est avisé d'aller rejoindre des phrases qui sont à huit pages
l'une de l'autre et de se laisser dire des vérités qui ne lui sauroient
faire que du tort. Il n'est pas encore question du livre de M. Huet,
mais ils (les jésuites) lui promettent je ne sais quoi qu'ils lui tiendront, et, au milieu de cette politesse, il y a certaines ironies difficiles
à digérer. Cependant l'abbé est à Gacé, qui laisse tomber l'orage, et
qui a bec et ongles pour se défendre quand il voudra.

— « ... L'abbé d'Olivet m'a donné son *Apologie* contre le Père Du
Cerceau ; elle est bien écrite, mais il se sauve un peu à travers champs,
et auroit tout aussi bien fait de ne point écrire, car il n'aura pas le
dernier[2]. »

[1] *Commentarii de rebus ad eum pertinentibus*, de Daniel Huet, traduction de
Nisard, p. 228.—Marie-Élisabeth de Rochechouart épousa, en 1695, le marquis
de Castries. C'est d'elle que Saint-Simon a dit : « Madame de Castries étoit un
quart de femme, une espèce de biscuit manqué, extrêmement petite... Elle
savoit tout : histoire, philosophie, mathématiques, langues savantes... Délicate sur l'esprit, et amoureuse de l'esprit où elle le trouvoit à son gré. »
(*Mémoires*, édit. Chéruel, t. I, p. 406.)
[2] *Mémoires et lettres de M. Marais*, publiés par M. de Lescure, t. III, p. 452 et
468.

Les extraits ci-après relevés dans les lettres de Mathieu Marais et du président Bouhier ne représentent pas l'abbé d'Olivet sous un meilleur jour.

Mathieu Marais. — *Paris, 11 août 1752.* — « ... L'ami D. (d'Olivet) n'a pas ici grande réputation sur les manuscrits, et celui du *Banquet* de Platon, qu'il a tiré de M. Racine, puis négocié, ne lui fait point honneur, ceci entre nous. »

Le président Bouhier. — *Dijon, 16 août 1752.* — « Ledit abbé (d'Olivet) ne m'a rien mandé sur le *Banquet* de Platon, que je ne connois point encore. Du reste, je n'aurois pas grand'peine à croire ce que vous me mandez à ce sujet. Depuis quelque temps, je le trouve dérangé de plus d'une manière... »

Mathieu Marais. — *Paris, 18 août 1752.* — « ... Il faut avoir le *Banquet* de Platon ; la traduction de Racine est excellente. L'abbé D. est un homme singulier; il se pare bien de vos remarques, qui font vendre ses livres. Il a traduit quelques oraisons de Démosthènes; mais sait-il le grec ?... »

Le président Bouhier. — *Dijon, 21 août 1752.* — « Vous m'invitez donc au *Banquet* de Platon servi à la françoise par Racine. J'y banqueterai, si Dieu me prête vie, car l'auteur et le traducteur sont mes héros. Mais puisque vous connoissez M. Anfossi, ami de l'abbé Fraguier, demandez-lui ce que sont devenues les traductions qu'avoit faites ce philosophe. J'ai soupçonné qu'elles étoient tombées entre les mains de l'abbé D. aussi bien que son exemplaire de Platon, avec quelques remarques de sa main, que j'ai vu chez lui. Je ne lui saurois mauvais gré de ces petits larcins si le public en profite. C'est le vol de Prométhée. »

Mathieu Marais. — *Paris, 28 août 1752.* — « ... Le *Banquet* servi par votre ami n'aura pas manqué de vous plaire ; mais Socrate n'a pas si bien parlé dans la bouche de l'abbesse [1], et l'ironie paroît ici en quelque défaut, qui est même un peu sophistique. Je saurai de M. Anfossi s'il sait quelque chose de ce larcin, que vous nommez si honorablement le vol de Prométhée, et à qui vous accordiez avec miséricorde une absolution lacédémonienne; je vous trouve, en vérité, un peu débonnaire sur ce chapitre. Le fait du *Banquet pillé* est public, et qu'avoit à faire M. de Grave, qui est bien étonné de se trouver dans une épître dédicatoire? »

Le président Bouhier. — *Dijon, 2 septembre 1752.* — « Je n'ai point encore vu le *Banquet platonique.* »

Mathieu Marais. — *Paris, 4 septembre 1752.* — « J'ai parlé à

---

[1] Il résulterait de ce passage que Mathieu Marais croyait la lettre de Racine à Boileau authentique.

M. Anfossi qui soupçonne que le Prométhée est celui que vous avez dit. Il ne sait rien de particulier sur ce que les traductions sont devenues [1]. »

A partir de ce moment, la correspondance ne fait plus mention du *Banquet* de Platon, ce qui donne lieu de croire qu'une lettre du président Bouhier où il a dû rendre compte de sa lecture à Mathieu Marais a été égarée.

Si l'on cherche à tirer une conclusion des observations qui précèdent, on arrive à ceci :

1° Nul contemporain de Gabrielle de Rochechouart ne dit qu'elle ait traduit le *Banquet* de Platon. L'un d'eux se borne à exprimer la grande admiration qu'elle professait pour le philosophe grec; le même écrivain mentionne une traduction des premiers livres de l'*Iliade*. Il est évident que, si elle avait traduit un dialogue de Platon, il n'aurait pas hésité à le dire. Enfin Louis Racine ne prononce pas même, ni dans les Mémoires sur la vie de son père, ni dans la note autographe que nous avons reproduite d'après l'original, le nom de l'abbesse de Fontevrault [2].

2° L'abbé d'Olivet a le premier parlé de cette traduction en 1752; mais, chose singulière ! d'après la lettre de Racine qu'il a publiée, en se cachant d'abord, celui-ci aurait remis le manuscrit de l'abbesse de Fontevrault à Boileau pour le lui rendre, et ce manuscrit se retrouverait, environ cinquante ans après, parmi les papiers de Racine. Est-il croyable que l'abbesse de Fontevrault, qui lui a survécu cinq ans, et qui avait un intérêt direct à se faire restituer son manuscrit, l'eût laissé entre les mains des fils du poëte ?

3° Les *Mémoires de Trévoux* racontent que cette abbesse brûlait ses vers et cachait soigneusement tous ses travaux littéraires, livres de piété, de morale, maximes, sujets académiques. Comment supposer qu'elle eût consulté Racine sur la traduction d'un ou-

[1] Les lettres de Mathieu Marais ont été publiées par M. de Lescure. Celles du prési 'ent Bouhier sont inédites et se trouvent à la Bibliothèque impériale (Mss. 25,542, à leur date).

[2] Un état authentique des livres de Racine, remis en 1756, par Louis Racine, à la Bibliothèque du roi, parle bien de la traduction d'une partie du *Banquet* de Platon, mais ne mentionne nullement l'abbesse de Fontevrault. (*OEuvres de Racine*, édit. Hachette, t. V, p. 451. - *Notice s r les traductions de Racine* par M. Paul Mesnard.)

vrage tel que le *Banquet,* et mis ainsi toute la cour dans la confidence? En outre, vers l'époque où elle aurait eu recours à Racine, celui-ci, alarmé par ses scrupules religieux, faisait vœu de renoncer au théâtre, et il ne manqua à son serment que pour écrire, *par ordre,* deux tragédies chrétiennes. Or, quels abîmes entre le *Banquet* et *Esther!*

4° Enfin l'authenticité de la lettre à Boileau relative à cette affaire est fortement suspectée par les fils mêmes de Racine : « Boileau, disent-ils, leur a rendu les lettres qu'il avait reçues de leur père, et celle-là n'y était pas[1]. »

On vient de voir et chacun sait d'ailleurs que l'abbé d'Olivet ne passait pas, parmi ses contemporains, pour un éditeur des plus scrupuleux.

J'ajouterai que les annotations de Louis Racine, en marge des fausses lettres de madame de Maintenon fabriquées par La Beaumelle, ont été reconnues parfaitement fondées. Ses assertions paraissent donc mériter toute confiance.

Dans tous les cas, il n'était pas généreux à l'abbé d'Olivet de s'abriter derrière un nom d'emprunt, alors qu'il attribuait à une illustre abbesse la traduction d'une œuvre d'esprit des plus remarquables sans doute, mais si peu en rapport avec son état et ses obligations.

Dira-t-on qu'au dix-septième siècle, en fait de singularités et d'anomalies, tout est possible. J'avoue qu'à cet argument, le meilleur de tous, à mon avis, je n'aurais rien à répondre.

Je me suis borné, on le voit, dans cet exposé, à émettre un doute. La production de la lettre de Racine ou du manuscrit de l'abbesse de Fontevrault trancherait la question. A défaut de ces pièces, certaines indications contemporaines rempliraient le même but. En existe-t-il?

Jusqu'à ce jour, on est, il faut bien l'avouer, en présence des assertions tout à fait contradictoires des enfants de Racine et de l'abbé d'Olivet.

Si, de l'examen de la question que j'ai soulevée, il résultait que l'abbesse de Fontevrault a véritablement traduit le *Banquet,* la lettre

---

[1] Nous lisons dans l'édition de *Racine* donnée par Aimé Martin, t. VI, p. 281, note, qu'une lettre de Boileau à Brossette, de l'année 1695, publiée par Cizeron-Rival, à la suite des lettres de Brossette, paraissait plus que suspecte au savant Daunou.

de Racine à Boileau, du 18 décembre....., paraîtrait devoir se rapporter à l'année 1679, où l'abbesse se trouvait à Paris auprès de madame de Montespan, dont la situation, alors plus que chancelante,
expliquerait le langage assez cavalier de Racine au sujet de la
corvée qu'on lui avait imposée.

ARRÊT DU CONSEIL DES DÉPÊCHES

RENDU A LA REQUÊTE DE L'ABBESSE DE FONTEVRAULT SUR LA DISCIPLINE
INTÉRIEURE DES COUVENTS DE SON ORDRE[1].

Saint-Germain, 8 février 1672.

Sur la requête présentée au roi étant en son conseil par dame
Marie-Madeleine-Gabrielle de Rochechouart, abbesse, chef et générale de l'Ordre et abbaye de Fontevrault, contenant que l'institution
dudit Ordre étant notoire au royaume et en l'Église, avec les priviléges et exemptions qui lui ont été données par diverses bulles
des papes, confirmées par lettres patentes des rois prédécesseurs
de Sa Majesté et par plusieurs arrêts de cours souveraines et reconnues régulières et canoniques par la Faculté de théologie de
Paris, et approuvées par tous les évêques dans le diocèse de chacun
desquels il y a monastère dudit Ordre, depuis plusieurs siècles,
ainsi qu'il paroît par arrêt du conseil du 8 octobre 1641, rendu de
l'avis de trois évêques, trois conseillers d'État et trois docteurs de
Sorbonne, qui auroient approuvé lesdites bulles, lettres patentes et
arrêts. Néanmoins lesquels évêques ont entrepris depuis peu de
temps de ruiner peu à peu ces priviléges, et entre autres le sieur
évêque de Saint-Flour, par deux articles contenus dans un règlement
qu'il a fait dans son diocèse, du 28 avril 1671. Il a révoqué le pouvoir qu'il dit avoir été donné à quelques prêtres de son diocèse

---

[1] Arch. de l'Emp. Mss. *Arrêts de* 1672. E. 1766, fol. 57.

d'absoudre, communier, dire la messe et recevoir dans leurs églises toutes religieuses, même exemptes, qui seroient sorties de leurs couvents sous la licence de leurs supérieurs ou supérieures exempts de sa juridiction, sans sa permission, à peine d'excommunication desdites religieuses ainsi sorties, même de celles lesquelles, n'étant de son diocèse, y passeroient sans avoir sa licence; laquelle peine s'étendroit sur ceux qui leur donneroient retraite et les accompagneroient, de quelque qualité qu'ils fussent, et enjoint aux curés de lui en donner avis.

Par le deuxième article, il défend à tous curés et confesseurs, sous peine de suspension, d'absoudre de l'excommunication encourue *ipso facto* par toutes personnes ecclésiastiques et séculières qui entreront ou permettront d'entrer dans un couvent de religieuses, sans son congé par écrit.

Et comme ladite dame supérieure en a eu connoissance et que les monastères d'Estel, La Mothe-Canillac, et Saint-Joseph de Brioude dudit ordre de Fontevrault sont situés dans le diocèse de Saint-Flour, elle en a écrit audit évêque de Saint-Flour, auquel elle a fait connoître le droit dudit Ordre. Et néanmoins, par sa lettre du 13 octobre dernier, il a déclaré vouloir, en son égard, persister en l'exécution de son ordonnance sur lesdits deux articles, comme à l'égard de tous les autres sans exception; et comme lesdits priviléges sont constants et que les supérieurs dudit Ordre ont toujours donné l'une et l'autre permission aux religieuses de sortir pour cause légitime et aux particuliers d'entrer au dedans des monastères dans les cas nécessaires, ladite dame abbesse a recours à Sa Majesté à ce qu'il lui plaise, ayant égard aux bulles des papes, aux lettres patentes des rois prédécesseurs de Sa Majesté, et aux arrêts du conseil et du parlement, sans s'arrêter auxdits deux articles des ordonnances dudit évêque de Saint-Flour, du 28 avril 1671, à l'égard dudit ordre de Fontevrault, maintenir et garder les monastères dudit Ordre en la possession et jouissance de tous leurs priviléges et exemptions, et particulièrement ladite dame abbesse, chef et générale dudit Ordre et ses vicaires, ensemble les supérieurs, chacun en son droit soi suivant la règle et les statuts, du pouvoir de donner les permissions des sorties pour causes légitimes et d'entrer dans lesdits monastères aux cas nécessaires, avec défenses de les y troubler.

Vu ladite requête, signée Fins, copie de l'arrêt dudit conseil du

8 octobre 1641, l'ordonnance du sieur évêque de Saint-Flour, du
28 avril 1671, la missive dudit évêque du 13 octobre dernier et
autres pièces, et ouï le rapport du sieur Daligre, conseiller ordinaire du roi en ses conseils, directeur de ses finances, commissaire
à ce député, et tout considéré :

Le roi étant en son conseil a renvoyé et renvoie ladite requête au
Grand Conseil pour y être fait droit ainsi qu'il appartiendra.

Cependant Sa Majesté a ordonné et ordonne, sans s'arrêter aux
deux articles du règlement dudit évêque de Saint-Flour, du 28 avril
dernier, en ce qui regarde ledit Ordre de Fontevrault, que ladite
dame abbesse, ensemble les monastères dudit Ordre, jouissent de
leurs priviléges concernant la sortie des religieuses de leurs monastères et l'entrée des particuliers au dedans d'iceux, comme ils auroient pu faire avant ledit règlement. Fait Sa Majesté défense audit
évêque et tous autres de les y troubler jusqu'à ce qu'autrement par
ledit Grand Conseil, parties ouïes, en ait été ordonné.

Signé : DALIGRE. COLBERT. VILLEROY. SÈVE [1].

[1] Peu de mois après, des lettres patentes rendues par la reine Marie-Thérèse, en l'absence de Louis XIV, confirmaient les anciens priviléges de Fontevrault.

« Saint-Germain en Laye, juin 1672.

« A la supplication de Marie-Madeleine-Gabrielle de Rochechouart, abbesse,
chef et principale de l'abbaye et Ordre de Fontevrault, nous plaît que...
les religieuses et leurs officiers, serviteurs, domestiques et fermiers, demeurant actuellement et sans fraude dans l'abbaye et bourg de Fontevrault,
soient francs de toutes tailles, chevauchées, péages, traites foraines, prévôtés
de Bretagne et autres provinces, droits d'entrée et sortie de France, et de
tous devoirs, tant par eau que par terre, pontenages, servitudes de guet,
gardes de villes et châteaux, ensemble de toute coutume et service ter-
rien, de quelque nature qu'il soit, sans aucune exception, en pays, terres et
seigneuries de notre obéissance. Comme aussi, que ladite abbaye, prieurés
et membres qui en dépendent soient exempts de bailler aveux et déclara-
tions, et de faire les foi et hommage quand le cas y échoit, de payer aucuns
rachats ou sous-rachats, à nous ou aux seigneurs qui tiennent ou relèvent de
nous. Qu'en outre, ladite abbaye soit déchargée, ainsi qu'elle a été de tout
temps, des décimes tant ordinaires qu'extraordinaires, dons gratuits et sub-
ventions, et lui soit continué le pouvoir de tirer tous les ans de leurs salines
d'Ardillon et de Beauvoir-sur-Mer le nombre de huit muids de sel mesure
de Paris, et un poinçon de sel blanc, pour les entonner dans des pipes et fu-
tailles, afin d'être conduits par eau depuis lesdits Ardillon et Beauvoir par
mer jusques à Nantes, et de Nantes par la rivière de Loire jusques à Montsoreau, et de là, par charroi, en ladite abbaye de Fontevrault, francs et quittes
de toutes gabelles, impôts, etc.... — MARIE-TÉRÈSE. — PHÉLIPEAUX. » (Arch. de
l'Empire, L. 1,019.)

—

LETTRE CIRCULAIRE DE L'ABBESSE DE FONTEVRAULT
AUX COUVENTS DE L'ORDRE [1].

2 juin 1687.

Chères filles et bien-aimées religieuses, c'est bien moins pour satisfaire à la coutume qu'au désir sincère que nous avons de votre perfection, que nous entreprenons, avec l'aide de Dieu, et après avoir entendu notre conseil, de vous représenter ici les défauts que le relâchement a pu introduire dans vos maisons, et de vous marquer les moyens que nous jugeons les plus propres pour faire revivre parmi vous l'esprit de notre sainte règle; ce qui doit être l'unique but de toutes les exhortations des supérieurs, aussi bien que le seul emploi légitime de l'autorité qui leur a été confiée.

Dieu nous est témoin que nous ne cherchons pas à user sans besoin de cette autorité, et que nous sommes fort éloignée de vouloir appesantir le joug dont vous vous êtes chargées volontairement pour suivre Jésus-Christ. Aussi osons-nous assurer qu'en examinant soigneusement toutes les ordonnances qui vous viennent de notre part, vous n'y trouverez aucune loi nouvelle, mais seulement des éclaircissements de celles auxquelles vous vous êtes soumises par votre profession.

1. Nous savons, et c'est notre plus grande joie et notre plus grande gloire devant Dieu, qu'il y a plusieurs de nos monastères qui ont une

Bibl. imp., *Imprimés*, 5,155.

si sainte habitude d'observer la règle, qu'ils n'ont besoin d'aucune réforme ; mais, en même temps, nous sommes convaincue avec douleur que plusieurs autres lieux de notre dépendance ne vivent pas dans la même exactitude. Nous prions Dieu que ce que nous allons prescrire à ceux-ci ne tourne point à leur condamnation, et, qu'au contraire, ils en tirent toute l'utilité que nous voulons nous en promettre. Et, pour les communautés bien réglées, au lieu de se formaliser de recevoir des ordonnances qu'elles observent déjà, nous les conjurons de considérer qu'en les faisant générales, nous sommes obligée de dire des choses convenables au plus grand nombre ; cesdites communautés seroient bien à plaindre si elles diminuoient le mérite de leur régularité par une espèce d'orgueil, dont le murmure que nous essayons de prévenir seroit une marque infaillible.

II. Nous vous déchargeons de lire nos ordonnances précédentes, et à ce dessein nous allons recueillir ici tous les articles que nous y avons trouvés essentiels ; à quoi nous en ajouterons un petit nombre de nouveaux, suivant les lumières qui nous sont venues pendant ces trois dernières années. Le soin que nous prenons de faciliter l'obligation indispensable où vous êtes de lire nos ordonnances, vous rendra nexcusables si vous retombez à cet égard dans vos négligences ordinaires, que nous sommes aussi très-résolue de ne plus tolérer. Nous comprenons dans lesdites ordonnances notre dernière lettre circulaire[1], que nous vous ordonnons de lire avec la même exactitude, et que pour cela nous joignons ici, tant nous avons à cœur de l'autoriser et maintenir, comme très-utile à tout l'Ordre ; quoique la censure que quelques personnes animées d'un zèle tout au moins un peu suspect se donnent la liberté de faire de cette même lettre, nous réponde qu'elle n'est pas en danger d'être ignorée, ni oubliée de longtemps.

III. Vous partagerez ces lectures avec celle de notre sainte règle et des ordonnances de vos vicaires dans vos chapitres, que vous devez tenir au moins une fois la semaine, si vous ne pouvez satisfaire aux trois fois que la règle prescrit. Il n'est point nécessaire que les mères prieures y fassent toujours des exhortations ; les lectures ci-dessus marquées y suppléeront suffisamment, lesquelles étant jointes aux prières accoutumées, rendront toujours cette pratique très-utile. Celle de tenir la communauté l'est aussi beaucoup : nous vous recommandons d'y être aussi exactes que notre sainte règle l'ordonne.

IV. La révérence au service divin ne devroit pas, ce semble, être recommandée à des épouses de Jésus-Christ : et vous comprenez assez quelle confusion ce seroit pour vous et pour nous qu'il y eût quelques-uns de nos monastères où les églises retentissent aussi souvent de paroles inutiles, et quelquefois injurieuses, que des louanges de Dieu ; il ne faut que dire simplement ce désordre pour en exprimer toute l'horreur, et pour faire juger combien il mérite d'être puni.

[1] La lettre du 6 février 1686 que nous avons donnée sous le n° 43.

V. Quoique nous soyons persuadée de votre zèle à prier Dieu pour la conservation du roi, nous ne laissons pas de vous exhorter à chanter tous les jours, après l'*Agnus Dei* de la messe, le verset, *Domine, salvum fac regem*, etc.

VI. Vous chômerez la fête de la Visitation, et celle de notre Père saint Benoît, qui arrive au mois de mars. A l'égard des fêtes retranchées, nous croyons que vous pouvez vous conformer à l'usage des diocèses dans lesquels vos monastères se trouveront situés et jouir de la liberté de travailler ces jours-là, suivant la dispense qui en est accordée (supposé qu'elle le soit dans les lieux où vous demeurez), pourvu que le temps que vous y emploierez ne vous fasse perdre aucune des heures d'office, de lecture spirituelle et de méditation, qui sont encore plus indispensables les jours de fêtes que les autres.

VII. Dans les lieux où l'on ne peut avoir de sermon, on s'assemblera au chapitre ou dans la chambre de communauté, tous les dimanches de l'avent et du carême et les principales fêtes de l'année, et l'on fera une lecture spirituelle au choix de la mère prieure, depuis deux heures jusques à trois, touchant l'évangile ou le mystère du jour. Les religieuses, qui, dans les retraites spirituelles, se dispensent de l'assistance au chœur pour vaquer à quelque dévotion particulière, sont dignes du reproche que Notre-Seigneur faisoit aux Pharisiens, sur ce qu'ils négligeoient les commandements, pour s'attacher à leurs traditions.

VIII. Comme les lettres mortuaires sont souvent retardées et peuvent arriver dans des temps où il vous seroit difficile de faire les services, nous avons jugé à propos qu'il s'en fit un par semaine pour les personnes de l'Ordre que Dieu appelle à lui. Il ne doit pas être libre aux mères chantres de multiplier ou de diminuer ces services à leur dévotion, non plus qu'aux mères prieures d'ajouter aucuns suffrages, ni prières publiques à celles qui sont d'obligation.

IX. Nous désapprouvons et défendons la mauvaise coutume introduite dans plusieurs maisons de faire venir des religieux et des prêtres étrangers pour faire des services pour les défunts : cette apparence de piété est très-préjudiciable aux vivants, et ne peut pas être plus utile aux morts que le seront les prières de ces mêmes religieux ou ecclésiastiques dans leurs propres maisons, où il est aisé de leur faire tenir l'argent destiné à cet usage. On s'en tiendra, à l'égard des enterrements, à ce qui est marqué dans notre sainte règle.

X. Ayant souvent expliqué tous les inconvénients qui naissent de la multitude de confesseurs et de directeurs externes (c'est-à-dire qui ne sont pas de l'Ordre), nous ordonnons que les confessions se fassent conformément à notre sainte règle et au sacré concile de Trente. Nous ne prétendons pas pour cela ôter aux mères prieures la liberté d'accorder des extraordinaires, dans les besoins qu'elles reconnoitront véritables et exempts de libertinage ou de quelque autre abus que ce puisse être. Pour être assuré de la capacité et bonnes mœurs desdits

16

extraordinaires, il est à propos de n'en point admettre qui ne soient approuvés dans le diocèse. Les mères prieures répondront à Dieu de l'usage qu'elles feront de ce pouvoir, lequel nous déclarons ne leur être point donné, quand il s'agira des cas réservés au pape, qui de droit sont dévolus à nos vicaires, vos visiteurs, ou de ceux que nos dits vicaires pourront se réserver.

XI. Nous entendons qu'il y ait toutes les nuits une lampe allumée dans chaque dortoir ; cette précaution prévient plusieurs accidents fâcheux, et on ne peut la négliger sans une espèce d'inhumanité.

XII. Vous êtes suffisamment instruites que vous ne devez faire aucune brigue dans vos élections ; mais nous vous avertissons que nous avons recommandé à nos commissaires de ne les pas recevoir, lorsque ces mêmes brigues seront manifestes, ou qu'il s'y commettra quelque autre irrégularité de même conséquence, visiblement contraire aux canons.

XIII. Les maîtresses des novices seront seules chargées de la conduite des novices et des postulantes, sous l'autorité de la mère prieure ; les parentes et amies desdites novices n'y ont aucun droit, et nous leur défendons de s'en mêler en aucune manière.

XIV. Nous trouvons les coiffures mondaines aussi bien que les habits riches et éclatants peu convenables à l'état des postulantes : que les séculières qui sont chez vous, ne tombent donc point dans ce défaut. Par là, vous les instruirez à la modestie et à la simplicité chrétienne ; vous leur ôterez les petites jalousies auxquelles l'amour de la parure si naturel à cet âge fournit de fréquentes occasions ; et enfin vous soulagerez les parents d'une dépense qu'ils font apparemment avec quelque regret pour des filles qui sont cachées dans des cloîtres. Vous ne recevrez, ni ne garderez point de pensionnaires sans notre permission, et jamais au-dessus de l'âge de quatorze ans. Lorsque lesdites pensionnaires seront dans un nombre assez considérable, nous jugerions fort à propos qu'elles eussent des chambres et des maîtresses séparées de celles des novices : on ne doit point les laisser sortir que lorsque les parents les redemandent pour toujours.

XV. Vous appellerez *mères* toutes celles qui ont cinq ans de profession au-dessus de vous.

XVI. Nous ordonnons que vos sœurs laies portent exactement la ceinture liée par-dessus leurs habits ; qu'elles appellent *mères* toutes les religieuses de chœur. sans aucune exception, et qu'en cas qu'elles s'opiniâtrent à ne le pas faire, elles soient punies, ou renvoyées, si elles sont encore novices, montrant bien par cette résistance un orgueil à quoi nous expérimentons que les professes d'entre elles sont aussi sujettes qu'elles en devroient être éloignées par leur état. Dans les lieux où, à raison du petit nombre desdites sœurs laies, on est obligé d'avoir des servantes séculières, avec permission seulement de nous, ou de nos vicaires, on ne souffrira point que lesdites servantes sortent du monastère, que lorsqu'elles demanderont leur congé pour n'y plus revenir.

XVII. Vous ne donnerez communication de nos ordonnances auxdites sœurs laies que touchant les articles qui peuvent avoir rapport à elles.

XVIII. Le guichet de la grille du chœur se fermera à deux clefs, lesquelles seront gardées ainsi que celles des portes de clôture. Les mères portières n'ouvriront jamais lesdites portes sans être deux ensemble, et ne les laisseront ouvertes que pour la pure nécessité, sans y faire ni y souffrir, sous quelque prétexte que ce soit, aucune conversation, ni que les religieuses y viennent embrasser leurs parents, ce que nous avons appris qui avoit causé quelquefois des entrées illégitimes.

XIX. Vous abolirez tous les guichets de vos parloirs, et vous substituerez de petits tours à la place dans les lieux où ils se trouveront nécessaires.

XX. Nous ordonnons que toutes les grilles soient de fer, et que toutes les ouvertures en soient assez petites pour qu'au moins la main n'y puisse passer.

XXI. Les volets des parloirs ne s'ouvriront que pour les proches parents, et pour les personnes d'une qualité distinguée. Si l'on accorde cette grâce pour de moindres sujets, il faut que l'on soit pour le moins trois ensemble du côté du dedans,

XXII. Les portes des parloirs seront fermées en hiver à sept heures du soir et en été à huit au plus tard, et en faveur seulement des proches parents, lorsque leurs visites devront être courtes. On ne se tiendra point auxdits parloirs pendant l'Office divin, principalement les fêtes et dimanches : on sait bien qu'il est défendu d'y aller sans la permission de la mère prieure, qu'elle en doit garder les clefs soigneusement, et ne pas souffrir qu'on y fasse de repas. Quant aux portes de clôture, elles seront toujours fermées, et s'ouvriront selon que la règle le prescrit, à moins de quelque nécessité indispensable. Les mères prieures doivent avoir là-dessus une vigilance et une fermeté à l'épreuve de toutes sortes d'artifices et de sollicitations. Nous savons qu'il y en a beaucoup qui manquent à ce devoir essentiel, et à qui Dieu demandera un compte rigoureux des fautes et des scandales dont ce désordre peut être la source. Pour ne pas partager avec elles une condamnation si juste, nous prétendons les veiller de près sur cet article, tant par nous-même, que par nos vicaires, et ne leur point pardonner, en cas qu'elles soient assez malheureuses pour ne pas s'acquitter de leur devoir à cet égard.

XXIII. Nous avons vu plusieurs personnes religieuses et séculières scandalisées du style libre et peu modeste dont la plupart des jeunes filles usent dans leurs lettres. Si les mères prieures les voyoient, comme notre sainte règle les y oblige, ce désordre seroit arrêté. Nous chargeons lesdites mères prieures d'être exactes là-dessus, à moins que les lettres ne s'adressent aux parents très-proches.

XXIV. Nous gémissons tous les jours d'apprendre qu'il y a plusieurs de nos maisons, quelques-unes même dont les revenus sont considérables, où les infirmes ne sont pas secourues, et où les choses nécessaires pour l'entretien ne sont pas fournies suffisamment, ce qui pourroit donner un prétexte spécieux aux particulières de vivre avec propriété, d'entretenir plusieurs commerces au dehors, et de faire bien souvent des bassesses indignes de leur naissance et de leur profession. Ce que nous pouvons faire ici est de détester ce désordre en général, sans pouvoir descendre dans les moyens d'y remédier, qui dépendent de plusieurs discussions, où l'inspection des lieux est encore nécessaire. Ce détail regarde nos vicaires, que nous chargeons de s'y appliquer infatigablement, vous conjurant, chères filles, de leur faciliter ce travail, par des dispositions conformes au désintéressement et à l'obéissance que vous avez vouée.

XXV. Nous ordonnons la simplicité et l'uniformité dans les habits.

XXVI. Excepté les malades et les infirmières, toutes les religieuses prendront leurs repas au réfectoire, et ne les feront jamais à heure indue. On se plaint de plusieurs endroits que les malades refusent, ou diffèrent longtemps de se ranger aux infirmeries, ce qui cause des irrégularités dans les dortoirs, et beaucoup d'incommodité à celles qui suivent les observances. Nous défendons ce désordre aussi bien que les saignées et les repas dans les cellules.

XXVII. Nous approuvons fort l'usage de la table, appelée de Miséricorde, et nous serions bien aise, qu'elle fût établie dans tous nos couvents.

XXVIII. Nous ordonnons que tous les domestiques vicieux soient chassés, particulièrement les ivrognes. Il ne faut pas avoir égard sur cela aux sollicitations des personnes qui les protégent. Il seroit honteux que dans des maisons consacrées à Dieu, on tolérât ces désordres qui ne sont pas soufferts par les personnes mêmes les plus engagées dans le siècle.

XXIX. Il n'est pas moins interdit à des religieuses particulières de garder la clef des cassettes où est leur argent, et de savoir elles seules ce que lesdites cassettes contiennent, que de les laisser dans leurs chambres. Nous défendons absolument cet abus, comme un péché visible contre le vœu de pauvreté, qui est encore blessé notablement dans les présents considérables, dans la prétention d'hériter les unes des autres sous prétexte de parenté ou de quelque autre liaison, et dans les superfluités et curiosités, dont on ne voit que trop d'exemples dans la plupart des monastères.

XXX. On n'abattra jamais de grands bois en quelque petite quantité que ce soit, sans une permission par écrit de nous ou de nos vicaires.

XXXI. Vous savez bien que vous ne devez faire ni aliénation, ni acquêt, ni emprunt, ni bâtiment un peu considérable, surtout ceux qui obligent à ouvrir la clôture, sans une permission expresse de nous ou de nos vicaires. Nous vous avertissons de ce devoir, parce que, tout connu qu'il est, on se donne quelquefois la liberté d'y manquer, ce que nous sommes fort résolue de ne pas tolérer à l'avenir, comme nous avons eu la condescendance de le faire en quelques occasions.

XXXII. La troisième parente au degré défendu par notre sainte règle (dans lequel degré les petites-nièces et les cousines germaines ne sont point comprises) sera privée de voix active, à moins qu'une desdites parentes vînt à mourir ou à sortir pour toujours de la maison.

XXXIII. Les parentes au degré défendu par la règle ne seront point ensemble dans les offices comptables, dont pareillement on doit les exclure lorsqu'une de leurs parentes au susdit degré sera prieure.

XXXIV. Les religieuses qui, à raison de leurs infirmités habituelles, ne peuvent coucher dans le dortoir, ne doivent point être mises, ni élues dans les offices.

XXXV. S'il arrive que quelqu'une soit élue prieure, étant dans la charge de dépositaire, elle n'attendra pas que le temps des offices [comptables] soit venu pour s'en démettre, ces deux charges étant entièrement incompatibles.

XXXVI. Les offices de dépositaire et de boursière s'exerceront conformément à ce que prescrit notre sainte règle; un usage contraire, quelque ancien qu'il puisse être, est une faute considérable, et non pas une excuse, ni une prescription.

XXXVII. Il est honteux et inutile de défendre l'infidélité dans l'administration des biens du monastère, soit en les appropriant à soi-même, soit en les distribuant avec acception de personnes, puisque ces manquements sont dans le fond de véritables larcins, d'autant plus criminels qu'ils s'attaquent à la religion. Nous déclarons donc seulement, que s'ils se commettent, nous ne ferons point de grâce à celles qui en seront reconnues coupables.

XXXVIII. Nous entendons que les mères officières écrivent elles-mêmes leurs comptes avec simplicité, marquant ce qu'elles auront reçu et ce qu'elles auront dépensé, et spécifiant en détail et sans détour les choses à quoi la mise aura été appliquée. Nous entendons qu'en sortant des offices, elles se démettent entièrement de toutes les choses qui en sont dépendantes.

XXXIX. Nous avons recommandé expressément à nos vicaires de ne point recevoir les comptes des mères officières, s'ils ne les trouvent dressés en bonne forme.

XL. Lesdites mères officières les rendront tous les trois mois, sans manquer, à la mère prieure, et, avec cette précaution, les affaires se développeront plus clairement à nos vicaires pendant leurs visites; lesquels vicaires pourront ensuite nous en rendre un compte plus fidèle, aussi bien que vous donner à vous-mêmes des moyens plus utiles pour contribuer à la bonne économie de vos maisons.

XLI. Comme nous condamnons infiniment ceux d'entre nos religieux,

16.

qui seroient capables d'aimer l'argent et les commodités superflues auxquelles ils ont renoncé par leur profession, nous trouvons aussi fort
injuste que les mères officières aient la dureté de leur refuser les
choses nécessaires, ou de les leur donner avec murmure et après les
avoir fait longtemps attendre. Nous défendons cette conduite qui n'est
ni charitable, ni bienséante, et qui est d'autant moins excusable que la
plupart du temps cette épargne illégitime fait souffrir vos seuls confesseurs ordinaires et naturels, pendant que ceux qui ne sont point de
l'Ordre ou des personnes séculières profitent de vos profusions, aux
dépens du temporel, et quelquefois même du spirituel des monastères.

XLII. Les mères officières sont coupables de l'indigence des monastères,
lorsqu'elles ne mettent pas toute leur application à en dispenser le bien
avec équité et économie, et lorsque, par des respects humains ou par
négligence, elles ne font pas les poursuites nécessaires pour faire payer
ce qui est dû aux maisons.

XLIII. Ce nous sera une grande facilité, dans la sollicitation de vos
procès, si vous vous servez, autant qu'il sera possible, des mêmes avocats et procureurs qui travaillent pour notre abbaye. Nous allons ici
vous les indiquer à cette intention : le sieur Lottier, avocat au conseil ;
le sieur Vaillant, avocat au grand conseil ; le sieur Le Page, procureur
au même lieu, et le sieur Petitjean, procureur au parlement.

XLIV. Il faut que les mères dépositaires aient par devers elles un
inventaire de tous les meubles et livres appartenant aux monastères,
qui sont dans les chambres des pères confesseurs, et qu'aucune personne, ni lesdits confesseurs mêmes, n'en détournent jamais aucune
chose dans le temps de leur demeure, non plus que dans celui où ils
sont transférés d'une maison à une autre.

XLV. Vous ne livrerez vos papiers et titres à qui que ce soit, et surtout aux séculiers, que le moins qu'il se pourra, et jamais sans tirer
d'eux un *récépissé*, que vous garderez soigneusement jusqu'à ce que
les pièces soient remises dans vos archives ; ce qui se doit faire tout
aussitôt que les affaires pour lesquelles lesdits titres et papiers auront
dû être produits le permettront.

XLVI. Vous tiendrez conseil tout au moins une fois le mois, auquel
les mères discrètes assisteront aussi bien que vos pères confesseurs.
C'est dans ces assemblées où toutes vos affaires doivent se régler, et
nous désapprouvons fort qu'il s'en résolve aucune sans la participation
de toutes ces personnes.

XLVII. Quand il a été ordonné de ne pas continuer les mères dépositaires plus de trois ans sans notre permission, on n'a pas prétendu
fixer les communautés à laisser lesdites mères dépositaires tout ce
temps-là en charge, supposé que leur conduite ne fût pas bonne. On
nous a proposé de certaines difficultés qui nous ont fait connoître que
nous devions nous expliquer sur ce sujet. Il n'y a pas non plus d'obligation aux communautés de perpétuer dans les mêmes personnes les

offices de discrétion; les particulières qui ont cette prétention ne nous paroissent nullement fondées.

XLVIII. Toutes les fois que vous nous demanderez des octrois ou des obédiences, souvenez-vous de marquer exactement les noms et surnoms des personnes proposées.

XLIX. On se souviendra de ne jamais adresser de lettres à nos religieuses des Filles-Dieu, lorsqu'elles ne seront pas pour elles-mêmes, sans leur en payer le port. Nosdites religieuses des Filles-Dieu ont déjà fait là-dessus plusieurs avances aussi injustes qu'elles leur sont incommodes.

L. C'est faire des fautes contre la clôture et contre la bienséance de faire le vin, d'avoir des pressoirs et des boucheries dans l'intérieur des monastères. Nous défendons ce désordre, lequel heureusement ne peut être reproché qu'à un très-petit nombre de nos maisons.

LI. Nous sommes scandalisée de voir la plupart des religieuses ignorer ou négliger si fort les principes du christianisme, qu'elles ne font nulle difficulté de médire et de calomnier, même devant les séculiers, des personnes de leur Ordre, et plus souvent que tout autre, des prêtres et des confesseurs, ce qu'elles font dans leurs conversations et leurs lettres trop fréquentes et très-peu mesurées. Il est inutile de dire que nous défendons ce que toutes les lois divines et humaines condamnent; nous déclarons seulement que lorsque cette sorte de faute viendra à notre connoissance, nous prétendons la punir en toute rigueur, et nous engageons nos vicaires à en user de même.

LII. Les longs entretiens avec les pères confesseurs, tant réguliers que séculiers, ordinaires qu'extraordinaires, surtout quand ils sont jeunes, ne seront nullement soufferts, si ce n'est à leurs confessionnaux, dont la grille doit être couverte d'une toile épaisse et bien clouée. Nous chargeons la conscience des mères prieures et celle de nos vicaires de veiller sur cet article, qui est très-important; les mêmes pères confesseurs ne se tiendront jamais aux parloirs avec les volets ouverts, si la compagnie du dedans n'est composée au moins de trois personnes.

LIII. Nous souffrons avec peine l'usage de donner des pensions aux pères confesseurs pour leur entretien, et nous louons les mêmes confesseurs et les monastères qui évitent ce relâchement; mais dans les lieux où il ne peut s'abolir sans en introduire quelque autre plus pernicieux, nous tolérons lesdites pensions, pourvu qu'elles n'excèdent pas la somme de quatre-vingts livres, étant persuadée que, dans les provinces éloignées de Paris, vingt écus même suffiroient. Nous chargeons nos vicaires de ne point flatter en cela la cupidité de leurs frères et de faire réflexion qu'il y va de leur honneur, aussi bien que de leur conscience, que les religieux de l'Ordre ne soient pas regardés dans le monde comme des gens intéressés.

LIV. Nos mêmes vicaires n'auront pareillement aucune tolérance touchant les chevaux des pères confesseurs, et les communautés ne nourriront point lesdits chevaux. Elles apporteront par là un remède plus sûr et plus légitime à ce désordre qu'elles ne font par des plaintes et des médisances également inutiles et criminelles; mais aussi elles auront un ou deux chevaux qui appartiendront à la maison et qui ne seront point refusés aux pères confesseurs pour les voyages nécessaires, ou même pour quelques promenades, pourvu qu'elles soient rares et réglées : ces voyages et ces promenades ne se feront qu'avec l'agrément des mères prieures. Il n'est pas nécessaire d'expliquer que cette défense touchant les chevaux ne regarde pas nos vicaires, qui ne peuvent guère se passer d'en avoir jusqu'à deux. On en peut aussi tolérer un aux curés, qui ont une paroisse étendue. Les autres religieux ne doivent point prétendre de privilége là-dessus s'ils ne peuvent produire une permission signée de nous. Après une déclaration si formelle, ce sera la faute des maisons qui souffriront quelque charge à cet égard; et les pères confesseurs ne seroient plus guère en droit de prêcher l'obéissance et la pauvreté s'ils étoient assez malheureux pour donner un mauvais exemple de l'une et de l'autre, en préférant la vanité et la foible satisfaction d'avoir des chevaux en propre, à l'intérêt de leur conscience et de la réputation sans laquelle ils ne peuvent réussir à conduire les âmes, ainsi qu'ils y sont destinés par leur état.

LV. Les seconds confesseurs doivent se souvenir que la règle les soumet à leurs anciens. et ces derniers. en usant de cette supériorité avec beaucoup d'honnêteté et de douceur, doivent veiller soigneusement sur la conduite de leurs coadjuteurs. les instruisant surtout par leurs exemples, et avertissant avec sincérité et sans passion les seuls supérieurs des fautes de leursdits coadjuteurs. lorsqu'ils n'auront pu les corriger par des avis secrets et charitables. Nous entendons que lesdits premiers confesseurs aient la même inspection sur les chapelains, et que ces derniers ne présument de faire aucune entrée, ni de se tenir aux parloirs. que conformément aux ordres que nous donnons à l'égard de nos religieux et de toute sorte de confesseurs. dans notre lettre-circulaire. Ils n'entreront point pour accompagner les médecins et chirurgiens.

LVI. Lesdits pères confesseurs diront les messes par semaine ; l'ancien chantera toujours celles de première et de seconde classe. auxquelles le coadjuteur doit faire sans difficulté la fonction de diacre.

LVII. Les anciens pères confesseurs ne se dispenseront point de partager ainsi les charges avec leur coadjuteur, à moins qu'ils n'aient cinquante ans passés, qu'ils ne soient visiblement infirmes. ou qu'ils ne soient du nombre de nos vicaires présents ou antiques. Nous ordonnons aux monastères qui n'ont point de religieux de l'Ordre d'en faire venir, s'il se peut. quelqu'un du voisinage, pour assister de notre part aux prises d'habits et aux professions.

LVIII. Dans les maisons où il y a deux confesseurs. l'ancien sera chargé de la direction des novices et de celle des jeunes professes.

surtout pour les retraites. Les confesseurs de quelque Ordre que ce soit, auxquels on est obligé de donner l'entrée pour assister les malades, doivent être toujours accompagnés, même dans les chambres d'infirmerie, en sorte que, conformément à notre sainte règle, on ne les perde pas de vue, quoique l'on ait soin de s'éloigner assez pour n'être pas à portée de les entendre.

LIX. Comme nous avons recommandé expressément à nos vicaires de ne point tolérer la mauvaise conduite des pères confesseurs, de confisquer leurs chevaux s'ils leur en trouvent illégitimement, de détruire les bâtiments et ajustements trop mondains qu'ils auroient pu s'approprier dans les maisons, de les punir pour la chasse s'ils s'en trouvent coupables, et, en un mot, de renvoyer ici ceux d'entre eux qu'ils trouveront incorrigibles ; nous espérons que nosdits vicaires acquitteront fidèlement leur conscience à cet égard : et si une trop grande condescendance pour leurs frères étoit capable de les en détourner, nous sommes persuadée que nous en serions avertie. Après toutes les précautions que nous prenons pour que les pères confesseurs soutiennent la sainteté de leur état et qu'ils édifient les communautés, les religieuses seront plus coupables que jamais et indignes de tout pardon si elles continuent à les décrier et calomnier, comme elles ont fait souvent jusqu'ici, même parmi des personnes séculières.

LX. Nous pourrions nous plaindre légitimement du tort que l'on fait à nos secrétaires, et que l'on nous fait à nous-même, en soupçonnant quelquefois leur fidélité ; mais nous aimons mieux travailler à détruire un abus dont nous savons que feu Madame s'est ressentie aussi bien que nous, et que nous ne croyons guère moins ancien que l'Ordre. Nous avertissons donc les personnes qui se laissent tromper de bonne foi là-dessus (car, pour celles qui agissent par malignité, nous sommes persuadée que tout éclaircissement leur seroit inutile), nous les avertissons, dis-je, que nos secrétaires se conduisent dans leur emploi avec toute la probité que l'on peut exiger d'elles, et que l'on doit présumer que nous y connoissons, puisque nous les avons choisies, et que nous les gardons avec autant de satisfaction que de repos de conscience. Il est très-certain encore que nous nous sommes fait une loi, que nous observons scrupuleusement, surtout depuis quelques années, de lire ou faire lire devant nous, d'un bout à l'autre, toutes les lettres aussi bien que les réponses qui passent par les mains de nosdites secrétaires, quand même ces lettres et réponses ne traiteroient que de choses indifférentes ou de purs compliments. A l'égard des lettres secrètes, par quelque personne qu'elles nous soient rendues, nous ne manquons jamais à les lire nous-même, à y répondre de notre main et à prendre jusqu'au soin de les cacheter. C'est une vérité constante que ces précautions s'observent également, soit que lesdites lettres s'adressent aux secrétaires ou à des personnes de traverse. Cependant on s'imagine ne se bien cacher que lorsqu'on ne prend pas les voies communes ; et les grands mystères, outre que la plupart du temps ils ne couvrent que des bagatelles, sont encore confiés à tant de gens, que quelquefois une partie de cette maison en est imbue, lorsque nous nous faisons une affaire sérieuse et indispensable de les bien cacher. Quant à ce qui s'allègue que quelques religieux ou autres personnes se vantent d'être instruits par nosdites secrétaires de tout ce qui nous est mandé, il est visible que c'est une finesse, dont lesdites personnes se servent pour intimider les gens qu'ils jugent capables de censurer leur conduite, et il n'est pas surprenant que l'on rencontre presque toujours à deviner ceux qui attirent les réprimandes, puisque les sentiments ne se déclarent que trop parmi vous, surtout ceux de haine et d'amitié, et plus à l'égard des confesseurs que des autres ; ce qui produit cette monstrueuse diversité d'opinions sur leur sujet, qui nous jettent tous les jours dans de si fâcheux embarras.

Nous croyons que Dieu nous a fait la grâce de renfermer dans ces ordonnances toutes les explications dont les personnes peu ferventes et peu attentives à notre sainte règle pourroient avoir besoin ; mais reconnoissant que le plus grand obstacle qu'il y ait à vaincre pour établir le bien n'est pas l'ignorance des devoirs, qui pour l'ordinaire sont très-connus, nous ne regardons l'application que nous donnons à vous enseigner ces devoirs que comme une démarche facile, en comparaison de celle qui vous demeure en partage, qui est l'obéissance exacte à tous ces règlements. Nous vous la demandons avec d'autant plus d'ardeur, qu'outre l'intérêt que nous prenons à votre salut et à votre réputation, nous craignons naturellement d'user d'une sévérité, à laquelle cependant nous nous trouverions forcée, si malheureusement vous ne vous portiez pas de bon gré à vous régler sur les maximes que vous trouverez ici établies, qui sont celles mêmes du christianisme et de notre sainte règle.

Suivant le précepte et l'exemple de l'apôtre saint Paul, nous ne nous rebuterons point de vous exhorter sur des matières si importantes, soit que vous soyez bien ou mal disposées à nous écouter. Et où les discours se trouveront sans force et sans fruit, nous surmonterons notre pente naturelle à la douceur et à l'indulgence, en usant par nous-même et par nos vicaires des moyens que notre sainte règle nous fournit pour vaincre la résistance des personnes mal intentionnées ; c'est-à-dire que dans les besoins, les dépositions et les suspensions des mères prieures et officières, la défense de recevoir des novices, et les autres punitions seront mises en usage, plutôt que de tomber dans la tolérance malheureuse et criminelle qui rend les supérieurs complices des fautes de leurs inférieurs.

Nous espérons, chères filles, que vous ne nous amènerez jamais à ces fâcheuses extrémités, et que vous recevrez les présentes ordonnances, avec une soumission proportionnée au zèle sincère qui nous les a fait dicter, et à la véritable tendresse que nous avons pour vous.

Lues et publiées dans notre assemblée générale tenue par nous dans notre grand parloir, en présence des discrètes et discrets de notre Ordre, le deuxième juin mille six cent quatre-vingt-sept.

M. M. GABRIELLE DE ROCHECHOUART DE MORTEMART.

———

MANIÈRE DONT SE FONT, TOUS LES TROIS ANS, DANS L'ORDRE DE FONTEVRAULT,
L'ÉLECTION DU VISITEUR APOSTOLIQUE DE L'ABBAYE ET CHEF DE L'ORDRE
ET L'ASSEMBLÉE OU CHAPITRE GÉNÉRAL [1].

L'abbaye de Fontevrault est chef de cinquante-sept couvents dispersés dans presque toutes les provinces du royaume [2]. Ces couvents sont dirigés par des religieux de l'Ordre que madame l'abbesse, chef et générale, y envoie en qualité de confesseurs des religieuses. Outre cela, ils sont visités, une fois l'année, par des religieux, aussi sous l'autorité de madame l'abbesse, et en qualité de ses vicaires.

Fontevrault, dépendant immédiatement du Saint-Siége, n'a de supérieurs que le pape, et est visité par un religieux d'un autre Ordre, en qualité de visiteur apostolique, qui est élu tous les trois ans par tous les couvents en la manière qui suit :

On s'assemble capitulairement dans chacun de ces couvents, l'une des fêtes de la Pentecôte, et, après la communion, on élit un visiteur pour Fontevrault et un religieux de l'Ordre, qui est ordinairement le confesseur ou le visiteur de la province, député pour porter à Fontevrault la lettre conventuelle, ou espèce de procès-verbal de cette élection.

Le lundi de l'Octave du Saint-Sacrement à Fontevrault, après une messe du Saint-Esprit, madame l'abbesse à la grande grille de l'église principale, la communauté des religieuses et des religieux

———

[1] Arch. de l'Empire. *Monuments ecclésiastiques*, VIII. *Couvents de femmes*, L. 1019. — Note manuscrite : « Cet extrait a été envoyé de Fontevrault en juillet 1691, peu après le dernier chapitre. »

[2] Il y en avait soixante-trois en 1700.

anciens et porteurs des lettres conventuelles assemblés, fait appeler à haute voix et de suite tous les couvents par son secrétaire : le religieux porteur de la lettre du couvent appelé, la présente à madame l'abbesse, qui la décachette et la donne à lire au secrétaire. Puis, lorsque toutes ces lettres sont lues, madame l'abbesse déclare élu visiteur de son abbaye celui qui a eu plus de suffrages et lui fait délivrer des lettres de confirmation.

Quant au chapitre général, voici comme il se passe. A l'issue de l'élection, le même jour lundi, madame l'abbesse fait assembler les religieuses discrètes de son abbaye et les religieux discrets, qui sont ceux qui ont assisté à l'élection, dans le grand parloir de son logis, sans que laïques ou jeunes personnes, religieuses ou religieux, y soient admis. Là, madame l'abbesse fait lire par une des dames secrétaires les ordonnances pour le règlement général de l'Ordre sur les différents défauts ou relâchements qu'elle a remarqués.

Après cela, elle donne des avis généraux à ses religieux, et on traite les autres affaires de l'Ordre.

Et enfin, madame l'abbesse établit ou confirme le prieur de Saint-Jean de l'habit [1], seul monastère de religieux qui soit maintenant en l'Ordre, et où l'on reçoive des novices. Le supérieur est aussi nommé ou continué en cette occasion.

Il n'y a d'action publique que ces deux-là. Le reste se passe en particulier, et Madame, de son autorité, nomme ses quatre vicaires, visiteurs des couvents de l'Ordre dont l'autorité dure trois ans, ainsi que le portent les lettres qu'elle leur fait délivrer.

Le père prieur de l'habit et le sous-prieur n'ont point de lettres.

Madame établit aussi, change ou continue, selon qu'elle le juge à propos, les religieux confesseurs qu'elle envoie dans les couvents de son Ordre, qui n'y restent qu'autant qu'il plaît à madame l'abbesse, étant porté par les lettres qu'elle leur fait expédier : *Quantum nobis placuerit*.

On envoie, avec le père confesseur, une copie des ordonnances de Madame dans chaque couvent, pour y être lues et observées.

---

[1] La note 4 de la page 147 doit être complétée conformément à ce passage.

Pièce n° V.

MÉMOIRE

POUR MADAME L'ABBESSE DE FONTEVRAULT, TOUCHANT LES SORTIES DES RELI-
GIEUSES ET L'EXAMEN DES NOVICES DE SON ORDRE, CONTRE LES PRÉTENTIONS
DE MM. LES ÉVÊQUES [1] .

[1702]

Quelques-uns de MM. les évêques ont marqué si positivement leurs intentions à madame l'abbesse de Fontevrault sur les sorties des religieuses et l'examen des novices, qu'elle n'ose plus espérer qu'ils la laissent désormais longtemps sans trouble à cet égard. Ainsi, elle croit être obligée de se joindre à M. l'abbé général de Cîteaux dans l'affaire qu'il a présentement sur ces deux mêmes points, afin de conserver à son Ordre une exemption légitime dont il a toujours joui depuis son établissement.

Le sujet de la contestation est que MM. les évêques prétendent :

1° Qu'aucune religieuse professe des monastères exempts situés dans leurs diocèses, même ceux qui sont en congrégation et en corps d'Ordre , ne peut sortir de sa clôture sans leur permission par écrit, outre celle des supérieurs réguliers ;

2° Que, dans ces mêmes monastères, aucune novice ne peut être admise à la profession, qu'un mois auparavant elle n'ait été examinée par eux ou leurs grands vicaires.

[1] Arch. de l'Empire. *Monuments ecclésiastiques. Couvents de femmes*, VIII, carton L. 1019.

Il faut examiner quelles sont sur cela les régles de l'Église, les lois et l'usage reçu dans le royaume, et l'on verra qu'il en résulte un droit incontestable pour les privilégiés.

SORTIES DES RELIGIEUSES.

Le pape Boniface VIII [1], dans la constitution *Periculoso (de statu regularium, in VI°)*, ordonne que désormais toutes religieuses demeurent sous perpétuelle clôture, et qu'elles n'en puissent sortir, dans les cas de nécessité, sans la permission expresse de celui à qui il appartiendra : « *Præsenti constitutione... sancimus, universas et singulas moniales... sub perpetua in suis monasteriis debere de cetero permanere clausura : ita quod nulli... sit vel esse valeat, quacunque ratione vel causa (nisi forte tanto, et tali morbo evidenter earum aliquam laborare constaret, quod non posset cum aliis absque gravi periculo, seu scandalo, commorari) monasterio ipso deinceps egrediendi facultas... ac de illius ad quem pertinuerit speciali licentia.* »

Pour déterminer cette expression *ad quem pertinuerit*, qui, pour être trop générale, sembleroit donner lieu à chacun de se l'attribuer, il faut poursuivre jusqu'au paragraphe dernier, où le pape commande l'exécution de sa décrétale et veut que l'on prenne soin de la clôture des religieuses. Il y distingue si nettement la juridiction de MM. les évêques d'avec celle des supérieurs réguliers qu'il est impossible de les confondre.

Il la donne aux premiers sur les monastères de leurs diocèses qui leur sont soumis en conséquence de leur autorité ordinaire, et sur ceux qui dépendent de l'Église romaine, de l'autorité du Saint-Siége. Mais il s'adresse aux abbés et aux autres supérieurs des Ordres exempts, pour les monastères qui leur sont sujets : « *Episcopis universis... præcipiendo mandamus, quatenus eorum quilibet in civitate ac diœcesi propria, in monasteriis monialium sibi ordinario jure subjectis, sua; in his vero quæ ad romanam spectant Ecclesiam, Sedis apostolicæ auctoritate : abbates vero et alii exempti prælati monasteriorum et Ordinum quorumcumque, in monasteriis hujus modi sibi subjectis, de clausura convenienti,*

[1] Environ l'an 1300.

et de ipsis monialibus includendis, quam primum commode pote-
runt, providere procurent. »

On reconnoît très-clairement dans ce texte les trois espèces de monastères[1] que tous les canonistes admettent ; les uns, qui sont soumis à l'autorité ordinaire de l'évêque diocésain, comme sont en ce temps-ci les Ursulines, les Filles de Sainte-Marie...; les autres, qui sont exempts et dépendants immédiatement du Saint-Siége, mais qui ne sont point en corps d'Ordre et qui n'ont point de supérieurs réguliers, comme quelques abbayes, les Hospitalières...; et enfin, la troisième espèce dont il s'agit présentement est de ceux qui sont exempts, immédiatement sujets au Saint-Siége et en corps de congrégation, ayant des généraux, des abbés et d'autres supérieurs réguliers auxquels ils sont sujets, comme Cîteaux, Fontevrault, etc.

Cette distinction devant avoir rapport à toutes les parties de la constitution, il faut conclure nécessairement que le pape n'assujettit que les religieuses de ces deux premières espèces de monastères à prendre, pour sortir, les permissions de MM. les évêques, et que, pour ceux de la troisième, le droit en appartient aux abbés et aux supérieurs réguliers privativement à tous autres.

Les dernières paroles de la constitution marquent que les monastères exempts ne doivent point craindre que les Ordinaires des lieux acquièrent aucun pouvoir sur eux en autre chose ; elles ne peuvent pas faire la moindre difficulté, puisqu'il est indubitable qu'elles ne l'entendent que des monastères de la seconde espèce.

Le concile de Bâle[2] ordonne que cette constitution soit entièrement exécutée selon sa teneur, comme il paroît par ces termes de la session XV : « *Ut constitutio Bonifacii Papæ VIII, quæ incipit :* Periculoso*, edita super clausura monialium, omnino juxta ipsius tenorem, executioni demandetur.* »

L'explication que l'on vient d'y donner est si naturelle et tellement conforme à l'esprit et aux intentions du pape et des Pères du concile qu'elle a été suivie dans l'usage commun du royaume, et en particulier dans l'Ordre de Fontevrault.

La règle de réformation[3] que l'on suit présentement, chapitre v,

[1] Distinction très-importante qui fait le nœud de la question. (Note du Mémoire.)
[2] 1458.
[3] 1474.

allègue le chapitre *Periculoso* comme un engagement de faire le
vœu de stabilité sous clôture ; par conséquent cette décrétale étoit
parfaitement connue, et cependant, dans le chapitre suivant, qui
est le sixième, intitulé : *De non exeundo a clausura*, on n'impose point aux religieuses d'avoir recours à MM. les évêques pour
les permissions de sortir dans les cas marqués, mais seulement au
supérieur, qui étoit le visiteur en ce temps-là, le pouvoir de madame l'abbesse, chef de l'Ordre, ayant été suspendu à cet égard jusqu'à ce qu'elle eût embrassé la réforme, comme il est dit au chapitre LXXII, intitulé : *De l'autorité de l'abbesse.* Cette règle a été
dressée par des commissaires du pape Sixte IV, dont l'un étoit
archevêque de Bourges, et elle est revêtue de toute l'autorité que
peuvent communiquer la personne des souverains pontifes et celle
de nos rois, comme on le fera voir ci-après.

Le concile de Trente [1], chapitre v, session XXV, renouvelant,
sans aucune dérogation, la constitution *Periculoso*, enjoint aux évêques de procurer la clôture des monastères qui leur sont soumis,
de leur autorité, et dans les autres, de celle du Saint-Siége ; et ne
veut pas qu'il soit permis à aucune religieuse de sortir que pour
cause légitime approuvée de l'évêque, nonobstant tous priviléges : « *Nemini autem sanctimonialium liceat post professionem exire a monasterio, etiam ad breve tempus, quocunque prætextu, nisi ex aliqua legitima causa ab episcopo approbanda, in-
dultis quibuscunque et privilegiis nonobstantibus.* »

On a rapporté ce texte entier, parce que c'est celui que MM. les
évêques se croient le plus favorable. Cependant, pour peu qu'on y
fasse attention, on reconnoîtra facilement qu'il ne l'est pas davantage que la constitution renouvelée.

Si les Pères du concile avoient voulu y déroger le moins du
monde ou même l'interpréter, il auroit été nécessaire de le marquer, et sans doute ils l'auroient fait. Ainsi, il paroit qu'on ne doit
regarder ce qui est écrit dans ce chapitre que comme un extrait
de celui du pape Boniface, qu'on a seulement voulu rapporter en
substance, et par conséquent sa disposition ne tombe précisément
que sur les monastères de la première et de la seconde espèce, c'est-
à-dire qui sont soumis à MM. les évêques, et qui sont tout simplement dépendants du Saint-Siége, et non pas sur ceux qui sont en

[1] 1565.

congrégation et sous les supérieurs réguliers [1]. C'est si bien l'esprit du concile qu'il l'exprime en termes formels dans la suite de ce chapitre; car, après avoir aussi défendu les entrées dans les monastères, il est dit qu'autre que l'évêque ou le supérieur ne peut donner de permission dans les cas de nécessité : « *Dare autem tantum episcopus,* VEL SUPERIOR, *licentiam debet in casibus necessariis, neque alius ullo modo possit;* » ce qui embrasse aussi bien les permissions de sortir pour les religieuses que celles d'entrer pour les autres personnes, puisqu'il se trouve immédiatement à la suite de l'un et de l'autre de ces articles et que le mot *licentiam* y a rapport également, rien ne le déterminant plutôt au dernier qu'au premier.

On ne sauroit donner un autre sens à ce chapitre qu'on ne fasse tomber les Pères du concile dans une contradiction manifeste, puisque, dans la même session, chapitre IX, en faisant la distinction des monastères immédiatement sujets au Saint-Siége et de ceux qui sont gouvernés par des députés de chapitres généraux et d'autres réguliers, ils soumettent les uns à MM. les évêques comme délégués du Saint-Siége et laissent les autres entièrement sous la conduite et la garde de ces mêmes députés des chapitres et des autres supérieurs réguliers : « *Monasteria sanctimonialium Sanctæ Sedi Apostolicæ immediate subjecta, etiam sub nomine capitulorum Sancti Petri, vel Sancti Joannis, vel alias quomodocunque nuncupentur, ab episcopis, tanquam dictæ sedis delegatis, gubernentur, nonobstantibus quibuscunque. Quæ vero a deputatis in capitulis generalibus, vel ab aliis regularibus reguntur, sub eorum cura et custodia relinquantur.* »

Et le chapitre XX, après avoir donné aux abbés chefs d'Ordre et aux autres supérieurs de ces mêmes Ordres non sujets à MM. les évêques le droit de visiter les monastères et prieurés de leur dépendance, conclut par ces paroles : « *In cæteris omnibus præfatorum ordinum privilegia et facultates, quæ ipsorum personas, loca, et jura concernunt, firma sint et illæsa.* »

Seroit-il possible, après des expressions si positives, que la révocation des priviléges pour les sorties des religieuses portât sur les monastères qui sont en corps d'Ordre? Et les Pères du concile auroient-ils oublié, du Ve chapitre au IXe et au XXe de la même

_____
[1] Recours à la distinction des monastères en trois espèces.

session, qu'ils confirmoient pleinement, absolument et sans la moindre restriction des droits et des priviléges qu'un moment auparavant ils avoient révoqués pour les sorties des religieuses? Si ç'avoit été leur intention, il auroit fallu nécessairement qu'ils eussent marqué cette exception, et; ne l'ayant pas fait, les droits des réguliers demeurent en leur entier à tous égards : « *Firma et illæsa in omnibus.* »

On ose avancer cette interprétation avec d'autant plus d'assurance qu'elle a été reçue dans ce royaume et que l'usage y a été conforme.

Tout le monde sait que le concile de Trente, par lui-même, n'a point d'autorité en France pour ce qui regarde la discipline et la police extérieure, étant contraire en plusieurs choses aux libertés de l'Église gallicane. Mais comme il contenoit aussi des règlements utiles, on voulut en profiter; celui pour les sorties des religieuses en fut un. Et pour en ôter l'obscurité apparente qui auroit pu donner lieu à des contestations dont l'éclaircissement dépend, comme on l'a vu, des chapitres qui suivent, on jugea à propos d'en déterminer tout à coup la véritable intelligence. C'est ce que l'on fit dans l'assemblée de l'Église de France, à Melun, en l'an 1579, dont les actes portent : « Qu'aucune religieuse, après sa profession, ne puisse sortir de son monastère, même pour peu de temps, sous quelque prétexte que ce soit, sans quelque cause pressante et légitime, et cela par la permission par écrit de son supérieur. » — « *Nulli sanctimonialium liceat post professionem exire a monasterio, etiam ad breve tempus, quocunque prætextu, nisi ex aliqua urgente et legitima causa, idque de suis superioris licentia in scriptis obtenta.* »

C'est ce que fit aussi, la même année (1579), le roi Henri III, dans les édits communément appelés les *États de Blois*, article 51, où le règlement du concile est inséré en ces termes : « Admonestons les archevêques, évêques et autres supérieurs de religieuses de vaquer soigneusement à remettre et entretenir la clôture des religieuses... Et ne pourra aucune religieuse, après avoir fait profession, sortir de son monastère, pour quelque temps et sous quelque couleur que ce soit, si ce n'est pour cause légitime, qui soit approuvée de l'évêque ou supérieur, et ce, nonobstant toutes dispenses et priviléges au contraire. »

De quelque manière qu'on veuille prendre ces mots *suples ou supérieur*, soit pour une simple interprétation ou pour une mo-

dification, il demeurera toujours pour constant que la disposition
de ces édits est devenue le droit commun du royaume à cet égard,
en vertu duquel les supérieurs réguliers exempts, et en particulier
madame de Fontevrault, ont joui paisiblement du droit attaché à
leurs charges pour les sorties des religieuses, sans le concours de
MM. les évêques.

L'on s'en est si bien trouvé dans l'usage, que l'on n'a pas reçu
en France plusieurs bulles données depuis par différents papes [1]
au sujet des clôtures, et nos rois n'ont point prêté leur autorité
pour l'exécution des articles de quelques assemblées du clergé qui
n'y étoient pas conformes, comme ceux de 1625.

Au contraire, lorsque, par des ordonnances particulières ou syno-
dales, quelques-uns de MM. les évêques se sont voulu attribuer un
droit qu'ils prétendent avec si peu de fondement, les tribunaux où
l'on s'est pourvu, loin d'autoriser ces entreprises, ont pleinement
maintenu les privilégiés.

En voici quelques exemples :

En 1671, M. l'évêque de Saint-Flour prétendit exécuter, à l'égard
de quelques monastères de l'ordre de Fontevrault situés dans son
diocèse, certaine ordonnance par laquelle, entre autres choses, il
avoit, sous peine d'excommunication, révoqué les pouvoirs accordés à quelques prêtres de son diocèse d'administrer les sacrements
à toutes les religieuses, même les exemptes, sorties de leurs couvents sans sa permission. Madame l'abbesse de Fontevrault, comme
chef et générale de l'Ordre dont on attaquoit les privilèges, se pourvut au conseil d'État et y obtint arrêt le 7 mars 1672 [2], par lequel
le roi renvoya sa requête au Grand Conseil, pour y être fait droit,
et ce pendant *ordonna, sans s'arrêter au règlement de M. l'évêque
de Saint-Flour en ce qui regarde l'Ordre de Fontevrault, que ladite dame abbesse, ensemble les monastères dudit Ordre, joui-
roient de leurs privilèges concernant la sortie des religieuses de
leurs monastères, et l'entrée des particuliers au dedans d'iceux,
comme ils auroient pu faire avant ledit règlement; faisant Sa
Majesté défenses audit sieur évêque de Saint-Flour et tous autres*

[1] Pie V, Grégoire XV, Alexandre VII.
[2] Cet arrêt, que nous publions à l'Appendice, pièce n° 11, est daté de Saint-
Germain, 7 février (et non 7 mars) 1672. Après ces mots : *de les y troubler,* on
lit : *jusqu'à ce qu'autrement par le dit Grand Conseil, parties ouïes, en ait été
ordonné.*

de les y troubler [1]. M. l'évêque de Saint-Flour n'insista pas et l'affaire n'alla pas plus loin.

En 1678, feu M. l'évêque d'Apt fit une ordonnance sur cette même prétention et la voulut exécuter à l'égard des religieuses de Sainte-Croix, Ordre de Cîteaux, dans la même ville d'Apt. Elles en appelèrent comme d'abus au Grand Conseil, mais il n'y fut pas poursuivi, les parties s'en étant rapportées à M. de Harlay, lors archevêque de Paris, qui, par sentence arbitrale, condamna M. l'évêque d'Apt. Cette sentence fut suivie d'une transaction, et enfin d'une révocation publique au prône de son église cathédrale.

Il est fort remarquable de voir un archevêque, zélé autant qu'on le peut être pour les droits de sa dignité, rendre un jugement si peu conforme aux principes dans lesquels sont presque tous MM. les évêques d'à présent. On en peut conclure que le droit des privilégiés est bien évident.

En 1693, feu M. l'évêque de Noyon, par une ordonnance expresse, défendit, sous peine d'excommunication, aux religieuses de l'abbaye de Biache, ordre de Cîteaux, située dans son diocèse, de sortir sans sa permission. Le Grand Conseil, par un arrêt solennel du 11 mars 1695, après douze audiences de plaidoirie, déclara cette ordonnance abusive et maintint M. l'abbé général de Cîteaux dans le droit et possession de donner seul aux religieuses de son Ordre les permissions de leur clôture dans les cas de droit.

Peu après, fut publié l'édit du mois d'avril 1695 concernant la juridiction ecclésiastique, dont voici l'article XIX : « *Voulons que, suivant et en exécution des saints décrets et constitutions canoniques, aucunes religieuses ne puissent sortir des monastères exempts et non exempts, sous quelque prétexte que ce soit et pour quelque temps que ce puisse être, sans cause légitime et qui ait été jugée telle par l'archevêque ou évêque diocésain qui en donnera la permission par écrit... sous les peines portées par lesdites constitutions canoniques et par nos ordonnances.* »

Quoique, par cet article, l'intention du roi fût assez marquée par ces mots : *suivant et en exécution des saints décrets et constitutions canoniques*, et que, par conséquent, on ne dût y donner d'autre interprétation que celle de ces mêmes décrets et constitutions, c'est-à-dire, du chapitre *Periculoso* et du concile de

---

[1] Voir l'*Étude historique*, chap. IV, p. 49.

17.

Trente, dont la disposition ne tombe point sur les monastères en congrégation, comme on l'a fait voir, néanmoins, parce que cette interprétation dépend de la suite des textes de la constitution et du concile, qui ne sont point insérés dans l'édit, MM. les évêques en prirent avantage et le regardèrent moins comme relatif aux saints décrets et constitutions canoniques que comme une loi expresse qui leur attribuoit un droit nouveau qu'ils souhaitoient depuis longtemps.

Cette prétention et toutes les autres qu'ils avoient conçues sur l'article XVIII du même édit [1], qui commençoient à exciter quelques troubles, obligèrent Sa Majesté d'expliquer, par une déclaration du 29 mars 1696, si expressément son intention, qu'il ne restât plus aucun prétexte de difficulté à cet égard, afin que le clergé séculier et régulier demeurant dans les bornes prescrites par les saints canons, concourent au service de Dieu et à l'édification de ses sujets dans la subordination et avec le respect qui est dû au caractère et à la dignité des archevêques et évêques, et que les réguliers jouissent aussi, sous la protection de Sa Majesté, des exemptions légitimes accordées à plusieurs ordres, congrégations et monastères particuliers. Après ce préambule, Sa Majesté déclare et ordonne que l'édit du mois d'avril 1695, et en particulier l'article XVIII d'icelui, soit exécuté, sans préjudice des droits, priviléges et exemptions des monastères et de ceux qui sont sous des congrégations, qu'elle entend avoir lieu ainsi et en la manière qu'ils l'ont eu et dû avoir jusqu'à présent [2].

[1] Cet article portait que les évêques seraient tenus de veiller, dans l'étendue de leurs diocèses, à la conservation de la discipline régulière dans tous les monastères, exempts et non exempts, d'hommes et de femmes, où elle était observée, et à son rétablissement dans ceux où elle n'était pas en vigueur. A cet effet, ils pourraient, en exécution et suivant les saints décrets et constitutions canoniques, et sans préjudice des exemptions desdits monastères, en autres choses, visiter en personne ceux dans lesquels les abbés, abbesses ou prieurs qui sont chefs d'Ordre, ne feraient pas leur résidence. S'ils y trouvaient quelque désordre touchant la discipline régulière, la clôture des monastères des femmes, etc., ils y pourvoiraient pour ceux soumis à leur juridiction ordinaire, et à l'égard de ceux qui se prétendent exempts, ils ordonneraient à leurs supérieurs réguliers d'y pourvoir dans trois mois, ou même moins, et en cas de refus, ils donneraient eux-mêmes les ordres nécessaires. Enfin, en cas d'appel simple ou comme d'abus, les ordonnances des évêques seraient exécutées par provision. (Isambert, t. XX.)

[2] Voici les dispositions de la déclaration du 29 mars 1696 :

« Lorsque les archevêques ou évêques auront avis de quelque désordre de-

On ne peut rien de plus précis. Et cependant MM. les évêques ne laissent pas d'insister sur l'article XIX, prétendant qu'il n'est point compris dans cette déclaration et qu'elle ne porte uniquement que sur l'article XVIII. Mais une telle objection se détruit d'elle-même, aussitôt qu'on veut se la former, puisque, même auparavant de parler de l'article XVIII, le roi comprend dans sa déclaration tout l'édit en général par ces mots : « *Disons, déclarons et ordonnons que notre édit du mois d'avril de l'année* 1695. » Après cela, vient l'article XVIII en ces termes : « *Et, en particulier, l'article XVIII d'icelui soit exécuté sans préjudice*, etc. » Par conséquent, l'article XIX qui fait partie de l'édit est interprété en général. Et si le XVIIIᵉ l'est en particulier, c'est parce qu'il étoit bien plus considérable par le nombre et l'importance des points sur lesquels il s'étendoit. Enfin, pourroit-on s'imaginer que le roi, qui a voulu déclarer son intention pour empêcher les troubles entre le clergé séculier et régulier, se soit contenté de retrancher ceux qui pouvoient naître de l'article XVIII, sans mettre ordre à ceux de l'article XIX? On ne croit pas que MM. les évêques aient de tels sentiments de sa justice.

On ose donc assurer que cette déclaration porte sur l'article XIX comme sur le XVIII; et les arrêts que M. l'abbé général de Cîteaux vient d'obtenir, contre M. l'évêque d'Apt au parlement de Provence et au conseil d'État, en sont des preuves suffisantes.

On a rapporté ci-dessus la tentative que fit, en 1678, feu M. l'évêque d'Apt sur l'abbaye de Sainte-Croix, de l'Ordre de Cîteaux. Le peu de succès qu'elle eut, n'empêcha pas M. son successeur immédiat d'en faire une pareille, en 1697, voulant par une ordonnance synodiale assujettir les religieuses de cette abbaye, entre autres choses, à ne point sortir de leur cloître sans sa permission

dans aucun desdits monastères exempts de leur juridiction, nous voulons qu'ils avertissent paternellement les supérieurs réguliers d'y pourvoir dans six mois, et qu'à faute d'y donner ordre dans ledit temps, ils y pourvoiront eux-mêmes, ainsi qu'ils estimeront nécessaire, suivant les règles et instituts de chacun desdits Ordres et monastères; et qu'en cas que le scandale soit si grand et le mal si pressant, qu'il y ait un besoin indispensable d'y apporter un remède plus prompt, lesdits archevêques et évêques pourront obliger lesdits supérieurs réguliers d'y pourvoir plus promptement.

« Voulons pareillement que les monastères ou demeures des supérieurs réguliers qui ont une juridiction légitime sur d'autres monastères et prieurés desdits Ordres, soient exempts de la visite desdits archevêques et évêques, ainsi que les abbés et abbesses qui sont chefs et généraux desdits Ordres. »

par écrit. Sur l'appel comme d'abus poursuivi au parlement de Provence, l'ordonnance fut déclarée abusive et M. l'abbé de Cîteaux,
général de l'Ordre, maintenu dans tous ses droits sur l'abbaye de
Sainte-Croix, par un arrêt solennel du 9 avril 1699.

M. l'évêque d'Apt se pourvut au Conseil d'État pour le faire cas-
ser ; et l'un de ses plus forts moyens étoit que cet arrêt contreve-
noit à l'article XIX de l'édit de 1695, prétendant que l'interprétation
de 1696 n'y avoit point touché. Mais Sa Majesté l'ayant débouté de
sa demande en cassation, par arrêt du 5 septembre 1701, il est
évident que ce moyen n'est pas recevable. Par conséquent, l'arrêt
du parlement de Provence est conforme à l'article XIX, ou en lui-
même, suivant les saints décrets et constitutions canoniques, (favorables, comme on l'a vu, aux privilégiés en congrégation) ou
selon l'interprétation de 1696, ce qui revient au même. Ainsi, on
peut dire que, quoique le roi n'ait prononcé que sur la cassation,
il a en quelque façon par là jugé le fonds, puisque cet article XIX,
entendu à la manière de MM. les évêques, étoit (au moins en ce
royaume) l'unique texte autorisé qui pût donner couleur à leur
prétention.

En effet, de quel fondement solide sauroient-ils l'appuyer, puisque les supérieurs réguliers ont pour eux la constitution *Periculoso*, confirmée et renouvelée par les conciles de Bâle et de Trente,
suivant l'interprétation naturelle reçue en France par le clergé
assemblé à Melun, et devenue de droit commun par les édits solennels des États de Blois, et par un usage constant, non interrompu, confirmé par des arrêts, auquel enfin l'article XIX de l'édit
de 1695 rapporté à la déclaration de 1696 n'a donné aucune atteinte.

On est entré déjà dans le fait particulier pour Fontevrault, en
rapportant la règle de sa réformation et l'arrêt du conseil d'État
contre M. l'évêque de Saint-Flour ; mais on va montrer que le
droit en question appartient avec toute justice à madame l'abbesse
seule, puisque cet Ordre est exactement dans toutes les circonstances qu'exigent les canons et cette même déclaration de 1696,
c'est-à-dire, qu'il est approuvé dans l'Église et dans l'État, exempt
de la juridiction de MM. les évêques, qu'il est en congrégation, et
enfin qu'il a joui et dû jouir.

Il fut institué vers l'an 1101 ou 1102, par Robert d'Arbrissel,
prédicateur apostolique, sur les confins du diocèse de Poitiers. Dès

l'an 1106, le pape Pascal II le prit sous la protection du Saint-
Siége, à la prière de Pierre, évêque de Poitiers, qui avoit été exprès à Rome, par une bulle adressée à tous les fidèles d'Aquitaine, dont voici les termes : « *Venerabilis siquidem frater noster
Petrus, Pictavensis episcopus, audientiæ nostræ suggressit Rober-
tum, presbyterum magnæ religionis virum inter cætera religi- nis
studia, quibus indesinenter insistit, non parvam sanctimonialium concionem ad Dei servitium congregasse in loco qui dicitur Fons-Ebraudi. — Rogavit etiam caritatem nostram, ut eam-
dem sanctimonialium congregationem, et locum ipsum apostolicæ
auctoritatis privilegio muniremus. Igitur, per decreti præsentis
paginam statuimus, ut idem locus, et in eo permanens congrega-
tio semper sub apostolicæ sedis protectione servetur...* » Il fit encore depuis la même chose, à la prière de Robert lui-même, par une
bulle de l'an 1115, ajoutant une redevance annuelle au palais de
Latran, pour marque plus particulière de protection et de liberté :
« *... Ad indicium autem perceptæ a romanâ ecclesiâ protectionis
ac libertatis, duos Pictavensis monetæ solidos quotannis Latera-
nensi palatio persolvetis...* »

Calixte II, étant en Poitou, vint à Fontevrault (1119), à la persuasion de Guillaume, évêque de Poitiers, prit le monastère et ses
dépendances sous la protection de Saint-Pierre, dédia lui-même
l'église à l'honneur de la Sainte Vierge, et le lendemain, en plein
chapitre, il confirma les préceptes qu'avoit donnés Robert d'Arbrissel, instituteur. « *Calixtus... cum per Pictavensem parochiam
pro Ecclesiæ servitio transitum haberemus, venerabilis fratris
nostri Guillelmi, Pictavensis episcopi, suggestione ad beatæ Mariæ
Fontis-Ebraudi monasterium declinavimus, ubi monastici ordinis
disciplinam vigere per omnipotentis Dei misericordiam cognos-
centes, locum ipsum cum omnibus ad eum pertinentibus beati Petri decrevimus patrocinio confovere. Unde etiam nostris tanquam
beati Petri manibus in honore beatissimæ et gloriosissimæ Dei ge-
nitricis semperque Virginis Mariæ, oratorium dedicavimus... Se-
quenti sane die in capitulum venientes in pleniori tam fratrum
quam sororum conventu, præcepta venerabilis memoriæ Roberti
presbyteri de Arbrissello, et loci, et religionis institutoris, rata
censuimus et illibata servari; illud omnimodis sancientes ut
fideles quique qui pro animarum suarum remedio, in Dei, et ecclesiæ vestræ servitio, vel apud monasterium vestrum, vel in*

locis ad ipsum pertinentibus persistere devoverint [1], *vel in futu-rum devoverint, in eodem bono perseverent proposito; et juxta dispositionem et obedientiam ipsius loci abbatissæ, aut priorissa-rum quæ per loca ad monasterium Fontis-Ebraudi pertinentia disponuntur, ad honorem Dei sororibus fideliter et religiose deser-viant, sicut a bonæ memoriæ prædicto Roberto nascitur institu-tum...* » Cette bulle est de l'an 1119.

Ce privilége de dépendance immédiate du Saint-Siége n'est pas borné à l'évêque diocésain de l'abbaye de Fontevrault ; on voit par une bulle d'Honoré III, qu'elle s'étend à tous les archevêques et évêques dans le diocèse desquels il y a des monastéres de l'Ordre. Comme elle est très-considérable, on la rapportera presque toute. « *Honorius... venerabilibus fratribus archiepiscopis et episcopis in quorum diœcesibus monasteria et prioratus monasterio Fontis-Ebraudi subjecta consistunt, salutem et apostolicam benedictio-nem. Quanto amplius esse debetis justitiæ zelatores, tanto magis vos debeat facere fraudem legi, et præsertim in apostolicæ sedis in-juriam et contemptum. Sane dilectæ in Christo filiæ, abbatissa et moniales conventus Fontis-Ebraudi, gravem nobis querimoniam obtulerunt, quod quidam vestrum et eorum officiales, cum in eas, et sui ordinis moniales et fratres non possent excommunicationis et interdicti proferre sententias, eo quod super hoc apostolicæ sedis pri-vilegiis sunt munitæ, in eos qui molunt in molendinis, vel coquunt in furnis earum et in suis operibus juvant eas, et census annuos sibi reddunt ac ecclesias suas intrant, quique vendendo, seu emendo, aut alias eis communicant, sententias proferunt memoratas, et sic apostolicorum privilegiorum, non vim et potestatem, sed sola verba servantes, dicti ordinis moniales et fratres quodammodo excommunicant, dum eis alios communicare non sinunt... No-lentes igitur hæc crebris ad nos clamoribus jam perlata, ulterius sub dissimulatione transire, vobis universis et singulis per apos-tolica scripta mandamus, quatenus hujusmodi sententias in frau-dem privilegiorum nostrorum de cætero non feratis, quia si super hoc ad nos denuo clamor ascenderit, non poterimus conniven-tibus oculis pertransire, quin promulgatores talium sententiarum*

[1] Ces termes font voir que Fontevrault étoit chef d'Ordre. (Note du Mémoire.)

severitate debita castigemus. Datum Laterani, 12 *Kal. Martii,
pontificatus nostri anno nono*[1]... »

On pourroit encore produire un grand nombre de bulles, par
lesquelles les papes, dans tous les temps, ont confirmé les priviléges et immunités de l'Ordre de Fontevrault ; mais cela mèneroit
trop loin et ne prouveroit pas davantage.

On a vu ci-dessus que Calixte II avoit confirmé les statuts de
Robert d'Arbrissel, instituteur. Ils furent observés pendant très-
longtemps avec la plus exacte ferveur ; mais enfin l'Ordre eut
besoin d'être réformé, en sorte que l'an 1474, en vertu de commission de Sixte IV, M. l'archevêque de Bourges, un abbé de Saint-
Laumer de Blois, et un chanoine de l'église de Tours, rédigèrent
une nouvelle règle, suivant l'esprit des anciennes, laquelle fut approuvée par le même pape en 1475, et est maintenant suivie universellement dans tout l'Ordre.

Voilà, du côté de l'autorité ecclésiastique, tout ce qu'on peut
demander pour être exempt et approuvé. La puissance séculière
a prêté son concours nécessaire pour l'exécution, toutes les fois
qu'il en a été besoin, par des arrêts de différents tribunaux et
par lettres patentes de nos rois, sous la protection particulière
desquels on est en possession depuis six siècles.

On n'en rapportera de preuve que l'arrêt solennel du conseil
d'État du 8 octobre 1641, parce qu'il renferme tous les autres.

Le roi ayant été averti des troubles, procès et différends exci-
tés en l'Ordre de Fontevrault, nomma commissaires pour les examiner, trois évêques, trois conseillers d'État laïques et trois docteurs de Sorbonne, lesquels donnèrent leur avis, qui porte :
Qu'après avoir vu et mûrement considéré les règles, statuts, bulles et anciens usages dudit Ordre, il leur est clairement apparu :

1° Qu'il est bien et dûment approuvé dès son institution par le
Saint-Siège apostolique, du consentement des évêques et prélats,
et approbation universelle de l'Église ;

2° Que, dès l'année 1116, le Saint-Siège l'a pris sous sa protection particulière, ce qui a depuis continué de temps en temps...

Conformément à cet avis, le roi, comme protecteur, gardien et
exécuteur des saints décrets et constitution apostolique, et con-

---

[1] Cette année revient à 1221.

servateur et défenseur des Ordres religieux de son royaume, ordonna :

1° Que la règle dudit Ordre de Fontevrault, confirmée par le pape Sixte IV, seroit gardée, observée et entretenue par tout ledit Ordre, selon sa forme et teneur, et ainsi qu'il en a été usé par le passé, sans qu'il puisse être apporté aucun changement à l'observance d'icelle et aux usages et pratiques dudit Ordre...

2° Maintint et garda madame l'abbesse et les prieures et religieuses des couvents dudit Ordre, respectivement ès droits, priviléges, et prérogatives à elles attribuées par ladite règle et par les autres bulles et indults du Saint-Siége, lettres patentes de Sa Majesté, et arrêts, tant du conseil d'État que des cours du parlement de Paris et Grand Conseil...

Cet arrêt et l'avis des commissaires furent enregistrés la même année, en vertu de lettres patentes au Grand Conseil, où l'Ordre a toutes les causes commises.

Fontevrault est notoirement en congrégation et corps d'Ordre, dont madame l'abbesse est chef et générale, et sur lequel elle exerce pleine puissance et juridiction, aux termes de sa règle, chapitre LXXII; et en conséquence, elle assemble tous les trois ans dans son abbaye un chapitre général dans lequel elle fait des réglements ou ordonnances générales, telles qu'elle estime nécessaires pour le maintien de sa régularité, qui sont envoyés dans tous les prieurés de sa dépendance. Elle établit de ses religieux en qualité de vicaires, pour, en son nom et sous son autorité, visiter lesdits prieurés, ne le pouvant faire ordinairement, à cause de son vœu de clôture ; mais quand elle se trouve sortie pour autre cause, elle use de son droit et visite elle-même. Elle confirme les prieures de ces mêmes prieurés, lorsqu'elles ont été canoniquement élues, et, à défaut, elle en commet de son autorité. Elle donne seule les permissions de sortir, transfère les religieuses d'un couvent à l'autre, quand le besoin de la religion le demande, donne aussi les permissions de recevoir les filles, soit à la vêture ou profession, et les fait examiner. On rend devant elle ou ses vicaires les comptes du temporel, lors de la visite. D'autre côté, ses couvents élisent pour elle et son abbaye un religieux de quelque autre Ordre, qui les visite d'autorité apostolique. Enfin, par tout l'Ordre on suit la même règle, on observe la même manière de voir ; en un mot, on y entretient la liaison et la correspondance de tous les corps politiques.

Madame de Fontevrault a joui du droit en question. Outre la notoriété, l'arrêt contre M. l'évêque de Saint-Flour qui l'y a maintenue en est une preuve authentique.

Elle en a dû jouir, puisque, comme on a vu, les lois de l'Église et de l'État, l'usage commun du royaume et la disposition particulière de sa règle le lui donnent.

Après avoir ainsi établi ce droit, il ne sera pas inutile d'exposer la manière dont on en use et l'inutilité et les inconvénients de la prétention de MM. les évêques.

Il est certain que la perfection seroit que des religieuses qui ont voué [1] sous clôture perpétuelle, la gardassent avec la plus rigoureuse exactitude et ne sortissent jamais. On sait que ces sorties, quelque légitimes qu'elles soient et quelque précaution qu'on y apporte, causent pour l'ordinaire au moins du relâchement dans la discipline monastique en général, sans faire le plus souvent aucun bien aux personnes en particulier. Cependant l'Église et presque tous ceux qui ont institué des Ordres et dressé des règles ont reconnu qu'elles étoient de nécessité en certains cas, et qu'en d'autres, il étoit de la charité et de l'humanité de les tolérer; mais comme ils en ont parfaitement pénétré les conséquences, ils ont prescrit des bornes et des précautions dont l'observation exacte peut prévenir et remédier à bien des abus, s'il n'est pas possible de les retrancher absolument.

Telle est la règle de l'Ordre de Fontevrault, au chapitre VI Elle exhorte fort à ne point sortir, mais elle permet pourtant qu'on le fasse, lorsqu'il s'agit de l'utilité de l'Ordre, comme pour aller établir un monastère ou le réformer; aller être prieure, quand on a été élue dans un autre couvent que le sien; aller en des monastères où il y a très-peu de personnes, pour s'acquitter du service divin et soutenir les observances régulières; en cas de peste, guerre, famine, ruine des édifices, et enfin en cas de maladie pressante et dangereuse.

Mais on ne peut le faire, suivant la règle et l'usage constamment pratiqué, qu'après que madame l'abbesse a eu des témoignages certains de la nécessité ou du besoin très-pressant, surtout dans le cas de maladie qui est le plus ordinaire, pour lequel elle exige premièrement l'attestation des médecins, le témoignage de la

---

[1] Fait des vœux.

prieure, de quelques anciennes les plus régulières, de ses vicaires, quand ils sont à portée de voir la personne malade, et souvent du religieux confesseur de la maison. Elle confère ensuite (comme la règle l'y oblige, sous le péril de son âme) avec trois ou quatre des anciens et plus éclairés religieux confesseurs de son abbaye; et enfin, si elle juge la sortie légitime, elle en accorde la permission pour le temps précisément qu'elle croit devoir suffire, à la condition expresse que la religieuse se transportera au lieu qui lui est marqué, en bonne et honnête compagnie, sans vaguer çà et là, recommandant de vivre toujours religieusement.

Outre cela, madame l'abbesse d'aujourd'hui a publié une lettre circulaire du 6 février 1686 [1], suivant laquelle les sorties deviennent encore plus mesurées. Et dans les permissions qu'elle fait expédier, elle ajoute souvent à l'ancien style que l'on vient de rapporter une défense précise d'arrêter ou séjourner dans aucune ville, et quand une malade est obligée de prendre deux saisons d'eaux minérales, elle lui impose pour l'ordinaire de passer l'entre-temps dans un couvent ou maison régulière des environs.

Les religieux vicaires qui, dans l'acte de leur visite, ont pouvoir de donner aussi ces permissions, ne le peuvent faire qu'avec la même circonspection, et ne sauroient y manquer sans trahir leur ministère et abuser de l'autorité qui leur a été confiée, fautes qui leur attireroient sans doute des reproches et même quelque chose de plus de la part de madame l'abbesse, à qui ils doivent un compte exact de tout ce qu'ils font dans les prieurés de leur département.

On ose assurer que le concours de MM. les évêques ne peut rien ajouter à ces sages précautions, et si elles n'empêchent pas qu'on ne puisse encore tromper les supérieurs réguliers, on ne croit pas qu'ils doivent se flatter de ne le point être, puisque, ne devant point voir pour l'ordinaire par eux-mêmes, non plus que madame de Fontevrault, ils ne sauroient choisir de témoignages sur lesquels ils puissent vraisemblablement mieux s'appuyer. Il est même à présumer que ces personnes, qui ne dépendront point absolument d'eux en autres choses et n'auront pas à craindre de leur part les corrections que peuvent leur faire les supérieurs réguliers,

---

[1] Nous la publions parmi les lettres, p. 166.

se feront moins de scrupule de favoriser une sortie peu légitime, quand elles en seront sollicitées avec empressement.

D'ailleurs, ou MM. les évêques veulent simplement viser les permissions accordées par les supérieurs, ou ils prétendent examiner les causes de la sortie.

S'ils n'ont que la première intention, c'est une formalité qui n'aboutira à aucun bien et ne leur donnera qu'un droit assez vain et une bien petite marque de supériorité sur les exempts, qui peut-être ne méritent pas cette mortification.

S'ils veulent, comme il y a toute apparence, entrer en connoissance du fond, il faudra donc, dans le cas de maladie, produire devant eux tous les témoignages déjà allégués devant les supérieurs réguliers. Et comme il se peut très-aisément que MM. les évêques trouvent la permission accordée trop légèrement, faudra-t-il demander un refus par écrit, avec les raisons, pour se pourvoir devant le métropolitain et puis devant le primat? Quand même la religieuse malade seroit obligée de s'en tenir à ce refus, il est sans doute que le supérieur, voyant son autorité blessée et sa conscience et ses lumières accusées, feroit tous ses efforts pour les maintenir, et c'est la source d'une infinité de procès; de manière qu'une pauvre fille, qui n'a professé qu'aux conditions de sa règle, qui lui permet de chercher au dehors des secours qui ne se trouvent point dans son monastère, se verra réduite à la cruelle nécessité de languir et peut-être de mourir pendant qu'on plaidera sur les causes de sa sortie, que naturellement et même en conscience elle doit croire légitime, puisqu'elle aura été jugée telle par son supérieur de qui seul elle a toujours dépendu.

Si M. l'évêque succombe, il devra se reprocher de l'avoir privée d'un soulagement qui lui étoit dû, en troublant le cours de la juridiction ordinaire et en empêchant l'effet. Et le supérieur, en qui l'on doit supposer plus de tendresse pour les personnes de sa dépendance sentira, malgré le gain de son procès, une douleur très-forte de ne s'être pas vu le maître de l'exécution de sa règle.

Mais si c'est lui qui perde, quelles conséquences fâcheuses n'entraînera point cette perte? Son autorité, dont il paroîtra n'avoir pas bien usé en cette occasion, diminuera à tous égards; on se défiera de ses lumières; on se fera une habitude de les combattre et de résister; enfin, quasi malgré soi, on perdra toute confiance en lui; et, dans le fait particulier des sorties, on aura toute l'attention à

MM. les évêques, on n'épargnera rien pour les rendre favorables ; et quand on aura pris les devants de leur côté, on viendra avec assurance dire au supérieur que M. l'évêque diocésain le juge à propos. Et c'est les commettre l'un et l'autre d'une manière à causer de grands troubles et du scandale dans l'Église.

Dans les cas de nécessité évidente, ces inconvénients n'arriveront pas ; mais comme, dans l'Ordre de Fontevrault, madame l'abbesse a pouvoir de transférer les religieuses d'un couvent à l'autre, suivant qu'elle l'estime pour l'utilité publique, il surviendra de nouveaux embarras à cet égard, moins fréquents à la vérité, parce que les cas de cette nature sont rares. Ils sont ordinairement fondés sur le trouble et le préjudice que certains esprits peuvent apporter à la régularité et quelquefois aussi sur des fautes dont la punition ne peut se faire dans la même maison. Par exemple, on ne sauroit punir un esprit de brigue et de cabale et en prévenir les mauvais effets qu'en le retirant absolument du lieu où sont ses habitudes et son parti. Pour exécuter, il faudra donc que le supérieur expose toutes ses raisons, rende compte de sa conduite, découvre en détail jusqu'aux moindres circonstances et révèle le secret de ses cloîtres (à quoi il n'est point obligé) devant MM. les évêques pour les faire entrer dans la justice de son procédé. Mais, d'un autre côté, la religieuse, qui cherchera sans doute à éviter la punition, trouvera moyen de faire parler à M. l'évêque par des parents ou des amis, qui quelquefois sont puissants et en crédit : on criera à l'oppression et à la tyrannie ; on en donnera des raisons. Le moins que puisse faire M. l'évêque est de les peser, de suspendre son jugement, et puis de le donner en connoissance de cause après mûr examen. Il faut du temps pour cela, et ce pendant la religieuse demeure et la correction des mœurs est arrêtée, quoique, par toutes les règles du droit, elle soit provisoire et doive être exécutée nonobstant oppositions ou appellations.

Enfin, cette décision de MM. les évêques devient après cela sujette aux mêmes procès que l'on a marqués, en parlant du refus en cas de maladie, et par conséquent très-préjudiciable en toutes manières au gouvernement des réguliers exempts.

Cet article est encore, s'il se peut, plus favorable aux supérieurs réguliers.

La discussion en sera moins longue, puisqu'elle ne consiste qu'en deux textes.

Le premier est du concile de Trente, chapitre xvii, session XXV, par lequel il n'est permis à aucune fille de faire profession, que l'évêque ou quelqu'un de sa part n'ait examiné sa volonté; si elle est contrainte ou séduite, et si elle sait ce qu'elle fait. Et si sa volonté est pieuse et libre, et qu'elle ait les conditions requises suivant la règle du monastère et de l'Ordre, il lui sera permis de faire profession ; et afin que l'évêque n'en ignore pas le temps, la supérieure du monastère sera tenue de lui en donner avis un mois devant, à peine d'être suspendue de son office autant qu'il semblera à propos à l'évêque. « *Si puella quæ habitum regularem suscipere voluerit, major duodecim annorum sit, non ante eum suscipiat, nec postea ipsa vel alia professionem emittat, quam exploraverit episcopus, vel eo absente vel impedito ejus vicarius, aut aliquis eorum sumptibus ab eis deputatus, virginis voluntatem diligenter; an coacta, an seducta sit, an sciat quid agat ; et si voluntas ejus pia ac libera cognita fuerit, habueritque conditiones requisitas juxta monasterii illius et ordinis regulam, nec non monasterium fuerit idoneum, libere ei profiteri liceat. Cujus professionis tempus ne episcopus ignoret, teneatur præfecta monasterio eum ante mensem certiorem facere. Quod si præfecta certiorem episcopum non fecerit, quamdiu episcopo videbitur ab officio suspensa sit.* »

Il est clair que tout ce chapitre ne comprend aucun exempt, pas même ceux qui ne sont point en congrégation, puisqu'il n'en parle pas, comme il auroit été nécessaire et comme le concile l'a toujours fait expressément quand son intention a été de déroger à quelque privilége. Ainsi, MM. les évêques ne peuvent à la lettre prétendre d'examiner que les postulantes et les novices des monastères de leur dépendance. Et les corps d'Ordre exempts sont encore en plus forte thèse, selon les confirmations de leurs priviléges contenues aux chapitres ix et xx de la même session, rapportées ci-dessus et dont voici les termes : « *Quæ vero a deputatis in capitulis generalibus, vel ab illis regularibus reguntur, sub eorum curâ et custo-*

diâ relinquantur, et in cæteris omnibus præfatorum ordinum privilegia, et facultates, quæ ipsorum personas, loca, et jura concernunt, firma sint et illæsa. »

Il est inutile de répéter ici que, quand même le concile leur donneroit ce qu'ils demandent, n'ayant point d'autorité en France pour la discipline, il faut avoir recours à la loi du royaume.

C'est le second texte, pris de l'article xxviii des États de Blois, qui porte expressément : « *Voulons que les abbesses ou prieures, auparavant que faire bailler aux filles les habits de professes pour les recevoir à profession, seront tenues, un mois devant, avertir l'évêque, son vicaire ou supérieur de l'Ordre, pour s'enquérir par eux et informer de la volonté desdites filles, et s'il y a eu contrainte ou induction, et leur faire entendre la qualité du vœu auquel elles s'obligent.* »

Ces édits ont fait sur ce point ce qu'ils avoient fait sur celui des sorties ; c'est-à-dire qu'ils ont ôté toute occasion de donner diverses interprétations à la disposition du concile, en suppléant encore l'alternative *ou supérieur de l'Ordre.*

Voilà donc encore le droit commun de France, en vertu duquel les privilégiés, au moins madame de Fontevrault, se sont maintenus jusqu'à présent dans une possession continue depuis la fondation de leurs Ordres.

Elle vient tout récemment d'être jugée légitime au parlement de Provence par l'arrêt du 9 avril 1699, entre M. l'évêque d'Apt et M. l'abbé général de Cîteaux, rapporté ci-dessus, dans lequel il étoit question de l'examen des novices aussi bien que de la sortie des religieuses. Cet arrêt est juridique et doit subsister, puisque le roi a débouté M. l'évêque d'Apt de sa demande en cassation.

L'examen des novices dans l'ordre de Fontevrault se fait sous l'autorité de madame l'abbesse par les religieux ses vicaires, visiteurs des couvents, qui lui en rendent compte : et il est d'autant plus exact que ces mêmes religieux, qui sont toujours anciens et par conséquent exercés de longue main dans les devoirs de la régularité, sont instruits plus à fond de l'esprit de l'institut et des dispositions nécessaires aux personnes qui le veulent embrasser que ne peuvent être MM. les évêques ou les grands vicaires, quelque éclairés qu'ils soient ; lesquels d'ailleurs, pour la plupart, ne connoissent la vie monastique tout au plus que par la théorie et la lecture des règles des différents Ordres. Mais cette connoissance 'ne suffit pas, surtout dans l'Ordre de Fontevrault, qui, suivant l'arrêt de 1641, consiste beaucoup en usages et pratiques dont l'étude demanderoit un temps que MM. les évêques sont obligés d'employer à autre chose, ou pour mieux dire, qui ne peuvent s'apprendre que dans le cloître.

Par cette raison, l'examen de MM. les évêques seroit superflu puisque celui de la juridiction de l'Ordre remplit mieux l'intention pour laquelle il a été institué ; et il peut être dommageable en ce que les examinateurs de l'un et de l'autre parti ne peuvent si absolument juger de la même manière dans toutes les occasions, qu'il n'arrive quelquefois (et sans doute trop souvent) que MM. les évêques estimeront qu'il ne faut pas admettre à la profession telle fille que le supérieur régulier jugera devoir y être admise.

Il est donc impossible de ne se pas piquer sur ces contrariétés ; et par là on s'engage dans des procès qui, sans parler du préjudice qu'en reçoit le spirituel, causent des réformes extraordinaires aussi peu conformes aux véritables règles de la dispensation ecclésiastique que le fond des contestations l'est à la charité.

CONCLUSION.

Enfin, depuis six cents ans que l'Ordre de Fontevrault subsiste, MM. les évêques n'ont point donné les permissions de sortir, ni examiné les novices; et l'on n'a pas vu que les sorties qui se sont faites aient causé plus de scandale, qu'on ait reçu plus de mauvais sujets, ni vu plus de réclamations dans les monastères qui le composent, que dans ceux qui sont gouvernés par MM. les évêques.

Ainsi, il est beaucoup mieux de laisser les choses comme elles ont toujours été, conformément aux saints canons et aux lois de l'État, que d'introduire une nouvelle discipline capable de troubler la paix, le repos des consciences et le bon ordre de l'Église.

C'est l'unique moyen de remplir les pieuses intentions du roi, qui veut, aux termes de la déclaration de 1696, que le clergé séculier et régulier demeurant dans les bornes qui sont prescrites par les saints canons, concourent au service de Dieu et à l'édification de ses sujets dans la subordination et avec le respect qui est dû au caractère et à la dignité des archevêques et évêques, et que les réguliers jouissent aussi, sous sa protection, des exemptions légitimes qui leur ont été accordées.

RÉPONSE POUR MADAME L'ABBESSE DE FONTEVRAULT CONTRE LA PRÉTENTION DE MM. LES ÉVÊQUES TOUCHANT LA SORTIE DES RELIGIEUSES ET L'EXAMEN DES NOVICES [1].

[1702]

Madame de Fontevrault n'avoit pas encore vu les Mémoires de MM. les évêques quand le sien a paru.

Elle avoit observé de ne toucher que les textes essentiels de la contestation et les avoit examinés en détail avec toute l'exactitude possible.

MM. les évêques ont suivi une autre route et méthode, et ils ont absolument supposé ce qui est en question, et se sont contentés, dans la vue d'augmenter leur autorité, de citer ou plutôt d'indiquer un grand nombre de prétendues preuves qui ont paru favorables à leurs desseins, sans néanmoins les approfondir ni en tirer autrement les véritables conséquences.

Madame de Fontevrault ne répétera point ce qui est traité dans son mémoire ; on n'entrera point non plus dans la discussion de chacune de ces prétendues preuves pour faire voir qu'elles ne concluent pas aussi directement et aussi favorablement que le prétendent MM. les évêques.

M. l'abbé général de Citeaux vient de le faire d'une manière si précise, qu'on peut dire qu'il n'y a rien à ajouter ni à répliquer après ses écrits ; c'est pourquoi on s'attachera uniquement à montrer que les citations de MM. les évêques, si fort multipliées, étoient inutiles faute d'autorité.

[1] Arch. de l'Empire. *Monuments ecclésiastiques*, VIII. *Couvents de femmes*, carton L. 1,019.

Ils allèguent un concile de Paris, en 615 ; un de Reims, dix ans après ; un de Châlons, en 813 ; un autre de Paris, en 829 ; un arrêt encore plus ancien, rapporté par Gratien : les capitulaires de Clotaire II et de Louis le Débonnaire, et un concile de Rouen de 1072 ; en quoi ce seroit vouloir faire revivre un droit aboli par le changement de discipline et par le non-usage, quand même il auroit eu lieu.

Mais loin de là : MM. les évêques demeurent d'accord d'une surséance à l'exercice et à la pratique de ce droit jusqu'à la constitution *Periculoso*, survenue environ l'an 1300. Or, depuis le temps qu'il s'est écoulé (quatre siècles, depuis l'année 1300 jusqu'à présent), ils ne sauroient disconvenir que cette surséance n'ait continué, du moins en France, où ils n'ont jamais joui de leur prétention ; de sorte que voilà près de 700 ans que les Ordres réguliers qui sont en congrégation jouissent d'une possession paisible, constante et sans interruption, à laquelle on ne peut rien opposer de raisonnable qui ne soit détruit par des titres et des priviléges incontestables.

C'est un intervalle assez long et assez considérable que celui de 700 ans pour emporter non pas une surséance, mais une cessation absolue de la loi du monde qui auroit été la mieux établie et la mieux exécutée dans ses commencements.

D'ailleurs, que seroit-ce pour MM. les évêques s'il falloit ramener la discipline de ces temps-là ? Ils y trouveroient sans doute bien des inconvénients dont ils ne s'accommoderoient pas eux-mêmes.

Toutes les congrégations régulières, et surtout celle de Fontevrault, n'ont été fondées que depuis ces temps-là ; ç'a été suivant la discipline qui étoit en vigueur dans le onzième et le douzième siècle, et non pas suivant celle qui avoit précédé, que l'Ordre de Fontevrault fut institué.

On s'avise de citer des conciles particuliers avant et après celui de Trente, savoir ceux de Bourges et de Sens, en 1528 ; de Bordeaux, en 1583 ; de Cambrai, en 1586 ; de Malines, en 1607, et de Narbonne, en 1609.

Ils ne peuvent faire loi dans le royaume sans l'autorité du roi, non plus que les bulles des papes Pie IV, Pie V, Grégoire XIII et Grégoire XV, qui n'y ont point été reçues.

On cite aussi des décisions de la congrégation interprète à Rome des décrets du concile de Trente, rapportées par Barbosa et par

Zerola ; on allègue une ordonnance de Philippe II, roi d'Espagne, et les sentiments particuliers des docteurs ultramontains ; on y mêle un jurisconsulte françois entièrement dévoué au clergé.

Que peut tout cela, en France, contre la disposition précise de l'ordonnance de Blois et de la déclaration de Sa Majesté de 1696?

On se sert des cahiers du clergé présentés au roi Charles IX et autorisés, dit-on, par lettres patentes en 1574.

Mais, depuis, ce même clergé a décidé en faveur des supérieurs dans l'assemblée de Melun en 1579 ; et le roi Henri III, dans l'édit des États de Blois, a dérogé expressément à tout ce qui y étoit contraire.

On allègue les assemblées du clergé des années 1625, 1645. Mais, outre qu'il n'est pas juste que MM. les évêques soient juges en leur propre cause, où ils sont déclarés parties, les actes de ces assemblées n'ont point été autorisés par nos rois.

On parle de l'ordonnance de 1629, sans considérer que, n'ayant été ni vérifiée, ni publiée, ni exécutée, elle demeure comme si elle n'avoit jamais été rendue, et, d'ailleurs, elle renvoie, article 4, à celle de Blois.

On avance nommément deux arrêts : l'un, du 26 août 1653, contre les religieuses de Sainte-Claire, du Puy ; l'autre, du 16 septembre 1670, en faveur de M. l'évêque de Sisteron ; et en termes vagues et généraux plusieurs autres arrêts, lesquels, n'étant point au cas de la question, sont entièrement détruits et renversés par ceux rapportés tant par madame de Fontevrault que par M. l'abbé de Cîteaux en cette instance.

Enfin, MM. les évêques n'ayant aucune bonne raison pour soutenir leur demande, ayant été forcés de convenir eux-mêmes que c'étoit une innovation, ils voudroient se prévaloir à présent de ce qui se pratique en Italie, où la plupart des religieuses, et même celles de l'Ordre de Cîteaux, sont soumises à la juridiction épiscopale.

M. l'abbé de Cîteaux a si bien fait voir par son dernier Mémoire l'abus de cet usage, en rapportant la lettre de M. Paul de Foix, archevêque de Toulouse et ambassadeur de France à Rome, près le pape Grégoire XIII, en 1582, qu'il seroit difficile de rien dire de plus fort, ni qui condamne mieux la nouvelle entreprise de MM. les évêques que cette lettre écrite par un archevêque il y a six-vingts ans. Ainsi, quel que puisse être cet usage des monastères de filles en Italie, il ne sauroit jamais rien changer, ni être tiré à conséquence pour celui de France, qui demeure en son entier pour les réguliers, parce qu'en un mot il est devenu de droit commun par l'usage, et par les États de Blois.

Et, partant, ce que peuvent faire au contraire certains monastères particuliers de Carmélites et de Capucines pour l'examen des novices ne peut porter aucun préjudice à la loi générale et à la possession constante et immémoriale des autres privilégiés qui vivent en corps d'Ordres et de congrégations sous la protection de Sa Majesté.

Dans l'endroit où MM. les évêques conviennent que les décrets du concile de Trente pour la discipline et les bulles des papes ne sont pas reçues en France, ils font reproche aux réguliers du peu de déférence qu'ils ont aux ordres du Saint-Siége, auquel ils font une profession particulière d'obéir.

Mais, voudroit-on conseiller aux réguliers de ne pas suivre les lois du royaume et de se soustraire à l'autorité légitime de nos rois pour ce qui regarde la discipline?

MM. les évêques voudroient-ils eux-mêmes jouir du droit contesté à la condition que le leur donneroient la constitution *Periculoso* et le concile de Trente, s'ils s'entendoient comme ils le prétendent, c'est-à-dire donner les permissions de sortir aux religieuses exemptes, comme délégués du Saint-Siége, et l'exprimer dans les expéditions qu'ils en délivreroient.

Ils disent encore au même endroit que les réguliers n'ont aucun privilége reçu et approuvé dans le royaume pour les cas dont il s'agit. Et en a-t-on besoin, puisque c'est le droit commun de l'État, comme on l'a justifié?

Il ne reste plus qu'à faire voir le peu de fondement qu'il y a dans la prétention de MM. les évêques par la conduite qu'ils ont tenue pour se l'approprier.

D'abord, sans faire aucune distinction des réguliers exempts et en congrégation d'avec les autres, ils présupposoient avoir une juridiction absolue sur tous. Ensuite, ils s'étoient réduits, comme M. d'Apt et quelques autres, à quatre ou cinq chefs de discipline extérieure, en quoi ayant succombé par des arrêts authentiques tant des cours que du conseil, ils sont encore venus par diminution et ont réduit toutes leurs demandes au seul droit de connoître *de la sortie des religieuses et de l'examen des novices*, conjointement avec les supérieurs légitimes.

On a fait voir les grands et fâcheux inconvénients qui arrive-roient si la prétention de MM. les évêques avoit lieu. C'est pourquoi, ne pouvant plus la soutenir , ils ont abandonné l'*examen des novices;* de sorte qu'ils ne se retranchent plus présentement qu'à connoître de la sortie des religieuses, en quoi ils n'ont pas plus de droit qu'en tous les autres articles dont ils se sont départis.

Une conduite si incertaine et si remplie de vicissitudes fait con-noître le peu de solidité qu'il y a dans la demande de MM. les évê-ques. Ils ont allégué en l'air diverses autorités qu'ils n'ont ni pesées ni approfondies. Les réguliers se servent des mêmes titres en leur donnant l'attention et l'explication naturelle qu'ils doivent avoir et qu'ils ont eue en effet par une possession non interrompue des réguliers exempts qui sont en congrégation.

C'est par toutes ces considérations que madame de Fontevrault, implorant la protection et la justice du roi, a sujet d'espérer que, par un arrêt de son conseil, il plaira à Sa Majesté de vouloir faire finir pour une bonne fois une prétention qui jusqu'ici n'a eu aucun fondement, et qui ne va qu'à troubler la paix, la discipline des cloîtres et le repos des consciences.

M. Daguesseau, *rapporteur.*
MM. de Pomereu,
    de La Reynie, } *commissaires.*
    de Ribeyre.

—

RÉPONSE POUR MADAME L'ABBESSE DE FONTEVRAULT AU NOUVEAU MÉMOIRE
DE MM. LES ÉVÊQUES, TOUCHANT LES SORTIES DES RELIGIEUSES [1].

[1705]

MM. les évêques attaquoient d'abord avec beaucoup de vivacité.
Les raisons des privilégiés les ont ralentis, en sorte que, même
avant le jugement, on les voit se restreindre peu à peu.

Ils ont tout d'un coup abandonné l'examen des novices, en retirant le mémoire qu'ils avoient fourni.

Ils vouloient donner de leur chef les permissions de sortir ; à
l'heure qu'il est, ils se réduisent à concourir seulement avec les
supérieurs légitimes réguliers.

Il ne s'agit donc plus que de combattre ce reste de prétention.

M. l'abbé général de Cîteaux vient de le faire.

Madame de Fontevrault emploie ses mémoires en ce qu'ils peuvent servir à la cause commune ; elle ajoutera seulement quelques
réflexions et répondra à ce qui lui est objecté en particulier.

MM. les évêques rappellent la discipline très-ancienne ; mais ils
conviennent qu'il n'est question que de celle des derniers siècles,
suivant laquelle les supérieurs réguliers sont chargés de veiller à
ce qu'aucune religieuse ne sorte de la clôture sans cause légitime ;
mais ils veulent y ajouter l'inspection et l'examen de l'évêque des
lieux, comme ils disent qu'il se pratique en Italie.

Pour donner couleur à cette entreprise, ils allèguent le prétexte
spécieux du droit commun.

[1] Arch. de l'Empire. *Monuments ecclésiastiques*, VIII. *Couvents de femmes*,
carton L. 1,019.

18

Il n'est pas aisé de démêler de quel droit commun favorable pour eux MM. les évêques entendent parler, puisque, dans le cas des sorties des religieuses, celui de France leur est présentement contraire. Il est fondé, comme on l'a justifié, sur les édits de Blois qui ont suivi l'intelligence naturelle des saints décrets et constitutions canoniques qui sont à cet égard la décrétale *Periculoso*, et les conciles de Bâle et de Trente, dont les dispositions sont conformes à l'usage ancien du royaume.

Celui d'Italie, que MM. les évêques font beaucoup valoir, est moins le droit commun qu'une nouveauté établie sur la seule autorité des bulles données depuis ce dernier concile.

Cela est si vrai que MM. les évêques, ne trouvant pas leur avantage dans cette même constitution *Periculoso*, ni dans le concile de Trente, insistent sur ces nouvelles bulles (surtout celle de Pie V, en 1570), quoiqu'ils demeurent d'accord qu'elles ne sont pas reçues en France.

On n'a dû ni voulu les recevoir, suivant les véritables règles des libertés, puisqu'elles ont fait aux saints décrets des additions préjudiciables au bon gouvernement des Ordres réguliers établis en France, et qu'elles sont contraires aux ordonnances de nos rois et à l'usage de l'État ancien et constant, dont on ne trouve point que les privilégiés aient mal usé.

Tout l'effort de MM. les évêques tend néanmoins à introduire la discipline de ces bulles. Il est étonnant qu'ils avancent que leur prétention n'intéresse en rien les libertés de l'Église gallicane.

Ils allèguent en second lieu le prétexte d'une plus grande exactitude dans la discipline extérieure et du bon ordre des diocèses.

Peuvent-ils apporter, pour les sorties dans l'Ordre de Fontevrault, une plus grande exactitude que celle qu'on y pratique et que madame l'abbesse a expliquée au long dans son premier mémoire? En quoi leur concours à cet égard peut-il contribuer au bon ordre des diocèses?

Une religieuse, il est vrai, peut ne se pas bien conduire hors de son cloître ; mais pour opérer le bien qu'on se propose, il faudroit que le concours de MM. les évêques fût un préservatif à ce malheur ou un remède.

Ce n'est pas un préservatif, puisqu'ils ne peuvent se flatter qu'on n'abusera pas de leurs permissions, aussi bien que de celles des supérieurs réguliers.

Ce ne peut être un remède, puisque, le cas arrivant, MM. les évêques conviennent qu'ils n'ont pas droit de correction, mais seulement d'avertir les supérieurs, qui sont tenus d'y donner ordre dans
six mois.

Or, ils ont ce même droit d'avertissement, sans donner la permission de sortir ; elle est donc absolument inutile au bon ordre
des diocèses.

*MM. les évêques font une distinction entre la police intérieure
et extérieure des monastères, et disent que l'extérieure leur appartient.*

Cette distinction est bien subtile ; mais quand on l'admettroit,
il ne s'en suivroit pas qu'on dût demeurer d'accord de la conséquence ; car comment MM. les évêques justifient-ils que la police
extérieure leur appartient dans les monastères en congrégation ?

Le concile de Trente, aux chapitres xix et xx de la session XXV,
qui confirme absolument et sans restriction les priviléges de ces
sortes de monastères, ne dit rien de la frivole distinction de la police intérieure et extérieure. Jusqu'à ce qu'on voie sur cela un
texte positif et autorisé, on ne croit pas devoir y déférer.

*MM. les évêques contredisent légèrement les pièces produites par
madame de Fontevrault et prétendent qu'elles ne font rien à la
contestation présente.*

Sans entrer dans le détail, on ose soutenir qu'elles prouvent directement ce qu'on a prétendu, savoir : que l'Ordre est approuvé
dans l'Église et dans l'État ; qu'il est exempt de la juridiction de
MM. les évêques ; qu'il est en congrégation ; qu'il a joui et dû jouir
de ses priviléges dont le sujet de la contestation fait partie, et que
par conséquent, aux termes des canons et de la déclaration
de 1696, il doit être maintenu dans sa possession.

Quant à l'arrêt de 1672 contre M. l'évêque de Saint-Flour, il est
précisément dans l'espèce. Il est rendu sur pièces produites ; il a été
signifié, et M. de Saint-Flour y a acquiescé.

*MM. les évêques opposent deux arrêts, l'un du parlement de
Toulouse, en 1634, pour M. l'évêque de Comminges contre les
religieuses de Saint-Laurent, Ordre de Fontevrault ; l'autre du
conseil privé, en 1635, au sujet du premier entre les mêmes parties et madame l'abbesse de Fontevrault, chef de l'Ordre.*

MM. les évêques recueillent dans les mémoires du clergé ce qui
peut leur être avantageux. S'ils l'avoient fait avec exactitude pour

les arrêts dont il est question, et qu'ils en eussent mis l'origine et le succès, on doute qu'ils les y eussent insérés; tout au moins ils ne les auroient pas allégués dans l'affaire présente, puisqu'elle fut alors jugée à leur désavantage.

Voici l'histoire de ce procès, fidèlement extraite des pièces qu'on en a conservées.

M. l'évêque de Comminges (Barthélemi de Donadieu de Griet), ayant eu quelque mécontentement contre les dames religieuses de Saint-Laurent, Ordre de Fontevrault, situé dans son diocèse, au sujet de certain patronage, leur envoya signifier, le 5 mars 1631, que, le 10, il iroit faire sa visite chez elles. Elles répondirent au dos qu'elles en étoient exemptes, et firent leurs protestations.

Nonobstant, le jour marqué, M. l'évêque se transporta, et, après des monitions auxquelles on ne déféra pas, il fit rompre la porte par des gens amenés exprès, entra dans le couvent, et fit telle visite et procès-verbal que bon lui sembla.

Peu après, il envoya signifier une ordonnance du 20 du même mois, par laquelle, sinon comme ordinaire, du moins comme délégué du Saint-Siége (ce sont ses termes), il fait, entre autres choses, défenses très-expresses et sous peine d'excommunication aux religieuses de sortir de leur cloître sans sa permission écrite, si ce n'est en cas de nécessité urgente et qu'elles n'eussent pas assez de temps pour l'envoyer demander. Les autres articles de cette ordonnance concernent principalement des réparations à la clôture et à l'église paroissiale du même lieu.

Cependant les religieuses donnèrent avis de cette entreprise à madame Louise de Bourbon-Lavedan, lors abbesse de Fontevrault, laquelle appela comme d'abus au Grand Conseil où l'Ordre a toutes ses causes commises, et y fit assigner M. l'évêque de Comminges, qui, de son côté, se pourvut au parlement de Toulouse, sous le nom du procureur général, et se fit décharger de l'assignation au Grand Conseil.

Chacune des parties procédoit en différent tribunal et obtenoit à ses fins, en sorte que M. l'évêque de Comminges fit saisir le temporel de Saint-Laurent et vendre des bestiaux pour paiement des frais. Il fit aussi prononcer au prône d'une grand'messe, au son des cloches et extinction des cierges, une excommunication contre les domestiques et autres gens qui servoient les religieuses, quelques-uns desquels, étant présents, furent chassés de l'église : ils lurent tous si intimidés que les religieuses restèrent longtemps abandonnées; mais enfin la terreur se dissipa.

Pour terminer ce conflit, madame de Fontevrault présenta requête au roi et obtint arrêt du conseil privé, du 24 mai 1635, pour y assigner M. l'évêque de Comminges. Sur quoi intervint autre arrêt contradictoire du 20 avril 1654, par lequel le roi évoqua à soi tous les différends d'entre les parties, et y faisant droit, sans s'arrêter aux arrêts du parlement de Toulouse, ni aux statuts dudit évêque de Comminges et visite par lui faite au monastère de Saint-Laurent, sinon en ce qui regarde la clôture, maintint et garda ladite abbesse de Fontevrault en tous ses privilèges et exemptions, supériorités et droits de visite sur ledit monastère et autres prieurés et maisons dépendantes de son abbaye, et en son évocation générale au Grand Conseil pour tous les procès de sadite abbaye et de tout l'Ordre, ordonna la restitution des sommes exigées pour frais et mainlevée des saisies, sans dépens.

Ces mots, *sinon en ce qui regarde la clôture*, causèrent un nouveau procès.

Ils avoient été laissés, parce que l'ordonnance de M. l'évêque y marquoit des défauts. Il prétendit qu'il lui appartenoit d'y donner ordre, et pour cela il fit une nouvelle ordonnance, en date du 5 juillet 1654, où il se restreignoit aux réparations de la clôture et de l'église paroissiale, reconnoissant qu'il étoit déchu des autres articles de sa première ordonnance, et, par conséquent, de donner les permissions de sortir aux religieuses, et enjoignit, sous peine d'excommunication, de faire travailler incessamment à ces réparations.

Il eut recours, comme auparavant, au parlement de Toulouse, et, sous le nom du procureur général, il obtint encore tout ce qu'il demandoit. Il fit saisir le temporel des religieuses, et sur 8 à 900 livres, en quoi consistoit leur revenu, il établit 24 ou 25 commissaires pour grossir les procédures.

Madame de Fontevrault, de son côté, prétendit que, étant maintenue dans tous ses droits et privilèges, il lui appartenoit uniquement de pourvoir aux défauts de la clôture, s'il y en avoit, et appela comme d'abus. Pour éviter le conflit de la première contestation, elle se pourvut directement au roi pour obtenir la cassation des nouveaux arrêts du parlement de Toulouse et être renvoyée au Grand Conseil, en vertu de son évocation générale, en laquelle elle étoit aussi maintenue. Sur quoi elle obtint, le 26 septembre 1654, que M. l'évêque de Comminges seroit assigné au conseil privé, et, ce pendant, mainlevée des saisies.

Madame de Fontevrault produisit des procès-verbaux de ses vicaires, visiteurs naturels et uniques des prieurés de son Ordre, par lesquels il paroît que la clôture étoit en état de régularité.

Voilà la contestation sur laquelle fut rendue, comme disent MM. les évêques, l'arrêt du conseil privé du 27 août 1655, par lequel Sa Majesté, sur l'appel comme d'abus, met les parties hors de cour, sauf à se pourvoir devant le métropolitain.

Cet arrêt ni toute cette procédure n'ont eu aucune suite. On n'a point été devant le métropolitain. On n'a point exécuté l'ordonnance de M. l'évêque. Les choses sont demeurées comme elles étoient auparavant; c'est un fait constant et qu'on est en état de prouver. Ainsi, à cet égard, tout cela doit être regardé comme chose non avenue.

On peut faire trois réflexions sur cette affaire :

La première, que, par l'arrêt du 20 avril 1654, M. l'évêque de Comminges est débouté de sa prétention de donner ses permissions de sortir aux religieuses de Saint-Laurent ;

La seconde, que les arrêts du parlement de Toulouse du 13 juillet 1654 et du conseil privé du 27 août 1655 ne sont point dans l'espèce, puisqu'il ne s'agissoit plus que des réparations de la clôture ;

La troisième réflexion est l'exemple bien naturel du trouble qu'apportent chez les privilégiés les entreprises de MM. les évêques, sous prétexte de meilleur règlement et du zèle de leur dignité. Quatre ans et demi de procès ! Combien de désordres et de scandales publics et particuliers ! Combien de mouvements, de courses, de voyages, de dépenses excessives ! Quel usage des excommunications ! A quel mépris les expose-t-on ! Pendant tout cela, quelle atteinte à la charité de part et d'autre ! Quelle distraction des devoirs essentiels! Et, enfin, qu'en arrive-t-il? — Le prieuré de Saint-Laurent reste comme il étoit sous le gouvernement de ses supérieures, paisible et bien réglé, pourvu que le diocésain ne veuille point s'en mêler.

On objecte un troisième arrêt rendu par défaut, en 1697, au parlement de Paris, au profit de M. l'archevêque de Reims, contre madame de Fontevrault.

Madame de Fontevrault eut alors des raisons très-fortes de différer à un autre temps à faire valoir son bon droit ; l'occasion s'en présente maintenant, et elle en profite.

On sait, en fait de procédure, ce que c'est qu'un arrêt par défaut ; le demandeur obtient ce qu'il lui plaît, pour peu que sa demande soit colorée ; mais aussi, pourvu que les choses soient encore entières, le défaillant est toujours reçu à contester en refondant les dépens.

D'ailleurs cet arrêt est défectueux en ce qu'il dit qu'il y a abus dans la permission accordée par madame de Fontevrault à une religieuse de sa dépendance. Or, de l'aveu de MM. les évêques, les supérieurs réguliers ont droit de donner ces permissions.

Et il est constant, ainsi que M. l'archevêque de Reims n'en sauroit disconvenir, que depuis ce défaut il n'a fait aucun exercice du prétendu pouvoir à lui attribué par cet arrêt.

On infère de cet arrêt que la déclaration de 1696 ne touche point à l'article XIX de l'édit de 1695, parce que le parlement de Paris l'a ainsi jugé.

Un arrêt par défaut n'est pas un témoignage bien certain des véritables sentiments d'un tribunal qui n'a pas entendu les raisons de l'adversaire. Mais quand cela seroit, il est aisé de détruire l'induction par la comparaison des arrêts du parlement de Provence et du conseil d'État obtenus par M. l'abbé de Cîteaux contre M. l'évêque d'Apt.

En 1697, le parlement de Paris, par un arrêt par défaut, a jugé que la déclaration de 1696 ne touche point à l'article XIX de l'édit de 1695.

En 1699, le parlement de Provence, par arrêt contradictoire solennel, après huit audiences de plaidoirie, a jugé le contraire.

Opposant arrêt à arrêt, celui de Provence a plus de poids sans doute.

Mais, en 1701, le roi, en son conseil d'État, interprète naturel de ses intentions, confirme l'arrêt de Provence.

Que veut-on davantage ?

MM. les évêques répondent seulement à tous les inconvénients qui suivent de leur prétention qu'ils ne seroient pas plus grands qu'en Italie.

On avoit remarqué que le pouvoir demandé par MM. les évêques, loin de contribuer au bon ordre, doit le troubler inévitablement.

Le premier mémoire de madame de Fontevrault sur cela est d'autant plus pressant qu'il se trouve vrai; ainsi on évite d'y répondre précisément. Mais quoi? parce qu'il n'y auroit pas plus d'inconvénients qu'une chose fût observée en un pays qu'en un autre, il faut l'y établir au préjudice du trouble que peut apporter le changement? C'est ouvrir la porte aux nouveautés.

On pourroit donc dire : « Il n'y aura pas plus d'inconvénients en France qu'en Italie de se soumettre au libre exercice de la plénitude de puissance de Notre Saint-Père le Pape, de recevoir les bulles, *motu proprio* ; en un mot, de ne plus parler de libertés de l'Église gallicane. » On doute qu'une telle proposition fût goûtée.

Au reste, cet usage a pu être introduit en Italie pour des raisons qui n'ont pas lieu en France. Les mœurs sont différentes. Les Ordres ont des règles et un gouvernement qui peuvent y répugner beaucoup moins. En tout cas, ils sont proches du souverain pontife, à qui l'on peut s'adresser directement pour des dispenses; au lieu qu'en France, où ce recours est interdit, il faudra nécessairement avoir des procès devant le métropolitain et le primat, juges d'autant moins favorables qu'étant archevêques ils auront le même intérêt que les prélats contre lesquels on se sera pourvu.

Il faut espérer qu'on ne s'y verra pas réduit. Le roi, sans doute, n'a pas eu intention de ne donner aux privilégiés qu'une simple apparence de paix et de ne leur faire grâce qu'à demi par la déclaration de 1696. Et, dans cette confiance, si madame de Fontevrault doute d'une si bonne cause, c'est parce qu'il faut absolument douter de toutes.

> M. DAGUESSEAU, *rapporteur.*
> MM. DE POMEREU,
>   DE LA REYNIE, } *commissaires.*
>   DE RIBEYRE,

Pièce n° VIII.

———

Lettre circulaire de sœur Louise-Françoise de Rochechouart, abbesse de Fontevrault, a l'occasion de la mort de madame Marie-Madeleine [Gabrielle] de Rochechouart de Mortemart, abbesse, chef et générale de cette abbaye et de tout l'Ordre[1].

Fontevrault, 15 septembre 1704.

Nos révérendes mères et chères sœurs,

Nous sommes donc réduites à vous annoncer que Dieu a retiré de ce monde madame Marie-Madeleine-Gabrielle de Rochechouart de Mortemart, abbesse, chef et générale de cette abbaye et de tout l'Ordre.

Nous ne doutons point que vous ne soyez pénétrées d'une douleur semblable à la nôtre ; vous éprouviez comme nous l'effet continuel de ses bontés ; vous consultiez sa sagesse ; vous demandiez son secours dans tous vos besoins et dans toutes vos peines, et vous n'avez plus rien à attendre que le récit de sa mort. Nous n'avons plus d'autre consolation à espérer que de nous entretenir avec vous du sujet de notre douleur commune. Représentons-nous sans cesse tout ce que nous avons aimé, tout ce que nous avons admiré dans cette abbesse incomparable. Observons la conduite de Dieu sur elle, depuis son enfance jusqu'au moment où il a voulu la rappeler à

---

[1] Bibl. imp., n. 27, L. 11,892, *imprimés.* — Cette lettre circulaire est attribuée à l'abbé Genest, ami de madame de Montespan, membre de l'Académie française, etc. (Arch. de l'Empire. *Couvents de femmes*, L. 1019.)

Voir, sur l'abbé Genest, bien des particularités piquantes dans une étude de M. Sainte-Beuve sur *la Duchesse du Maine.* (*Causeries du lundi*, t. III, p. 215.)

19

lui; les grandes lumières qu'il lui avoit données, les dons précieux
dont il l'avoit enrichie, les grâces singulières qu'il lui a faites. Examinons les circonstances d'une vie généralement approuvée, mais
encore plus dignement couronnée par une sainte mort. Tirons-en
pour nous-mêmes de salutaires instructions. Par tant de motifs que
nous avons de chérir et de bénir sa mémoire, animons-nous à suivre les règlements et les exemples qu'elle nous a laissés.

Elle étoit fille de très-haut et très-puissant seigneur, messire
Gabriel de Rochechouart, duc de Mortemart, pair de France, premier gentilhomme de la chambre des rois Louis XIII et Louis XIV,
chevalier des ordres du roi, gouverneur de Paris, et de madame Diane de Grandseigne, son épouse. Elle naquit la dernière de
leurs enfants, au pavillon des Tuileries, en 1645.

Si elle est née ainsi au milieu de la grandeur et de la magnificence, il semble que, par un heureux correctif, elle fut aussitôt
confiée à la grâce et à la sainteté. Par un choix digne d'être remarqué comme le présage d'une céleste vocation, son parrain fut
M. Charpentier, ce saint homme, instituteur des prêtres du mont
Valérien, et sa marraine fut mademoiselle Legras, cette sainte
veuve, qui a institué les sœurs de charité.

Elle eut tous les avantages extérieurs; mais ils n'égaloient point
les qualités de son âme. Dès l'âge de six ou sept ans, elle montroit
tant d'esprit, de raison et de modestie, qu'elle étoit le sujet d'une
admiration perpétuelle : surtout, elle avoit un esprit de douceur et
d'équité qui étoit fait pour gagner et pour concilier tous les cœurs.
Heureux don du ciel, qui se découvroit à tous moments! Elle ne
pouvoit souffrir ni haine, ni colère, ni dissension entre les personnes avec qui elle vivoit ; elle s'employoit avec une bonté naïve,
mais avec une aimable discrétion à dissiper tout ce qui lui paroissoit blesser la concorde et la justice.

Il n'y a rien de plus noble que sa première éducation; feu Monsieur, duc d'Orléans, frère unique du roi, étoit élevé dans un appartement prochain, et ils étoient souvent ensemble : mais quand elle
eut atteint l'âge de dix ou onze ans, on jugea que, pour achever de
cultiver tous ses talents merveilleux avec moins d'obstacle et de
distraction, mademoiselle de Mortemart (on l'appeloit ainsi) seroit
mieux dans un couvent que dans le tumulte de la cour.

Il ne faut point le dissimuler, nos révérendes mères et chères
sœurs, Dieu ne manifestoit pas encore ce qu'il avoit préparé pour

elle. Soit qu'il fallût attendre que sa raison fût plus avancée, soit (comme il arrive assez souvent) que les personnes qui l'environnoient lui eussent inspiré pour le couvent la peur qu'elles en avoient elles-mêmes, mademoiselle de Mortemart montra qu'elle y avoit une répugnance extrème. Il fallut beaucoup de ménagements et même d'artifices pour la conduire et pour la résoudre de demeurer à l'Abbaye-aux-Bois. Madame de Lannoy en étoit abbesse; madame de Chaulnes, à présent abbesse de Poissy, étoit maîtresse des pensionnaires, dame extrèmement estimée dans cette charge par une grande habileté et par une application exacte; mais la conduite d'une personne si raisonnable et si accomplie ne lui donna aucune peine.

Mademoiselle de Mortemart s'accoutuma bientôt dans un lieu où elle se vit particulièrement aimée; son esprit, sa douceur, sa prudence la firent d'abord distinguer, en sorte qu'elle fut admise parmi les grandes pensionnaires. On faisoit un tel cas de sa raison, qu'on lui parloit souvent d'affaires fort au-dessus de son âge. Elle disoit des choses si justes et si judicieuses, que madame l'abbesse s'en récrioit, et disoit en bien des rencontres : *Consultons ma fille de Mortemart : elle est si équitable!*

M. le duc de Mortemart, son père, qui avoit beaucoup d'esprit, l'alloit voir souvent par goût; il avoit de longs entretiens avec elle, et lui témoigna dès lors une tendresse pleine d'estime et de confiance qu'il a conservée tant qu'il a vécu.

Comme on remarquoit en elle un esprit tout à fait porté aux belles-lettres et aux sciences, on lui donna toutes sortes de maitres pour ses études. Elle prévenoit leurs leçons avec une ardeur et une intelligence surprenantes. Ce n'étoit point ce qu'on appelle trop aisément esprit dans les enfants, qui n'est souvent qu'une hardiesse à parler ou une facilité de mémoire; le sien étoit véritablement beau et solide; le jugement et la pénétration s'y joignoient avec l'agrément et la délicatesse; et il falloit que toutes ces qualités admirables fussent en elle dans un haut degré, puisque sa retenue et sa modestie ne purent les empêcher d'éclater.

Cet éclat ne fut pas renfermé dans le monastère : ceux qui la gouvernoient voulurent apparemment s'en faire honneur, ou voulurent peut-être donner à ces précieux talents l'occasion de se perfectionner par le commerce de tout ce qu'il y avoit de plus estimé pour l'esprit et pour les lettres On sut qu'elle parloit et qu'elle écrivoit non-seulement l'italien et l'espagnol, mais encore le latin. Elle attiroit à l'Abbaye-aux-Bois les personnes de la plus grande réputation ; les plus savants et les plus habiles cherchoient avec empressement à lui rendre visite. Parmi les étrangers illustres et curieux, ceux qui ne savoient pas encore assez notre langue avoient avec elle des conversations en latin, et ne manquoient pas, après l'avoir vue, de publier dans les pays éloignés que cette jeune personne étoit une des plus grandes merveilles de la France et de notre siècle.

Il arriva même que dans l'intervalle où madame sa mère l'avoit etirée du couvent pour l'engager à demeurer dans le monde elle la mena chez la reine mère. Quelqu'un vint à dire que mademoiselle de Mortemart savoit fort bien le latin ; M. Vallot, alors premier médecin, qui avoit la réputation de le parler parfaitement, se trouva présent ; la reine voulut qu'il s'entretînt en cette langue avec mademoiselle de Mortemart. Elle répondit avec beaucoup de savoir et de présence d'esprit : le roi survint et fit continuer la conversation : l'antichambre, les appartements retentirent de ce qui se passoit : on accourut en foule dans la chambre de la reine : ce fut un spectacle, et mademoiselle de Mortemart fut extrêmement louée. Madame sa mère, en la ramenant chez elle, lui dit : « Eh bien ! que pensez-vous de ce qui vient de se passer ? — Mon Dieu ! répondit-elle, que le monde se laisse éblouir de peu de chose ! »

Ce fait, quelque peu important qu'il parût à une personne si modeste, ne laissa pas d'être une de ces préparations secrètes dont la Providence se sert pour conduire tout à ses fins. Le roi reçut par là des impressions favorables pour un mérite qu'il devoit élever à une place où la science, bien loin d'être un simple ornement de l'esprit, devient une qualité tout à fait nécessaire à cause de la singularité du gouvernement.

Cette sainte Providence agissoit en même temps sur le cœur de mademoiselle de Mortemart. Dieu travailloit à sanctifier les dons qu'il lui avoit faits. Ce fut peut-être le goût qu'elle prit à tant de belles connoissances qui la détacha des occupations et des amusements vulgaires et frivoles. Cette élévation d'esprit la porta plus directement vers le ciel : elle crut mieux posséder son âme dans le repos et le calme de la retraite.

Admirez-le, nos révérendes mères et chères sœurs : l'aversion qu'elle eut d'abord pour entrer dans un monastère se changea en une ferme résolution d'y passer toute sa vie. Madame sa mère n'oublia rien pour la retenir dans le monde. Cette pieuse mère, qui vouloit avoir la consolation d'y vivre avec elle dans la pratique des vertus, employa la douceur, les prières, les promesses, les reproches; lui proposa des mariages, lui offrit des avantages de son bien; mais mademoiselle de Mortemart persévéra dans sa résolution. Elle rentra dans l'Abbaye-aux-Bois sous prétexte de s'y éprouver encore. Là elle souffrit de nouvelles attaques; une infinité de personnes considérables dans le monde et dans l'Église la sollicitoient sans cesse de se conformer aux volontés de madame sa mère; mais elle ne pouvoit plus écouter d'autre voix que celle de Dieu qui l'appeloit.

Elle prit l'habit (19 février 1664) dans l'Abbaye-aux-Bois, des mains de deux pieuses reines, Anne et Thérèse d'Autriche; Monsieur y assista avec Madame et presque toute la cour. Elle reçut mille louanges et mille bénédictions; et nous pouvons dire que l'on n'a jamais quitté le monde avec tant de pompe et d'éclat, ni vécu dans la retraite avec tant d'innocence et de simplicité.

Sa ferveur continua dans son noviciat; les vertus chrétiennes perfectionnèrent tant d'excellentes qualités; son recueillement, son application aux saints exercices de la religion, sa charité ardente firent la joie et l'édification de toute la communauté.

Le temps venu d'accomplir ce grand sacrifice, elle l'acheva comme elle l'avoit commencé. Elle prononça ses vœux (1er mars 1665) de la manière la plus édifiante, et qui touchoit d'autant plus que l'on connoissoit également l'élévation de son esprit et la sincérité de son cœur. Elle avoit environ vingt ans et possédoit toutes les connoissances et les lumières qu'on puisse imaginer. Ainsi ce ne fut point l'entêtement ni la surprise d'une ferveur précipitée : il n'y eut jamais d'offrande plus volontaire ni plus parfaite.

Depuis cet irrévocable sacrifice, il sembla que ses perfections s'augmentoient tous les jours; elle reçut des clartés encore plus conformes à l'état qu'elle avoit embrassé : son amour du vrai et de la justice, sa droiture, sa candeur se fortifièrent encore par une plus profonde méditation des premières et seules nécessaires vérités; elle dirigea toutes ses études à l'usage de la religion; elle commença à cultiver la langue grecque, ce qu'elle a continué à Fontevrault. Pour lire le Nouveau Testament en original, à quoi elle ne

manquoit aucun jour, elle prit même quelque teinture de la langue
hébraïque. Les connoissances naturelles de Dieu, de l'âme et de
toutes les choses spirituelles ne lui servirent que de degré pour
aller aux vérités révélées et pour donner à sa foi de plus fermes
fondements. Elle traitoit les matières les plus sublimes et les plus
abstraites avec une netteté et un ordre qui montroient également
et la force de sa persuasion et la profondeur de sa connoissance.

Elle fut extrêmement regrettée à l'Abbaye-aux-Bois, quand elle
en partit pour aller à Poissy où elle accompagna madame de Chaulnes, nouvelle abbesse. Ce fut là qu'on lui vint annoncer sa nomination à l'abbaye de Fontevrault (18 août 1670). Elle n'avoit que
vingt-quatre ans; mais le roi, qui la connoissoit dès l'enfance, et
qui en avoit toujours ouï parler depuis avec de grandes distinctions
pour la science et pour la vertu, crut ne pouvoir faire de choix
plus convenable pour la première abbaye de son royaume, et elle
eut le bonheur de justifier bientôt elle-même le sentiment de
Sa Majesté contre ceux qui ne la connoissoient pas assez, et qui
la trouvoient bien jeune pour un gouvernement si étendu et si la-
borieux.

Quand on sollicita ses bulles à Rome, sa jeunesse étonna le pape
Clément X. Il fit beaucoup de difficultés sur l'importance d'une si
grande administration: mais pendant que cela s'agitoit dans le consistoire, il se trouva qu'un des principaux cardinaux présents, avant
que d'être cardinal, avoit été en France avec le nonce, et dans ce
temps-là, comme un de ces illustres étrangers dont nous avons
parlé, frappé de ce qu'il entendoit dire de mademoiselle de Mortemart, s'étoit empressé à la voir et lui avoit rendu plusieurs visites où il l'avoit admirée : il fit un si digne éloge de son esprit, de sa
sagesse et de son mérite extraordinaire, que le pape accorda la
dispense d'âge avec tout l'agrément qu'on pouvoit souhaiter.

Après sa nomination, elle retourna à l'Abbaye-aux-Bois, et dès
que ses bulles furent arrivées, elle prit un matin, sans cérémonie,
l'habit de notre saint Ordre, qui lui fut envoyé des Filles-Dieu. Elle
fut conduite dans cette maison par madame de Guise[1] et mesdames
les abbesses de Montmartre et de l'Abbaye-aux-Bois ; bénie (8 février 1671) dans l'église des Filles-Dieu, en présence de la reine

---

[1] Elisabeth d'Orléans, duchesse d'Alençon, mariée à Louis-Joseph, duc de
Guise. L'abbesse de Montmartre était une demoiselle de Guise. (Voir p. 20,
note.)

(la France avoit alors perdu la reine mère), elle part de Paris, elle arrive à Fontevrault le 19 mars 1671, jour où la consolation et la lumière revinrent dans notre désert.

Il le faut avouer, nos révérendes mères et chères sœurs, Fontevrault, tout occupé du mérite de sa défunte abbesse, madame Jeanne-Baptiste de Bourbon, parmi tant de sujets de la regretter, avoit appréhendé de tomber sous un gouvernement moins heureux.

Peut-être une secrète inquiétude sur des priviléges maintenus avec peine par tant de grandes princesses, sœurs et filles de nos rois; peut-être aussi un mouvement d'indocilité d'obéir à une personne si jeune empêchèrent d'abord notre communauté de sentir le bonheur qui lui arrivoit. Mais qu'une heureuse expérience l'eut bientôt détrompée, qu'il fallut peu de temps à notre nouvelle abbesse pour exciter un applaudissement universel! La beauté de son visage, l'air de sa personne, le son même de sa voix, tout découvroit ses qualités intérieures; tout ne respiroit que douceur, modestie et dignité. L'épreuve soudaine que l'on fit de tant de bontés, de lumières et de vertus; ses paroles si sages et si touchantes lui assujettirent tous les cœurs; et depuis son avénement jusqu'au jour de sa mort, elle n'a reçu que des témoignages de vénération, d'amour, de soumission et de tendresse.

Elle fit peu de changements: elle eut de grands égards pour les volontés de madame Jeanne-Baptiste, et pour tout ce que cette grande abbesse avoit établi; elle entra dans le gouvernement avec une sage défiance d'elle-même, montrant moins de joie et de satisfaction de se voir honorée par de si grands titres, qu'elle n'avoit de crainte du pesant fardeau que la Providence lui imposoit.

Elle implora le secours du ciel avec ardeur et avec humilité, et il parut qu'elle en fut écoutée. On se ressouvient de l'extrème admiration qu'elle causa dans les chapitres qui se tinrent aux premières grandes fêtes.

Quelle prudence! quelle dignité dans tout ce qu'elle ordonna! quelles précautions! quels adoucissements dans tous ses discours! quelles instructions convenables à tous en général et à chacun en particulier! On n'oubliera jamais le discernement qu'elle fit paroître dans la suite, en distribuant les charges et les emplois, songeant à éviter la jalousie des talents et même la contrariété des humeurs. Elle avoit la connoissance de toutes vos affaires, de l'intérieur de vos maisons et de vos cœurs, comme si elle eût vieilli dans le gouvernement ; tant elle avoit pris de soin pour s'instruire elle-même de tous ses devoirs ! Elle interrogeoit en secret les personnes que l'on estimoit les plus sages et les plus éclairées dans notre saint Ordre. Les conseils qu'elle demandoit étoient des consultations, dont elle se réservoit toujours la décision ; prenant différents avis et s'arrêtant aux meilleurs, sans paroître jamais gouvernée et sans l'être effectivement ; ce qui a toujours été un des plus utiles moyens de son administration.

Elle s'y perfectionna ainsi de plus en plus. Il sembloit que la sagesse et l'éloquence lui fussent naturelles, parce que s'étant accoutumée par une profonde méditation et par une volonté constante à rejeter toutes les fausses idées, à pratiquer le bien que sa raison lui montroit si clairement, elle n'avoit plus de peine à accorder ses pensées avec ses paroles, et ses paroles avec ses actions. Toujours la même sans s'égarer, ni se démentir, elle n'avoit qu'à exprimer ses simples sentiments ; on y découvroit toujours, et la vérité qui persuade, et la bonté qui se fait aimer.

De ces discours qu'elle faisoit dans nos chapitres, et qui sont proprement des sermons, il n'y en avoit aucun qui ne méritât d'être avoué par les plus doctes et les plus saints prélats. Elle ne s'y préparoit point autrement que par la lecture de l'Évangile du jour et par la prière ; et quand elle sortoit de ces actions, elle rendoit grâce à Dieu de ce qu'il l'avoit assistée, et n'étoit nullement sensible ni même attentive aux louanges qu'on lui donnoit.

Les discours qu'elle adressoit dans les assemblées générales de l'Ordre aux pères anciens, et à tous les religieux confesseurs, avoient une onction dont leurs cœurs étoient véritablement pénétrés. Elle leur parla un jour de la dignité du sacerdoce avec une force qui tenoit de l'inspiration. Ceux qui l'écoutoient en ces occasions se sentoient éclairés comme d'un rayon céleste qui passoit de son âme jusque sur son visage. Ils se représentoient Debora sous son palmier, jugeant et animant les enfants d'Israël, et leur disant : « *Le Seigneur vous donne cet ordre ; allez sur le Thabor.* »

Les discours qu'elle faisoit à la vêture des religieuses étoient l'objet de la curiosité publique. On se pressoit, on s'approchoit de la grille pour les entendre ; mais si elle s'en apercevoit, elle baissoit modestement la voix, afin de n'être entendue que de ceux à qui il étoit nécessaire qu'elle parlât, ne cherchant qu'à les édifier et à

s'acquitter de son devoir, et point du tout à s'attirer le vain applaudissement des spectateurs.

Vous avez ces lettres circulaires qu'elle vous a écrites toutes les
fois qu'il est mort des personnes considérables de notre Ordre.
Avec quels traits et quels caractères tout distingués, avec quel tour
aimable, tendre et instructif, vous a-t-elle marqué leur mérite,
leurs emplois et leurs vertus! Que nous aurions besoin d'une pareille éloquence pour lui rendre ce devoir à elle-même! et que
nous sommes éloignée de pouvoir faire pour elle ce qu'elle a fait
pour tant d'autres, dont elle a si dignement célébré la vie et la mort!

Avec quelle édification nous avons oui les exhortations qu'elle
faisoit aux mourantes! En mêlant sa compassion à leurs plaintes,
elle leur faisoit aimer leur propre douleur; elle savoit leur adoucir
l'horreur de cet affreux passage et leur montrer, par avance, le
bonheur qui les attendoit dans le ciel.

Vous avez conservé, sans doute, avec une religieuse vénération
ses ordonnances, d'un caractère et d'un style inimitables. Ce sont
des modèles parfaits en ce genre. De tant d'articles qui les composent, il n'y en a pas un qui ne soit un chef-d'œuvre de prudence
et de religion. Plusieurs évêques et archevêques les recherchoient,
et l'on sait que le grand évêque de Meaux lui même en étoit singulièrement touché; qu'il a écrit pour en avoir des exemplaires, et
disoit que c'étoit pour y apprendre à gouverner les religieuses de
son diocèse.

Que dirons-nous encore de cette multitude infinie de lettres
qu'elle écrivoit tous les jours, depuis les personnes les plus considérables jusqu'aux plus médiocres, sur toutes sortes d'affaires, de
devoirs, d'offices, de bienséances? Beauté, ordre, clarté, pureté,
élégance, politesse, tout y charmoit, tout tomboit de sa plume avec
une facilité incroyable, et se trouvoit du premier trait dans la dernière perfection; et peut-être n'en aurions-nous pas parlé, si
ce n'avoit été un des plus importants et des plus pénibles devoirs
de sa charge.

Quand ses ordonnances recevoient des difficultés de la part de
quelques-uns de ses couvents, elle y remédioit par des lettres particulières, et elle étoit toujours obéie, non-seulement à cause que
la raison avoit dicté ce qu'elle avoit prescrit, mais encore parce
qu'elle avoit le secret d'introduire la raison dans les esprits les plus
mal disposés et les plus difficiles.

19.

On a vu avec quelle sagesse et quel zèle elle employa la persuasion encore plus que l'autorité, pour rétablir l'ordre et le calme
dans une de ses principales maisons, où la paix des consciences
étoit troublée. Le même esprit de douceur, qui la rendoit si ennemie des aigreurs et des disputes, la rendoit incapable de prévention et de partialité. Les constitutions de son Ordre et les décisions
de l'Église ont toujours été les règles de sa conduite; s'attachant
uniquement aux pratiques de la religion toujours sûres, et ne se
laissant point surprendre à toutes ces apparences spécieuses, qui
jettent si souvent dans le trouble et dans l'erreur, ou qui produisent du moins l'entêtement et la vanité.

On ne peut trop le répéter, nos révérendes mères et chères
sœurs, la vérité et la bonté étoient la base de toutes ses vertus.
Elle étoit bien éloignée de ces personnes qui croiroient ne pas
exercer la domination, s'ils ne la rendoient dure et gênante ; elle
auroit plutôt semblé pencher vers un excès d'indulgence et de
douceur. Sa bonté naturelle lui rendoit, il est vrai, les corrections
et les châtiments difficiles ; elle employoit, avant que d'en venir
là, tout ce que la charité peut inspirer ; elle usoit de tous les
adoucissements qui ne pouvoient porter de préjudice ; enfin, son
devoir, sa conscience et le bien de la religion l'emportoient. Sa
douceur ne diminuoit point l'ardeur de son zèle, ni la force de son
autorité. Ferme dans sa conduite, elle maintenoit l'uniformité de
ses règlements, qui ne fut jamais interrompue que par des nécessités inévitables, et elle y revenoit toujours dès que les obstacles
avoient cessé.

Tandis qu'elle instruisoit et éclairoit les esprits, et maintenoit
ainsi la belle économie de notre saint Ordre, elle songeoit encore
à la décoration de nos autels, et à nous rendre notre retraite plus
aimable. Elle a orné le maître-autel du Grand-Moûtier d'un beau
tabernacle, de colonnes, de marche-pieds et de balustrades de
marbre. Elle a fait quantité d'autres embellissements aux deux
chœurs. Elle a fait faire un soleil d'une excellente ciselure, enrichi
de pierreries d'un prix infini. Outre celles qu'elle a trouvées dans
notre sacristie, elle en a fourni des siennes et en a procuré d'autres
en grand nombre, pour achever un si riche ouvrage. Elle n'a
épargné ni soins, ni dépense pour la réparation et l'embellissement
de notre maison immense, composée de plusieurs monastères. Ces
grands dortoirs qu'elle nous a bâtis, si magnifiques au dehors, si

propres et si commodes au dedans, lui attireront à jamais la bénédiction de celles qui y trouveront un sacré repos. Elles ne sortiront jamais de leurs cellules, pour aller chanter les louanges du
Seigneur ; elles n'y rentreront jamais qu'elles ne soient pénétrées
de la reconnoissance qui est due à une si bonne mère. Ces chapelles, ces salons, ces galeries, ces spacieuses et sombres allées,
dont elle a embelli nos jardins, et cette grande voûte qui les joint
si commodément avec nos cloîtres dont ils étoient séparés ; tous
ces objets ne se présenteront jamais à nos yeux sans nous retracer
sa libérale bonté. Ne laisserons-nous pas ces sentiments à toutes
les saintes filles qui nous suivront? Les heureuses solitaires qui
viendront à jamais respirer dans ces belles allées, soit qu'elles y
continuent leurs méditations, soit qu'elles les interrompent par
leurs récréations innocentes, n'y verront-elles pas sur nos récits
l'image de cette grande abbesse? Ne se ressouviendront-elles pas,
comme nous, avec une tendresse religieuse, qu'elle avoit destiné
ces beaux lieux pour elles? Ne se diront-elles pas les unes aux
autres, dans tous les temps, que nous avons eu le bonheur de la
voir sous ces arbres, d'y entendre sa voix, d'y recevoir des leçons
de douceur et d'union, moins encore par ses discours, que par son
aimable familiarité?

Tous ces édifices qui sembleroient l'ouvrage de plusieurs abbesses et de plusieurs siècles ont été faits par elle seule. Y em-
ploya-t-elle les revenus de l'abbaye? Assez de saints abbés, par une
économie, à la vérité bien louable, ont orné et renouvelé leurs
maisons du revenu de leurs maisons mêmes ; mais elle a tout pris sur
elle, sur ses propres commodités, sur ce qui lui étoit le plus nécessaire. Vous ne l'ignorez pas, nos révérendes mères et chères
sœurs, nos abbesses n'ont dans une place si éminente que le seul
poids du gouvernement. Elles sont considérables par leur dignité,
non par leurs richesses. L'abbesse que nous regrettons n'a jamais
eu de vues que pour nous. Toutes les grâces qu'elle a reçues d'un
grand roi, et que, parmi tant de soins et d'affaires, elle sembloit
devoir employer nécessairement à son usage, n'étoient destinées
que pour nous. Elle se retranchoit tout à elle-même, afin de nous
pouvoir tout donner.

Une de ses plus douces occupations, parmi tant de soins, étoit
l'éducation de ses nièces et de quelques autres de ses parentes.
Elle les confioit pour leurs exercices ordinaires à des religieuses

de mérite, et elle se réservoit à leur faire des discours familiers. Ces discours, toujours développés avec netteté, avoient rapport à tous les états ; elle présentoit le bien sous toutes sortes d'images ; tout tendoit à Dieu, à la piété, à la droiture, à la bonté du cœur, aux vertus morales comme aux chrétiennes ; les leçons y étoient répandues naturellement, et avec une grâce infinie, sans qu'elle parût songer à les donner, ou que l'on crût les recevoir. Elle tâchoit toujours à étendre les connoissances des personnes qu'elle élevoit, et à leur donner du goût pour la lecture, la croyant très-utile à produire la réflexion et le recueillement, et à dissiper les dangereuses chimères qui s'emparent d'un esprit, quand il est vide et oisif.

Elle savoit accorder parfaitement la sainteté de sa profession avec les règles de l'amitié. Le sacré dépôt de la confiance ne pouvoit jamais tomber dans un cœur plus religieux et plus fidèle. Toujours vraie et sincère, toujours attentive et éclairée, l'amitié ne l'aveugloit point, et elle étoit incapable de déguisement ; elle voyoit les défauts de ses amis et se croyoit obligée de les en avertir par l'intérêt véritable qu'elle prenoit en eux ; mais c'étoit avec des insinuations si douces et des circonspections si délicates, qu'elle se faisoit toujours aimer et respecter davantage ; on se trouvoit flatté même par ses répréhensions. Les cœurs ne craignoient point de s'ouvrir devant elle et se sentoient corrigés par sa sagesse, quand ils pensoient seulement se confier en sa bonté.

Attachée à la perfection de tous ses devoirs, bonne, bienfaisante et libérale naturellement, on peut juger si elle pouvoit manquer d'être charitable. La compassion la rendoit sensible à tous les maux dont elle entendoit seulement parler ; tous les malheureux lui devenoient comme ses amis et ses frères. Elle ne savoit ce que c'étoit que l'argent, et en étoit bien plus détachée par son propre cœur que par ses vœux ; mais elle en sentoit la privation quand elle ne pouvoit satisfaire sa compassion et sa charité. Elle se trouvoit toujours pauvre, parce qu'elle étoit toujours bonne et charitable. Alors elle étoit encore libérale de ses soins, de ses conseils, de ses bons offices, de ses exhortations, de ses consolations, même de ses larmes. Elle communiquoit les biens spirituels au défaut des autres ; elle pouvoit dire avec saint Pierre : « *Je n'ai ni or, ni argent ; ce que j'ai, je vous le donne.* » Mais quand elle auroit été plus riche, quels fonds auroient suffi à une bonté qui ne pouvoit jamais se ménager, ni se retenir ?

Dieu y suppléa heureusement par une personne qui lui étoit bien proche. Des bâtiments qui sembloient faits pour la seule somptuosité, ou simplement pour donner de l'emploi aux ouvriers, devinrent d'heureux asiles pour les pauvres et des écoles pour la piété et le travail. On alloit chercher dans les lieux d'alentour la vieillesse languissante et les orphelins abandonnés. Les uns prolongeoient leur vie dans l'aise et le repos ; les autres étoient élevés dans les arts et les métiers les plus utiles.

On prenoit un soin plus particulier de soulager les familles de la pauvre noblesse ; et pour ne parler que de ce qui a rapport à nous, et qui s'est passé sous nos yeux, combien de jeunes demoiselles ont rempli nos cloîtres, quand on les y trouvoit véritablement appelées, et qu'il ne falloit que donner une dot pour achever les dispositions du ciel ! Notre incomparable abbesse regardoit avec un intérêt sensible toutes ces bonnes œuvres, tous ces pieux établissements ; elle y contribuoit en tout ce qui lui étoit possible ; elle en recherchoit et en faisoit naître les occasions avec empressement, et c'est encore une obligation que Fontevrault et les provinces voisines ont à sa mémoire.

Le bonheur que nous avions de la voir si tendrement attachée à notre conduite et à procurer tant de bien et de soulagement à ce pays, étoit troublé par les affaires qui renaissent incessamment dans notre Ordre. Il est souvent traversé sur les immunités ecclésiastiques et sur les priviléges temporels. Il avoit plu au roi de confirmer de nouveau tous les droits de notre Ordre, et une si digne abbesse étoit capable de les soutenir encore mieux par l'excellence de son mérite que par la force et l'ancienneté de nos titres. Cependant, malgré tous les soins qu'elle avoit pris pour prévenir la nécessité de quitter sa retraite, elle fut obligée d'aller paroître devant les tribunaux et aux conseils du roi.

Elle sortit de sa maison en 1675, à l'exemple de madame Jeanne-Baptiste, qui avoit fait décider avantageusement ses justes prétentions. Elle prit un nouveau courage ; mais elle usa en même temps d'une nouvelle modération. Elle fit examiner ses droits par les plus habiles docteurs de Paris et par les plus savants avocats, et quand ils l'eurent assurée qu'elle pouvoit défendre tous ses priviléges, et qu'elle étoit même obligée en conscience de les maintenir, tels qu'elle les avoit reçus, elle n'épargna ni travail, ni sollicitations :

elle faisoit elle-même des mémoires et des écrits excellents qui instruisoient et persuadoient ses juges.

Soit pour les Filles-Dieu qui l'avoient appelée au sujet d'une grande affaire qu'elles avoient avec le receveur du domaine, soit pour le temporel de Fontevrault et pour sa discipline, et sa juridiction spirituelle, elle obtint toujours ce qu'elle demandoit. Dans ce voyage, et dans les trois autres qu'elle fit en 1679, en 1695 et en 1700, elle eut l'avantage et la satisfaction de maintenir ses droits et ses priviléges, parmi beaucoup de traverses, d'incertitudes et de contestations. Enfin, quelques difficultés qu'elle ait rencontrées, elle n'a pas eu le déplaisir d'en voir perdre aucun entre ses mains.

Son mérite extraordinaire éclata de nouveau dans le séjour qu'elle fit à Paris [en 1675]. Les princes, les princesses, les prélats, les ministres lui donnèrent à l'envi des témoignages de leur estime. Ce qu'il y avoit de plus considérable par la piété et par le savoir, ce qu'il y avoit d'hommes plus estimés dans les belles-lettres, lui renouvelèrent les hommages qu'elle avoit reçus autrefois et dont elle étoit encore plus digne. Elle prenoit un plaisir singulier à voir les beaux ouvrages d'esprit ; elle s'en faisoit rendre compte ; elle en demandoit la lecture ; elle découvroit en tous les idées de perfection qui s'y rencontroient et celles qu'on y pouvoit ajouter. Mais gardant toujours son caractère, qui étoit la douceur et la bonté, elle étoit bien plus portée à louer ce qui étoit bon qu'à blâmer ce qui étoit mauvais ; bien différente de ces esprits malins ou bornés qui ne s'attachent qu'à remarquer de légers défauts et demeurent insensibles aux beautés qu'ils ne sauroient goûter, ou qu'ils ne connoissent pas. Les secrets de la philosophie, les règles de la morale, les profondeurs de la métaphysique et de la théologie, l'Écriture sainte (dont elle savoit marquer les divers textes), faisoient le sujet de ses entretiens avec les hommes les plus doctes, sans pourtant qu'il y eût jamais le moindre air d'affectation ni aucun mouvement d'ostentation et de vanité ; cherchant toujours à recevoir de nouvelles lumières, plutôt qu'à faire briller les siennes ; donnant, pour ainsi dire, cette nourriture à son esprit, pour entretenir et fortifier ses méditations quand elle seroit retournée dans sa retraite.

Elle étoit également propre à toutes les conversations. Elle en auroit donné des modèles dignes d'être proposés et aux personnes religieuses et aux personnes du monde. Oui, nos révérendes mères et chères sœurs, nous pouvons assurer hardiment que, sans courir le risque d'altérer les vertus essentielles à son état, elle auroit purifié le monde, si elle y avoit demeuré ; elle l'auroit du moins corrigé et éclairé. Cet esprit, qui savoit se proportionner à tous les esprits, doux, égal, sans ombre, sans nuage, qui gardoit sa supériorité sans la faire apercevoir, et peut-être sans qu'elle s'en aperçût elle-même ; cette pureté, cette droiture et cette élévation, qui agissoient sans qu'il parût aucune singularité de sentiments ni de langage, tout cela accompagné de la plus exacte pratique des bienséances et de la plus exquise politesse, auroient fait aimer insensiblement toutes les vertus nécessaires au bien de la société et celles qui sont les plus recommandées par la religion.

Ce qui dut la flatter le plus glorieusement, ce furent les nouvelles marques de l'estime du roi. Il la combla de grâces et favorisa le succès de toutes ses prétentions. Les sentiments qu'il lui avoit témoignés dès ses premières années se sont toujours conservés, et n'ont jamais changé ni diminué pour elle. Il est vrai que, comme la justice, la prudence et la discrétion étoient l'âme de ses demandes, elle a su adoucir l'importunité des affaires dont elle a été si souvent obligée de parler au roi. Ses lettres et ses mémoires étoient écrits avec tant d'éloquence que Sa Majesté s'arrêtoit à les lire parmi ses plus grandes occupations. Il en a quelquefois parlé avec de grandes louanges. Elle, qui connoissoit le prix de cette souveraine protection, n'a jamais rien demandé qui ne lui pût être accordé en justice et en conscience. Le roi a toujours eu la bonté de lui marquer qu'il étoit pleinement persuadé de sa droiture et de ses bonnes intentions. Il joignit à sa protection des témoignages particuliers de son amitié. Elle étoit en possession de lui écrire, indépendamment des affaires, en toutes les occasions qui regardoient la personne de Sa Majesté. Il lui faisoit la grâce ordinairement de lui écrire de sa main. La dernière lettre dont il l'a honorée étoit une réponse sur la naissance de Mgr le duc de Bretagne.

Les applaudissements qu'elle recevoit de toute la France, et qui revenoient même des pays étrangers où sa réputation étoit révérée depuis longtemps, ne donnoient pas la moindre atteinte à sa parfaite humilité. Elle en tiroit des motifs de s'examiner plus sévèrement elle-même ; elle en revenoit à tout moment aux réflexions et aux détachements qu'exige la sainteté de son état; elle faisoit faire les plus sublimes pensées pour écouter dans le silence les leçons du divin Sauveur. Ce qui étoit une rare modestie à l'égard du monde devenoit un profond anéantissement à l'égard de la religion. Elle confessoit son indignité au pied des autels, et tandis qu'elle s'acquéroit tant de considération aux yeux des hommes, elle s'accusoit et gémissoit devant Dieu.

Elle songeoit sans cesse à notre avancement spirituel et à nous donner tous les secours qui pouvoient animer notre courage. Si elle avoit su défendre nos droits avec tant de force, elle n'avoit pas non plus moins de zèle pour la gloire de notre glorieux fondateur qu'en avoit eu madame Jeanne-Baptiste, qui n'avoit rien oublié pour en obtenir la canonisation à Rome. Mais elle prit conseil et ne crut pas devoir rien tenter à cet égard, puisqu'une personne aussi puissante et aussi active que cette princesse n'avoit pu y réussir. Elle n'a pas laissé de procurer un honneur et une vénération infinis à la mémoire de ce saint homme; elle a excité nos plus savants religieux à faire connoître ses actions et ses vertus; elle a dicté ses panégyriques. Enfin, dans ses dernières années, elle avoit travaillé à en écrire elle-même la vie, afin de la mettre au devant de la règle de notre saint Ordre, qu'elle vouloit faire réimprimer avec un nouveau soin, parce que les exemplaires commencent à manquer. Son but dans cet ouvrage étoit de mettre devant les yeux à toutes les personnes de l'Ordre, outre la règle actuellement en pratique, les actions particulières de l'instituteur, l'esprit de l'institution, et les raisons qui la doivent faire regarder comme moins extraordinaire et moins contre les règles que ne le croient ceux qui n'en approfondissent pas l'intention et l'origine.

Ç'auroit été un ouvrage digne d'elle et d'une utilité infinie pour nous. Les affaires qui se succédoient sans intermission lui ont ôté le loisir de l'achever. On peut dire qu'avec sa piété et ses lumières, elle seule étoit capable d'exécuter ce grand dessein.

Qu'il auroit été beau de voir en même temps les règles et l'esprit qui les a établies! Que de traits touchants, que de clartés édifiantes elle alloit encore répandre dans nos cœurs et dans nos esprits, et qu'il en doit demeurer un sensible regret à tous ceux qui s'intéressent à la gloire du bienheureux Robert et de l'Ordre qu'il a fondé!

Que de matières de regrets nous trouverons toujours, nos révérendes mères et chères sœurs, en examinant la vie de cette grande abbesse ! Mais quelle matière d'attendrissement et de louange tout ensemble ont eue celles d'entre nous qui l'ont approchée de plus près et qui ont eu lieu de mieux connoître le fond de son cœur ! Qu'il y auroit de quoi la plaindre et de quoi l'admirer ! Que nous en pouvons tirer un grand sujet d'instruction pour adoucir les peines de notre état et ne nous pas décourager dans nos langueurs et nos foiblesses !

A voir sa douceur et son égalité qui ne se démentoient jamais, on auroit dit qu'elle n'avoit rien à combattre en elle, et que la pratique de ses plus pénibles devoirs ne lui coûtoit plus aucun effort? Cependant elle avoit ses combats et ses souffrances. Son esprit, comme nous l'avons tant remarqué, porté naturellement à ce qu'il y a de plus beau et de plus élevé dans les sciences, avoit incessamment à se rabaisser vers des objets tout opposés. Elle sentoit qu'une multitude d'affaires épineuses et accablantes venoit sans cesse troubler la paix de son cœur et cette douce inclination qu'elle avoit pour le repos.

Considérez, nos révérendes mères et chères sœurs, quel fardeau c'est que le gouvernement de soixante maisons répandues dans tout un grand royaume ! Et quelles occupations ne lui fournissoit point notre maison seule ! Les lettres, les conseils, les conférences, les offices, les solennités, comment y pouvoit-elle suffire ! Combien de jours et de nuits passés dans les infirmeries ! Attachée auprès de toutes nos malades, jusqu'à la moindre de nos sœurs, elle ne les quittoit point dans la plus longue agonie; ce qui ne manquoit point d'arriver très-souvent dans une communauté aussi nombreuse que la nôtre.

Cependant, quelle affaire a-t-elle remise? Quel de nos intérêts a-t-elle négligé? Quelles peines n'a-t-elle point partagées, n'a-t-elle point adoucies par ses soins, par ses instructions, par ses exemples, sans relâche, sans discontinuation ? Le poids de son administration ne la laissoit pas respirer, et quoiqu'elle ne donnât presque point de temps au sommeil, elle ne pouvoit plus ménager de courts moments pour elle-même. Elle ne pouvoit plus s'appliquer à ces belles connoissances, à ces savantes méditations dont elle avoit accoutumé de se faire un si noble et si utile délassement. Surtout, dans ces derniers temps toujours devenus plus difficiles, plus elle travailloit, plus le travail augmentoit. Dieu a voulu qu'elle eût toujours à combattre des dégoûts et des·répugnances, afin qu'elle ne mit sa joie et sa confiance qu'en lui, et qu'à l'exemple de tant de grands saints qui ont été ainsi éprouvés, elle fit de ces peines et de ces contraintes perpétuelles un usage nécessaire à sa sanctification.

Elle avoit bien compris, dès qu'elle fut nommée abbesse, que cet amour du repos et de la tranquillité d'esprit la feroit toujours souffrir ; mais la piété et la religion qui entroient dans toutes ses pensées lui firent comprendre aussi que, puisque Dieu l'appeloit à un état contraire à ses inclinations, il l'assisteroit, et qu'il vouloit substituer des mortifications d'esprit à celles du corps, dont il n'avoit pas permis qu'elle fût capable. Elle eut en effet toujours à se mortifier ; les applaudissements, les succès, la douceur du commandement et de l'autorité, tout ce qui soutient humainement dans les travaux de cette nature, ne diminuoit point sa répugnance naturelle. Il n'y a que l'esprit de Dieu et la grâce qui l'aient soutenue. Elle faisoit un sacrifice continuel d'elle-même. Il n'y a presque point de jour en toute sa vie où elle n'ait eu occasion de le renouveler et dont elle n'ait tiré un sujet de pénitence et d'humiliation.

Les indispositions se joignoient encore à cette amertume. Des migraines fréquentes l'affligeoient d'autant plus qu'elles interrompoient ses devoirs. Elle en cachoit souvent la violence ; elle prioit beaucoup en particulier, assistoit aux observances régulières, autant que sa santé toujours foible le pouvoit permettre ; enfin, il falloit que les obstacles fussent absolument insurmontables, quand elle ne les forçoit pas pour les fonctions de sa charge. On l'a vue quelquefois agir malgré la fièvre même, pressée par la nécessité des affaires, engagée à ces solennités où nous sentions toujours qu'elle édifioit les cœurs et attiroit les regards par son attention exemplaire et par une piété majestueuse, implorant sans cesse sur elle et sur nous le divin secours avec une nouvelle ferveur.

On savoit l'excès de ses peines et de ses travaux ; on voyoit ses fréquentes indispositions. Dès longtemps sa famille auroit voulu jouir de sa présence et regrettoit de la voir si éloignée ; toutes les personnes qui s'y intéressoient par l'alliance, par l'amitié, par l'inclination avoient en vue de la rapprocher. On lui proposa l'échange d'une des grandes abbayes[1] proche de Paris; on lui repré-

[1] *Jouarre.*

senta les avantages et la facilité de ce changement ; au lieu d'une
dignité accablante qui la séparoit de tout ce qu'elle avoit de plus
cher au monde, on lui offrit du repos avec des richesses et une
heureuse proximité ; mais rien ne la put ébranler ; elle résista à
toutes ces vives poursuites, et à ses plus tendres inclinations. Elle
répondit constamment à ses plus particuliers amis ces paroles si
sages : « *Qu'il lui seroit aisé de supporter les peines qu'elle éprou-*
voit à Fontevrault avec patience et une entière soumission aux
ordres de Dieu, qui avoit permis qu'elle y fût établie, mais que si
elle venoit à changer par des vues de satisfaction humaine, elle
ne pourroit éviter de se faire des reproches et de sentir des re-
mords, lorsqu'il lui arriveroit des traverses dont la vie n'est ja-
mais exempte. » Ne doutons point aussi, nos révérendes mères et
chères sœurs, que nous n'ayons eu part à ce sacrifice, et qu'elle
n'y ait été principalement engagée par sa tendresse pour notre
Ordre et pour notre communauté. Elle prévoyoit notre inconsolable douleur, si elle nous eût abandonnées. C'est l'amitié réci-
proque de cette illustre mère et de ses chères filles qui lui fit
refuser tout l'agrément et tous les avantages qu'on lui proposoit
ailleurs.

On n'osoit lui renouveler ces propositions, quoique sa santé, qui
s'altéroit considérablement, les rendit de plus en plus recevables.
Peut-être un voyage de Bourbon lui eût été nécessaire ; mais elle
avoit résolu de ne plus sortir par aucun motif, qui la regardât en
particulier. Elle dit que les eaux de Bourbon ne l'avoient pas beaucoup soulagée, quand elle y avoit été, et qu'en tout cas elle y sup-
pléeroit par d'autres secours. Cette personne si sage chercha ainsi
à se tromper elle-même en se persuadant qu'elle trouveroit des
remèdes, sans les aller chercher hors de son monastère. Elle succomba à la fin. Elle tomboit de jour en jour dans l'abattement et la
langueur ; son humeur étoit également douce, mais il s'y mêla de
la tristesse et de la mélancolie. Le corps se ressentit tout à fait des
peines et de la situation de l'esprit.

Elle fut attaquée d'une petite fièvre, le jeudi 7 août. Ce mal qui
ne parut pas considérable, ne laissa pas de donner une grande inquiétude, dont on se demandoit les raisons, sans en pouvoir
donner d'autres que le sentiment d'une tendre affection. La fièvre
devint continue et redoubloit deux fois le jour par de petits frissons.
Sa patience cachoit une partie de son mal, mais sa mélancolie ne

se manifesta que trop par un épanchement de bile, qui parut jusque dans ses yeux, et par de fréquents soupirs qu'elle ne pouvoit empêcher, et qui tenoient de la convulsion.

Les six premiers jours de sa maladie se passèrent de cette sorte entre la crainte et l'espérance, jusqu'au mercredi au soir 13 août. On s'aperçut alors que ses discours (quoique justes en eux-mêmes) ne convenoient pas bien à ce qui se passoit; ses raisonnements étoient plus profonds qu'à l'ordinaire, mais les termes ne se présentoient qu'avec difficulté. On vit qu'elle avoit des convulsions dans les lèvres et à la langue, qui l'empêchoient de prononcer, et on l'avertit du danger où elle étoit. Elle rappela ses esprits, et après un recueillement de deux heures, elle demanda son confesseur, et ayant fait retirer tout le monde, elle demeura en particulier avec lui.

La confession finie (c'étoit sur les onze heures du soir), toutes les religieuses qui avoient coutume d'être auprès d'elle étant revenues, elle leur dit avec un air beaucoup plus tranquille qu'elle ne l'avoit eu pendant sa maladie : « *Admirez, mes filles, la grande miséricorde de Dieu ; il vient de me donner des forces que je ne pouvois attendre que de lui dans l'accablement où le mal m'a réduite. Je me trouve maintenant dans une grande tranquillité. Vous ne sauriez assez remercier Dieu pour moi de la grâce qu'il m'a faite.* »

Elle demanda ensuite la sainte communion. Elle redoubla son empressement sur les quatre heures, et pria qu'on ne lui différât pas ce bonheur. Tandis que tout se préparoit, elle ordonna qu'on fit auprès d'elle des lectures les plus propres à entretenir ces saintes dispositions. Le révérend père prieur qui apporta le Saint-Sacrement, après l'avoir mis sur l'autel préparé dans la chambre, fit une exhortation qu'elle écouta avec beaucoup d'attention et de fermeté, à la fin de laquelle il lui demanda pardon, au nom des communautés. Elle répondit avec beaucoup de difficulté, à cause des convulsions qui revenoient : « *Je leur pardonne de tout mon cœur. J'ai toujours essayé de leur donner des marques de ma tendresse et de mon affection, et je demande pardon à Dieu et à nos communautés des fautes que j'ai commises à leur égard. Dieu ne permet pas que je puisse parler, comme je l'ai fait autrefois, quand mon devoir m'y a engagée ; je ne le puis : Dieu ne le permet pas.* »

Quel spectacle! quelle douleur, nos révérendes mères et chères sœurs! elle montroit par ses regards et par des signes qu'elle désiroit nous parler, et qu'elle auroit espéré que ses derniers moments, encore destinés à notre édification et à sa charité, auroient rendu ses discours plus touchants ; qu'elle se seroit servie de l'état où elle étoit et de cet instant de séparation pour imprimer avec plus de force ses paroles dans nos cœurs pénétrés et attendris.

On avoit apporté processionnellement la vraie Croix et nos saintes reliques. Toutes les prières que nous faisions étoient mêlées de gémissements. Quand le Saint-Sacrement approcha, elle voulut se jeter à genoux ; nous la retînmes. Elle donna tous les signes de la foi la plus vive et de la plus parfaite résignation. Après avoir reçu ce saint Viatique, elle demeura quelque temps à goûter intérieurement cette heureuse union avec son Sauveur. Elle s'écrioit : *O mon Dieu ! que la soumission avec laquelle je vous fais l'offrande de ma vie puisse en réparer l'indignité !* »

Elle reçut l'extrême-onction avec une telle attention aux prières qu'on faisoit pour elle, qu'elle y répondoit toujours sans en perdre une seule parole. La grande prieure lui demanda sa bénédiction, qu'elle lui donna en lui disant : « *Il ne faut pas nous attendrir, ma chère nièce*[1]. » Et l'on passa le reste du jour, qui étoit le jeudi 14, à réciter les psaumes les plus conformes à son état. Elle se les appliquoit, et en formoit des prières et des aspirations qu'elle adressoit à Dieu.

Après avoir été une partie de la nuit dans une espèce de repos, plutôt d'assoupissement que de sommeil, prête d'aller paroître devant Dieu, le même jour que la sainte Vierge étoit montée au ciel, elle fit réciter les litanies de la Vierge, et y répondit, malgré la peine qu'elle avoit à prononcer. Sur les huit heures du matin, on s'aperçut de la diminution de ses forces ; les communautés s'assemblèrent au triste signal ; les religieux, les officiers vinrent dans sa chambre, selon l'usage ; tout l'appartement se remplit ; on demeura en prières avec un redoublement de zèle et de douleur. A dix heures, l'agonie commença à se déclarer plus précisément par une espèce de cri qui, sans avoir rien d'affreux, pénétra nos cœurs, par la souffrance qu'il faisoit imaginer. Elle continua une plainte très-douce qui paroissoit le son naturel de sa voix, interrompue de moment en moment par ces paroles pleines de foi et

---

[1] Celle-là même qui lui succéda et qui signa, au nom de tout le couvent, la présente circulaire.

d'espérance qui furent les dernières qu'elle prononça : « *Venez, venez ; adveniat regnum tuum.* »

Le vendredi 15 août, sur les onze heures et demie du matin, elle expira ainsi dans la paix du Seigneur, uniquement occupée du bonheur éternel, sans rabaisser ses regards sur la terre, mourant comme elle avoit vécu, avec une douceur qui tenoit plus de l'extase et du ravissement que d'une séparation douloureuse.

Vous vous imaginez trop, nos révérendes mères et chères sœurs, en quel état nous sommes et combien nous avons mêlé de larmes aux cérémonies de ces tristes jours. Nous avons été secondées dans notre affliction et dans ces funèbres devoirs par toutes les communautés religieuses, par tous les chapitres et les prêtres réguliers de ces provinces. Tout est venu à Fontevrault. Le saint évêque de Poitiers lui a aussi rendu ces devoirs sacrés, invité comme ami de notre communauté. Il a plaint avec nous cette perte irréparable. On n'a jamais vu si généralement mêlées la douleur et la piété, et l'on n'avoit jamais rien fait d'aussi solennel pour aucune de nos abbesses.

La dernière action de sa vie touchant les fonctions de sa charge avoit été de visiter les infirmeries, la veille du jour qu'elle tomba malade ; elle s'arrêta particulièrement auprès d'une de nos mères [1], distinguée par sa vertu et par son mérite. Cette religieuse, qui étoit accablée d'une longue souffrance, ne ressentit plus, dès ce moment, que de la consolation et de la joie, et, pénétrée de l'amour de Dieu par le discours de son abbesse et de reconnoissance pour des soins si salutaires, elle mourut quelques heures après elle, en témoignant une extrême satisfaction de ne lui point survivre.

Mais ressouvenons-nous, nos révérendes mères et chères sœurs, que, si nos éloges et nos regrets sont si justes pour cette abbesse incomparable, nos prières et nos vœux lui sont plus nécessaires. Ne les bornez pas seulement à ces premiers jours de votre affliction et de votre douleur ; donnez-lui pendant toute l'année une grande part à vos communions, et généralement à vos bonnes œuvres. Prions toutes qu'elle obtienne la récompense de ses vertus, et prions pour nous que nous puissions l'imiter.

Priez pour une de celles qui vous parlent, que cette communauté

---

[1] La mère Becdelièvre de La Busnelais. Il est question d'elle dans la lettre du 1ᵉʳ juillet 1703.

a demandée, et que la Providence a choisie entre nous pour lui succéder. Que vos prières sont nécessaires à une personne étonnée d'un fardeau si disproportionné à ses forces ! Et comment soutenir une administration que cette grande abbesse a trouvée si pesante et si difficile ? Qu'elle prie elle-même, dans le séjour bienheureux, en faveur de nos communautés, qui, par des vœux solennels et ces funèbres devoirs, songent moins à donner un témoignage éclatant de leur zèle et à rendre les honneurs dus à sa dignité qu'à satisfaire leur amour et leur tendresse et à révérer sincèrement ses vertus ! Que ces pleurs que nous versons pour elle ne soient pas stériles pour nous ! Que les regrets qu'elle nous cause nous excitent en même temps à l'accomplissement des devoirs qu'elle nous a enseignés ! Ressouvenons-nous, nos révérendes mères et chères sœurs, que s'il y a un moyen de suppléer à une si grande perte, c'est de retenir, autant qu'il nous sera possible, ses vues et son esprit. Conservons précieusement ses écrits, ses exhortations, ses lettres remplies d'une onction divine. Qu'elle revive dans nos cœurs par notre zèle et notre application à nos saints devoirs, et que sa mémoire et l'exemple de sa sagesse gouvernent encore après elle !

Nous devons espérer que Dieu nous fera cette grâce, et nous vous supplions de nous accorder celle d'être entièrement persuadées que nous sommes avec vérité et sans aucune réserve, nos révérendes mères et chères sœurs, vos très-humbles et affectionnées servantes.

Sœur Louise-Françoise de Rochechouart de Mortemart, grande prieure et abbesse nommée, et tout le couvent.

Pièce n° IX.

LES ABBESSES DE FONTEVRAULT

DE 1115 A 1793 [1]

Hersendis, baronne de Montreau, de la maison des comtes de Champagne, fut la première prieure de l'Ordre, et en auroit été

[1] Arch. de l'Empire. *Monuments ecclésiastiques*. VIII. *Couvents de femmes*, L. 1,019. — On lit à la dernière page de cet *Abrégé des vies de mesdames les abbesses de Fontevrault* la note autographe suivante du frère Léonard de Sainte-Catherine de Sienne, augustin déchaussé :

« Ces extraits aussi bien que cet éloge (celui de Gabrielle de Rochechouart) ont été prêtés (en 1702) par M. de Larroque, si connu de ses travaux, pour sa capacité et belles qualités, qui lui ont attiré l'estime de cette abbesse. Ceci a été copié sur l'original que cet illustre, dont j'ai l'honneur d'être ami, me voulut bien communiquer au retour de Fontevrault, où il a passé six mois ; ce fut sur la fin de 1702. »

On trouve également dans la *Gallia christiana*, t. II, *Ecclesia Pictavensis*, une notice sur chacune des abbesses de Fontevrault depuis la fondation de l'Ordre jusqu'en 1720.

Les indications, à partir du n° 34, ne sont pas de Larroque.

Nous avons découvert tout récemment de nombreuses lettres de Larroque à de Gaignières dans le n° 24,988 des manuscrits de la Bibliothèque impériale.

Nous espérions y trouver des détails, des particularités intimes sur l'abbesse de Fontevrault. Hélas ! il en est très-peu question. Une fois, le 2 juin 1702, Larroque écrit de Fontevrault à Gaignières : « Madame de Fontevrault souhaite fort voir les deux lettres de M. de Catinat ; procurez-m'en, je vous supplie, une copie. »

On voit, par une autre lettre de Larroque à Gaignières, du 28 juillet 1699, que ce dernier était en ce moment en visite chez l'abbesse.

Ce laconisme des deux amis sur celle qui parlait si souvent d'eux, qui s'intéressait tant à Larroque, qui le recommandait avec tant d'instances à Gaignières, cause un peu d'étonnement. On arrive à se demander si les relations avec elle n'étaient pas au fond si affectueuses, si véritablement cordiales qu'on se le figure en lisant sa correspondance.

indubitablement abbesse, si elle ne fût pas morte avant le temps de l'élection. Au moins, il a semblé que Baldric, auteur contemporain de la vie du bienheureux Robert d'Arbrissel, l'ait voulu insinuer en disant que Robert nomma Pétronille abbesse, parce que Hersendis étoit déjà passée en une vie meilleure : *Quam ipse postea Robertus elegit in abbatissam, nam Hersendis jam ad superos recesserat* [1].

On a cru que, bien que privée de la qualité d'abbesse, on devoit ce témoignage à sa mémoire.

1. — Pétronille.

Pétronille de Chemillé, qui fut procuratrice de l'Ordre en même temps que Hersendis en étoit prieure, fut élue abbesse sur la fin de l'année 1115 ou au commencement de 1116 [2] et gouverna l'espace de trente-quatre ans avec toute la capacité imaginable. Étant morte en 1150, elle avoit été une des premières, aussi bien que Hersendis, qui, gagnée à Jésus-Christ par les saints discours du bienheureux Robert, quitta le monde pour se consacrer à Dieu. La maison de Chemillé, qui étoit celle de son mari, tenoit un rang considérable en Anjou et les seigneurs de ce nom étoient du nombre des barons de Gedfroy Martel, comte d'Anjou. Elle est fondue en celle de La Haye-Passavant par Thomasse de Chemillé.

2. — Mathilde Ire.

La naissance et la fortune de Mathilde, seconde abbesse, ne pouvoit être plus illustre selon le monde qu'elle a été. Elle étoit fille de Foulques, comte d'Anjou, depuis roi de Jérusalem et veuve du prince Guillaume d'Angleterre et héritier présomptif de Henri Ier. Ce jeune prince, digne petit-fils de Guillaume le Conquérant, ayant fait naufrage, l'an 1120, en repassant de Normandie en Angleterre, laissa Mathilde, âgée de quatorze ans, dans une douleur inconcevable ; elle ne jugea rien dans le monde capable de la consoler, et, s'étant retirée à Fontevrault, y prit le voile en arrivant. Elle y mourut

[1] Tiré du P. Niquet, auteur d'une *Histoire de l'abbaye de Fontevrault*. In-fol., 1650.
[2] Élue le 28 octobre 111.. (*Gallia christiana.*)

l'an 1155, âgée de quarante-neuf ans, après avoir gouverné l'Ordre
pendant cinq ans avec une extrême prudence.

3. — AUDEBURGE.

Audeburge de Haute-Bruyère fut incontestablement la troisième
abbesse de Fontevrault, comme on le prouve par d'anciens titres.
On marque sa mort sur l'an 1180, quoiqu'on ait pu s'y tromper
d'une année et peut-être même de quelques mois.

4. — GILIE.

On ignore de quelle famille a été cette quatrième abbesse, connue
seulement par son nom de baptême qui est celui de Gillette ou
Gilie, comme l'appelle le pape Luce III dans un bref qu'il lui adresse
l'an 1183 : *Dilecta in Christo filia Gilia.* On ne sait point sûrement
l'année de sa mort, qui fut vraisemblablement en 1188 ou 1189,
puisqu'une donation fut faite en 1187 en faveur d'une religieuse
qui lui succéda immédiatement ; celle-ci n'est encore désignée que
sous le simple nom de professe.

5. — MATHILDE IIᵉ.

Mathilde, cinquième abbesse de Fontevrault et nièce de la
seconde en dignité de chef de l'Ordre, étoit fille de Thierry, comte
de Flandre, et de Sibylle d'Anjou, fille de Foulques IV, roi de
Jérusalem. Son *migravit* porte qu'elle se fit religieuse à l'âge de
quarante ans ; elle n'en a employé que quatre au gouvernement,
selon Niquet qui n'a pas trouvé de quoi fixer le temps où elle est
morte.

6. — MATHILDE IIIᵉ.

Quoique cette sixième abbesse fût d'une extraction moins illustre que les deux Mathilde précédentes, elle étoit cependant fille
de grande naissance selon l'auteur que je viens de citer. C'est à
elle qu'Innocent III adresse cette bulle qui renferme tant de priviléges pour l'Ordre de Fontevrault et qui est datée de l'an 1201.

C'est elle encore qui reçut à Fontevrault le corps de Richard Ier, surnommé Cœur de lion, roi d'Angleterre. Elle mourut vers l'an 1207.

7. — MARIE DE BOURGOGNE.

Marie, fille de Thibauld le Grand, comte de Champagne et de Blois, étant veuve d'Eudes II, duc de Bourgogne, succéda à Mathilde III. Son humilité extraordinaire ne lui permit pas de soutenir longtemps le poids de cette dignité. Elle abdiqua malgré les pressantes instances de l'Ordre qui avoit une admiration particulière pour ses vertus. Une de ses consolations en mourant c'est qu'Adèle, Alix ou Adélaïde (car nos historiens confondent ces trois noms) aideroit l'Ordre de ses biens et de sa protection, ce qui arriva effectivement. On ne marque point ici le temps de la mort de cette princesse, parce que depuis jusqu'à la quinzième abbesse exclusivement, il n'y a rien de sûr à leur égard pour la chronologie.

8. — ALIX DE BOURBON.

On ne convient pas absolument qu'Alix de Bourbon ait précédé l'abbesse qu'on mettra la neuvième en ordre, et si même elle l'a été effectivement. La raison de ce dernier doute est fondée : 1° sur ce qu'elle n'est nulle part nommée *abbesse,* mais seulement *mère,* excepté une seule fois qu'elle est appelée *mater et domina totius conventus,* mère et dame de toute la communauté ; 2° en ce qu'elle n'a point d'éloge particulier dans les *obits* de Fontevrault. Mais comme l'auteur dont on s'est servi pour les petits extraits a trouvé des raisons pour la mettre au nombre des abbesses, on dira donc qu'Alix de Bourbon fut la huitième ; qu'il la place vers l'an 1208, et qu'il assure que sa mort ne la laissa pas longtemps jouir de sa dignité.

9. — ALIX DE CHAMPAGNE.

Alix de Champagne étoit petite-fille de Louis le Jeune, roi de France, et d'Aliénor de Guienne. Ce prince avant son divorce avoit eu deux filles de sa première épouse, Marie et Alix, toutes deux mariées aux deux frères, Henri, comte de Champagne, et Thibault, comte de Blois. Alix, abbesse de Fontevrault, étoit fille de ce der-

nier et nièce de Marie de Bourgogne, quatrième abbesse. Elle fut
élue vers l'an 1210, comme on le voit par un acte passé en sa
faveur vers ce temps. Son éloge funèbre marque qu'elle travailla
avec une assiduité infatigable pour le bien de l'Ordre et que, lassée
de son emploi, elle remit de bonne heure le gouvernement à celle
qui le lui avoit confié.

10. — BERTHE.

Le temps où Berthe succéda à Alix n'est point marqué dans les
chartes, non plus que le nom de sa famille. On conjecture le temps
auquel elle a été abbesse par un acte passé l'an 1221 entre elle et
quelques marchands d'Angers pour des droits du monastère de
Fontevrault. Son éloge funèbre porte que les grands services qu'elle
avoit rendus à l'Ordre, étant prieure, lui procurèrent l'honneur
d'en devenir le chef.

11. — ALIX DE BRETAGNE.

Le silence qu'ont gardé les historiens au sujet d'Alix de Bretagne
fait qu'on est comme obligé de deviner de qui elle étoit fille. Son
éloge dit que son père fut comte de Bretagne et que sa mère se
nommoit Berthe. Or, on ne voit point de princesse de ce nom qui
puisse avoir été mère de cette abbesse que Berthe de Bretagne,
fille et héritière de Conan IIIe, qui mourut l'an 1160 ; laquelle par
son mariage avec Eudon, comte de Penthièvre, porta le duché de
Bretagne en cette maison. Alix, après avoir été élevée jusqu'à l'âge
de vingt ans à la cour d'Angleterre, prit le voile à Fontevrault, environ ce temps-là. Elle fit des ordonnances, étant abbesse, qui
n'ont point passé jusqu'à nous, mais qui ont été confirmées par
une bulle d'Innocent IV, l'an 1251. A la prière de l'abbesse qui lui
succéda, cette princesse fut longtemps abbesse, comme le marque
son éloge ; ce qui a dû être effectivement, si elle eut pour mère
Berthe de Bretagne.

12. — MABILLE DE LA FERTÉ.

Mabille de La Ferté étoit sœur de Hugues, évêque de Chartres.
Outre son mérite personnel, son ministère a été signalé par le legs

le plus considérable qui ait jamais été fait à aucun Ordre religieux. Ce fut Raimond VII, comte de Toulouse, mort à Milan, en Rouergue, qui fit ce legs spécifié dans son testament et dont l'original est à Fontevrault, où ce prince est enterré. La copie s'en trouve dans l'*Histoire des comtes de Toulouse*, par Catel. Le legs consistoit en 10,000 marcs d'or et d'argent, tant monnoyé qu'autre, et en grand nombre de pierreries. Mabille fut élue vers l'an 1244 et mourut environ en 1265.

13. — JEANNE DE BRENNE.

Jeanne de Brenne succéda immédiatement à Mabille. Elle étoit fille de Robert II, de la branche de Dreux, issue de Louis le Gros. Elle portoit ce nom de Brenne à cause d'Agnès, sa mère, qui fit passer ce comté à Robert Ier, père de celui-ci. Jeanne eut toutes les occasions imaginables d'exercer la patience qu'elle avoit reçue du ciel en partage, car, outre les traverses que lui causa sa famille en s'opposant à des prérogatives de son Ordre pour le maintien desquelles elle passa en Angleterre, elle eut la douleur de voir régner une épouvantable famine durant deux ans, et dont elle ne garantit Fontevrault qu'avec des peines infinies. Il y a des chartes par lesquelles il paroît qu'elle étoit encore vivante l'an 1271.

14. — ISABEAU D'AVOIR.

Isabeau d'Avoir fut élue vers l'an 1276. Avoir est une maison d'Anjou très-distinguée. L'histoire parle de Pierre d'Avoir, chambellan de Charles V, roi de France et lieutenant général du duc d'Anjou. C'est cette Isabeau d'Avoir qui a donné un morceau de la vraie Croix au monastère de Fontevrault.

15. — MARGUERITE DE POCEY.

Marguerite de Pocey étoit de Touraine, où sa maison tenoit un rang considérable. Elle fut bénite l'an 1284, par Gillant, évêque d'Angers, qui fit en cette occasion la fonction de celui de Poitiers. Étant allée en Angleterre pour les affaires de l'Ordre, elle en rapporta le cœur de Henri III, qui fut mis dans le tombeau des rois, ses prédécesseurs, à Fontevrault. La charité de cette pieuse abbesse,

20.

qui recevoit à la religion toutes les filles destituées des biens du monde, lorsqu'elles demandoient l'habit, reçut des bornes de Boniface VIII, l'an 1297, qui donna commission à Gilles, évêque de Nevers, de régler le nombre. Ce prélat, ayant trouvé 360 religieuses au grand couvent, les réduisit à 300. Il paroît, par une lettre de l'abbé Suger rapportée par Niquet, et dont l'original étoit de son temps dans la bibliothèque de M. de Thou, qu'il y avoit eu jusqu'à près de 5,000 religieuses à Fontevrault ; mais l'Ordre ayant souffert depuis des pertes de biens, il fallut bien diminuer ce nombre. Lors de cette réduction, on n'en fit aucune dans la maison des religieux quoiqu'il y en eût un très-grand nombre. Marguerite de Pocey mourut l'an 1304, après avoir été vingt ans abbesse. Il y a encore de ses lettres dans les archives datées de l'an 1285, scellées de deux sceaux. Sur le plus grand, qui est en ovale, elle est représentée tenant sa crosse d'une main et un livre de l'autre. Le second, qui est plus petit, mais de la même forme que l'autre, est chargé d'une aigle éployée.

16. — Aliénor de Bretagne.

Aliénor de Bretagne étoit fille de Jean II, duc de Bretagne, qui fut tué à Lyon, en 1305, par la chute d'une muraille lors du passage de Clément V, pape de la faction de Philippe le Bel, et le premier qui transporta le Saint-Siége à Avignon. Elle naquit en Angleterre, la patrie de Béatrix, sa mère, laquelle étoit nièce d'Édouard Ier. Elle prit le voile à l'âge de six ans, à Amesbery, monastère de l'Ordre de Fontevrault en ce royaume-là. Obligée, par le commandement de son père, étant âgée de seize ans, à quitter l'Angleterre, elle n'y consentit qu'à condition qu'on lui permettroit de faire ses derniers vœux, et elle fut élue en 1304, à l'âge de trente ans. Son gouvernement, aussi sage que long, fut d'environ trente-huit ans.

17. — Isabeau de Valois.

Isabeau de Valois, élue l'an 1342, étoit arrière-petite-fille de saint Louis, étant fille de Charles, comte de Valois, petit-fils de ce grand roi et frère de Philippe le Bel. Elle fut d'abord religieuse à Poissy, et c'est ce qui a trompé Du Tillet, qui a fait deux religieuses d'une séule. La bulle de Clément VI, donnée l'an 1342, et le livre des *Obits* de Fontevrault l'auroient empêché de faire cette faute s'il les avoit lus. Elle obtint de ce pape, l'année de son élection, le pouvoir de disposer en faveur du monastère, chef de l'Ordre, des biens qu'elle avoit hérités de sa famille et qui doivent naturellement aller à la maison où elle avoit fait ses vœux. Elle fut bénie par André, évêque de Tournai et cardinal. Elle défendit les priviléges de son Ordre avec une fermeté convenable à sa naissance et les fit confirmer par le roi Philippe de Valois et le pape alors régnant. Le premier lui accorda un nouveau droit de marché pour Fontevrault et le second, qui fut Clément VI, nomma, en 1344, pour conservateurs des droits du monastère et Ordre de Fontevrault, l'archevêque de Tours, l'abbé de Marmoutiers, et celui de Saint-Cyprien de Poitiers. Grégoire XI, en 1373, donna une bulle dans le même dessein, confirmant à ces trois personnes ou à leurs successeurs la même qualité de conservateurs de l'Ordre. Cette princesse mourut le jour de la Saint-Martin 1349, après avoir gouverné sept ans seulement.

18. — THÉOPHANIE DE CHAMBON.

On eut beaucoup de peine à se déterminer sur le choix d'une abbesse après la mort d'Isabeau de Valois; et pour arrêter les brigues de l'élection, on convint de trois religieuses dont les suffrages décideroient de cette importante affaire. On leur limita un temps qui fut réglé par la durée d'une bougie allumée et de la longueur du doigt. Elles s'accordèrent enfin et nommèrent Théophanie de Chambon dont la maison étoit alliée aux comtes d'Auvergne et de Boulogne. Elle soutint son caractère avec beaucoup de dignité dans l'occasion dont je vais parler. L'an 1351, un de ses religieux étant accusé d'avoir usé de violences contre des moines de Bourgueil et les plaintes étant portées au sénéchal du Poitou, il décréta le religieux, sans avoir égard aux priviléges de l'Ordre. Théophanie, instruite de cette procédure, fit conduire l'accusé dans les prisons de Fontevrault et instruire son procès. Le religieux fut trouvé innocent, et admis à jurer sur les saints Évangiles. Après s'être ainsi purgé par serment, l'abbesse prononça la sentence d'absolution au Sépulcre, chapelle de la grande église. L'original de cette procédure a mérité de passer à la postérité. L'abbesse ne survécut que deux ans après ce jugement solennel, et mourut le 13 août 1353.

19. — JEANNE DE MANGEY.

Jeanne de Mangey ne succéda pas sans trouble au gouvernement. On lui contesta son élection qui lui fut confirmée par une bulle d'Innocent III, datée du 21 mai 1355 et adressée à l'évêque de Poitiers pour bénir l'abbesse. Il y avoit alors 500 religieuses à Fontevrault.

Ce nombre plus que suffisant avoit donné lieu à des aliénations extraordinaires ; les religieuses mêmes se trouvoient contraintes à travailler de leurs mains pour vivre. Pie II, si connu par ses beaux ouvrages d'esprit et d'érudition, voulant remédier à ce désordre, ordonna par une bulle de l'an 1459 le retrait des biens aliénés et l'union des revenus de plusieurs couvents de l'Ordre, au profit de celui de Fontevrault. On ignore le temps de la mort de cette abbesse.

20. — ADÉLAÏDE DE VENTADOUR.

Celui où siégea Adélaïde de Ventadour, qu'on met la vingtième à gouverner, n'est pas trop connu, étant morte l'année de son élection. On ne sauroit douter qu'elle ait été abbesse, après ce que porte le livre des *obits*, où on lit : *Migravit a sæculo dominus Arcembaldus de Ventadour, decanus Turonensis et levita* (c'est-à-dire diacre), *frater dominæ Adelaïdis abbatissæ nostræ*[1].

21. — ALIÉNOR DE PARTHENAY.

Aliénor de Parthenay dont la maison est tombée en celle de Soubise, comme celle-ci en Rohan, a été constamment abbesse de Fontevrault, mais on ne sait pas le temps de son élection ; celui de sa mort est moins douteux et on peut le fixer à l'an 1390 ou 1391, puisqu'il est certain qu'on passa alors à une autre élection en la personne de Blanche d'Harcourt.

[1] La *Gallia christiana* dit cependant, t. II, p. 1324 : « *Sidebat autem anno* 1372. »

22. — BLANCHE D'HARCOURT.

Cette vingt-deuxième abbesse, cousine germaine de Charles VI par Catherine de Bourbon sa mère, étoit religieuse à Soissons lorsqu'on l'appela au gouvernement de l'Ordre. Les bulles sont datées d'Avignon, de la treizième année du pontificat de Clément VII et du siècle 1391. Elle mourut le 4 avril de l'an 1431. Il y eut alors un schisme à Fontevrault sur le choix d'une abbesse, car s'y étant formé deux partis, chacun en nomma une.

La première fut MARIE D'HARCOURT, nièce de Blanche ; et la seconde MARGUERITE DE BEAUFORT, dont la maison est une branche de celle de Montmorency. Marie fut mise en possession du gouvernement par le plus grand nombre le 23 décembre 1431, sans que cela ait empêché Marguerite d'être aussi reconnue par son parti et même d'avoir son éloge funèbre comme les autres abbesses. Sa mort, arrivée trois ans après ce schisme commencé, arrêta le progrès de cette dissension et laissa à sa rivale une place qu'elle occupa très-dignement l'espace de vingt ans. Les registres de ce temps-là font foi qu'un de ses religieux, s'étant porté appelant d'une sentence qu'elle avoit prononcée contre lui, fut contraint cependant d'en subir l'exécution, tant cette abbesse soutint ses droits avec fermeté et conformément à la bulle d'Innocent III adressée à Alix de Champagne.

25. — MARIE DE MONTMORENCY.

Marie de Montmorency, fille de Mathieu de Montmorency, connétable de France, fut élue unanimement étant âgée de soixante ans, en 1451. Elle gouverna avec une sagesse qui fit regretter à tout son Ordre que Dieu l'eût retirée du monde de si bonne heure, car elle mourut la sixième année de son élection. Elle craignoit de laisser après elle des semences de division, ce qui lui fit faire cette prière en mourant : « *O Dieu de paix, bannissez à jamais la discorde de cette maison. C'est ici votre famille, Seigneur, faites-y fleurir la paix et qu'elle y demeure à jamais.* » Il faut remarquer qu'on trouve ici une commission datée de l'an 1452, par laquelle cette abbesse ordonne au prieur du Breuil, en Gascogne, de visiter les prieurés de Vogues et de Paraman en Espagne, et lui accorde le

droit de donner en ce pays-là l'habit à ceux ou celles qui le demanderont en étant dignes, et aussi de l'ôter aux personnes qui
l'auroient pris sans permission de l'abbesse. En conséquence de
cette ordonnance, sœur Léonor de Gondi fut établie prieure
du monastère de Vogues par Marie de Montmorency, le 6 septembre 1453.

26. — MARIE DE BRETAGNE.

Marie de Bretagne étoit fille de Richard, comte d'Étampes, seigneur de Clisson, fils de Jean IV, duc de Bretagne, et de Marguerite
d'Orléans, sœur de Louis XII. Elle fut élevée dans sa jeunesse à
Longchamps, où sa mère s'étoit retirée veuve. Ce fut là qu'elle prit
les principes de piété qui lui firent désirer d'être religieuse de
Fontevrault. A peine fut-elle arrivée, que Marie de Montmorency
lui résigna l'abbaye en se réservant 240 livres de pension sur les
revenus attachés à l'abbesse. Cette résignation se fit en 1457, Marie
étant âgée de vingt-six ans, et encore séculière, comme il paroît par
la bulle du pape qui la nomme *domicella*. C'est à cette abbesse
qu'est due la réforme de l'Ordre de Fontevrault, qui ne se fit pas
sans bien des soins et des traverses. Elle commença ce grand ouvrage en vertu d'une bulle de Pie II de l'an 1459, et le finit seize ans
après, sous le pontificat de Sixte IV, qui confirma la réforme, de
même que Léon X et Clément VII. L'Ordre, pour marquer sa
reconnoissance envers cette vertueuse abbesse, lui a fondé un anni-
versaire pour elle et ses parents. Elle mourut le 19 octobre 1477.

27. — ANNE D'ORLÉANS.

Anne d'Orléans, cousine germaine de Marie de Bretagne, lui succéda d'un consentement unanime. Elle avoit pris le voile à Fontevrault dès l'âge de quatorze ans. Quelques maisons de l'Ordre reçurent la réforme durant le peu de temps qu'elle fut abbesse, car,
bien que cette réforme eût passé en loi, elle ne fut reçue cependant
que peu à peu dans les maisons dépendantes de Fontevrault.

28. — Renée de Bourbon.

Renée de Bourbon fut élue l'an 1491. Elle étoit fille de Jean II, comte de Vendôme, trisaïeul de Henri le Grand. On lui donna le voile dès l'âge de huit ans en l'abbaye de Xaintes (*sic*). Peu de temps après, Anne d'Orléans, sa cousine, l'attira à Fontevrault et lui fit faire profession l'an 1485. Aussitôt après elle fut abbesse de la Trinité de Caen et ensuite de Fontevrault. Elle garda treize ans durant ces deux abbayes; de là vient que ses armes sont marquées de deux crosses. Plus de vingt-huit maisons reçurent la réforme pendant le temps de son gouvernement, ce qui lui donna lieu de marquer quatre R.R.R.R. sur son sceau, qui signifient : *Renée. Religieuse. Réformée. Réformante.* L'an 1504, elle fit mettre, en signe de clôture perpétuelle, une grande grille pour fermer le chœur, et c'est ce que porte l'inscription mise à cette grille. Comme un des statuts de la réforme étoit que l'abbesse ne jouiroit de son entière juridiction qu'après que le grand monastère l'auroit reçue, les religieux traversoient de tout leur pouvoir la perfection de ce grand dessein. Madame de Bourbon, au contraire, persévéra dans cette sainte entreprise, et enfin leur fit recevoir la réforme, aidée de l'autorité de Léon X et de François Ier. Elle fit environner le grand monastère d'un mur de 650 toises, et fit bâtir d'un côté le réfectoire et les offices, et de l'autre un dortoir de 47 cellules. Elle mourut l'an 1534, et laissa un perpétuel souvenir de ses vertus et de ses bienfaits à tout l'Ordre.

29. — Louise de Bourbon.

Louise de Bourbon, fille de François, comte de Vendôme, et de Marie de Luxembourg, fut élevée à Fontevrault dès l'âge de dix-huit mois. Elle prit le voile à quatorze ans et fut bénie abbesse le 9 janvier 1535. Elle a beaucoup contribué à l'embellissement du grand monastère. Son zèle pour la foi fut extraordinaire, et l'on rapporte que, Charles IX étant un jour à Fontevrault avec toute la cour, elle se jeta aux pieds de ce monarque dans le cloître pour le convier d'exterminer les hérétiques et de commencer par deux jeunes princes de son sang qui étoient à sa suite : elle parloit du roi de Navarre et du prince de Condé[1]. On prétend qu'ils furent témoins de cette pathétique exhortation, et que le plus jeune de ces princes, s'en étant souvenu dans l'occasion, donna dans la suite Fontevrault au pillage à ses soldats. On ajoute que les 10,000 martyrs, indignés de cet attentat, repoussèrent en corps d'armée ces ennemis de la foi. C'est en reconnoissance d'un bienfait si signalé qu'ils ont double office à Fontevrault[2]. Louise de Bourbon mourut âgée de quatre-vingts ans, en 1575, après avoir été abbesse quarante ans.

50. — Éléonor de Bourbon.

Éléonor de Bourbon, fille de Charles Ier, duc de Vendôme, reçut le voile à Notre-Dame de Soissons, âgée de trois ans, par les mains de Françoise Le Jeune de Manceaux, qui, ayant été faite abbesse à l'âge de cinquante ans, le fut cependant soixante-cinq ans (sic). Éléonor avoit été quelque temps abbesse du Calvaire, quand Louise, sa tante, l'attira à Fontevrault. Elle y fut d'abord coadjutrice et enfin bénite, l'an 1575, par Charles, cardinal de Bourbon, son frère. Elle eut soin d'entretenir toujours deux ou trois de ses religieux aux études dans la vue de les rendre plus capables de leur profession. Ce fut à sa prière que Henri IV accorda à Fontevrault le privilége d'exemption de décimes. Elle vécut soixante-dix-neuf ans et mourut le 26 mars 1611.

51. — Louise de Bourbon Lavedan.

Tous les soins d'Éléonor pour préparer sa place à Antoinette de Bourbon, fille du duc de Longueville, furent inutiles. Étant veuve du fils aîné d'Albert de Gondi, duc de Retz, elle passa dans l'Ordre des Feuillantines, à Toulouse. Éléonor obtint du roi le brevet de coadjutrice de Fontevrault en faveur d'Antoinette, qui y apporta de

---

[1] C'est ce que l'auteur de ces notices appelait *un zèle pour la foi extraordinaire!* Bien extraordinaire, en vérité, pour ne rien dire de plus.

[2] Nous ne nous chargeons pas d'expliquer ces faits, qui tiennent de la légende et n'ont assurément rien d'historique.

Plus avisé, le rédacteur de la notice sur l'abbesse, dans la *Gallia christiana*, se borne à dire (T. II, p. 1526) : « *Font-Ebraldensem domum a seciorior* m *depraedation' feliciter servavit.* »

sa part tant d'obstacles, que Clément VIII ne lui envoya qu'un bref limité pour y servir un an en qualité de vicaire sans rien changer de son institut. On en obtint un second, en 1607, pour la coadjutorerie perpétuelle; mais tout cela ne fut point capable de lui faire changer de résolution. Au contraire, elle fit agir si puissamment le cardinal de Joyeuse auprès de Paul V, qu'il lui accorda sa démission, l'an 1610.

Après la mort d'Éléonor, elle se retira à l'Encloistre, en Gironde, maison de l'Ordre de Fontevrault, et donna lieu par là à Louise de Bourbon Lavedan d'être installée abbesse l'an 1612. Elle étoit de la maison des vicomtes de Lavedan, qui étoient Bourbon par Charles de Lavedan, fils naturel de Jean II, duc de Bourbon. Elle naquit en 1548, et fit profession à Fontevrault l'an 1568, et en devint abbesse à l'âge de soixante-quatre ans. Son amour pour l'Ordre lui fit rétablir sept prieurés, qui étoient annexés depuis plus de 120 ans à la mense abbatiale. C'est elle qui fit ériger un nouveau tombeau de marbre blanc au bienheureux Robert dans la grande église et bâtir le grand autel pendant son ministère. En 1622, le feu prit violemment à la forêt de Fontevrault, et il ne s'arrêta, selon la tradition du pays, que lorsqu'on y eut porté les reliques de sainte Agathe. Elle mourut l'an 1658, si je ne me trompe.

52. — Jeanne-Baptiste de Bourbon.

Jeanne-Baptiste de Bourbon fut bénie, l'an 1639, par Cospéan, évêque de Lisieux. Elle étoit fille naturelle de Henri le Grand. Sa mère fut la belle Charlotte des Essarts, depuis mariée au maréchal de L'Hôpital. Elle étoit coadjutrice à Fontevrault dès l'an 1629 et auparavant religieuse professe à Chelles, et, par conséquent, Bénédictine. Il fallut pour cela une bulle qui dérogeât au privilège accordé à l'Ordre par Léon X, l'an 1516, qu'il n'y auroit point d'abbesse à Fontevrault, ce qui comprend aussi les coadjutrices, sans avoir cinq ans de profession dans l'Ordre. Cette princesse eut toujours beaucoup de fermeté à maintenir ses droits. On en pourroit apporter un exemple mémorable; mais, tout glorieux qu'il est à mesdames les abbesses, on veut bien le passer sous silence par considération pour les successeurs de ceux qui y ont donné lieu. C'est madame Jeanne-Baptiste de Bourbon qui, en 1658, avant

21

d'être bénie, rejoignit tous ces tombeaux de tant de princes et de princesses, cachés en partie par une pierre qui en interceptoit la vue. Elle mourut en 1670.

33. — MARIE-MADELEINE-GABRIELLE DE ROCHECHOUART [1].

34. — LOUISE-FRANÇOISE DE ROCHECHOUART [2].

Elle fut nommée par le roi le 22 août 1704, peu de jours après le décès de madame sa tante. Il y avoit 10 ans qu'elle étoit grande prieure, en laquelle dignité elle s'étoit comportée avec tant de sagesse et de régularité, que la prieure de l'abbaye de Fontevrault écrivit au roi une lettre signée de toute la communauté pour la demander pour abbesse. Il a fallu néanmoins que le crédit des princes et princesses, même de madame de Montespan, y soit intervenu. Toute la congrégation est fort satisfaite de cette nomination, parce qu'elle est de l'Ordre, dont elle a une grande connoissance nécessaire pour l'administration.

Elle est fille de M. le maréchal duc de Vivonne, frère de madame de Montespan et de la dernière abbesse. Elle fut conduite à Fontevrault qu'elle n'avoit guère que six ans. Elle n'a pas la capacité ni l'étendue de l'esprit de madame sa tante, mais elle a beaucoup de piété, de régularité et de conduite pour l'administration.

Elle a été nommée à cette abbaye à la sollicitation de M. le duc du Maine, fils naturel du roi et de madame de Montespan.

Il faudra avoir des bulles; car Fontevrault, quoique chef d'Ordre, n'a plus droit d'élire ses abbesses. Mais il n'y a point d'annates à payer, étant une abbaye régulière.

Cette nouvelle abbesse fut installée par M. l'official de Poitiers, le mercredi 3 décembre 1704. Elle a donné sa charge de grande prieure à madame de Rochefort de Montpipaux, sa parente, qui a beaucoup d'esprit.

---

[1] Nous avons publié dans l'Avertissement la notice sur Marie-Madeleine-Gabrielle de Rochechouart, 33e abbesse de Fontevrault.

[2] Cette notice ne fait pas partie du cahier de Larroque. Elle se trouve dans le même carton, sur une feuille volante.

Louise-Françoise de Rochechouart, 5e fille du duc de Vivonne, mourut le 16 février 1742, à l'âge de 78 ans.

Selon une lettre du 18 mars 1705, cette abbesse couchoit dans le dortoir, alloit souvent à la communauté, au réfectoire et à matines.

35. — LOUISE-CLAIRE DE MONTMORIN DE SAINT-HEREM, GOUVERNANTE DES QUATRE PRINCESSES DU SANG, FILLES DE LOUIS XV, ÉLEVÉES A FONTEVRAULT; MORTE EN 1752.

36. — MARIE-LOUISE DE THIMBRUNE DE VALENCE; MORTE EN 1755.

37e ET DERNIÈRE. — JULIE-SOPHIE-GILLETTE DE GONDRIN DE PARDAILLAN D'ANTIN; MORTE EN 1793, A L'HÔTEL-DIEU DE PARIS[1].

[1] Les religieuses de Fontevrault avaient été expulsées de leur couvent en 1789.

FRESQUES DE FONTEVRAULT

Le n° 6, année 1861, du *Bulletin historique et monumental de l'Anjou*, par M. Aimé de Soland, donne le dessin de deux jolies fresques qui se trouvent dans l'église de Fontevrault.

La fresque n° 1 représente l'ensevelissement du Christ. A droite, l'abbesse Gabrielle de Rochechouart est représentée à genoux, avec la crosse. Ajoutons que la figure de l'abbesse rappelle celle du portrait gravé en 1693 par Ganterel.

On lit au-dessous l'inscription suivante, que nous reproduisons textuellement :

« A Marie-Magdeleine de... h. chouart de Mortemart, fille de Gabriel Rochec... de Mortemart, pair de France, premier gentilhomme de la chambre, commandeur des ordres du roi et gouverneur de Paris. Elle prit l'habit de religieuse à l'Abbaye-aux-Bois de Paris, Ordre de Saint-Bernard, de la main des deux reines, Anne et Thérèse d'Autriche, le 19 février 1664, et fit profession dans le mesme lieu, le 1er mars de l'année suivante. Elle fut nommée à cette abbaye (dont elle est la trente-troisième abbesse) le 18 août 1670, fut bénie dans l'église des Filles-Dieu par M. l'archevêque de Paris, en présence de la reine, de toute la cour et d'un grand nombre de prélats, le 8 février 1671, et fit sa première entrée dans cette maison le 18 mars de la même année. *Elle décéda le 15 août 1704*[1]. »

La fresque n° 2 représente la mort de la sainte Vierge. A gauche, sur le premier plan, une jeune fille assise, un livre ouvert à

---

[1] Les mots soulignés sont d'une écriture plus récente que le reste de l'inscription.

la main : c'est mademoiselle de Blois, fille de Louis XIV et de madame de Montespan. Près d'elle, une abbesse (celle de Fontevrault) à genoux, les mains jointes; devant elle, un livre ouvert sur un coussin à glands; à gauche, un saint, les yeux fixés sur le missel.

L'inscription suivante correspond à cette fresque :

« Très-haute et très-illustre princesse Marie-Françoise... de France, appelée mademoiselle de Blois et âgée... e. p... trait [1] a été fait. Cette princesse a demeuré icy à plusieurs reprises pendant son enfance, et a été bien aise d'y être jointe auprès de madame l'abbesse. Elle a épousé, à l'âge de quatorze ans, Mgr le duc de Chartres... [2] Monsieur, frère unique du roy. »

[1] C'est-à-dire ce portrait.
[2] Fils de...

———

LES

SÉPULTURES DES PLANTAGENETS A FONTEVRAULT[1]

La richesse et la splendeur de Fontevrault, qui furent si grandes au moyen âge, provenaient de la libéralité des princes angevins et de leur prédilection pour cette abbaye. Geoffroy Plantagenet et Mathilde la comblèrent de biens. Quand la dynastie angevine alla s'asseoir sur le trône d'Angleterre, elle n'oublia pas le monastère privilégié. Les premiers rois, qui restèrent si longtemps attachés à l'Anjou, continuèrent les traditions de générosité de leur famille, et, après avoir de plus en plus enrichi l'abbaye de leur vivant, lui donnèrent en mourant leur corps à garder. On a appelé Fontevrault le Saint-Denis des Plantagenets. Tous les Plantagenets ne reposèrent pas cependant dans le monastère. Les corps de six princes de cette maison y furent seulement déposés; ce sont : Henri II, Richard Cœur de Lion, Jeanne d'Angleterre, Éléonore d'Aquitaine, Raymond VII et Isabelle d'Angoulême. Fontevrault reçut encore, outre les corps de divers princes d'autres familles, le cœur de Henri III et celui de Béatrice, fille de Richard.

Henri II, Plantagenet, né au Mans le 5 mars 1133, était fils de Geoffroy V et de Mahaut ou Mathilde d'Angleterre. Après un règne

[1] L'intéressante et curieuse notice qu'on va lire a été publiée dans le numéro du 1er décembre 1867 de la *Gazette des Beaux-Arts.*
L'auteur, M. Louis Courajod, de la Bibliothèque impériale, a bien voulu nous autoriser à la reproduire, et nous l'en remercions vivement. C'est un travail d'une érudition sûre, exacte, sur une question en quelque sorte nationale. Il est un peu plus complet dans la *Gazette des Beaux-Arts;* mais nous avons soigneusement conservé les faits principaux.

mêlé de glorieux succès et de grands revers, ce prince, successivement comte d'Anjou, duc de Normandie, duc de Guienne, comte
de Poitou, roi d'Angleterre, vint mourir à Chinon, vaincu et hu-
milié par son fils, le 6 juillet 1189. Le dernier vœu du roi fut d'être
enterré dans l'abbaye de Fontevrault [1].

Le lendemain de sa mort, on le porta au lieu de sa sépulture
couvert de ses habits royaux, une couronne d'or sur la tête, ayant
aux pieds des chaussures tissues d'or et des éperons, au doigt un
grand anneau, à la main un sceptre, un glaive au côté et le visage
découvert. Richard, son fils, ayant appris la mort de son père, accourut en toute hâte, le cœur plein de remords. Dès qu'il arriva, le
sang se mit à couler des narines du cadavre, comme si l'âme du
défunt s'indignait à la venue de celui qui passait pour être cause
de sa mort, et comme si ce sang criait à Dieu. Richard, saisi d'une
inexprimable angoisse, suivit jusqu'à Fontevrault la bière qui trans-
portait son père, et il fit ensevelir honorablement le corps du roi
défunt par les archevêques de Tours et de Trèves. Telle est la narration de Matthieu Paris [2] d'après Roger de Wendover [3] et Benoît
de Peterborough [4].

Suivant Roger de Hoveden [5] et deux autres chroniqueurs [6] dont
la tradition est adoptée par Augustin Thierry, les faits se passèrent autrement. Nous empruntons à l'éminent historien de la
conquête de l'Angleterre la traduction qu'il a mêlée à son récit [7].
« Quand le roi eut expiré, son corps fut traité par ses serviteurs
comme l'avait été autrefois celui de Guillaume le Conquérant. Tous
l'abandonnèrent après l'avoir dépouillé de ses derniers vêtements
et avoir enlevé ce qu'il avait de plus précieux dans la chambre et
dans la maison. Le roi Henri avait souhaité être enterré à Fontevrault; on eut peine à trouver des gens pour l'envelopper d'un

[1] Bibl. imp., ms. lat., 5480, t. II, fol. 117 v°.
[2] *Grandes Chroniques* de Matth. Paris, trad. Huillard-Bréholles, t. II, p. 111.
[3] Rogeri de Wendover *Chronica sive flores historiarum* nunc primum edid.,
H. O. Coxe, Londini, 1841, t. II. p. 414.
[4] Ex Benedicti Petroburgensis *Vita Henrici II, Angliæ regis*, apud *Rerum
Gallic. script.*, t. XVII, p. 490.
[5] *Annales*, pars posterior, apud *Rerum anglicarum script.* Ed. Savile, Fran-
cofurti, 1601, p. 654.
[6] Giraldus Cambrensis, ap. *Rer. gall. script.*, t. XVIII. p. 157-158, et *Chron.
Laudun.*, *ibid.*, p. 707.
[7] *Histoire de la conquête de l'Angleterre*, éd. de 1838, t. III, p. 342.

linceul et des chevaux pour le transporter. Le cadavre se trouvait déjà déposé dans la grande église de l'abbaye, en attendant le jour de la sépulture, lorsque le comte Richard apprit, par le bruit public, la mort de son père. Il vint à l'église, trouva le roi gisant dans le cercueil, la face découverte et montrant encore, par la contraction de ses traits, les signes d'une violente agonie. Le lendemain de ce jour eut lieu la cérémonie de la sépulture. On voulut décorer le cadavre de quelques insignes de la royauté ; mais les gardiens du trésor de Chinon les refusèrent, et, après beaucoup de supplications, ils envoyèrent seulement un vieux sceptre et un anneau de peu de valeur. Faute de couronne, on coiffa le roi d'une espèce de diadème fait avec la frange d'or d'un vêtement de femme. »

Nous aurons l'occasion de revenir sur ces deux récits, de les discuter et de nous décider pour celui qui nous paraît le plus vrai. Quoi qu'il en soit, ces deux versions sont d'accord sur un point : Henri II fut enseveli à Fontevrault et inaugura ce qu'on appela depuis le cimetière des rois d'Angleterre.

Au-dessus de la sépulture du roi on éleva un monument pour accuser la présence de sa dépouille. Henri était sculpté en pleine pierre sur un sarcophage qui représentait un lit de parade couvert d'un drap somptueux. On grava sur ce tombeau une épitaphe latine [1], composée de trois distiques dont voici la traduction : « J'étais le roi Henri ; mon pouvoir s'étendait sur de nombreux royaumes, et je fus plusieurs fois duc et comte. Le prince, que la surface de la terre n'aurait pu contenter, huit pieds de terre le contiennent ! Toi qui lis cette épitaphe, songe au danger de la mort et vois en moi une image de la fragilité humaine. »

Il ne nous reste de ce monument qu'un fragment enlevé au mausolée dans un des nombreux remaniements subits par le cimetière. C'est la figure et la partie du sarcophage qui la soutenait. Le roi est couché. Le drap qui recouvre le lit se relève un peu sous les pieds et sous la tête, et forme des festons sur les côtés. La main droite appuyée sur la poitrine portait un sceptre court. La main gauche est posée sur la ceinture, au-dessous de la droite. A gauche du roi, sur le drap, est déposée son épée. Le ceinturon est enroulé autour du fourreau. Voici le costume : le roi, couronné et sans barbe, porte le manteau en forme de chlamyde, un surcot

[1] Roger de Wendover, éd. cit., t. II, p. 444.

long à manches larges et longues, une cotte longue qui apparaît
aux manches et au bas du surcot. Dessous on voit passer un troisième vêtement tombant presque sur les pieds. Les mains sont
couvertes de gants avec une plaque de métal sur le dessus. Les
pieds sont revêtus de chaussures et armés d'éperons. La statue est
en tuf blanc et mesure aujourd'hui 2m17 de longueur, de la couronne aux pieds. Suivant l'usage, cette statue dut être peinte. Il
serait intéressant de connaître quelles furent les colorations primitives. Malheureusement les couleurs qu'on voit aujourd'hui sont
loin d'être originales, comme on l'a cru. Elles ont été renouvelées
aux dix-septième, dix-huitième et dix-neuvième siècles [1].

Si on compare la description de la figure de Henri II avec le
récit que fait Mathieu Paris de la mort et de l'ensevelissement du
roi, on est amené forcément à conclure que l'artiste, auteur de la
statue, a reproduit scrupuleusement la personne royale au moment
où elle était parée pour descendre au tombeau. Alors ce monument
ne nous offrirait pas seulement une œuvre d'art, mais encore la
représentation exacte de Henri revêtu de ses ornements royaux ;
en d'autres termes, ce serait un portrait. Comme quelques-uns de
ceux qui se sont occupés des tombeaux de Fontevrault, nous avons
eu un instant cette illusion. Mais la réflexion ne nous a pas permis
de la conserver.

Bien des considérations rendent le récit de Matthieu Paris in-
vraisemblable. Tous les chroniqueurs contemporains s'accordent à
dépeindre l'état d'abandon complet dans lequel mourut Henri II.
Il paraît étonnant de voir traiter avec autant d'égards un prince
mort, dont on ne respecta pas même les derniers moments.
Lorsque Henri eut expiré, les courtisans avaient à complaire à
Richard, dont on ne prévoyait pas la sage conduite, et insulter la
dépouille du maître défunt devait, dans leur pensée, agréer au
maître à venir. Il serait donc étrange de voir tout d'un coup s'arrêter la haine, la jalousie, la trahison, quand tout les convie à se
produire, quand la situation les enfanterait si déjà elles n'existaient
pas. Ces considérations, qui éveillent *a priori* le soupçon, ne suffi-
raient pas à infirmer un récit si on ne pouvait s'appuyer sur des

---

[1] Voyez Gaignières, t. XII. f. 14, à la Bibl. imp., Cab. des Est. — Montfaucon,
Monuments de la monarchie française, t. II, p. 145.—Stohart, *The monumental
effigies of Great Britain*, 1852, pl. 145, et pl. coloriée en tête de l'ouvrage.

faits. Mais les choses se sont passées comme le raisonnement l'indique. Des textes positifs l'établissent. A peine le malheureux roi a-t-il rendu le dernier soupir, qu'il est dépouillé de tous ses insignes ; son corps mis à nu ne reçoit pas même les témoignages de respect que la mort fait accorder au dernier des hommes. Point de linceul, point de bière, point de convoi ! Une main furtive cache seule la nudité du cadavre, la charité publique couvre cette dépouille royale, et c'est travesti en roi, mais non royalement vêtu, qu'il est traîné sans pompe à sa dernière demeure. Voilà la vérité. Voilà ce que racontent avec l'accent de la sincérité Roger de Hoveden, Giraud-le-Cambrien, l'Anonyme de Laon. Voilà le récit auquel Augustin Thierry ajoute foi, sans tenir compte de l'autre.

Entre les deux versions on ne peut, ce nous semble, hésiter. Il reste à expliquer comment la première a pu se produire. Trois auteurs relatent ce pompeux convoi funèbre et cette sorte de marche triomphale de Henri II vers son tombeau : ce sont Matthieu Paris, Roger de Wendover et Benoît de Peterborough. En réalité ce triple témoignage se réduit à un seul. On sait que Matthieu Paris copia la Chronique de Roger de Wendover jusqu'en 1235. En comparant le récit de Roger de Wendover (*Flores historiarum*, t. II, p. 444) et celui de Benoît de Peterborough (*Historiens de France*, t. XVII, p. 490), on est convaincu que l'un des deux a copié l'autre. Voici maintenant comment naquit le récit original. Les chroniqueurs, pour composer leurs histoires, étaient obligés d'aller sur les lieux s'informer des événements auxquels ils n'avaient pas assisté. L'historien de Henri II ne put se dispenser de venir à Fontevrault. On lui montra le tombeau. Comme l'usage existait de revêtir les princes de leur costume d'apparat avant de les inhumer et de les représenter dans ce costume sur leur monument funèbre, le chroniqueur en conclut que Henri II avait été apporté à l'abbaye en l'état où il le voyait, et il décrivit la statue. L'argument tiré de la Chronique de Matthieu Paris doit donc être écarté.

Nous ne croyons pas que la figure de Henri soit un portrait dans la véritable acception du mot ; nous avons indiqué la libre interprétation que s'attribua le tailleur d'images dans le costume. Nous ajouterons qu'elle se montre dans les proportions de la statue, qui est plus grande que nature, et où l'on ne retrouve ni la petite taille, ni l'obésité si connue du roi. Nous ne nierons pas cependant qu'on remarque ici la carrure des épaules mentionnées dans le portrait laissé par un chroniqueur contemporain [1], et que l'absence de barbe, à une époque où elle était portée [2], semble indiquer la volonté de traduire une physionomie individuelle.

On n'a jamais mis en doute l'authenticité traditionnelle de nos statues, ni la justesse de leur attribution. Si la tradition offrit jamais quelque garantie, c'est quand elle s'attache à de grands souvenirs et qu'elle est, comme ici, gardée par de nombreuses mémoires qui en font un culte. L'abbaye au moyen âge était trop fière de ses tombeaux pour les oublier ou les confondre, et depuis l'époque où les souvenirs s'altèrent et se rompent, nous avons des documents qui nous désignent et nous décrivent chaque personnage et chaque tombeau.

Pour celui-ci, le témoignage d'authenticité remonte bien haut. Dès le treizième siècle, Roger de Wendover et Benoit de Peterborough, voulant reproduire l'aspect de Henri mort, décrivent sa statue, comme nous l'avons établi. Le style, d'ailleurs, de ce monument et l'examen du costume ne laissent pas d'incertitude et confirment pleinement la tradition. L'exécution de la figure suivit de très-près la mort du roi. Il était sans doute sculpté quand, dix ans après, Richard vint à ses pieds partager sa sépulture et lui demander la réconciliation. Henri est représenté avec la *chlamyde*. Cette forme du manteau ne dépasse pas le douzième siècle. Si la figure était du treizième, nous la verrions avec la *chape* qui revêt Richard. C'est presque la seule différence à indiquer entre les costumes des deux rois, mais elle est caractéristique [3]. Cette statue peut donc être datée certainement de 1189 à 1199.

Ce monument, dont l'intérêt archéologique est incontestable, n'est pas dépourvu de valeur esthétique. Si le travail de l'imagier est dur et âpre, il nous donne du roi défunt une représentation qui ne manque pas de grandeur dans sa roideur cadavérique. Le

---

[1] Giraud-le-Cambrien, t. XVIII des *Hist. de France*, p. 158.

[2] Le père de Henri, Geoffroy Plantagenet, portait la barbe. Voir l'émail du Mans. — Son fils Richard la portait également. Voir sa statue à Fontevrault, ci-dessous.

[3] Cette différence dans le costume des deux rois se retrouve sur leurs sceaux. — Voyez *Trésor de numismatique et de glyptique*, sceaux des rois et reines d'Angleterre, pl. 3.

prince aux larges épaules, d'une taille agrandie, dort avec majesté dans la pose consacrée. Les lignes du corps sont indiquées avec justesse, les plis tombent simplement et le manteau ramené par devant drape avec ampleur.

RICHARD Iᵉʳ, roi d'Angleterre, surnommé Cœur de Lion, naquit en 1157 de Henri II et d'Éléonore de Guienne. C'est un héros légendaire par ses exploits et sa captivité. En 1199, voulant, dit-on, s'emparer d'un trésor que détenait le comte de Limoges, ce prince vint assiéger le château de Chalus. Blessé d'une flèche dans l'attaque et se sentant mourir, Richard ordonna que son corps fût enseveli à Fontevrault aux pieds de son père, qu'il s'accusait d'avoir trahi. Il légua à l'église de Rouen son cœur invincible, et voulut que ses entrailles fussent déposées dans l'église de Chalus comme un présent qu'il faisait aux Poitevins. Il expira le mardi 6 avril 1199[1] et fut enterré cinq jours après, le jour des Rameaux, 11 avril, vêtu de ses habits d'apparat, dans l'église de Fontevrault[2].

Comme son père, Richard fut sculpté sur un sarcophage de pierre au-dessus du caveau funéraire où sa dépouille était déposée. La partie supérieure du monument est seule parvenue jusqu'à nous. Le roi, couronné, est étendu sur un drap couvrant une sorte de lit de camp, un coussin sous la tête. Il porte une barbe courte entaillée dans la pierre. La main droite, qui a été brisée, était appuyée sur le haut de l'abdomen. La main gauche est posée sur la ceinture. Il est vêtu d'un manteau en forme de *chape*, attaché sur le devant par une grosse fibule, laissant à découvert presque tout le bras droit et venant par-dessous croiser sur les genoux ; tombant tout droit de l'autre côté, ce vêtement est relevé par le bras gauche qu'il couvre. Le surcot, serré à la taille par un ceinturon, est muni de manches longues et larges. La cotte apparaît aux manches et au-dessous du surcot. Au-dessous de la cotte une dernière robe descend jusque sur les pieds. Les mains sont couvertes de gants avec plaque de métal et les pieds revêtus de bottines éperonnées. La statue en tuf blanc a 2ᵐ,09 de longueur. Elle dut être aussi colorée à l'origine. En comparant les

[1] Matth. Paris, *Grandes Chroniques*, éd. cit., t. III, p. 500 et 501.
[2] Bibl. imp., ms. lat., 5480, t. II, fol 111 r°. — *Arch. de Maine-et-Loire*, ms. Extrait du Cartulaire de Fontevrault, fol. 264, 265.

diverses représentations et descriptions de ce monument, on acquiert la preuve que depuis le dix-septième siècle il fut repeint plusieurs fois[1].

Comme pour Henri II, l'authenticité traditionnelle de l'attribution ne nous semble pas ici contestable. La figure de Richard est postérieure à celle de Henri. Les formes différentes des manteaux établissent pour la première une évidente antériorité. La chape de Richard n'a pu coexister avec la chlamyde de Henri. Mais le reste des costumes diffère bien peu. Cotte et surcot, tous deux très-longs, sont assez ressemblants. Les deux figures n'ont pas dû être taillées à un bien grand intervalle de temps l'une de l'autre, et celle de Richard a tous les caractères qui conviennent à la dernière année du douzième siècle et aux premières années du treizième. Mort en 1199, ce prince n'a pas attendu longtemps son monument funèbre.

Contemporaine, cette statue a donc une grande valeur. Elle était l'unique effigie de Richard, à partir de 1736[2], époque à laquelle celle de Rouen disparut, enfouie sous le pavé du chœur, jusqu'à ces dernières années, où elle a été retrouvée par M. Deville. Mais le Richard normand nous semble inférieur en intérêt à celui de Fontevrault, car il dut être refait après l'incendie de la cathédrale, en 1200[3]. C'est en vain qu'après les avoir visités et comparés tous les deux, nous avons cherché à établir l'identité de l'un par l'autre. Le Richard de Rouen[4] ne ressemble nullement à celui de Fontevrault. Il n'a pas de barbe, ne porte qu'une robe attachée au cou par une grosse fibule carrée et serrée à la taille par une ceinture fort ornée. Un manteau-chape, jeté sur les épaules, est retenu par une cordelière lâche. La main gauche tenait un sceptre. Il a un lion sous les pieds. En avant du bloc de pierre qui forme le lit, un petit bas-relief du plus joli travail représente un sujet de chasse : un chien guette un lapin sortant du terrier.

[1] Voyez : Gaignières, t. XII, f° 18. — Stothart, pl. 8 et 9 ; pl. en couleur en tête des *Monumental effigies*, 1852.

[2] A. Deville, *Tombeaux de la cathéd. de Rouen*, édit. de 1857, p. 158.

[3] Id., *ibid.* p. 40.

[4] L'attribution de cette statue ne peut être non plus contestée. — (Voyez au cab. des estampes, Gaignières, t. XII ; Gaignières d'Oxford, t. IV, pl. 1, et Montfaucon, t. II, pl. xv.) — Nous avons vu cette statue avant sa restauration dans un atelier de la cathédrale de Rouen ; elle est conforme aux dessins du xvii° siècle.

Quand au Richard de Fontevrault, le visage en a été trop mutilé pour qu'il puisse, après les restaurations, donner une ressemblance bien exacte. Toutefois le marteau qui le défigura n'a pas enlevé toute trace d'énergie et peut-être de personnalité. D'un travail moins rude que la statue de Henri, celle de Richard nous paraît moins satisfaisante au point de vue de l'art. Les épaules sont étroites et semblent oppressées par le manteau qu'elles supportent. Ce vêtement n'est pas drapé d'une façon bien savante ; tombant roide du côté gauche, il passe sous le bras droit pour venir croiser sur les genoux par un mouvement assez inhabile.

JEANNE D'ANGLETERRE, fille de Henri II et d'Éléonore de Guienne, naquit en 1165 [1]. Veuve de Guillaume, roi de Sicile, elle épousa en secondes noces Raymond VI, comte de Toulouse. Sur le point d'accoucher et se trouvant très-malade à Rouen, elle désira vivement être attachée comme religieuse à l'abbaye de Fontevrault. Quoique mariée et enceinte, elle reçut le voile à Rouen et fut consacrée en présence de sa mère Éléonore, puis mourut le 27 septembre 1199 [2]. Son enfant fut tiré vivant de ses entrailles, mais ne lui survécut que peu d'instants. La prieure de Fontevrault apporta le corps de la princesse au monastère ; on le plaça dans l'église près du tombeau de son frère Richard [3].

Jeanne eut aussi son tombeau orné de sa statue couchée [4]. De ce morceau de sculpture il n'est rien parvenu jusqu'à nous. Brisé ou enfoui au dix-septième siècle, il fut remplacé par une figure de marbre à genoux [5]. Cette dernière a été détruite à la Révolution.

ÉLÉONORE, reine de France, puis reine d'Angleterre, était fille de Guillaume X, dernier duc de Guienne, et d'Éléonore de Châtellerault. Elle épousa d'abord Louis VII le Jeune. Répudiée en 1152, elle s'unit à Henri, duc de Normandie, qui devint roi d'Angleterre. D'un caractère violent, en lutte avec son mari, conspirant avec ses fils, elle fut emprisonnée par Henri et délivrée seulement par l'avénement de Richard. Veuve, elle continua à jouer un rôle dans la politique, puis, chargée d'années, elle se retira au monastère de

---

[1] Matth. Paris, *Hist. maj.*, trad. Huil. Bréh., t. I⁰ʳ, p. 429.
[2] Roger de Hoveden. *Hist. de France*, t. XVII, p. 599.
[3] Bibl. imp. *Cartulaire de Fontevrault*, ms. lat., 5480, t. I⁰ʳ, fol. 5 r⁰.
[4] Bibl. imp., ms., 8229, fol. 341, r⁰ et v⁰.
[5] Honorat Nicquet, *Histoire de Fontevrault*, p. 236. — Sandfort, *Genealogical history of the Kings of England*, éd. de 1707, p. 71.

Fontevrault [1], y prit le voile à ses derniers moments, et y mourut le 31 mai 1204 [2]. Elle fut inhumée auprès de son mari [3].

La sépulture de la reine fut surmontée de sa statue couchée, posée sur un monument semblable à celui des autres princes, et qui, comme les leurs, a disparu. Éléonore couronnée, la tête enveloppée dans la guimpe des veuves et supportée par un coussin, repose sur un lit. Les mains, qui ont été brisées, portaient un livre d'heures. Un surcot, bordé d'un large ruban à l'encolure et très-légèrement échancré, laisse voir le haut de la cotte et la fibule qui l'attache au cou. Ce surcot dérobe entièrement à la vue le reste de la cotte. Formé d'une étoffe très-souple, il est serré à la taille par une riche ceinture et y détermine une multitude de plis très-fins. Il tombe jusque sur les pieds par d'autres plis ondulants. Le manteau, retenu sur les épaules par une cordelière non tendue, laisse tout le buste à découvert, se relève sous le bras droit et de l'autre côté vient s'enrouler autour de la hanche gauche. La statue, en tuf blanc, a 1m 84 de longueur. Une ancienne enluminure rappelle sans doute sur cette statue les différentes couches de couleur dont on la couvrit en la restaurant. Il faut se garder de croire originale la plus ancienne comme la plus récente des peintures que nous connaissons [4].

Tout vient encore ici confirmer l'attribution traditionnelle de la figure. La coupe de la robe, la ceinture richement ornée, les plis nombreux et cassés, l'ampleur excessive des vêtements, l'étoffe extrêmement souple, la forme du manteau, nous la font attribuer aux premières années du treizième siècle. Ces éléments constituent en effet le costume des femmes de cette époque. La grâce de la draperie jetée dans le goût antique, le style exquis de l'œuvre, la rapprochent de la grande période de l'art gothique et lui fixent pour date extrême 1210 à 1215.

Cette statue nous paraît véritablement belle. Rien de simple comme l'attitude générale. La princesse, dans une pose gracieuse, continue sa pieuse habitude de tenir son psautier. L'ajustement de

[1] Roger de Hoveden. Pars post., apud Rerum anglicarum Scriptores, p. 802.
[2] Suivant l'Art de vérifier les dates, éd. cit., t. 1er, p. 803. — Le 31, suivant le nécrologe de l'abbaye; Bibl. imp., ms. lat., 5480, t. II, fol. 109. v°. Le lieu de sa mort est discuté. Mém. de la Soc. des Ant. de l'Ouest, ann. 1845.
[3] Arch. de Maine-et-Loire, ms. extrait des Cart. de Fontevr., fol. 387.
[4] Voyez: Gaignières, t. XII, fol. 15. — Stothart, Monumental effigies, pl. 6. 7 et la pl. en couleur du commencement.

la robe, sans convention et sans manière, est plein de goût. Les plis se groupent heureusement ; le manteau, qui dégage et laisse voir le buste, reçoit un excellent mouvement. Ce qui reste du visage, privé du nez en 1793, offre le même caractère de noble interprétation. La valeur de ce monument nous semble donc considérable. Contemporaine d'Éléonore, cette statue n'est cependant pas un portrait. Éléonore mourut extrêmement âgée, et rien dans notre image de pierre ne reproduit la physionomie d'une princesse courbée sous le faix des ans. Le visage est celui d'une femme de quarante ans au plus. C'est une figure de convention. Le statuaire a mieux aimé rendre la grâce et la majesté d'une reine idéale que les rides et les traits énergiques creusés par les passions de cette puissante aïeule des rois anglais.

Isabelle ou Élisabeth d'Angoulème, reine d'Angleterre, puis comtesse de la Marche, était fille d'Aimar, comte d'Angoulème, et d'Alix de Courtenay. Fiancée d'abord à Hugues IX, comte de la Marche, elle fut enlevée par Jean sans Terre. Veuve du roi d'Angleterre, elle épousa, au mois d'avril ou de mai 1220, Hugues X, fils de son premier fiancé [1]. Jeune, Isabelle aurait été élevée dans l'abbaye de Fontevrault [2]. Après une vie des plus agitées et des plus souillées, après avoir reçu de ses peuples le nom exécré de *Jézabel*, elle mourut en 1246. Les Bénédictins [3], sans indiquer sur quelle autorité ils se fondent, disent que cette princesse fut enterrée à l'abbaye de la Couronne. Nous ne le pensons pas. Devenue veuve une seconde fois, poursuivie pour ses crimes, Isabelle se réfugia, en 1243, dans l'abbaye de Fontevrault, et là, dit Matthieu Paris [4], se cacha, sous prétexte de religion, dans une chambre secrète, où elle trouva sûreté à grand'peine. Si nous en croyons les obituaires de Fontevrault, la reine serait revenue, à la fin de ses jours, sur la conduite qu'elle avait tenue toute sa vie. Elle montra dans l'abbaye une piété exemplaire, combla le monastère de biens et mourut le 4 juin 1246 [5], abandonnant tous les honneurs et toutes les vanités du siècle, couverte sur sa demande du voile des religieuses et

[1] *Bibl. de l'École des Chartes.* 4e série, 2e année, p. 539 et suiv.
[2] *Arch. de Maine-et-Loire*, ms. intitulé Fontevrault, extrait des cartul., chartes, obituaires, registres, fol. 289.
[3] *Art de vérifier les dates*, t. II, p. 583.
[4] *Grandes Chroniques*, trad. Huill. Bréh., t. V, p. 343 et 514.
[5] Matth. Paris, *Hist. maj.*, Lond., 1751, p. 911 ; — et Cartul. de Fontevr., t. I. (Bibl. imp., ms. lat., 5480, fol. 1 r°.)

ordonnant par humilité d'être enterrée dans le cimetière du chapitre. Ensevelie suivant son désir au milieu des religieuses, elle fut exhumée huit ans après et placée, sous les yeux de Henri III, son fils, dans l'église de Fontevrault, par l'archevêque de Bordeaux et celui de Bourges [1].

Cette princesse reçut les honneurs funéraires accordés aux Plantagenets [2]. Isolée comme les autres statues du monument qui surmontait sa sépulture, Isabelle nous apparaît couronnée, la tête enveloppée d'une guimpe et soutenue par un coussin, les mains croisées sur la poitrine. Elle repose sur un lit de parade, vêtue d'un surcot assez échancré qui laisse voir le haut de la cotte attachée comme celle d'Éléonore par une fibule. Le surcot est fixé à la taille par une ceinture et y forme quelques plis moins fins et moins souples que dans la figure précédente. Ce vêtement, cachant une partie des pieds, produit de chaque côté deux groupes réguliers de plis. Un manteau couvre les épaules de la princesse en dégageant le buste; il est fixé par une cordelière lâche. Le pan droit se relève comme soulevé par le vent, le pan gauche vient se fondre dans les plis du surcot. La statue est en bois. Elle n'a presque pas été mutilée et, plus petite que les autres, mesure 1ᵐ 80 de longueur. Coloriée sans doute à l'origine, elle n'a pas pu conserver jusqu'à nous ses teintes primitives [3].

L'examen de cette figure confirme encore la tradition qui veut qu'elle représente la reine Isabelle. Elle nous paraît dater du milieu du treizième siècle. Voici ce qui nous amène à fixer cette date très-voisine de l'exhumation de la princesse. L'image n'est pas des dernières années du siècle, car le vêtement s'étriquerait, le surcot deviendrait une blouse sans ceinture, les plis n'apparaîtraient pas. On sait que le costume de cette époque va toujours en se rétrécissant. Or, ici nous trouvons encore une certaine ampleur et une grande ressemblance dans l'aspect général avec le costume d'Éléonore, mais une manière différente d'entendre la draperie de la robe, une étoffe moins souple, ne donnant pas les plis caractéristiques indiqués dans la figure précédente. La cotte est plus appa-

[1] Bibl. imp., ms. lat., 5480, Cart. de Fontevr., t. II, fol. 115 rº.
[2] *Arch. de Maine-et-Loire*, ms. extrait des Cartul., fol. 269, 270, 587.
[3] Voy. Gaignières, t. XII, fol. 20. — Stothart, pl. 15, 14 et la pl. coloriée du commencement.
Cette statue, assez bien conservée, paraît n'avoir point été restaurée en 1846.

rente à l'encolure, le surcot plus échancré au col. Le style de l'œuvre accuse aussi un art plus avancé tombant déjà dans la convention. Les plis de la robe, qui semblent vouloir se pondérer, se massent régulièrement, systématiquement. Le mouvement du manteau, qui se relève sur les genoux, n'est pas exempt de recherche. Tout cela convient à la date que nous avons fixée pour le travail du sculpteur.

Sans valoir la statue d'Éléonore, celle-ci est encore intéressante. Si nous ne retrouvons pas ces grands caractères qui font de la première une œuvre remarquable, la figure d'Isabelle nous offre un monument précieux de l'art courant du milieu du treizième siècle. Froide et compassée, elle n'est cependant pas sans charmes. La physionomie, jeune et sans caractères distinctifs, n'a pas l'apparence d'un portrait. Huit ans se sont écoulés entre la mort de la princesse et son inhumation définitive dans le cimetière des rois. On a oublié que les cendres qu'on remue sont celles d'une vieille reine, et l'artiste se borne à représenter une princesse de convention.

Raymond VII, comte de Toulouse, fils de Jeanne d'Angleterre et de Raymond VI, naquit à Beaucaire en 1197. Il fit d'abord la guerre à Amaury de Montfort et soutint la parti albigeois. Enfin il se réconcilia avec l'Église, conclut la paix avec saint Louis et prit la croix pour accomplir le voyage d'outre-mer. Mais, retardant toujours son départ, il tomba malade. Se sentant mourir, Raymond, le 23 septembre 1249, fit son testament. « Nous choisissons avant tout, y « dit-il, pour lieu de notre sépulture le monastère de Fontevrault, « où reposent déjà le roi Henri d'Angleterre, notre aïeul, et le roi « Richard, notre oncle, et la reine Jeanne, notre mère, et nous « voulons être placé à ses pieds [1]. » Ce prince mourut le 27 septembre 1249. Son corps fut apporté le 1er mai (sans doute de l'année suivante) à Fontevrault et placé aux pieds de la reine, sa mère [2]. La figure couchée du prince était placée sur le tombeau qui lui fut élevé [3]. Elle n'est pas arrivée jusqu'à nous. Disparue en 1638, elle fut remplacée par une statue en marbre blanc [4]. Le comte y était

---

[1] Bibl. imp., ms., Cart. de Fontevr., t. 1er, fol. 163 r°, et *Grandes Chron.* de Matth. Paris, t. VI, p. 505.

[2] Voyez le *Migravit* du comte; Bibl. imp., ms., Cart. de Fontevr., t. 1er, fol. 5 r°.

[3] Bibl. imp., ms. fr., 8229, fol. 341 r° et v°.

[4] Honorat Nicquet, *Histoire de Fontevrault*, p. 256.

représenté à genoux, se frappant la poitrine comme pour demander pardon à Dieu de son hérésie [1]. Ce marbre fut brisé à la Révolution.

De 1189 à 1254, les six Plantagenets qui choisirent Fontevrault pour dernière demeure sont descendus dans leur tombe. On donna à chaque prince, ainsi que nous l'avons montré, une sépulture distincte, et, à une époque très-rapprochée de la mort de chacun d'eux, on éleva sur chaque cercueil enfoui un tombeau apparent. Le cimetière, formé de ces six sépulcres, était dans la nef [2] de l'église abbatiale, à gauche [3], c'est-à-dire vers le mur du nord [4], contre le gros pilier qui fait l'angle de la nef et du transsept [5], Voici dans quel ordre et dans quelles dispositions se trouvaient les rois : d'abord Henri II ; à ses pieds, Richard ; à côté de Henri, Éléonore ; à côté de Richard et fort probablement aux pieds d'Éléonore, Jeanne ; aux pieds de Jeanne, Raymond [6]. Élisabeth, la dernière enterrée par le fait de son exhumation, devait arriver à la fin. Nous manquons d'indices pour fixer sa place.

Rien à noter durant la longue période du moyen âge. Cette époque, constante observatrice des traditions, respecta les monuments qui faisaient la gloire de l'abbaye. Les nonnes conservèrent religieusement dans l'église les vénérables images de pierre et les cendres des rois bienfaiteurs, comme elles perpétuèrent leur souvenir dans les prières de chaque jour. Reconnaissance, intérêt, légitime orgueil, tout concourut à protéger ces reliques d'un art oublié. Les six tombeaux arrivèrent donc intacts jusqu'au seuil du seizième siècle.

Le 20 juin 1504 apparaît la première violation, au moment où

[1] Sandfort, *Genealogical history of the Kings of England* ; éd. de 1707, p. 71.
[2] Bodin, *Recherches historiques sur la ville de Saumur*, etc. Saumur, 1845, t. Ier, p. 197.
[3] Voyez la légende au bas des dessins de Gaignières.
[4] Sandfort, *Genealogical history of the Kings of England*; éd. de 1707, p. 65. Voyez aussi la gravure, *ibid.*
[5] C'est ainsi que nous interprétons ce passage de Nicquet (*Hist. de Fontevrault*, p. 528) : *Le cimetière des Roys estoit dans la grand'église contre le gros pilier le plus esloigné de l'autel.* On n'eut en effet qu'à faire pivoter les tombeaux autour de ce pilier pour les enfermer dans le chœur des religieuses, en 1504. Quoique remués et déplacés bien des fois, les rois n'ont jamais été beaucoup écartés, comme on le verra, de l'endroit où ils furent originairement inhumés. C'est là encore contre le même pilier qu'avant 1793 M. Baugé, curé de Candé, se souvient très-bien de les avoir vus.
[6] Ces positions résultent des indications données dans les testaments, les récits des chroniqueurs et les obituaires déjà cités.

l'on réforme l'abbaye et où l'on cloître les religieuses. Monuments
enfouis, monuments apparents, tout est bouleversé. Laissons Honorat
Nicquet nous raconter ce changement :

« Renée de Bourbon, au mois de juin, faisant faire la closture et
la grille qui sépare le chœur des dames [1] d'avec le chœur de l'autel, fit transporter les tombeaux et effigies des princes et les renferma dans la closture des religieuses, quoyque toujours contre le
mesme pillier où estoit une image qu'on appeloit jusqu'à présent
Notre-Dame-des-Roys.

« Pour les tombeaux cachés sous la pierre soustenant les effigies,
elle en changea les dispositions ; car on n'a pas trouvé, l'an 1638
qu'on y a fouillé, ni Richard aux pieds de son père, ni Jeanne aux
pieds de sa mère. Or, depuis le temps de Renée jusques à ce mesme
an 1638, les effigies estoient disposées de cette façon : Henry II,
roy d'Angleterre ; Richard, son fils, surnommé Cœur de lion ;
Aliénor ou Éléonore de Guyenne, Jeanne d'Angleterre ; toutes quatre à costé l'une de l'autre et de mesme suitte, couchées et esten-
dues sur tombeaux vides élevés. Plus rapprochant vers la grille
estoit l'effigie d'Élisabeth, reyne d'Angleterre, et de Raymond VII [2]. »

Au mois d'avril et de juillet 1562, les huguenots ravagèrent l'Anjou [3]. L'abbaye fut envahie et saccagée. Toutes sortes de profana-
tions y furent commises [4], et les statues durent éprouver quelques
dommages.

Ce n'était pas assez des épreuves causées par les luttes religieuses. La paix fut aussi fatale que la guerre à nos tombeaux, et le
dix-septième siècle ne se montra pas plus scrupuleux à leur égard
que le seizième. En 1638, nouvelle violation. Cette fois, on n'a pas
l'excuse de la nécessité et des besoins d'une réforme. On obéit à
un pur sentiment de luxe. « L'abbesse Louyse, » nous dit encore
Honorat Nicquet, « s'estoit contentée d'embellir le grand autel et
ses appartenances d'une riche et magnifique architecture, il restoit
la closture du chœur des dames et le cimetière des roys (c'est ainsi
qu'on appeloit d'ancienneté l'endroict où estoient leurs sépulchres).
Celle-là n'avoit rien de recommandable, sinon qu'elle estoit la pre-

---

[1] Le chœur des dames était dans la nef de l'église, et la grille dont il est
question le séparait du carré du transsept.
[2] *Histoire de Fonterrault*, p. 529.
[3] Jean Hiret, *les Antiquitez de l'Anjou*, p. 229 et suiv.
[4] Bibl. imp., Cart. de Fontevr., t. II, fol. 289 r°.

mière marque de la réformation du grand monastère ; ni cettuy-ci
rien de royal, sinon les os et les cendres des roys, des princes et des
princesses d'Angleterre qui y avoient opté leur sépulture. Ces deux
ouvrages de pierre quoyqu'insensibles estoient néantmoins touchez,
ce sembloit, de quelque sentiment de honte à la veue d'une face si
riante et si agréable comme est celle de ce grand autel. Ils attendoient quelque main favorable qui essuyast cette pudeur et les rele-
vast de cette honte en relevant sur leurs fondements quelque
somptueuse structure de bastiment. C'est ce qu'entreprit madame Jeanne-Baptiste, dès qu'elle se vit en pleine disposition de
ses volontés dans l'abbaye. » (p. 528.)

« Depuis l'an 1638, qu'il fallust remuer ces monuments pour
faire les tranchées des fondements de ces deux belles arcades, l'une
desquelles couvre ce cimetière, et toutes les deux costoient la
grand'grille et appuient deux autels en dedans du chœur des dames,
la disposition des effigies est autre qu'elle n'estoit auparavant. Plus
proche de la grille on voit Raymond et sa mère qui s'entre-regar-
dent, puis suivent Henry, Richard, Aliénor, Élisabeth : ces quatre
couchez, les deux autres de genoux. » (p. 530.)

Voici ce qu'ordonna la somptueuse abbesse. Sans tenir aucun
compte des différentes places occupées par les cendres royales, elle
éleva un mausolée commun sur lequel elle plaça, en les juxtapo-
sant, quatre figures arrachées aux divers monuments qui les sup-
portaient. Elle fit disparaitre deux images qui ne pouvaient tenir
sous son arcade et embarrassaient le chœur : elle les remplaça par
deux statues de marbre blanc, à genoux, qu'elle mit en avant. A
côté du tout elle plaça une épitaphe qui prouve combien elle igno-
rait ce qu'elle voulait enseigner à la postérité[1].

Nous sommes au dix-septième siècle. Les rois sont placés sous
une arcade resplendissante d'or, de marbres de toutes couleurs,
ornée de sujets allégoriques et de festons dans le style le plus pompeux et le plus faux du jour, sur un tombeau en forme d'autel[2].
Les deux statues refaites répondent au goût de la chapelle : mais
nos vieilles figures des douzième et treizième siècles, arrachées
à leurs mausolées primitifs, posées sur ce sarcophage postiche.

---

[1] Bibl. imp., mss. fr., 8229, fol. 341 r° et v°.
[2] *Sepulchral monuments in Great Britain.* Londres, 1786, t. I", 1" partie, p. 30.

font un bien triste effet. Quoi qu'il en soit, sur ces tombes muti-
lées, déplacées, plane toujours le grand souvenir des princes
anglais. Les somptueuses abbesses ont altéré, mais n'ont pas aboli
la tradition, et le cimetière fait encore leur orgueil. Quand Sandfort compose en Angleterre sa *Genealogical history of the Kings of
England*, il reçoit de l'abbaye un dessin et le fait graver. Cette
estampe nous donne une vue très-exacte de la chapelle sépulcrale
avant 1677. Plus tard, en 1699, lorsque Gaignières parcourt la
France pour copier les monuments intéressant l'histoire, ces rois
sculptés attirent son attention : il néglige les deux modernes et
fait dessiner les quatre anciens[1]. La position des personnages a été
changée depuis 1638. Ils sont toujours dans le chœur des religieuses, à gauche de la grille, contre le mur du nord. Mais voici
l'ordre que Sandfort et Gaignières constatent : Henri, Éléonore,
Richard, Isabelle ; en avant Jeanne et Raymond.

Au dix-huitième siècle, Fontevrault conserve ce que lui a laissé
le dix-septième, sans que nous trouvions trace de changements.
Montfaucon, en dépouillant les portefeuilles de Gaignières, se garde
de laisser passer inaperçus d'aussi précieux documents. Il fait graver les quatre tombeaux anciens dans les *Monuments de la monarchie française*. Ces quatre pièces de sculpture deviennent donc un
monument national. L'Angleterre, de son côté, continue à s'y intéresser, et deux d'entre elles sont décrites dans les *Sepulchral monuments in Great Britain*. A la fin du siècle, les statues durent
subir une restauration et furent repeintes.

Bientôt la Révolution éclate, et, dans son besoin d'effacer le
passé, n'épargne pas les œuvres d'art. Le département de Maine-
et-Loire, et particulièrement les municipalités d'Angers et de Saumur, se distinguent par leur zèle pour la destruction. La populace
pénètre dans l'abbaye et cherche à violer les tombes des princes.
Le faste inintelligent de deux abbesses lui a épargné ce sacrilége.
On fouille inutilement sous les statues[2]. La rage, qui ne peut s'as-

---

[1] Voyez au Cabinet des estampes de la Bibl. imp. le tome XII des costumes
de Gaignières. Ces dessins, qui sont sans date, doivent avoir été tracés
en 1639. C'est en effet à cette époque que Gaignières fit reproduire les bâtiments de l'abbaye dans deux vues qui sont au même cabinet (Topogr. de
Maine-et-Loire, arrondissement de Saumur). Monuments extérieurs et inté-
rieurs ont dû être copiés en même temps.

[2] M. Deville (*Tombeaux de la cathédrale de Rouen*, éd. de 1857, p. 161).

souvir sur les cendres royales, se dédommage sur les effigies. La chapelle sépulcrale est renversée, les figures couchées sont martelées, les emblèmes abhorrés disparaissent. Mais la fureur révolutionnaire s'attache surtout aux personnages à genoux, *aux priants*, au malheureux Raymond et à sa mère Jeanne. On les prend sans doute pour des saints, et la simple mutilation n'est pas jugée suffisante. De ces deux statues il ne reste depuis aucune trace. Comment les quatre autres échappèrent-elles à la dévastation? Cela surprend quand on songe que tout ce qui les entourait a péri!

A partir de ce jour le cimetière n'existe plus. Le lien indissoluble que la mort avait mis entre la terre angevine et ses vieux princes est brisé. La Révolution a fait *meubles*, pour parler la langue du droit, les tombeaux qui devaient rester éternellement immobiles, et désormais ces tronçons de pierre et de bois mutilés, ballottés de tous côtés, colportés de place en place et convoités de toutes parts, vont commencer une vie errante qui, quatre fois, faillit les exiler du sol de leur patrie.

Chassées de l'église, les quatre statues survivantes restèrent oubliées au fond d'un cellier, dans un bâtiment contigu à l'abbaye, où elles furent trouvées au milieu des décombres. On les mit dans la tour d'Évraud, dépendance du monastère. Puis, en 1804, quand l'abbaye, comme pour expier sa première destination, devint une prison, elles furent exposées à toutes les insultes des prisonniers et vouées à une destruction rapide. En 1816, Stothart les vit, les dessina et les fit graver (*the Monumental effigies of Great Britain*).

A cette époque le prince-régent d'Angleterre les demanda, et cette démarche réveilla l'attention sur leur valeur historique. Grâce aux observations présentées par Bodin et le baron de Wismes, préfet de Maine-et-Loire, les ministres de Louis XVIII les refusèrent. Après ce refus, on les déposa dans une des petites absides de l'église, vers le sud-est. En 1819, elles sont encore sur le point de quitter la France, le gouvernement anglais renouvelle sa demande, mais sans plus de succès.

Cependant les tombeaux sont connus, on s'en occupe de tous côtés. En 1828, quand paraît l'ouvrage d'Alexandre Lenoir sur les *Monuments des arts libéraux*, l'auteur y décrit et y fait graver les quatre statues. En 1829, M. Deville remarque Richard; il le compare avec celui qui existait autrefois à Rouen, et le fait également graver dans ses *Tombeaux de la cathédrale de Rouen*. Le comte de Viel-Castel reproduit Henri II dans sa *Collection de costumes, armes et meubles*, pl. 170. Éléonore est encore gravée dans les *Mémoires des Antiquaires de l'Ouest*, en 1845. Mais cette attention qu'on prête à nos monuments n'attire pas sur eux un intérêt bien respectueux : ils gisent à terre dans un coin de l'église et servent de banc aux promeneurs et aux touristes.

En 1846, les rois sont transportés à Paris. Quitteront-ils la France pour l'Angleterre, qui les demande toujours ; iront-ils dans l'un des musées royaux, à Versailles ou au Louvre? On l'ignore, et cet enlèvement soulève de nombreuses réclamations. M. de Guilhermy leur fait écho en décrivant et en reproduisant les statues dans les *Annales archéologiques*[1]. Bientôt après la république est proclamée. M. de Falloux devient ministre, et n'oublie pas qu'il est angevin ; au mois de septembre 1849, les tombeaux reviennent en Anjou et sont replacés dans l'église de Fontevrault. Ils laissent à Paris, comme trace de leur passage, un plâtre du Richard[2], et en rapportent une restauration. En 1859, Richard et Éléonore figurent dans l'*Histoire de France par les monuments*, de MM. Charton et Bordier.

Enfin, en 1867, nos statues sont menacées de faire encore un voyage, et celui-là définitif. On apprend que Westminster, qui depuis longtemps leur offre sa splendide hospitalité, va compter quatre rois de plus sur ses dalles. Des commissaires viennent chercher les statues pour les mener en Angleterre. Un vice de forme s'oppose à l'élargissement immédiat des Plantagenets que la prison de Fontevrault retient parmi ses hôtes. Le directeur de la maison centrale de détention s'oppose à l'évasion du roi Richard. Pendant ce temps, l'opinion s'émeut, on revendique un bien national et la reine d'Angleterre a le bon goût de laisser à leur terre natale ses quatre prédécesseurs angevins. Vienne une intelligente restauration, et Fontevrault rétabli offrira à nos statues une hospitalité qui ne leur fera pas regretter celle de Wetsminter.

LOUIS COURAJOD.

[1] T. V, p. 236 et 281.
[2] Ce plâtre est conservé au Musée de Versailles. N° 1237 du Catalogue.

TABLE ANALYTIQUE

22

Eudon (C¹ᵉ de Penthièvre).— *Appendice*, 352.

F

Falloux (M. de).— *Appendice*, 384.

Faure (François), évêque d'Amiens.— *Lettres*, 121 et note 4, 125.

Ficin (Marsile).—41 et note 1.— *Appendice*, 266 et note 2.

Fléchier.— *Avertissement*, XVII.— *Étude.*— Faisait des vers, 5.

Fleury (L'abbé).— *Appendice*, son opinion sur Platon, 266, note 1.

Foix (Paul de), archevêque de Toulouse.— *Appendice*, 314.

Fontanges (Dᵐᵉ de). — *Lettres*, 94, note 4.— 150.

Foulques (Comte d'Anjou). — *Appendice*, 349.

Foulques IV (roi de Jérusalem).— *Appendice*, 350.

Fourille (Sœur de). — *Lettres*, recommandée à Mᵐᵉ de Sablé, 114 et note 2.— Mal reçue par Mᵐᵉ de Thianges, 115.— 126.

Fraguier (L'abbé).— *Appendice*, 268.

François Iᵉʳ.— *Appendice*, 359.

François (Comte de Vendôme).— *Appendice*, 359.

Françoise le Jeune de Manceaux.— *Appendice*, 360.

Frédéric Iᵉʳ, duc de Bavière.— *Lettre*, 94, note 5.

G

Gabrielle de Savoie (Marie-Louise), reine d'Espagne.— *Lettres*, 220 et note 3.

Gaignières (Roger de).— *Avertissement* XVIII, note.— *Étude*, 4.— Ami de Mᵐᵉ de Fontevrault, 72, et note 1.— Portrait de l'abbesse de Fontevrault, 78, note 1.— *Lettres*, 84, note 1.— Début de sa correspondance avec l'abbesse, 205, note 1.—207, note 5.— 208, note.— 212, note 5.— Remerciement à l'abbesse pour l'envoi de son portrait et de livres, 258 et note 1.— *Appendice*, 348, note 1.— 369, note 1.— 575, notes

1 et 4.— 375, note 4.— 377, note 5.— 579, note 5.— 382 et note 1.

Ganterel.— Grave un portrait de Mᵐᵉ de Fontevrault, 24, note 2; 78 et note 1.— *Appendice*, 364.

Gauthier (Mᵐᵉ).— 70.

Genest (Abbé). — Passe pour avoir fait la circulaire sur la mort de Gabrielle de Rochechouart, 6, note 2.— *Lettres*, 189, et note 13.— Mᵐᵉ de Fontevrault aime sa compagnie, 205 et note 2.— *Appendice*, 325, note 1.

Geoffroy (Abbé de Vendôme).— Accable de reproches Robert d'Arbrissel, 10 et note 2.

Geoffroy.— *Appendice*, sur *le Banquet de Platon*, 266, note 1.

Geoffroy Plantagenet.— *Appendice*, 366.— 371, note 2.

Gilie.— 4ᵉ abbesse de Fontevrault. *Appendice*, 350.

Gilland (Évêque d'Angers).— *Appendice*, 353.

Gilles (Évêque de Nevers).— *Appendice*, 354.

Giraud le Cambrien.— *Appendice*, 370, 371, note 4.

Gerberon (Dom).— *Lettres*, 121, note 2.

Gondi (Albert de, duc de Retz).— *Appendice*, 560.

Gondrin (M¹¹ de). — *Lettres*, 212, note 3.

Gondrin de Pardaillan d'Antin (Julie-Sophie-Gillette de), 37ᵉ et dernière abbesse de Fontevrault. — *Appendice*, 363.

Gratien.— *Appendice*, 513.

Grave (M. de).— *Appendice*, 268.

Grégoire XI (Le pape). — *Appendice* 555.

Grégoire XIII. — *Appendice*, 513.

Grégoire XV (Le pape). — *Appendice*, 296, note 1.— 313.

Grignan (Louis-Joseph-Adhémar de Monteil de). — 24, note 2.

Grignan (Mᵐᵉ de) — 18, 22 note 1; 24, note 2.

Guéméné (Mᵐᵉ de). — *Lettres*, 116, et note 4.

Guilhermy (M. de). — Historique du

M

T

TABLE DES MATIÈRES

auprès d'elle. — Louis XIV est plus sensible à sa mort qu'il ne le sera plus tard à celles de mesdames de Montespan et de La Vallière. — Regrets qu'il en témoigne à sa nièce en lui annonçant qu'il la nomme abbesse de Fontevrault. — Goût de Gabrielle de Rochechouart pour Platon. — Sa beauté à quarante-huit ans, d'après la gravure de Ganterel. — Son esprit aimable et sérieux. — Pureté de sa doctrine. — Sa grande humilité. — Jugement d'un de ses amis. — S'était occupée de l'instruction des religieux pour former des prédicateurs et des confesseurs. — Son influence lui survit.   61

LETTRES DE L'ABBESSE DE FONTEVRAULT

ET DE SES AMIS.

APPENDICE

PARIS. — IMP. SIMON RAÇON ET COMP., RUE D'ERFURTH, 1.

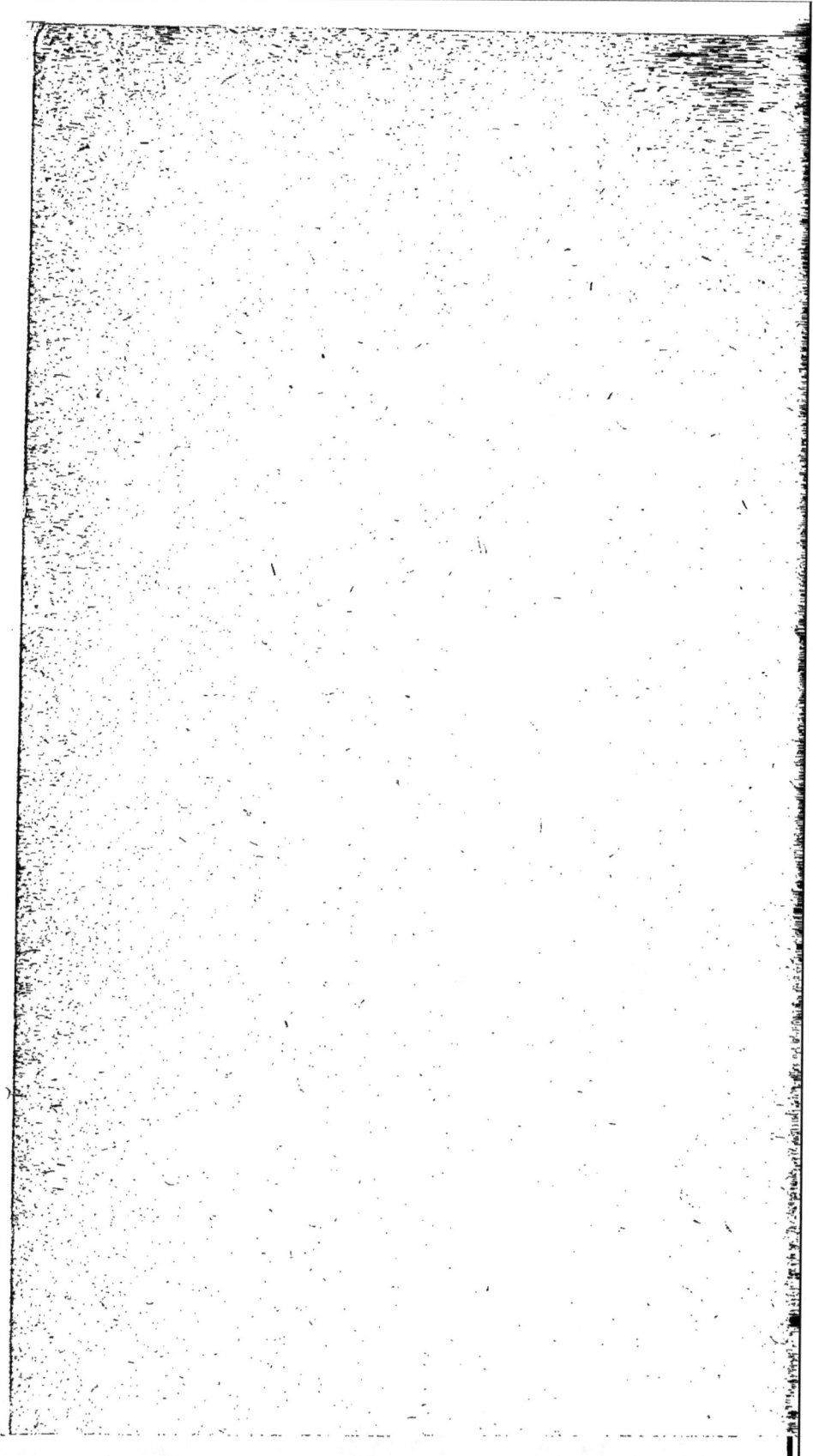

www.ingramcontent.com/pod-product-compliance
Lightning Source LLC
Chambersburg PA
CBHW060947220326
41599CB00023B/3623